ERP
企業資源規劃導論
Enterprise Resource Planning

第6版

為培育本土 e 化人才播種！

ERP 學會成立的宗旨為整合產官學研各界資源，協助華人地區建立以企業資源規劃為基礎的良好 e 化環境，而人才的培育為 e 化最重要的基礎之一。協助各校培養 e 化人才，以供應產業需求成為我們學會持續努力的目標之一。

過去人才培育的困難在於 e 化系統難以取得，教授無法受到專業訓練與教材取得不易。現在由於國內外主要軟體供應商，尤其是學會團體會員都非常積極支援學校教學的推廣，因此第一個困難得以紓解。而中央大學 ERP 中心積極推動產學科技教育聯盟，結合其他大學院校的力量，配合教育部製商整合科技教育改進計畫，與國內外知名軟體供應商積極開設本土種子師資培訓課程，有系統性地培育聯盟學校有心投入的相關教師群；在此努力下，相信推動 e 化科技教育的工作在台灣紮根應指日可期。

過去企業資源規劃專書撰寫的困難，在於所需的企業 e 化知識非常多元，通常不是一位教授或顧問所能通盤理解的，因此須有多位專家通力合作。本人以 ERP 學會榮譽理事長，非常欣慰看到我們中央大學 ERP 中心教授團隊能結合企管、資管、生管、人資所多位教授、業界顧問與產業界使用者的力量，共同完成此本 ERP 導論專書。

本書包含了介紹企業流程觀念與相關工具、ERP 系統主要模組流程與功能、ERP 導入的方法與案例介紹與以 ERP 為中心的 E-Business 架構介紹，期盼能提供華人地區的教師與莘莘學子們一個良好的學習起步。

劉兆漢

中華企業資源規劃學會名譽理事長

序

為 ERP 入門必備之書！

　　企業資源規劃 (ERP) 在近年來已成為企業減低成本與提升企業效率的重要工具，任何稍有規模的企業無不爭相引用 ERP 系統以提升他們本身的競爭力。雖然 ERP 如此重要，在台灣真正懂 ERP 運作的人員實在是少得如鳳毛麟角。但是兩岸在進入 WTO 後，兩岸的企業無不爭相使用所有的力量來提升本身的競爭力，因此 ERP 便成了一種顯學，因為它是企業界個個想引進的系統、想學習的技術，是提升企業競爭力的主要工具。

　　中央大學管理學院以培養現代領袖與服務企業為目標，因此成立我國第一所大學中有系統從事企業資源規劃系統 (ERP) 及相關電子商務 (e-Commerce) 的 ERP 中心。中心與思愛普 (SAP) 及昇陽 (SUN) 合作，獲得他們捐助 SAP 的軟、硬體，然後以此軟、硬體再結合中大管理學院財務金融、資訊管理、資訊工程、人力資源管理等領域的數十位教授共同從事 ERP 的推廣教育與研究發展工作，培養企業管理與資訊技術整合的人才。ERP 中心的各位老師理論與實務兼具，使他們的教學非常成功，引起了很多企業人士對 ERP 的興趣。中心的教授後來又成立了一個 ERP 的學會，使更多的人士有機會接觸 ERP。

　　為使 ERP 更為普及，中心的各位老師把講義改寫成更深入淺出的教科書，藉著書面的傳播，使企業界人士更方便地去學習 ERP 課程，推廣 ERP 的普及度，加速提升台灣地區企業的國際競爭力。本書包括的內容相當廣泛，從企業流程管理與 ERP、銷售與配送流程、生產規劃、採購與發票驗證流程、庫存管理、倉儲管理、物料預測流程、財會作業流程、成本控制管理、專案系統管理、人力資源作業流程、系統評選、系統導入方法介紹以及從 ERP 到企業 e 化等題目，舉凡 ERP 相關的課題都包括在內，是一本 ERP 入門必備之書。希望藉此能提升台灣國際競爭力，因此特為此書寫序，向社會大眾大力推薦此書。

李　誠

中央大學管理學院　溫世仁講座教授

序

　　企業資源規劃系統為一公司的核心系統，為所有人員每日必須使用的基本工具，對公司提升其資訊的即時性及正確性貢獻良多，亦為留存一企業體相關交易資料不可或缺的工具；這些資料的留存，讓一企業體得以根據數據，了解自己並規劃未來，進行更為科學化的管理。

　　中央大學 ERP 中心受中華企業資源規劃學會委託，邀請國內各領域專家與學者撰寫「企業資源規劃」一書以為推廣 ERP 教育的基本教材；學會成立至今，積極推廣 ERP 教育，培養學生企業電子化的知識，成績斐然。本書自第一版出版後，深受各大專院校與社會好評；茲因企業資訊管理知識日新月異，感謝作者群們撥出時間將新知識與科技觀念修訂至本書中，使本書內更能符合現代企業管理的需求，並提升讀者的學習效果。本書的出版，對於企業資源規劃的推廣與教學都非常重要，因此特為之寫序，推薦予社會大眾。

沈國基

中央大學管理學院院長
中華企業資源規劃學會理事長

序

    台灣的高等教育，普遍存在學用落差嚴重的問題，，商管教育若要在這方面有所修正，將企業資源規劃系統納入課程設計的一部分，是一條可行的路。

    企業資源規劃系統 (ERP) 是企業用來支援營運、記錄企業內外交易的資訊系統。這個系統完整涵蓋企業內部營運部門 (Line) 的作業 (例如：銷售、採購) 及部門間的流程 (例如：銷售到收款、採購到付款)，也包含行政 (Staff) 部門的作業與管理 (例如：人力資源管理、成本會計)。與傳統的企管教育最大的差別在於，以這個系統所規劃出來的課，較注重『企業』而不是『組織』；較注重『營運流程』而不是『管理原則』。這些知識，正是初入公司各部門的員工所需具備的，這是相對實務且務實的商管教育。

    中央大學 ERP 中心出版的『企業資源規劃導論』是台灣 ERP 教育的重要一步，這本書從一版到四版陪伴各個學校的老師和學生在學習 ERP 系統的這條路成長，同時也經由這些回饋而更加完整，第五版付梓在即，我身為中心主任，同感榮焉，爰為之序。

陳炫碩

國立中央大學 ERP 中心 主任

PREFACE
序

隨著網際網路的蓬勃發展、競爭日益激烈的環境下，電子商務（Elecrtronic Commerce）已經成為企業長久經營不可或缺的模式。然而在面對五花八門、形形色色的電子商務口號時，要如何選擇一個正確的方向，才能在這波科技變化中立於不敗之地呢？電子商務應該要與企業既已投資的整體資源作即時、方便且有效地緊密結合，進而發展出一個高競爭力的經營模式 (Business Model)。

現今經濟體系全球化與國際化的結果，使得每個人都能接觸到相同的資訊、資源、技術及市場。而我們能否以最快速、最即時與最正確的方式整合應用，將決定一個企業在全球競爭中的成敗。

企業資源規劃軟體 (ERP) 是可以決定企業在全球競爭中成敗的一個重要因素，ERP(Enterprise Resource Planning) 不只是一套資料處理軟體。他絕不只是為了解決企業自動化需求，更需要具備有效地協助企業流程合理化管理；藉由導入 ERP 而使企業流程合理化，達到整體企業經營決策的策略目標。

因為 ERP 幾乎業已涵蓋一個公司主要的核心業務，諸如：銷售、財務、會計、生產、人事等等，複雜度極高。而企業的經營模式又會隨著外在環境的改變不斷且快速的更新，因此要讓一個 ERP 系統也能持續的功能上創新，以符合客戶業務的需求，就需靠大量的研發人員與經費的長期投入，否則一套 ERP 系統很快就會無法趕上企業成長需求。

SAP 為為協助全球企業 e 化，並培養企業管理與資訊專業人才，在台灣與國立中央大學管理學院 ERP 中心合作，提供教授專業顧問化訓練，即與時俱進的企業 e 化系統供其教學研究。希望能藉其有效結合資訊科技與管理知識，協助學生對於最先進的理論與實務相驗證。同時，使社會上有心轉入 ERP 相關領域人員能獲得適當的訓練。

中央大學經由校長、院長與教授們的辛勤努力，目前已成為教育部製商整合計畫 A 類學校，負責提供以 ERP 為主的企業 e 化相關教學並積極整合聯盟學校資源，共同開發 ERP 教材與教案。此書為其第一本上市的書籍，而能在上市一年後即印製超過一萬冊並再版，表示其獲得讀者的肯定，僅代表 SAP 表達恭賀之意。

李文俐

SAP 大中國區副總裁
兼台灣區董事總經理

中國人講究道、術、器。道是思想與理念的層次；術是方法論；器是工具。沒有器與術，再好的理念無從落實；沒有道，精良的工具與戰術，不見得能做正確的事情。好的工具必須具有理念基礎，加上精練的實施方法與技巧，才能讓工具準確有效地施展，達到預期的成果。

ERP融合了管理的理念及管理的方法，是達成有效管理的重要工具，是企業迎接全球化挑戰的必要條件。從生態的角度來看，運用ERP以達成資源的有效利用，不只企業競爭的必然，更是人與大自然達成正確互動所不可忽視的基本要素。

企業需要與環境正確互動。但是，企業面對的環境具有差異性與變化性。由於區域文化特性的不同，經濟發展階段的不同，行業本身成熟階段的不同，管理理念與邏輯的不同，再加上時代的快速變遷，皆形成環境條件的不斷演變，也使得管理工具的內涵及範圍，需要不斷的調整。在這樣的演變過程中，學術理論可以指導實務的發展方向，實務也可以驗證理論的成熟與完整。學術界與產業界若能緊密合作、相輔相成，能成為相關領域的成長與發展，帶來最大的動力。

近年來，看到國內學術界對ERP相關領域的重視與投入，是相當令人振奮的。國內學術界菁英，以團體的方式結合各方面的資源，在研究與教學方面，皆有很大的進展與突破，令人相當佩服。這本書的出版，更是上述成果的具體展現，具有相當的指標意義。

ERP 相關領域是值得重視的。不僅由於它的知識涵量、區域特性強、行業特性明顯，極值得在東方管理文化的基礎上，重新建構出具有文化特色的管理工具，非常具有發展潛力；更由於此一產業的發展成熟，可以為區域內各行各業的使用者，提供更貼切實用的管理工具，帶來管理的突破與競爭力的提升，為區域整體的經濟發展與全球競爭帶來關鍵性的影響。二十一世紀是一個新的開始，具有無窮的機會與展望，希望我們大家都能共同攜手，共同迎接新的機會與挑戰。

孫藹彬　于鼎新

● 寫給讀者 ●

　　本書主要針對商管學院三級以上學生或研究生而寫，因此書中大部分章節均假設讀者已有基本商學背景，例如在介紹會計模組時，作者假設讀者已了解會計的基本借貸原則，而不再另行介紹。本書亦可用於碩士專班或高階經理人班，因為他們已在企業中參與營運數年之久，就算不曾修過相關基本課程，應已能了解企業各流程基本原理。本書亦可用於顧問公司對新進顧問的訓練，因為書中已涵蓋了 ERP 系統中的基本模組。

　　本書以很大篇幅介紹商管各領域與 ERP 相關的知識。為方便讀者了解，所有專有名詞後面都加上英文原文，並在書後附上英文索引，以方便讀者查詢或對照。

● 目錄 ●

07 ERP財務會計模組

08 成本控制模組

09 人力資源模組

10 系統評選

11 系統導入

12 系統導入的兩個案例

13 從ERP到企業數位轉型

14 企業雲端運算與應用

附錄A 英文名詞索引

附錄B 中文名詞索引

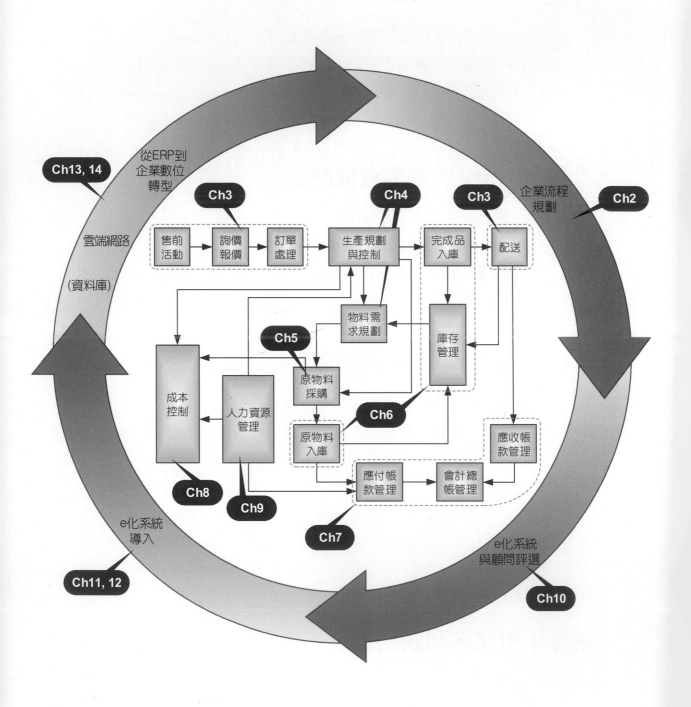

01

企業資源規劃簡介

許秉瑜博士　國立中央大學管理學院院長
　　　　　　國立中央大學企業管理學系教授

韋俊仲顧問　KPMG管理公司顧問

鍾震耀博士　中華企業資源規劃學會資深專案經理
　　　　　　東吳大學巨量資料管理學院兼任助理教授

學習目標

☑ 認識企業資源規劃

☑ 瞭解企業資源規劃之發展歷史

☑ 企業資源規劃系統為企業帶來之好處

☑ 未來資訊系統發展方向

學習路徑

　　本章內容旨在說明 ERP 系統之整體概念及其未來發展方向，使讀者瞭解整個 ERP 之範疇及輪廓，利於後續章節之學習。本章第 4 節內容中有關 ERP 功能介紹可於課本第 3 章至第 10 章讀到相關內容。本章第 5 節有關於延伸之 ERP 系統與企業數位轉型，將在第 13 章有更詳細之說明；有關雲端 ERP 與基礎網路知識，請參閱第 14 章；第 3 節之有關 ERP 系統與顧問挑選與導入詳細內容，讀者亦可參閱本書第 10 章之軟體與顧問挑選、第 11 章組織系統導入及第 12 章之案例討論，俾能有更深刻之理解。

前言

　　今日的企業面臨著競爭者威脅、提高市場占有率和高漲之顧客期望等挑戰，這些壓力使得企業必須去思考如何降低供貨成本、如何減少庫存、如何縮短產出時間、如何快速地回應顧客需求、如何提高顧客之服務品質及有效地協調需求與資源的供給。因此，對一企業內部而言，基本的工作必須能夠整合各部門擁有的資源及即時地產生正確資訊，為達成這些目標，愈來愈多的企業使用**企業資源規劃 (Enterprise Resource Planning, ERP) 系統**。

　　在當今講究效率、國際化競爭與企業 e 化的環境，ERP 已成為企業的必需品。雖然使用者眾多，但多數企業都還在學習如何將 ERP 系統的潛力徹底發揮出來，究其原因，不外乎是 ERP 本身的複雜度高以及企業未能有效掌握 ERP 系統的精神。ERP 系統若要發揮其功效，必須要與企業日常營運流程相吻合。但因為多數企業使用的 ERP 系統是購買現成的套裝軟體 (Software Packgage)，無法百分之百符合企業本身的營運流程 (Processes)，若要完全符合企業內部營運流程，則常須要修改企業營運流程或 ERP 系統軟體設定。但不論是進行企業流程修改或是修改 ERP 系統設定，都有一定的困難度，因為企業流程往往是跨部門運作且彼此環環相扣，某一部門的流程調整常會牽動到其他部門運作。例如倉儲部門的產品出貨方式不同就會影響到會計部門的成本估算，常見的情形為出貨以空運加上物流運輸與海運加上火車運輸就會有不同的成本估算方式，若此調整過程未盡完善，通常就是企業無法發揮 ERP 系統潛力的主要原因。

　　為使讀者更了解 ERP 中的 e 化流程，本書將在第 2 章說明如何掌握現行流程與流程改善規劃的方法，同時在 3 到 9 章詳述 ERP 各模組的流程。

其中第 7 章並為因應上市櫃公司財報須從 2013 年起使用國際財務報導準則 IFRS (International Financial Reporting Standards) 規範而加入相關內容。

　　ERP 系統由於牽涉到各個業務單位，因此導入時將牽涉到很多非 IT 人員的參與，因此更增加專案的複雜度與風險。所以如何能在此情況下順利挑選合作的軟體公司與顧問公司，甚至組織良好的專案團隊，這些都是進行 ERP 導入專案時非常重要的議題。本書將在第 10 章說明系統評選方法，第 11 章說明專案組織、專案導入方法以及專案遭遇抵抗時變革的風險管理，並在第 12 章舉兩個 ERP 導入個案公司為例，進一步說明導入的方法與應用的過程。本書的第 13 章將介紹當前「數位轉型」之際，企業 ERP 的發展、延伸及未來的趨勢建議，使讀者能對企業數位化全貌有更進一步的認識。第 14 章則是網路技術的介紹，以協助讀者了解 ERP 系統所運用到的網路雲端架構。簡而言之，本書涵蓋了 ERP 系統從技術架構到流程運用，以及 ERP 系統評選到專案上線等構面的介紹，以期協助讀者對此類系統與專案有統一完整的認識。

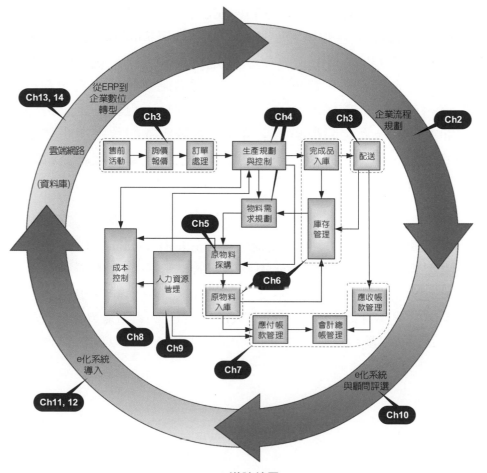

ERP 導論總圖

1.1 ERP 的定義與沿革

　　隨著資訊技術的進步，企業應用資訊系統亦有不同變化。從 1960 年代開始，企業開始使用電腦來處理日常的交易資料，以節省人力及提高資料的正確性與時效性，此種方式一般稱為**電子資料處理** (Electronic Data Processing, EDP)。電子資料處理代表了組織中基本而例行作業的自動化，例如在製造資訊系統上，即著重於存貨的控制。由於電腦用來處理例行性交易資料非常成功，因此，在 1965 年後逐漸孕育出一個全新觀念，提高電腦的應用層次，使電腦能夠支援組織內更高階層的管理活動，如管理控制 (例如財務報表編列) 與策略規劃 (例如產能擴充決策) 等，於是**管理資訊系統** (Management Information System, MIS) 觀念便應運而生 [4]。

　　從此企業開始發展一些管理資訊系統來支援決策制定化提升組織績效，例如會計資訊系統、存貨控制系統、行銷資訊系統等等。這些資訊系統的來源可能是企業**自行開發**、**外包** (Outsourcing) 取得或者購買現成的**套裝軟體** (Software Package)。但隨著資訊技術的進步及時間的演進，企業累積了大量的交易資料 (Transaction Data)，而這些不同資訊系統間的資料交換問題日益嚴重，企業必須花費更多的人力與財力來維護這些資訊系統 (或者被稱為資訊孤島才能確保資料的正確性與一致性；也就是說，這些各自獨立的資訊系統，彼此之間很難共享資訊，對於組織的效率與企業績效造成了負面的衝擊。圖 1-1 顯示資訊系統的傳統觀點，每一資訊系統之間皆存在許多隔閡的空間 (Gap)，無法緊密無縫結合共享企業營運的資訊。

　　因此，一個能夠整合企業營運管理系統、解決企業在營運上所產生之大量且複雜的交易資料、提供整合 (Integration) 且即時 (Real Time) 的資訊，以支援企業運作及決策制定的資訊系統，變成為大家所期待，回顧古今中外，有相當多的決策案例非常重視整合與即時資訊的提供，譬如西元前 212 年秦始皇建直道抵禦北方匈奴入侵，這是一條全長 700 多公里的「古代高速公路」(相當台北到高雄來回一趟的距離)，可以做為快速傳送戰情與運送軍隊的通道。

另一案例則是在西元 1815 年於比利時滑鐵盧小鎮爆發的戰役，結果是英國威靈頓公爵率領的聯軍擊敗了法國拿破崙的軍隊，在戰爭期間，羅斯柴爾德 (Rothschild) 家族派遣大量的情報員前往戰場獲取即時戰況以逆向操作方式累積財富成為當時歐洲最龐大的金融帝國，由此二案例可看出提供整合與即時資訊的重要性。

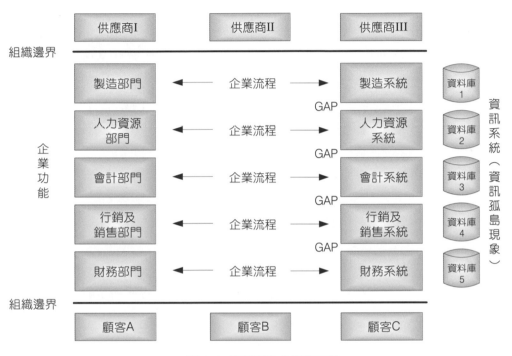

圖 1-1　傳統觀點的資訊系統

企業應用系統的軟體廠商從 1960 年代開始透過累積大量的產業相關知識，開發出各行各業所需要的應用系統，例如會計系統、行銷系統、人事薪資系統等。但隨著資訊技術的進步與經營環境的改變，企業必須整合內部各個功能的資訊系統，以快速回應顧客需求及反應市場變化。因此，這種整合性的套裝軟體便受到企業的歡迎，此即企業資源規劃 (ERP) 軟體的濫觴。圖 1-2 顯示 ERP 軟體可以使各個功能的應用程式共享資料。

談到 ERP 系統的發展，一般認為是由 MRP (Material Requirements Planning, MRP)、MRPII (Manufacturing Resource Planning, MRP II)、ERP、直到最近的 EERP (Extended Enterprise Resource Planning, EERP) 一路演進而來，圖 1-3 顯示 ERP 系統發展的歷史。

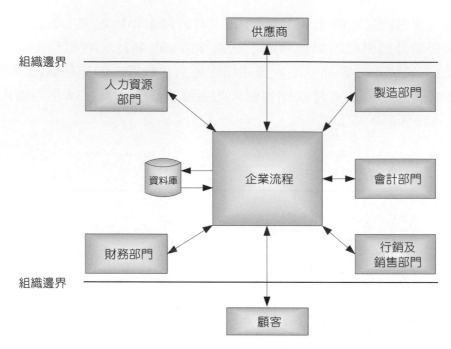

圖 1-2　ERP 軟體共享資料

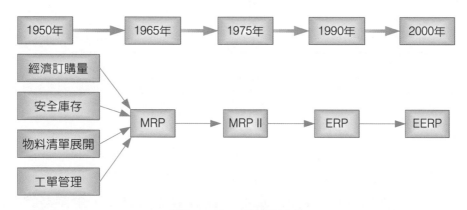

圖 1-3　ERP 系統的沿革

　　物料需求規劃 (Material Requirements Planning, MRP) 由四個基本功能所組成，分別是**經濟訂購量** (Economic Order Quantity, EOQ)、**安全庫存** (Safety Stock)、**物料清單展開** (Bill of Material Processing Explosion, BOM Explosion) 及**工單管理** (Work Order)。在 1960 年代中期，電腦化將此四個基本功能整合成單一系統，稱為 MRP 系統。簡言之，**MRP** 系統是將存貨控制系統與生產規劃系統予以電腦化，以確保物料不會短缺 (或過多) 以及維持最低存貨水準二個目標，俾使生產作業順流。

依據美國生產與存貨控制協會 (American Production and Inventory Control Society, APICS) 的定義，MRP 系統是一套用來計算相依物料需求的技術 (例如：5 輛汽車的訂單需要有 5 個方向盤以及 20 條輪胎，這 5 個方向盤以及 20 條輪胎就是可依物料需求)，開始進行 MRP 計算前須備妥物料清單 (有時會以產品結構樹來表示)。存貨資料記錄檔 (Inventory Record) 以及**主生產排程** (Master Production Schedule, MPS) 資料當作輸入資料。MRP 系統可以計算出何種物料在何時短缺多少數量，以及何時該開立生產工單 (Production Order) 或採購單 (Purchase Order)。圖 1-4 為 MRP 系統所需的輸入與輸出圖。

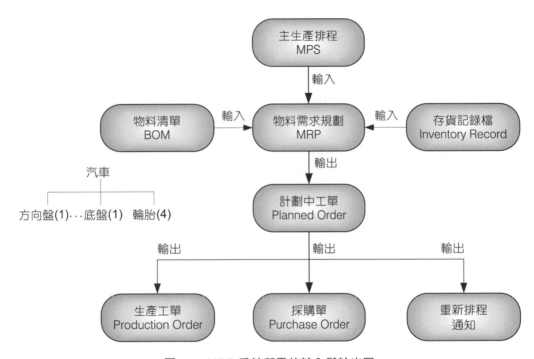

圖 1-4　MRP 系統所需的輸入與輸出圖

到了 1980 年代，隨著經濟和工業技術發展，標準化功能的產品已經無法滿足顧客需求，顧客對產品要求也愈來愈高，例如品質要好、交期要短、樣式多變化等等，以往多量少樣的生產模式被少量多樣的生產模式所取代。如此的作業模式使得僅強調控管物料存貨數量與生產排程的 MRP 系統無法滿足企業的需求，此外 MRP 系統假設供貨前置時間 (Lead Time) 為定值，因此造成產能無限的假想，此亦不符合實務運作，因此有必要調整擴充 MRP 系統所涵蓋的企業資源範圍，於是有了將生產 MRP 運作延伸至行銷、財務、採購、人事、研發、工程和製造相關等資源互相整合的想法，

也由於電腦運算與儲存能力大幅的進步，使得此複雜的資源整合系統得以實現。例如當一項產品售出，存貨資產降低而應收帳款資產增加；也就是說存貨變動而會計帳款也會跟著改變，然而 MRP 系統卻有所侷限而無法處理，因此 Oliver Wight 認為應該將存貨變動與財務活動整合為一系統，將之命名為**製造資源規劃** (Manufacturing Resource Planning, MRP II)。製造資源規劃強調生產與成本控制，並將金流併入系統中。APICS 對 MRP II 的定義為「製造廠商對於所有資源有效規劃的一種方法，理想上，作業規劃以單位表示，財務規劃以金錢表示，而且具有模擬的能力，可以回答"如果 ... 則 ..."的問題。它由不同功能所組合且互相連結：事業規劃、銷售與作業規劃、生產規劃、主生產排程、物料需求規劃、產能需求規劃以及產能及物料管控上的執行支援系統。系統的輸出是與財務報表整合在一起，例如事業規劃、採購完成報表、出貨預算以及存貨計劃等皆以金錢表示。」

MRP II 系統包括以下的模組 [28]：

- ☑ 預測
- ☑ 客戶訂單
- ☑ 生產規劃 / 主生產排程
- ☑ 生產結構 / 物料零件表處理器
- ☑ 存貨控制
- ☑ 物料需求規劃
- ☑ 產能規劃
- ☑ 現場控制 (Shop Floor Control)
- ☑ 採購
- ☑ 會計
- ☑ 財務分析

1990 年代初期，軟體供應商更進一步延伸製造資源規劃，以涵蓋所有企業的活動，ERP 的構想於是誕生。Gartner Group 於 90 年代初首先提出 ERP 概念一辭，美國生產與存貨控制協會 (APICS) 也於 1995 年為 ERP 軟體或 **ERP 套裝軟體** (Packages) 提出定義。ERP 系統主要功能為將企業營運中各流程中所需的資料即時整合，並將整合資料都匯入會計模組中。

　　即時與整合的資訊對企業而言有兩方面的功能：一為加速流程的進行，另一則為提供決策支援所需的資訊。APICS 對企業資源規劃做了以下的定義：「企業資源規劃系統乃是一**財務會計導向** (Accounting-Oriented) 的資訊系統，其主要的功能為將企業用來滿足顧客訂單所需的資源（涵蓋了採購、**生產與配銷運籌** (Logistics) 作業所需的資源）進行有效的整合與規劃，以擴大整體經營績效、降低成本」。

　　由於其普遍性與重要性，其他顧問公司也提出相當多的定義。在此僅列舉數個供讀者參可。

- Davenport [18] 認為 ERP 是一種用於企業資訊整合的科技，其核心為一簡單的資料庫。此資料庫匯集企業內各商業活動、流程的資料，並且是依據功能、部門、地區，利用跨越全世界的網際網路加以連結，達到資料分享並支援其應用模組使用，以符合其策略、組織特性及企業文化，達到最佳利益。

- Gould [20] 認為 ERP 是一個焦點放在『資源』上的規劃生產軟體，可以產生採購及生產計畫以滿足顧客訂貨。

- Mabert [24] 等則以**概念基礎** (Concept-Based) 來描述 ERP，認為它的作用是將跨功能流程緊密地結合，包括改善工作流程 (Workflow)、企業實務 (Practices) 的標準化、改善訂單管理、正確的存貨、和較佳的供應鏈管理。ERP 是一個企業資訊系統，能提供整個企業的營運資料，並且不只限於製造業；此外它不僅能提供國內營運所需要的相關資料，還可提供全球企業其它方面的模組。

　　一些著名的 ERP 供應廠商，如 SAP、Baan、SSA、JBA、Oracle、People Soft 等提供的 ERP 軟體，概念上也都是將企業**資料倉儲** (Data Warehouse) 周遭的功能整合在一起，以支援傳統的企業流程活動。但是每一個 ERP 軟體出現可能都有不同的歷史淵源，例如 PeopleSoft 開始是專注於辦公室**後端** (Back Office) 系統，而由後延伸至辦公室**前端** (Front Office)；Oracle 則專長於**關聯式資料管理系統** (Relational Database

Management Systems, RDBMS) [1]，而後發展資料倉儲、顧客關係管理軟體、ERP 軟體；當初 SAP 專長於生產製造自動化，而後擴充其它企業功能成為 ERP 軟體。

ERP 的主要功能為整合企業內部營運流程，提供即時資訊，因此企業中較常見的流程，很自然的就包含在 ERP 系統中。ERP 所包含的流程大致可分為**銷售與配銷作業流程** (Processes of Sales and Distribution)、**採購與發票驗證作業流程** (Processes of Procurement and Invoice Verification)、**倉儲管理 / 物料預測作業流程** (Processes of Warehouse Management and Material Forecasting)、**財務會計作業流程** (Processes of Financial Accounting)、**人力資源管理作業流程** (Processes of Human Resource Management) 等，如圖 1-5。

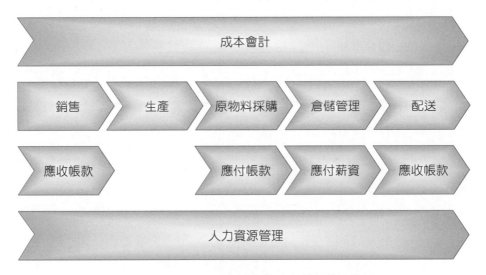

圖 1-5 ERP 中各主要流程間的資料都彼此相關

以目前企業的實際運作而言，幾乎所有流程最後都會將相關的企業日常營運活動之交易資訊匯入會計帳中，因此財務會計模組便成為 ERP 系統的核心。根據 2006 年中央大學針對台灣 249 家企業所進行的調查顯示，企業導入最多的模組亦是財務會計模組，佔 92%。會計中的應收、應付以及整合性財務報表的產出等都是此模組的基本功能，但是企業如果只導入財務會計模組，並不能發揮 ERP 系統整合的綜效，應再導入其他與企業運作相關的流程模組，以發揮資訊整合的效益。

---

[1] PeopleSoft 已於 2003 年 6 月以 17 億美元收購 J.D. Edwards，而 2004 年 12 月 Oracle 公司亦以每股 26.5 美元併購競爭對手 PeopleSoft，總金額高達 103 億美元。

為因應全球化趨勢，證交所規定台灣上市櫃公司需於 2013 年起依國際財務報導準則 (IFRS) 編列財務報告。此準則強調企業需依事實揭露集團營運狀況，而非只是提供單一公司依硬性規定而編制的報表。新的編列方式與 ERP 系統的財會模組及其它模組都有緊密的關係。本書特別於第 7 章中有關財務會計模組一章中對此有較詳細介紹。

銷售與配銷流程是處理企業與客戶接觸的流程。銷售流程包含詢價與接單流程。詢價流程除了產生客戶所要求產品或服務的價格，有時並會鎖住庫存中的原物料，以避免客戶下單後卻無料可生產的窘境。接單流程中除了被動輸入交貨與付款條件外，也可啟動後續模組估算是否可如期交貨，同時也可從財會模組中得到信用額度的檢查資料，以避免因銷售過度集中而遭倒債的風險。

如果客戶相關的資料輸入齊全，ERP 系統便可檢查客戶在整個集團的信用額度狀況，而非只是單一公司；如果沒有適當的 ERP 系統，業務人員並不容易確保企業如期交貨的可能，也僅能用經驗判斷該客戶目前的信用額度使用狀況，所謂的風險控管都只能憑經驗行事。一旦 ERP 系統檢查都通過，訂單資料就可存入系統中，應收帳款便可自動反應此筆訂單，而業務人員的績效也可自動反應在人力資源模組中，後續相關的生產與原物料採購流程也可從此啟動。配銷流程主要規劃與執行產品從何廠、何處、以何種方式運送至客戶指定的地點，在完成品生產完畢後，ERP 系統同時扣除倉儲中的完成品數量，並在產品運送至客戶指定地點後或在客戶取用產品時自動產生應收帳款。詳細的銷售與配銷流程將於第 3 章中有更多介紹。

採購與發票驗證流程主要是處理與供應商間的原物料採購與驗收流程，包括採購、驗貨、入庫以及發票驗證等流程。企業如與上下游廠商從事 B2B 電子商務，此時就可藉助 EDI 或 XML 等資料交換機制與廠商間交換交易資料。**庫存管理流程**主要記錄處理原物料入庫後至完成品產出間所有階段的儲存狀況，如果是經由一般採購流程而買進之原物料，系統可在原物料入庫時自動產生應付帳款資料。**人力資源管理流程**主要記錄公司員工從錄用、平時考績、教育訓練以及至離職間的所有作業。企業採用管理流程在第 5 章中介紹、庫存管理在第 6 章中介紹、而人力資源管理則於第 9 章中介紹。

　　除了流程的記錄處理外,因為資料的彙總,使得企業可以相對的有較多的資訊做決策;例如生產規劃與成本控管,**生產規劃**依據市場需求來規劃出生產排程與所需原物料的數量與時間,並能提供企業有計劃性的產能運用與成效評估。**成本控管**則是將生產流程中所用的原物料、機具、人員與所有相關設備的成本做精確的估算,以了解企業中每一個流程或單位的營運成本與盈虧狀況。如欲使成本評估模組的效用發揮出來,所有與企業營運項目相關活動的成本都需精準的預估。但在台灣這樣嚴格的內部控管機制並不是大部分企業所能達到的,因此成本評估模組在台灣的使用率屬於較偏低。但如果應用得恰當,可以幫助業務人於在接單前就由 ERP 系統估算出訂單對公司利潤的貢獻,也可使高階主管了解企業的成本結構與明確估算各單位的盈虧狀況。ERP 中的生產規劃與控制於第 4 章中介紹,而成本控制主要在第 8 章中介紹。

　　因此從技術面上看,將企業內部運作主要流程與成本計算所需資料整合出一套完整的資料庫,並於此套完整資料庫上開發在網路上應用的相關軟體即為 ERP 系統,如圖 1-6,其中底部方塊即為整合的表格。在大型 ERP 系統中,此整合的表格 (Table) 數常可達 2 萬張以上。

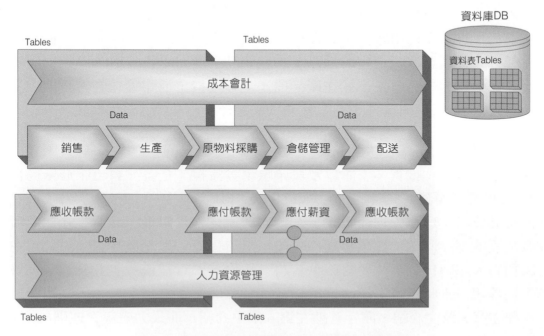

圖 1-6　ERP 系統將資料存於同一資料庫的表格中

1.2 企業為何使用 ERP

　　ERP 系統已成為企業 e 化的核心，目前導入 ERP 系統的產業涵蓋非常廣，例如製造業、金融業、營建業、通訊業、零售業、電力公司、石油業、媒體業、政府單位、軍事單位與大學等都有豐富的導入案例，近幾年來甚至禮儀殯葬業亦有導入 ERP 系統的實務案例。使用 ERP 系統的企業員工人數也從數十人到幾十萬人的都有。

　　ERP 系統的特色在於經由資訊的整合而使跨模組的流程可以迅速完成，例如圖 1-7 是一個接單到配銷流程。在此流程中，客戶可先來詢價，然後下訂單，公司在接到訂單後檢查庫存是否有現成產品，如有足夠產品就進行配送、並印製帳單，最後收取貨款。在這個簡單的流程中，詢價與接單屬於業務部門、庫存檢驗與揀貨屬於倉儲管理部門、配送屬於配送部門，而帳單印製與收款則屬於財務會計部門。由此可知，一個簡單的流程，實際上卻經歷了四個部門。而圖 1-8 則顯是一個典型包含生產與原物料採購的流程，其中所包含的部門更多。在競爭激烈的產業中，縮短流程所需的時間，在每一步驟都做出適當的決策，就成為重要的決勝點。如果無適當的資訊系統將所需資訊加以彙總，那麼每一部門都需等待其他部門以紙張書面送來資訊，如此何以有效率的完成高品質的工作？

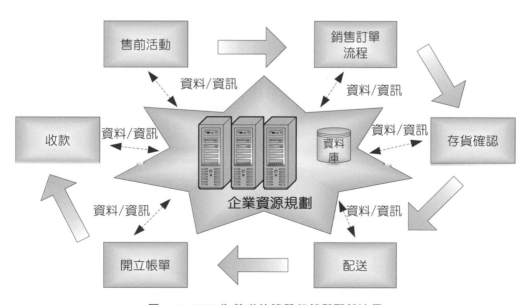

圖 1-7　ERP 為基礎的簡單行銷與配銷流程

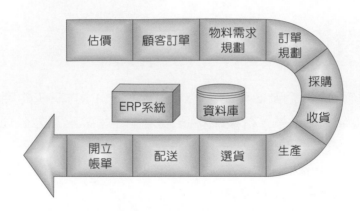

圖 1-8　包含生產與原物料採購的流程

　　例如在 e 化的環境中，客戶普遍對網路上的交易有較嚴格的交期要求。因此同業中能快速完成相關流程的，就可在市場上制定新的遊戲規則。又如國外 IT 大廠，常對台灣的各大電腦製造公司提出很嚴格的交期與貨物運送要求，在這些情況下，只有導入 ERP 系統的企業才得以生存。

　　根據 Benchmarking Partners 在 1999 年、Forrester Research 在 1998 年與 Deloitte Consulting 在 1998 年的三份類似報告顯示，企業導入 ERP 系統有以下幾種原因：

技術方面的原因：

- Y2K 問題的解決 (千禧年日期 / 時間格式問題)
- 取代舊有相互獨立不連結的系統
- 提升資訊的品質與能見度
- 將企業的流程與資訊系統徹底整合
- 企業相互合併時，簡化其資訊系統相互整合的複雜度
- 取代老舊、過時的系統
- 因應企業規模的成長

企業運作方面的原因：

- 提高企業的績效水準
- 降低企業高成本的運作架構
- 提高顧客的滿意度

- 簡化無效率、複雜的企業流程

- 滿足新的企業策略上之需求

- 擴展全球運籌的能力，增加企業營運彈性

- 將企業內部的流程予以標準化

- 整合併購後的企業流程

根據 Deloitte Consulting 和 Benchmarking Partners, Inc. 在 1998 年夏季至 1999 年春季所做的一項調查指出，ERP 系統可使得企業增加有形與無形效益，如表 1-1 所示。

表 1-1　企業資源規劃系統 (ERP) 增加之效益 [6]

有形效益	無形效益
• 人員減少	• 提高資訊的可見度
• 存貨減少	• 嶄新的或已改善的企業流程
• 生產力增加	• 改善對顧客的回應速度
• 更快速的財務循環	• 標準化電腦作業平台
• 訂單流程的改善	• 對各系統間的嚴密整合
• 採購成本的降低	• 改善成本結構
• 減少 IT 的花費	• 更佳的彈性
• 改善現金管理	• 改善 Y2K 的問題
• 利潤的增加	• 全球化的資訊分享
• 維護成本的減少	• 改善經營績效
• 增加即時交貨的準確率	• 改善供應鏈的績效
• 運售與配銷成本的減少	• 創造新的經營模式

ERP 系統象徵企業資源最佳化的整合運用，Maskell [25] 認為資訊系統的整合將可帶給組織三種效益：(1) 透過各部門應用系統與資料的整合，中高階主管可以獲得廣泛且跨部門的即時資訊，以更有效地控制整個企業的運作。 (2) 企業資料的整合將使得各系統使用相同的資料庫，而且資料定義一致，也使得部門間的溝通協調更順暢。 (3) 可以避免因重覆輸入所產生的錯誤，以提高生產力。

此外，Anderson Consulting 指出，將 ERP 系統導入企業後，其報酬率是可觀的，例如：Autodesk 將 98% 的客戶訂單配送從兩個星期減少到 24

小時；IBM 的行銷管理部門將所有存貨重新定價所需的時間由原來的 5 天減少到 5 分鐘，存貨管理部門完成訂單的寄送從 22 天降至 3 天；Fujitsu 的客戶訂單處理從原來的 18 天減少到 2 天，結帳時間較舊系統減少了 50%。

在台灣地區，因大部分產業屬於 OEM 與 ODM 型態，因此 ERP 系統功能的發揮也有不同的形式。目前在各大 IT 製造業上最重要的問題是快速接單與全球運籌能力的提升，譬如某大企業透露目前期電腦生產接單時程已從過氣的 95-5、98-2、進至 100-2。亦即過去 95% 的貨需於接單後 5 天內生產完畢離開工廠，目前已改至 100% 須於兩天內生產完畢。如果無適當 ERP 系統以及**先進規劃與排程** (Advanced Planning and Scheduling, APS) 系統，企業如何在最短時間內掌握所需要物料資源，進而快速決定最佳生產方式？有多家企業甚至表示其導入國際知名 ERP 系統的目的全在於取得顧客信任，以便爭取訂單。因為有些國際顧客相信企業導入了國際知名的 ERP 系統即表示其流程已經調整至國際水準，應足以信賴其 OEM 與 ODM 的能力。另外，企業目前普遍遭遇的全球運籌問題為—必須將零組件與半成品運送到離顧客最近處再加以組裝，同時又希望能降低各點的庫存。這問題目前還未有很好的解決方法，但是所有的解決方案一定包含一套 ERP 系統，提供各點最即時與真實的營運狀況。

但是，並非所有企業導入 ERP 系統後都可以得到良好的績效。一個 ERP 系統要有績效，需要有與現行企業作業流程搭配的軟體流程、小心規劃與執行之導入專案的方法、以及恰當的 IT 環境架構，如圖 1-9。要在三根柱子都穩定站立情況下，企業導入 ERP 的效果才有可能顯現。

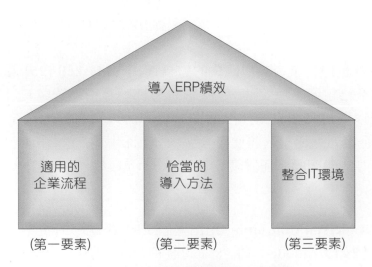

圖 1-9　ERP 系統要有績效的三大要素

多數企業採購的 ERP 系統為一現成的套裝軟體，其中 ERP 系統的軟體流程不一定與企業營運流程吻合，如果營運流程與軟體中流程有顯著差異，將導致系統中的資料與營運資料不一致，而其所作的規劃與記錄也就沒有參考的價值了。故企業流程與軟體流程一致為 ERP 績效的第一個要素。為使 ERP 系統中資料與企業流程能夠一致，並在一定的時間與預算內完成系統上線，ERP 的導入專案須要詳細規劃與執行，因此導入計畫的踏實執行為績效的第二要素。由於 ERP 系統必須架構在企業的資料庫與網路系統上，因此有一個快速且安全的網路與資料庫使用環境為第三要素。

1.3 ERP 導入

本書大部分章節將介紹在 ERP 系統中的合理流程，而第 11 與第 12 章將介紹 ERP 導入的方法與案例。ERP 專案進行的步驟，各家軟體公司與顧問公司的方法都不盡相同，本書的 ERP 專案進行方是主要參考 SAP 公司導入 ERP 系統的方法。專案有一定的步驟，主要目的在於保持專案的品質，希望不論是誰參與專案，只要依照一定的步驟，就可以在預估時間與資源下完成該做的事。本書所介紹的 ERP 專案進行方式如圖 1-10 所示。

圖 1-10　ERP 導入專案各階段

專案進行前為初始評估階段，主要是針對企業未來發展策略，評估是否須導入 ERP 系統並估計預期成效，同時根據所需 ERP 系統選擇軟體與硬體供應商以及專案導入顧問團隊。專案計畫分為五大步驟—專案準備、企業藍圖規劃、系統建置、系統上線規劃以及系統上線。專案準備主要在確定專案範圍、訂定專案執行策略、調集所需人力、並培養企業內的種子人員或稱關鍵使用者 (Key User)。企業藍圖規劃主要是經由協商，建立組織在 ERP 上線後運作主要架構與流程的共識，此共識是由企業的種子人員與顧問共同協商達成的。

在企業藍圖建立後，顧問及程式設計師就在**系統建置階段**依此藍圖調整系統參數及撰寫外掛程式，以使得日後公司所使用的 ERP 系統中的流程符合企業藍圖中共識流程的設計。同時，企業也該開始準備要輸入到 ERP 系統中的資料；例如企業有很多舊系統或舊資料，在此階段應開始將其彙總，並撰寫資料轉檔程式。**在系統上線規劃的準備階段**，應將未來要正式使用的 ERP 系統安裝好，並進行測試，同時還須要進行使用者操作 ERP 系統的訓練，此外還須利用這段時間規劃 ERP 系統上線後的使用者諮詢工作。系統上線階段通常利用 48 小時左右時間，將企業運作完全停止，並將正確資料全部輸入到 ERP 系統中，以便系統有正確的資料可運用。系統上線後，必須於第一個月中持續監控 ERP 系統中資料正確性，同時要注意操作使用 ERP 系統的工作人員可能犯的錯誤。

專案過程中並應不斷注意專案控管，以確保進度與所需資源都能適時支援。同時由於 ERP 專案會牽涉到很多線上操作人員的工作習慣，有些員工需要修正工作內容，甚至可能比為使用 ERP 系統前須輸入更多的資料，因此這類專案容易引起第一線人員反感。如反彈聲浪太大，ERP 導入專案計畫可能因而停止或延宕。為使計畫能順利為大家接受，因此需要注意變革管理。ERP 系統上線後，企業流程可能隨著內外環境變化而修改，因為此時重要流程都在系統中，須要進入後續的改善與修正階段，才能將更有效率的流程反映於系統中，企業也才能從 ERP 專案中獲得長久的營運績效。另外，企業導入 ERP 系統是一項複雜且艱困的任務，即使 ERP 系統上線後，也有可能未能直接獲得 ERP 系統導入的預期效益。因為上線初期員工對系統的運作仍不熟悉，常導致各種錯誤，而且 ERP 系統的流程亦可能未達到最佳化，須等系統上線一陣子，運作穩定後，再進行流程與系統的調整，較能達到預期的效果。因此才有需要圖 1-10 的持續改善階段。圖 1-11 特別將導入 ERP 系統前後企業轉變的過程再進行說明。

圖 1-11　企業轉變的過程

　　ERP 專案計劃通常針對每一個應用模組都有相對應的小組，以負責釐清該模組中的流程與所需資料，並完成所需的 ERP 軟體參數設定與外掛程式撰寫。每一個小組都應有顧問與企業中的種子人員參與，**這些種子人員都應為企業中最了解企業流程、且最有能力與顧問商量 ERP 系統上線後企業流程的員工**。種子人員還需檢查匯入 ERP 系統的資料是否正確，而顧問則負責將討論後的流程落實到 ERP 系統中。同時專案中還應有來自 MIS 技術部門的支援，以便調整網路設定、規劃資料庫維護與後續系統維護等工作。圖 1-12 即為一個典型的 ERP 系統導入專案組織圖，在各小組上有專案辦公室，企業內與顧問公司的專案經理在此協調專案進行，並進行進度控管。專案督導委員會則由企業內的高階主管組成，負責重大議題的裁示，並適時提供專案所需資源。如為大企業內的 ERP 系統導入專案，也可成立獨立的品保部門 (Quality Assurance, QA)，確保各階段的工作結果都有適當的品質保證。

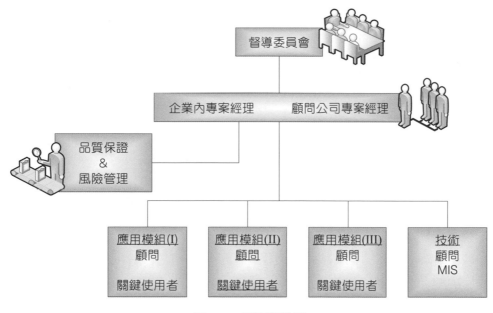

圖 1-12　專案組織圖

1.4 ERP 所需的技術

隨著科技的演進，ERP 軟體所運用到的科技環境也已改變，傳統的 ERP 軟體僅能安裝在大型主機系統上，例如 AS/400 或 RS/6000，而現今的 ERP 軟體，很多都有支援**主從** (Client / Server) 架構；在作業系統方面，除了支援 Unix、VMS、OS/400 等作業系統之外，一些 ERP 軟體，也開始支援 Microsoft Windows 的作業平臺；在資料庫方面，除了支援大型的資料庫軟體如 DB2、Informix、Oracle、Sybase 等，現今也有一些 ERP 軟體支援如 Microsoft SQL Server、Access、MySQL 等。因為 ERP 系統為流程導向的整合資訊系統，企業在導入 ERP 系統時，應利用流程管理工具 (即企業流程模擬工具) 清楚載明其企業流程，因此本書特別將企業流程規畫的工具與技術也視為 ERP 系統所需的基礎知識，本書第 2 章有對此工具的詳細描述。圖 1-13 表示 ERP 系統使用的基本技術。

圖 1-13 ERP 系統所需基本技術

圖 1-13 中所有應用模組的流程是由企業流程模擬工具所描述與設計，設計結果經由多層式主從式架構落實成 ERP 軟體，此軟體使用網路傳遞與蒐集資料，並將資料存於資料庫中。

ERP 系統目前多採主從式架構設計，其中更以多層式 (Multi-tier) 為目前系統架構的主流，有些 ERP 軟體也提供 Web 方式存取，亦即使用者只需有網路的瀏覽器，如 Google 的 Chrome 或微軟瀏覽器 IE 即可連上 ERP 系統，可在全世界任何地點，使用任何硬體操作 ERP 系統，甚至可以方便到使用行動裝置 (Mobile Devices) 透過相關 App 程式操作企業的 ERP 系

統。圖 1-14 為一典型 ERP 系統架構，其中資料庫伺服器儲存所有關於企業營運的資料，應用伺服器為 ERP 系統模組安裝之所在，可視需求擴充數目以分擔負荷量；網路伺服器則為典型的 WWW 網站伺服器，以提供使用者透過瀏覽器存取 ERP 系統資料，而瀏覽器則是使用者用以操作系統的介面。

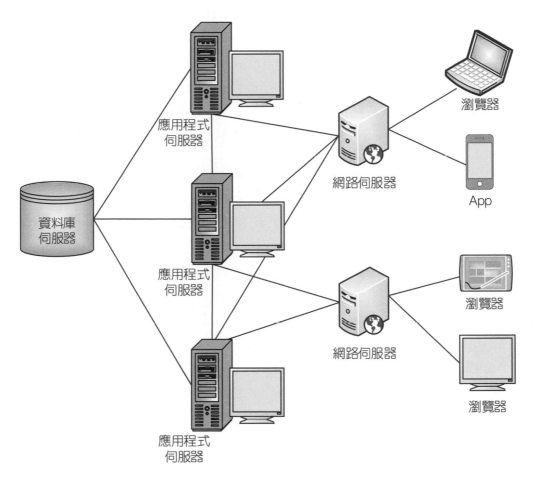

圖 1-14　ERP 系統採多層式主從架構設計

　　在雲端架構下，這些所介紹的伺服器皆可使用遠端的雲端服務。在最極致的狀況下，可軟、硬體都使用遠端的服務，企業內並不需安裝這些伺服器。

1.5 以 ERP 為基礎的企業 e 化

根據 [23]，企業的 e 化系統可分為六類：**交易處理系統** (Transaction Processing Systems, TPS)、**辦公室 e 化** (Office Systems)、**知識工作系統** (Knowledge Work Systems)、**決策支援系統** (Decision Support System, DSS)、**管理資訊系統** (Management Information Systems, MIS)、**高階主管支援系統** (Executive Support Systems, ESS)。ERP 系統雖然導入複雜，但也只屬於交易處理系統的一部分，因為交易處理系統與協助主管決策之類的系統不宜放在一起 [21]，因此其 ERP 系統的決策支援能力相當有限。

就流程面而言，ERP 系統著重於處理接到顧客詢價單或訂單後之企業內部流程 e 化，對於與客戶接觸的流程及向供應商下訂單的流程，一般來說則不在其範圍內。因為多數 ERP 系統僅涵蓋公司內部的運作流程，與客戶接觸的流程常歸納到客戶關係管理 (Customer Relationship Managenment, CRM) 系統，而與上游來往的流程常歸納到電子採購 (e-Procurement) 系統中，至於與上下游合作設計新產品的流程則歸入**協同設計** (Collaborative Design)。但這些流程都與 ERP 系統的流程相接續並互相傳遞資料，很多企業也將 ERP 系統與工作流程管理 (Workflow Management) 系統相結合，使主管可經由工作流程管理系統直接查到 ERP 裡面的資料，以便作表單的簽核。常用的做法如請購單經由工作流程軟體請主管批示時，主管可經由點選欲請購料件後，即看到 ERP 系統中目前該料件庫存，以供作簽核的參考。

企業之間流程 e 化最大的好處在於節省所需的人力與減少錯誤。例如下單與接單雙方均有電腦化系統，則下單的一方就可以用 XML 或 EDI 方式將訂單以按鍵送出，不須再花時間印出或轉成 FAX，因為這些動作都需花費採購人員時間，而且可能產生錯誤。在接單端如果有 e 化系統，理論上就可二十四小時接受來自顧客的訂單，並以 e 化方式回覆，一樣可以節省人力與避免錯誤。因此企業間流程的 e 化應是所有產業的趨勢，產業間所不同的應僅是交換標準制定速度的不同。

這些產業間 e 化流程的起點與終點如果都為 ERP 系統，將是最有效率的，因為採購端可根據所需原物料直接從 ERP 系統的物料管理或採購模組啟動流程，減少資料轉換的錯誤；而採購結果也可直接反應於系統中以

便進行後續作業活動。而銷售端則可啟動相對應的銷售流程來接單，迅速計算出能供應的原物料日期與數量來回覆訂單，因此可使供應鏈 (Supply Chain) 上的錯誤與延誤減至最低。

ERP 系統因需快速反應，因此無法儲存大量歷史資料，也不利於從事大量資料的分析計算，因此一般企業都會將決策支援系統 (DSS)、管理資訊系統 (MIS) 與高階主管支援系統 (ESS) 從 ERP 系統中分離。目前較著名的此類系統為**先進規劃與排程** (Advanced Planning and Scheduling, APS) 系統與**商業智慧** (Business Intelligence, BI) 系統。APS 是由於 ERP 系統中的 MRP 功能無法立即 (或短時間內) 準確估算產能，而發展出的決策支援系統；而 BI 則是因為 ERP 系統無法儲存大量歷史資料與作大規模資料彙總運算而產生，目前很多 BI 軟體已經應用到管理資訊系統與高階主管支援系統層面。

1.5.1 顧客關係管理

顧客關係管理 (Customer Relationship Management, CRM) 是指企業為了建立新顧客、並且維持既有的顧客關係，同時能夠增加顧客的利潤貢獻度，經由持續地觀察所有行銷管道並與顧客進行互動，以全方位的角度，來分析顧客個人及分群的行為，進而了解每一個獨立客戶或分群的特性，並且能夠提供讓顧客認同的產品 (Product) 及服務 (Service)，藉由顧客所累積的終身價值，協助企業能夠達成長久獲利的目標 [1]。

Swift (2000) 定義顧客關係管理是企業藉由與顧客充分地互動，來瞭解及影響顧客的行為，以提升**顧客的滿意度** (Customer Satisfaction)、**顧客的獲取率** (Customer Acquisition)、**顧客的保留率** (Customer Retention)、**顧客的忠誠度** (Customer Loyalty) 及**顧客獲利率** (Customer Profitability) 的一種經營模式。

以往企業剝削顧客以作為收入的來源，現在企業視顧客為長期的資產並透過顧客關係管理加以關心及照顧，不論是現在的顧客或是未來潛在的顧客，都是顧客關係管理的目標。要做好顧客關係，首先必須要了解顧客的行為、從顧客過去所累積的交易記錄中，找出顧客的行為模式與和顧客有關聯的各種趨勢關係，因而幫助企業能夠以更客觀的角度制定決策，以滿足顧客的實際需求。

　　IT 的進步使得企業有能力進行 CRM 相關的活動，例如快速大量的收集客戶資訊、整合儲存大量顧客的資料、快速的分析資訊並轉換成顧客的知識、同步地與顧客在網上互動討論、即時的回應、降低行銷、銷售、服務的成本，提昇更好的服務與關係等，因此企業若能在 CRM 上善用適當的 IT 工具，則在顧客資訊的管理與互動上將增加競爭優勢。一般 CRM 系統以 e 化銷售、行銷和服務三個模組來開發新客源，並與舊顧客維持良好的關係，圖 1-15 顯示企業與顧客互動的三個接觸面。以 Microsoft Dynamics CRM3.0 為例，主要分為**銷售管理** (Sales Management)、**行銷自動化** (Marketing Automation) 與**顧客服務** (Customer Service) 三大模組，藉由三個模組的分工合作，幫助企業建立顧客價值 (Customer Value)。

圖 1-15　企業與顧客互動的三個接觸面

　　一般來說，顧客可以透過許多途徑與企業接觸，例如電話、電子郵件、網站與業務或客服人員面對面會談等方式。不管經由何種途徑與企業接觸，顧客都希望企業可以提供一致的資訊與服務。例如當顧客與客服專線聯絡，透過帳戶號碼，顧客服務代理 (Customer Service Representative, CSR) 要能夠存取顧客出貨地址、付款資訊及採購歷史；同樣的資訊也應可提供給經由網站查詢的顧客。同樣地，銷售人員也應該有客戶採購產品的完整資訊，以增加銷售其它產品的機會；維修人員前往客戶辦公室服務時，若也能存取這些資訊，就能攜帶正確的零件，則此企業可以帶給顧客一個有組織化、專業的印象。

　　除了提供一致的資訊以服務顧客外，CRM 系統還可利用**資料探勘 (或稱挖礦)** (Data Mining) 等方式進一步分析利用各種管道蒐集的客戶資料，以對顧客進行各種分類並進行有效銷售與行銷活動。

1.5.2　先進規劃與排程

　　先進規劃與排程系統 (Advanced Planning and Scheduling, APS) 是由 ERP 系統規劃功能發展而來，ERP 系統進行物料需求規劃時，並沒有考慮產能上限，只進行所需產能累加，而 APS 除了規劃物料需求外，也同時考量勞力及生產機器的產能限制，假如有任何非預期的事件發生 (例如客戶緊急插單或抽單)，APS 規畫的排程可以立即重新計算。在 APS 之前，傳統 ERP 系統進行生產計畫需要經過長時間、週而復始地開始、確認計畫可行及重新開始等步驟，如圖 1-16 所示。

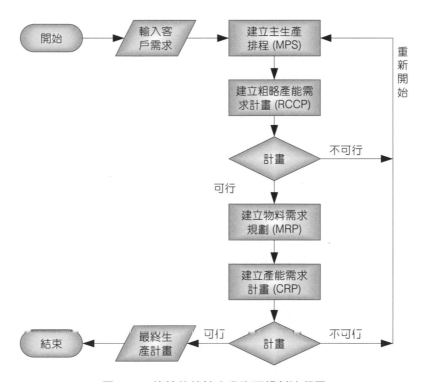

圖 1-16　傳統的線性企業資源規劃流程圖

　　APS 系統主要是進行規劃與最佳化的程序，一般日常交易的執行還是在 ERP 系統中進行，而 ERP 系統須將進行 APS 規劃會用到的資料傳入 APS 系統中，例如工作中心、物料清單、顧客需求量與時間、目前資源耗

用狀況、存貨數量、預測訂單等資料，分析假設條件並建議可能的排程，產生正確的訂單之允諾可用量 (Available to Promise, ATP) 資料、產能及「若 ... 則」分析等完成後，再將規劃結果傳回 ERP 系統進行相關的執行與控制活動，例如生產工單的執行等，如圖 1-17 所示。

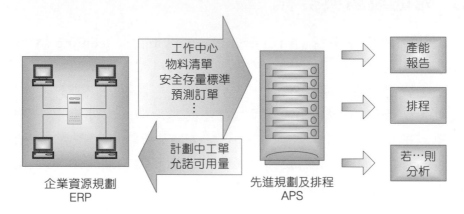

圖 1-17　APS 產生更多正確報告及分析

1.5.3　商業智慧

商業智慧 (Business Intelligence, BI) 是幫助企業在 ERP 系統中最佳化資料的一種分析應用，1998 年開始，ERP 軟體供應商開始加入 BI 應用程式以擴充他們的軟體，並從大量的交易資料中提供簡易的分析。BI 軟體傳統上被視為決策支援工具，**線上分析處理** (Online Analytical Processing, OLAP) 是共通的決策支援工具，並與早期**以大型主機為基礎的** (Mainframe-Based) **決策支援系統** (Decision Support System, DSS) 有關，特別是 OLAP 程式可以讓使用者存取**資料倉儲** (Data Warehouse) 中的資料。

這些決策支援的產品，可以將散布在 ERP 與其他系統中的資料加以收集，儲存在資料倉儲或**資料市集** (Data Mart) 中，並加以存取和分析，如圖 1-18。員工則可以使用特定的工具或是一些預先定義的報表，產生某區域產品銷售圖表，最終轉換為知識，如圖 1-19。

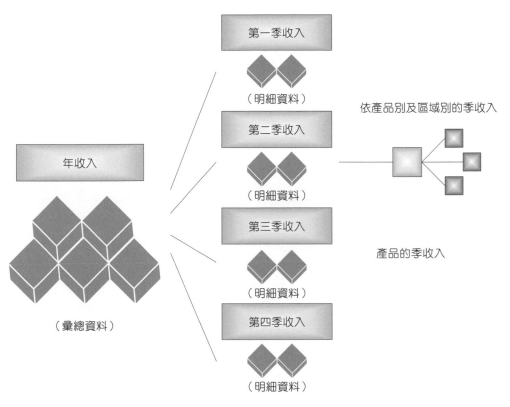

圖 1-18　OLAP 工具可以允許使用者將彙總資料分解成明細資料

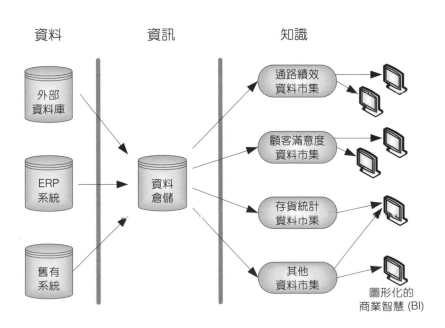

圖 1-19　資料市集將 ERP 資料轉變成知識

　　圖 1-20 列舉作者們對目前 ERP 即與其相關延伸系統的概念圖。一個企業如果利用目前科技進行徹底 e 化，通常使用資料倉儲分隔了流程 e 化與決策 e 化系統。詳細的 ERP 與企業 e 化內容，還請參酌本書第 14 章。

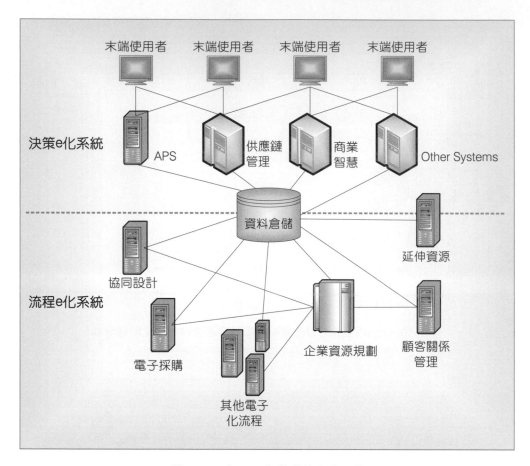

圖 1-20　以 ERP 為基礎的企業 e 化

1.6　結論

　　ERP 系統的出現，使得產業界能將企業核心流程經由 e 化做徹底的整合。也由於它與核心流程密不可分的關係，使得 ERP 系統成為各大企業不可或缺的工具；但也因為如此，使得很少人能真的了解一套 ERP 系統的完整功能，而系統在導入時，也比一般資訊系統複雜。本書嘗試結合國立中央大學各個 ERP 相關專長領域的教授與實務界專家，就其專業領域中相關部分撰寫獨立章節再彙合而成，希望能對提升國內相關教育有所幫助，進而促成相關顧問與軟體產業發展的升級。

習　題

名詞解釋

1. 企業資源規劃　Enterprise Resource Planning, ERP

2. 物料需求規劃　Material Requirements Planning, MRP

3. 電子資料處理　Electronic Data Processing, EDP

4. 管理資訊系統　Management Information System, MIS

5. 製造資源規劃　Manufacturing Resource Planning, MRP II

6. 顧客關係管理　Customer Relationship Management, CRM

7. 先進規劃與排程　Admanced Planning and Scheduling, APS

8. 商業智慧　Business Intelligence, BI

9. 線上分析處理　Online Analytical Processing, OLAP

10. 決策支援系統　Decision Support System, DSS

11. 資料倉儲　Data Warehouse

12. 國際會計準則　International Financial Reporting Standards

選擇題

1.(　　) 下列哪一選項功能不屬於物料需求規劃 (MRP) 含的基本功能？

　　A. 經濟訂購量 (EOQ)

　　B. 安全存量 (Safety Stock)

　　C. 工單管理 (Work Order)

　　D. 成本控制模組 (CO)

2.(　　) ERP 系統中的主要功能為整合企業內營運流程提供即時資訊，ERP 系統所包含的流程有 (1) 財務會計作業流程 (2) 成本會計作業流程 (3) 採購作業流程 (4) 產品設計流程？

　　　A. 123

　　　B. 234

　　　C. 134

　　　D. 124

3.(　　) 下列何者為正確 (1) APS 是為解決 ERP 系統無法儲存大量歷史資料而產生 (2) ERP 系統的決策能力相當有限 (3) ERP 系統不善於大量資料的分析計算 (4) ERP 系統並不處理客戶抱怨？

　　　A. 123

　　　B. 124

　　　C. 234

　　　D. 134

4.(　　) 以下何種模組所負責的業務部份較不屬於 ERP 的範疇？

　　　A. 倉儲管理

　　　B. 財務模組

　　　C. 製造現場控制

　　　D. 銷售 / 配送模組

5.(　　) ERP 系統最新的主流趨勢是採用下列哪一種基本技術？

　　　A. 集中式架構

　　　B. 分散式架構

　　　C. 同儕計算架構

　　　D. 多層式主從架構

6.(　　) 下列何種系統可同時用於製造業與服務業？

    A. 物料需求規劃

    B. 製造資源規劃

    C. 企業資源規劃

    D. 以上皆是

7.(　　) 商業智慧 (BI) 是幫助企業在 ERP 系統中最佳化資料的一種分析應用，而 BI 軟體共通的決策支援工具為？

    A. 線上交易處理 (OLTP)

    B. 電子資料處理 (EDP)

    C. 線上分析處理 (OLAP)

    D. 以上皆是

8.(　　) 下列何者不是以 ERP 為基礎的企業 e 化應用？

    A. APS

    B. BI

    C. CRM

    D. MRP

9.(　　) 下列何者非 MRP 系統所需的輸入項目？

    A. 主生產排程

    B. 工單

    C. 產品結構表

    D. 庫存主檔

10.(　　) ERP 系統和先進規劃與排程 (APS) 之間的資料流動關係是？

    A. APS 從 ERP 取得資料進行分析

    B. APS 從 ERP 取得資料進行分析後，再將資料傳回給 ERP

    C. ERP 從 APS 取得資料進行分析

    D. ERP 從 APS 取得資料進行分析後，再將資料傳回給 APS

11.(　　) 根據美國生產與存貨控制學會 (APICS) 的定義企業資源規劃是一個？

A. 管理會計導向的系統

B. 生產控制導向的系統

C. 財務會計導向的系統

D. 生產規劃導向的系統

12.(　　) 對 ERP 系統而言，下列敘述何者為非？

A. ERP 強調的是資料的整合，而即時性並不重要

B. ERP 系統採 Client Server 架構

C. ERP 系統為企業 e 化核心

D. ERP 是以財務會計導向的資訊系統

13.(　　) 對 ERP 系統而言，下列敘述何者為非？

A. ERP 能提供整個企業營業資料，但只限於製造業

B. ERP 其核心為單一資料庫，匯集企業內各商業活動流程的資料

C. Gartner Group 於 90 年代初首先提出 ERP 概念

D. ERP 是以財務會計導向的資訊系統

14.(　　) 下列有關 ERP 系統導入，何者正確 (1) 有關硬體架構部分，需考慮伺服器的穩定性、運算速度、升級性 (2) 需做好專案管理工作，注重控制專案的範圍、資源、時間 (3) 須制定各部門目標與績效指標，釐清各部門的任務 (4) 進行軟體安裝時，先安裝作業系統並進行測試，確認穩定後方可安裝套裝軟體？

A. 34

B. 124

C. 134

D. 1234

15.(　　) 以下何者非導入 ERP 系統可能獲致的主要效益？

A. 存貨減少

B. 改善現金管理

C. 減少 IT 系統可能的花費

D. 增加知識管理績效

16.(　　) 對於 ERP 系統的描述，下列何者正確 (1) 全名是 Enterprise Resource Planning (2) 主要功能為能將企業營運中各種所需的資料即時整合 (3) 是一功能導向的資訊系統 (4) 是一財務會計導向的資訊系統 (5) 是一流程導向的資訊系統？

A. 125

B. 234

C. 1345

D. 1245

17.(　　) ERP 系統導入企業之後，為什麼不能馬上獲得預期利益？

A. 員工的抗拒

B. 流程可能未達到最佳化，必需要持續改善

C. 企業對 ERP 期待過高，以致有落差

D. IT 以及系統的不穩定

18.(　　) 有關先進規劃及排程的敘述，下列何者錯誤？

A. 全名 Advanced Planning and Scheduling

B. 考慮規劃物料需求

C. 考量勞力及生產機器的產能

D. 考量生產的成本

19.(　　) 依 APICS 於 1995 年為 ERP 系統提出的定義，是以下列何者為導向之資訊系統？

A. 財務會計

B. 銷售與配銷

C. 生產規劃

D. 人力資源

20.(　　) 在提供 ERP 系統軟體的廠商中，下列哪一家廠商其 ERP 的發展歷程是先從辦公室後端 (Back Office) 系統，而後延伸至前端 (Front Office) 系統？

A. PeopleSoft

B. Oracle

C. SAP

D. Baan

21.(　　) 在提供 ERP 系統軟體的廠商中，下列哪一家廠商最初專長於生產製造自動化，而後再擴充其他企業功能？

A. PeopleSoft

B. Oracle

C. SAP

D. Baan

22.(　　) 導入 ERP 系統專案的各階段，其正確順序為何 (1) 企業藍圖規劃 (2) 專案準備 (3) 系統上線規劃 (4) 系統建置？

A. 1234

B. 2143

C. 1243

D. 2134

23.(　　) 確定專案範圍、訂定專案執行策略，調集所需人力以及培養企業內的種子人員等工作，是屬於 ERP 導入專案的哪一階段？

A. 初始評估

B. 企業藍圖規劃

C. 專案準備

D. 系統上線規劃

24.(　　) 經由協商建立組織在 ERP 上線後運作主要架構與流程，是屬於 ERP 導入專案的哪一階段？

A. 初始評估

B. 企業藍圖規劃

C. 專案準備

D. 系統上線規劃

25.(　　) 彙整將舊系統中的舊資料，並撰寫資料轉檔程式，是屬於 ERP 導入專案的哪一階段？

A. 專案準備

B. 系統建置

C. 系統上線規劃

D. 系統上線

26.(　　) 當企業在導入 ERP 系統時，必須組織建立 ERP 上線後運作主要架構與流程的共識，並由企業的種子人員與顧問共同協商完成，此階段稱為？

A. 系統上線規劃

B. 系統建置

C. 企業藍圖規劃

D. 專案準備

27.(　　) 一個能夠整合企業所有經營管理的資訊系統應該具備有 (1) 提供整合且即時的資訊 (2) 支援企業運作及決策制定 (3) 系統之間能夠共享資訊 (4) 提升組織效率及財務績效 (5) 能夠累積眾多的資料與檔案？

　　A. 123

　　B. 234

　　C. 145

　　D. 134

28.(　　) 企業導入 ERP 系統時，產生良好績效的三大要素 (1) 適用的企業流程 (2) 足夠的 IT 經費預算 (3) 整合的 IT 環境 (4) 恰當的導入方法 (5) 適當的專案經理？

　　A. 123

　　B. 234

　　C. 134

　　D. 145

學習資源

▣ 國立中央大學企業資源規劃暨大數據分析中心網站 https://erp.mgt.ncu.edu.tw/

▣ 中華企業資源規劃學會網站 https://www.cerps.org.tw/zh-TW

參考文獻

[1] 中華民國資訊軟體協會，2007 年，中小企業導入 ERP 實務講座課程講義。

[2] 王立志，1999 年，系統化運籌與供應鏈管理，滄海書局。

[3] 申元洪，2000 年，企業資源規劃系統之執行效果 – 以台灣地區為例，中央大學工業管理研究所碩士論文。

[4]　吳琮璠，謝清佳，2000 年，資訊管理理論與實務，智勝文化。

[5]　沈國基、呂俊德、王福川，2006 年，進階 ERP 企業資源規劃運籌管理，前程文化。

[6]　李泰霖，2000 年，企業導入 ERP 系統之目標、過程與成效，中央大學工業管理研究所碩士論文。

[7]　周樹林、薛念祖，1999 年，"我國 ERP 市場現況與展望，" 資訊工業透析－軟體與應用，1999 年 6 月。

[8]　Anderegg, T. (2000) . ERP: A-Z implementer's guide for success. NY: CIBRES.

[9]　Angerosa, A.M. (1999, October) . The future looks bright for ERP. APICS – The Performance Advantage, 5-6.

[10]　Appleton, E. L. (1997, March) . How to survive ERP. Datamation, 43, 50-53.

[11]　Bancroft, N. H., Seip, H., & Sprengel, A. (1997) . Implementing Sap R/3: how to introduce a large system into a large organization (2nd Ed.) , NY: Manning Publications Co.

[12]　Benchmarking Partners and IBM Corp. (1999) . ERP and beyond: exceeding ROI opportunities.

[13]　Benchmarking Partners Inc. (1998) . Ten 'go live' surprises – findings from a post-implementation research study of 62 companies, MA USA.

[14]　Bingi, P., Sharma, M.K., & Godla, J.K. (1999) . Critical issues affecting and ERP implementation. Information Systems Management, 16 (3) , 7-14.

[15]　Buchanan, G., Daunais, P., & Micelli, C. (2000, February) . Enterprise resource planning: a closer look, Purchasing Today, 14-15.

[16]　Callaway, E. (1998) . Enterprise resource planning integration applications and business processes across the enterprise. South Carolina: Computer Technology Research Corp.

[17] Callaway, E. (2000) . ERP-the next generation, South Carolina: Computer Technology Research Corp.

[18] Davenport, T. H. (1998) . Putting the enterprise into the enterprise systems. Harvard Business Review, 76 (4) , 121-131.

[19] Deloitte Consulting & Benchmarking Partners, Inc. (1999) . ERP's second wave – maximizing the value of enterprise applications and processes. A global research report including Deloitte Consulting's perspective: making ERP spell ROI.

[20] Gould. L. (1997) . Planning and scheduling today's automotive enterprises, Automative Manufacturing & Production, 109 (4) , 62-66.

[21] Inmon, W.H. (2002) . Building the data warehouse (3rd ed.) , NY: John Wiley & Son.

[22] Krasner, H. (2000, January/Februar) . Ensuring E-business success by learning from ERP failures. IT Pro, 22-27.

[23] Laudon, K. C., & laudon, J. P. (2002) . Management Information Systems (7th Ed.) , NY: Prentice Hall.

[24] Mabert, V. A., Soni, A., & Venkataraman, M.A. (2000) . Enterprise resource planning: survey of US manufacturing firms. Production and Inventory Management, 41 (2) , 52-58.

[25] Maskell, B. (1986, January) . Integrated systems and how to implement them. Management Accounting, 26-28.

[26] Ptak, C. A. (1999) . ERP tools, techniques, and applications for integrating the supply chain. New York: St. Lucie Press.

[27] Ross, J. W. (1999, July/August) Surprising facts about implementing ERP., IT Pro, 1 (4) , 65-68.

[28] Russell & Taylor (2000) . Operation management (3rd Ed.) . NY: Prentice-Hall Inc.

[29] SAP (1998, December) . SAP System R/3 technical consultant training administration guide (Release 4) . 0A.

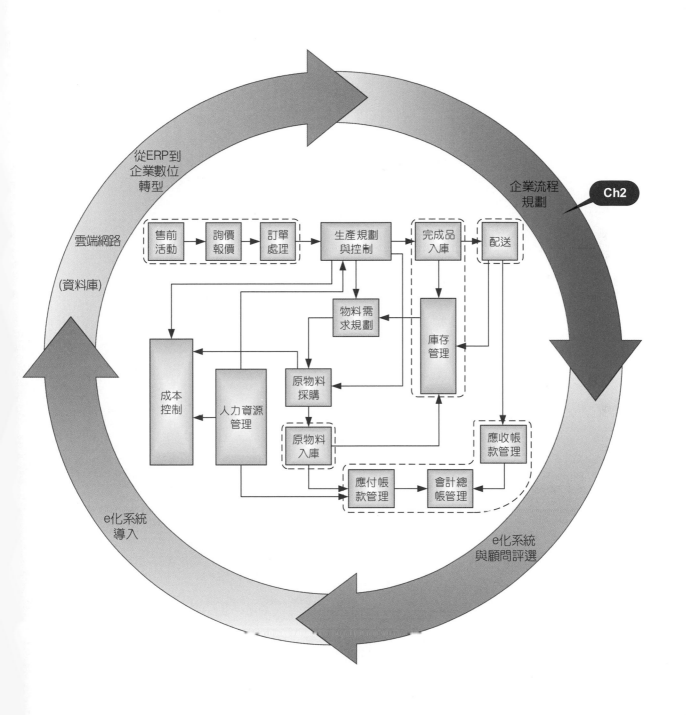

02

企業流程管理與ERP

高信培博士　國立中央大學工業管理研究所教授
謝禎國　　　台灣應用管理顧問股份有限公司總監

學習目標

- ☑ 流程管理與ERP的關係
- ☑ 流程管理的宏觀與微觀
- ☑ 流程分析對資訊系統設計的重要性
- ☑ 資訊系統發展的架構與程序
- ☑ 執行流程再造的模式與ERP導入專案的關係
- ☑ 流程再造的成功因素與生命週期
- ☑ 流程建模及分析的方法論與工具
- ☑ 流程管理的發展趨勢

2.1　簡介

在今日新興的網路經濟中，各種術語充斥，最常聽聞的包括**電子商務** (eCommerce)、**電子化企業** (eBusiness)，以及**供應鏈管理** (Supply Chain Management)。

綜合各種定義，電子商務為一企業利用通訊網路對消費者 (B2C) 以及對其他企業 (B2B) 傳遞資訊、銷售商品或提供服務；電子化企業為一企業應用**整合性資訊系統** (Integrated Information System) 規劃與執行關於採購、生產、銷售、服務等前檯與內部的作業；供應鏈管理則為針對自供應商到顧客的整體流程，規劃、執行、與控制有關物流、資訊流、金流的各種作業，進而與其他跨供應階層 (Cross-echelon) 的企業成員統合為自原料到最終產品的價值鏈 (Value Chain)。由以上定義與圖 2-1 所示，可以瞭解三者彼此相關，而推動產業資訊電子化是為了能夠即時地 (Real-time) 交換以及分析資訊以促成物盡其用與貨暢其流。為達成此一目的，必須採行流程導向的營運模式，應用包括網際網路 (Internet)、企業內部網路 (Intranet) 以及企業間網路 (Extranet) 等資訊系統與技術 (Information System and Technology, IS/IT) 進行個別企業以及企業間的整合。

當 IS/IT 快速發展之際，企業面臨的難題之一在於如何適時選取與應用各種技術以滿足動態性的管理需求。始於 90 年代，**企業資源規劃** (Enterprise Resources Planning, ERP) 系統至今已成為網路經濟中最關鍵的資訊技術之一，而被定位為落實電子化企業的基礎系統 (Backbone System)。然而根據許多實證研究發現，ERP 導入往往被窄化為資訊系統升級的技術性問題，卻未從策略層次定位，因此錯失對整體企業乃至供應鏈升級的契機，使得成效相當有限。

ERP 系統為一多模組 (Multi-modular) 整體性企業資訊系統 (Company-wide Information Systems)，除了以流程導向的模式整合內部所有功能，並可應用**整合應用技術** (B2B Integration Applications) 與其他企業的 ERP 系統聯結。除少數企業選擇自行發展系統外，多數企業會根據各項指標 (如功能性、投資成本、支援能力等)，選取 ERP 系統供應商所提供的標準化**架構套裝系統** (Commercial Off-the-self Package)，繼而進行導

入專案 (Implementation Project)，針對特定的需求執行**系統配置** (System Configuration) 已達成**客製化** (Customization) 目的。有別於傳統自行開發系統，ERP 系統配置係依據特定的企業需求，組合架構系統的各個標準**應用模組** (Application Modules) 及**中央資料庫** (Central Database) 以結構化為整體系統，使得各模組之間能夠依照所設定的流程及其邏輯自動傳遞資訊以及提供決策支援的機制。

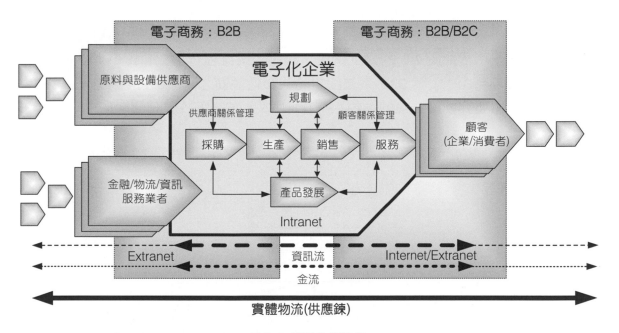

圖 2-1　電子化價值鏈

目前著名的 ERP 系統 (例如 SAP) 多已提供相當完備的標準流程，即所謂的**最佳實務範例** (Best Practices) 及**參考模型** (Reference Models)。一般而言，在進行系統配置時往往陷於兩難之間：究竟應該全面調整現存流程以符合 ERP 系統供應商所提供的標準流程與系統功能，或是遷就現存流程對該 ERP 系統進行完全客製化。

一般而言，若企業的現存流程與 ERP 最佳實務之間的一致性程度高，導入過程將較為容易，否則為了符合最佳實務流程，勢必需要進行大幅的組織變革以及風險相當高的**企業流程再造** (Business Process Reengineering, BPR)。另一方面，若要求完全客製化，標準 ERP 系統卻未必具備足夠的彈性以執行特殊的功能與流程，並且若未經流程合理化即導入 ERP 將使得資訊自動化徒具形式。由此可見，執行 ERP 導入專案與系統配置極為複雜，而失敗或未盡其功即倉促上線的案例時有所聞。

　　根據 Osterle (1995)，導入架構 ERP 應參照該系統所提供的標準功能及流程，全面審檢現存的組織結構及包括處理物料、資訊、資金等相關流程。經由分析與設計，確定資料的投入與產出、流程中的細項作業與功能，以及部門之間應有的權責關係，方能據此進行系統配置。簡言之，導入 ERP 的先決條件在於充分瞭解現行 (As-Is) 與詳盡規劃未來的 (To-Be) 流程。未經由**企業流程分析與設計** (Business Process Analysis and Design) 以完全整合營運需求與 ERP 的功能，便無從獲得最大的效益。因此，如何採取正確的導入途徑與應用適當的方法論以管理企業流程實為 ERP 研究的重要命題。本章根據圖 2-2 的研究架構，探討**企業流程管理** (Business Process Management, BPM) 與 ERP 系統配置的關聯性並簡介有關 BPM 的方法論。雖然在此主要介紹製造業的 BPM，有關的概念亦適用於服務業。

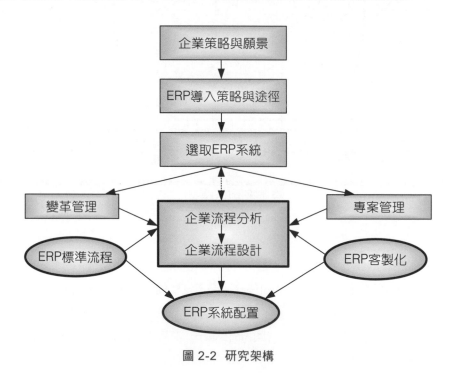

圖 2-2　研究架構

2.2 從 BPR 到 BPM

　　依據 Porter 與 Millar (1985) 的價值鏈，企業營運實際是由各種作業所組成以創造利潤；其中處理物流的**直接加值作業**包括進料、生產作業、銷售、與服務，而處理資訊的**支援作業**則包括建構基礎建設 (Infrastructure)、人力資源管理、創新技術、與採購。以應用現代化資訊科技而言，所謂建構基礎建設主要就是導入整合性資訊系統以支援所有處理資訊的流程。圖 2-3 為一典型的製造業三大類流程，從中可以發現各功能性流程彼此串連，息息相關，例如：物流流暢與否其實取決於資訊流的效率及品質。又由圖 2-4 可以發現，不同功能部門除了執行內部流程外，必須參予執行各項跨功能的核心流程。簡單而言，企業流程管理的核心問題在於功能間能否密切整合，而整合性資訊系統則為達成整合的充分條件。

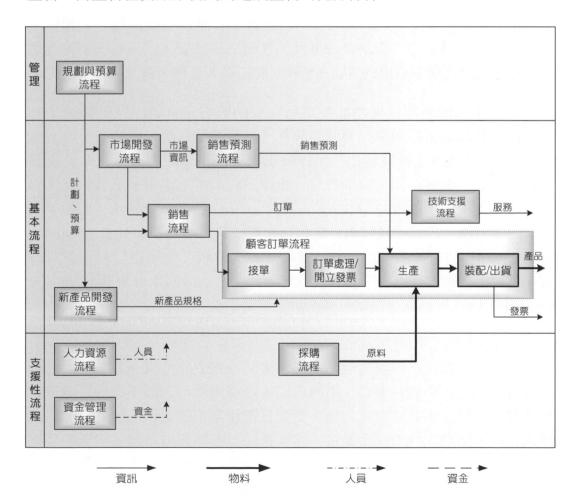

圖 2-3　製造業的流程及相互的關係

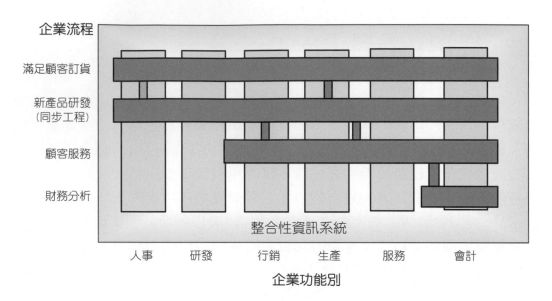

企業流程

滿足顧客訂貨

新產品研發
(同步工程)

顧客服務

財務分析

整合性資訊系統

人事　　研發　　行銷　　生產　　服務　　會計

企業功能別

圖 2-4　跨功能的核心流程

　　根據 Davenport 與 Prusak (1998)，**資料**、**資訊**以及**知識**為密切相關卻不盡相同的三種概念：資料是對事實的客觀描述與測量值，資訊則是經過資料處理與分析所萃取出的意義與解釋，而知識即是善用資訊的一種能力。

　　企業組織的各層級與功能部門所需要的資料、資訊以及知識雖不相同，彼此間卻有縱向與橫向傳遞的關係。以製造業為例，在最底層的交易作業 (Transactions) 係遵循標準化作業規則與程序以處理大量日常性交易資料，例如：顧客詢問、訂單管理、庫存派置、排定工單、出貨、計價與開列發票；第二層的**管控** (Management Control) 執行績效評量：例如：成本、顧客服務、產能、品質與設施利用率等；第三層的**決策分析** (Decision Analysis) 評估中期性營運問題，例如：供應鏈設計、庫存管理、資源派置、選取生產與配送途程、獲利度分析等。在最上層的**策略規劃** (Strategic Planning) 則針對長期性策略發展，決定策略聯盟、開發營運能力與機會，以及市場分析等。

　　由於傳統以來多僅針對個別功能需求開發獨立性的資訊系統，缺乏橫向及縱向的流程與資料整合，不同功能或階層的部門因而不能即時取得與傳遞資訊。現今則特別重視包括：企業整體性需求與資訊系統之間、組織層級之間、部門之間的完全整合。作為首要基礎建設的資訊系統就是要裨利各層級的人員輸入、分析、產出、貯存、與控制種類繁多且大量的資料與資訊，而**系統分析**即在於探究如何應用各種資訊技術以執行這五種功能，

以期能由流程導向的途徑將所需的功能完整地建置於資訊系統中，使得特定流程的相關人員在應用各種系統功能時，系統會遵循已設定的**交易規則** (Transaction Rules) 自動地從中央資料庫中撈取所需資料或者彼此傳遞資料。除此目的，以 ERP 為核心系統的流程分析更進一步探討如何有效管理資料、資訊、以及知識的相關程序與**設計營運規則** (Business Rules)，以提高加值性物流與處理現金流 (財務會計) 的效率以及設計與其他企業的界面關係。

僅以**運籌管理** (Logistics) 為例，ERP 系統根據交易作業、績效管控與決策分析，以及策略規劃分為三層相互整合的次系統：**應用模組** (Application Modules)、**先進規劃與排程系統** (Advanced Planning and Scheduling System, APS) 以及**主管資訊系統** (Executive Information System, EIS) (圖 2-5)。經由**製造執行系統** (Manufacturing Execution System, MES)，生產管理模組又可聯結包括**程式邏輯控制器** (Programmable Logical Controller, PLC) 與**監視控制與資料擷取系統** (Supervisory Control and Data Acquisition, SCDA) 的**工廠自動化系統** (Factory Floor Automation System, FFAS)。

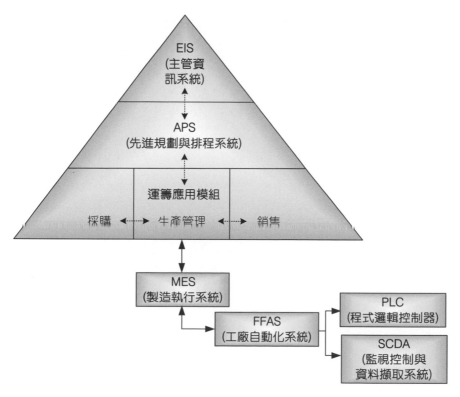

圖 2-5　ERP 層級系統

有關企業流程的定義繁多，在此以不同角度列舉三項：

1. 為達成既定的企業目的，利用有限資源執行一組邏輯性相關的**作業** (Activities) 與**分項任務** (Tasks)。所謂邏輯性相關 (Logically Related)，係指企業流程應具有完整的結構與可量化的**績效指標** (Key Performance Indicators)，而特定流程通常根據其始點、終點、介面，以及所牽涉的組織單位界定之。

2. 因**事件驅動** (Driven by Event)，執行一連續的加值作業以滿足各種**利益關係人** (Stakeholders) (例如：顧客與流程負責人) 不同的需求。該流程必須跨部門執行、具有投入及產出 (資訊或物料)、應用資訊系統為溝通平台，以及可以與其他流程串接或部分重疊。

3. 必須清楚定義關於特定流程的 5 個 W 與 3 個 H：利益關係人的需求 (What)、目的 (Why)、流程負責人 (Who)、場所 (Where)、開始與結束的時間與條件 (When)、進行方法與所需資源 (How)、預算 (How Much) 及期間 (How Long)。

　　根據以上三種定義可知，加值性流程與企業組織的構成要素有直接的關係。以系統的角度視之，一加值性流程係由**投入** (Input)、**產出** (Output)、**資源 / 機制源** (Resource / Mechanism) 及**控制 / 限制源** (Control / Constraint) 四類元素所組成 (圖 2-6)。再則，一流程可能隸屬於其他流程、與其他流程有特定的介面關係，以及可分層解構至最基本的分項作業。

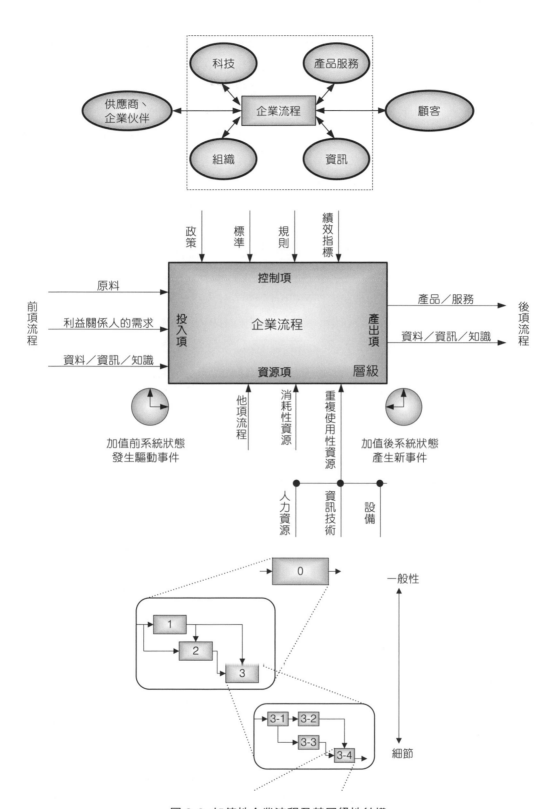

圖 2-6　加值性企業流程及其層級性結構

　　流程改善的理論與實務已有長遠的發展歷史，演進的軌跡約分為三個階段或途徑。最早期的作法係當發現某些流程的效率不佳時，即憑主觀與經驗採取**快速修補** (Quick Fix) 的方式強化或簡化該流程。此種方式忽視流程間或流程中各作業間的相依關係，成效往往弊多於利。其後由於**全面品質管理** (Total Quality Management, TQM) 極為盛行，企業普遍採取由微至巨、由下而上地逐步改善 (Gradual Improvement)，遵循：規劃改善方案 (Plan)、局部更新 (Do)、評估成效 (Check)、擴大改善範圍 (Act) 的 **PDCA 循環模式**進行。

　　一般而言，TQM 對於提升產品與製程品質的效益遠大於改進處理資訊的企業流程，其全面整合企業的成效並不顯著。於 90 年代初，Hammer 與 Champy 在 "Reengineering the Corporation" 一書中倡導**企業流程再造** (BPR) 的觀念而蔚為風尚。然而由於普遍對 BPR 認知不足而驟然施行所謂組織瘦身 (Downsizing) 者居多，因而大量流失最重要的資產 — 中階管理階層，以及組織忠誠度，BPR 即被認為是風險太高而不切實際的理論，而寧願採行遠較保守的 TQM。

　　近年來由於各種資訊技術的不斷發展而必須全面整合，BPR 再度受到重視。根據 Hammer 與 Champy (1993)，各個部門運作的最優化並不等同於整體企業的最優化，而 BPR 係以資訊技術為促成元素 (Enabler) 徹底檢驗及全面改造所有企業流程，以期大幅改善包括成本、品質、服務及速度等績效。然而，由於傳統 BPR 往往僅以流程與資訊系統兩者的關係進行分析與設計，而忽略了管理與組織的構面。若以宏觀的角度探討，一企業體是為了達成各項特定目標，而由各種文化性、程序性、以及技術性的元件所組合成的綜合系統，因此設計企業流程時應同時考量企業組織與整體績效之間的關係。此一觀點可以由 60 年代 Leavitt 所提出的**鑽石模式** (Leavitt Diamond) 以及 Kaplan 與 Norton 於 90 年代發展的**平衡計分卡** (Balanced Scorecard) 之間的關係得知。Leavitt (1965) 認為四類**組織變數** (企業流程、組織模式、知識與技術、資訊技術) 之間必須達到雙向平衡；若改變其中單項，必須同步調整其他三項以維持整體平衡。Kaplan 與 Norton (1992) 亦以平衡為訴求，以四項**績效指標** (顧客滿意度、財務績效、企業流程的效率、組織學習) 衡量短中長期目標間、財務與非財務量度間、落後與領先衡量指標間，以及企業內外部績效間的平衡度。由於企業流程可同時被視為一組織變數與績效指標，因此可設定為核心元素；換言之，若調整其他

組織變數必須經由執行相對應的企業流程方能提升**企業能量** (Capabilities and capacity)，進而改進整體績效。

　　本章的圖 2-7（組織變數與績效指標關聯圖）中增加一組織變數項 － **可取得資源** (Available Resources)，並串接五項組織變數與四項績效指標以界定 BPM 的範疇，而企業流程與其他任何一項元素的關係皆可以是 BPM 研究的主題。例如：若以導入大型資訊系統 (如 ERP) 的角度為切入點，關聯圖顯示平衡各項組織變數為必要條件，而唯有經由改進企業流程才能提升企業整體績效。再則，為改變企業流程，勢必需要調整組織文化與更新知識以及重新分配資源。當定義企業**改造的範疇** (What to Change?)、**改造的目標** (What to Change to?)、與**改造的動因** (How to Cause the Change?) 時 ，此一關聯圖可提供具體的策略方向，並符合 Burlton (2001) 所建議 BPM 的 10 項原則：

1. 必須為績效導向；

2. 必須考量所有利益關係人的需求並求其平衡；

3. 有關決策應能追溯至利益關係人的需求；

4. 企業流程必須以整體與宏觀的途徑進行管理；

5. 能夠清楚界定各流程以及期間的介面與關係，而所有流程對於變革的方向應一致；

6. 推動流程的更新必須能夠激勵眾人並建立共識；

7. 推動流程更新的原因最好源自於外部顧客；

8. 推動流程更新應採取反覆式、按照時限、階段性的方式進行；

9. 人的因素決定改造的成敗；以及

10. 企業改造是沒有終點的持續旅程。

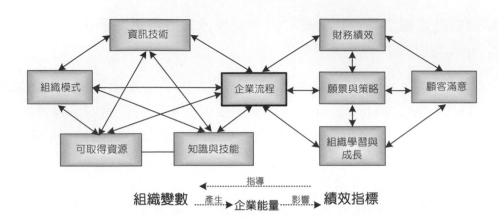

圖 2-7　組織變數與績效指標關聯圖

　　再則，傳統 BPR 的研究多直接發展**企業流程模型** (Business Process Model) 以描述與定義企業行為，卻忽略了任何行為均受限於組織的結構。其實，行為本身以及因為所處情境的變遷而有本質上的差異。針對各種企業情境 (Business Scenarios)，近來有學者採用**系統工程** (System Engineering) 的方法創新**企業模型** (Business Model) 的研究領域，用以分析設計影響產品、服務、及資訊流動的企業結構。簡言之，一企業模型主要在描述企業如何於價值鏈中定位與營運以創造價值、獲取利潤並且永續發展，同時定義企業內外部各種**行為者** (Actors) 如何基於**操作性的基礎結構** (Operational Infrastructure) 扮演應有的**角色** (Roles)。在全球電子化市場中，設計企業模型已被視為聯結科技應用與創造經濟價值的策略性問題。由以上所述，可知 BPM 的範疇極廣而包括訂定策略、分析企業的結構與行為、以及設計企業模型與企業流程，而三者之間必須緊密相扣 (圖 2-8)。

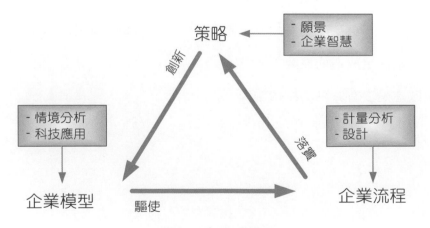

圖 2-8　BPM 的範疇

2.3 企業流程與資訊系統整合性分析

　　企業流程主要可分為**企業內流程** (Intra-organizational Business Processes) 與**企業間流程** (Inter-organizational Business Processes) 兩大類。企業內流程包括同層級人員或部門間溝通合作，以及上級與下級間管控與執行的互動關係。企業間流程則依照彼此供應關係，協調合作關於規劃、採購、新產品開發、生產、銷售、及服務等作業。實施流程分析首先得建構所有相關流程的模型，而各模型必須依照特定的目的以定義包括流程負責人與執行者、內外部顧客、細部作業與功能、資訊應用系統及資料庫，以及這些元素與流程之間獨特的介面關係。綜合而言，**流程分析**必須達成以下四項任務：

1. **建模 (Modeling)**：以特定的圖形式建模語言 (Graphical Language) 定義一流程以解釋與該流程相關的元素、平行流程、次流程、進行途程與步驟、規則、例外與失誤處理等。

2. **整合 (Integrating)**：緊密聯結相關的元素以確保之間能毫無間隙地交換資訊。

3. **監控 (Monitoring)**：提供圖型化管控臺 (Graphical Administrative Console) 顯示進行中的流程、已完成的流程與相關的績效。

4. **最佳化 (Optimizing)**：針對所監控的流程進行分析，瞭解是否效率不足而能即時調整。

　　傳統資訊系統發展的方法論將**系統發展生命週期** (System Development Life Cycle) 分為確定策略 (規劃組織整體方向)、企業分析 (詳盡定義特定領域的需求)、系統設計 (針對需求設計應用技術)、系統建構 (確定系統應用程式、硬體設備及資料庫)、文件化 (系統使用與參考手冊)、系統實施 (成為組織基礎建設的一部分)，以及系統運作與控制 (持續改進)。Zachman (1987) 則以一**矩陣式架構** (見表 2-1) 建立企業組織與資訊系統的關係，試圖從各種角色 (包括高階經理、企業分析者、資訊部門主管、系統分析師與資訊工程師等) 的觀點看待系統發展的程序。此一矩陣中的各列表示各種角度，各欄表示有關系統發展程序所需資訊的類別，而對應於各列與欄的儲存格則包含必須詳加定義的各種資訊或模型。

表 2-1　Zachman 系統發展程序的矩陣式架構

資訊類別 角色觀點	1. 資料 (What)	2. 功能 (How)	3. 網路 (Where)
	分析與設計企業及資訊系統		
企業營運角度 規劃階段 (目的 / 範疇)	條列各項系統發展的 主題	條列主要的企業流程	條列所有營運地區 (地區模型)
分析階段 (企業模型)	實體關聯圖 (物件模型)	企業流程模型 (資料流模型)	運籌網路模型
資訊系統角度 邏輯設計階段 (資訊系統模型)	邏輯性資料模型 (物件模型)	資料流與應用模型 (方法模型與物件互動模型)	分散式系統架構 (邏輯性網路模型)
實體設計階段 (技術模型、資料庫對應分析)	資料架構 (實體資料庫模型、產生資料定義語言)	實體應用模型 (結構圖、近似碼)	實體網路模型
細部表示	資料設計、實體資料儲存設計	細部程式設計	網路架構 (系統架構:硬體、軟體類別)
系統建構	實際建構資訊系統		
	將現存系統的資料轉移至新系統 (資料庫、檔案)	程式與元件 (可執行程式)	作業網路 (通訊設施)

　　六種相互關聯的角度分別為:1. **產業角度** (環境觀點):企業所處的環境、性質、目標及方向;2. **企業模型** (概念化觀點):企業的結構、功能及組織;3. **資訊系統模型** (邏輯性觀點):組織應如何蒐集、轉換與儲存資訊;4. **技術模型** (實際系統的觀點):如何應用資訊技術處理資訊,包括資料庫、網路、程式結構、使用者介面等;5. **系統細節** (應用觀點):如何整合程式表單、程式語言、資料庫與網路規格成一完整系統;以及 6. **執行系統** (執行觀點):如何執行資訊系統,使之為組織的一部分。在此架構中的各欄,Zachman 以 5W1H 區分各種角色所需資訊的類別:資料 (What)、功能與流程 (How)、營業的地域 (Where)、驅動企業作業的時機 (When)、所涉及的人員與單位 (Who),以及決定企業行為的動機與限制 (Why)。

	4. 人員 (Who)	5. 時機 (When)	6. 動機 (Why)
	分析與設計企業及資訊系統		
	條列所有組織單位 (企業互動模型)	列舉所有驅動企業流程的事件 (事件模型)	列舉營運標的、目標、及策略 (目標模型)
	組織圖 (角色、技能)	企業主排程 (工作流模型)	營運計劃 (目標模型)
	人員介面架構 (角色、資料、權限、Use Case 模型)	相依關係圖、實體生命週期 (流程結構、工作流模型)	企業規則模型
	使用者介面 (實體佈設及安全系統)	排程定義 (工作流控制圖)	設定企業規則的規格
	系統雛型 (顯示畫面、安全架構、明訂權限)	定義各作業時機	制訂程式邏輯中規則的規格
	實際建構資訊系統		
	完成人員訓練 (顯示畫面、標準操作程序)	營運事件 (排程規定的程式碼)	強制性規則的程式碼

雖然 Zachman 架構主要用於發展系統，其概念亦適用於指引 ERP 的導入過程以及配置與客製化標準 ERP 系統。進行 BPM 應該被定位為從策略規劃到細部作業的設計與控制，以確保組織績效能持續提升的一套程序 (見表 2-2)，而導入 ERP 與 BPM 直接相關，以專案的角度而言，兩者應被視為一體的兩面，因此必須同步進行。

表 2-2 執行 BPM 的模式與 ERP 導入專案

	BPM 程序		ERP 專案
策略模式	階段 I 分析企業環境	1. 瞭解企業環境 2. 確定策略方向與營運需求	規劃 ERP 策略
	階段 II 分析主流程與 資產的對稱性	1. 決定主要流程 2. 確定流程與組織及 ERP 系統應有的 　 關係	
設計模式	階段 III 設定 BPM 專案的願景	1. 界定專案範圍與評量標準 2. 規劃執行模式 3. 確定溝通方式	分析應用需求
	階段 IV 分析現存流程	1. 蒐集現存流程的資訊 2. 發現可改進的機會	
	階段 V 更新流程	1. 產生執行流程的新方式 2. 產生新流程的模型並驗證可行性與 　 評估效率	
實踐模式	階段 VI 確定新流程	1. 產生新流程的指導文件 2. 準備所需設備 3. 確定能支援新流程的 ERP 系統功能	配置 ERP
	階段 VII 導入新流程的 ERP	1. 全面測試新流程 2. 準備執行新流程以及 ERP 上線	
操作模式	階段 VIII 運作 ERP 系統	1. 實際運作新流程 2. 評估績效並持續改進	ERP 系統上線

2.4 BPM 的宏觀與微觀

雖然 BPM 的重要性已被普遍認同，對於 BPM 的規模與幅度卻莫衷一是。相對而言，企業變革屬於 BPM 的宏觀層次，而流程設計屬於微觀層次；前者以企業本體結構與企業情境分析闡釋，對於後者則以物件導向的分析方法說明。BPM 的宏觀與微觀兩個層次的關係可以"見樹亦須見林"形容之，且應採取"由大處著眼，小處著手"及"宏觀調控"的方式進行 (圖 2-9)。如同設計與管控其他的管理及工程系統，對企業流程前段的規劃設計愈周詳理想，日後執行與控制所需的成本及失效風險愈低。

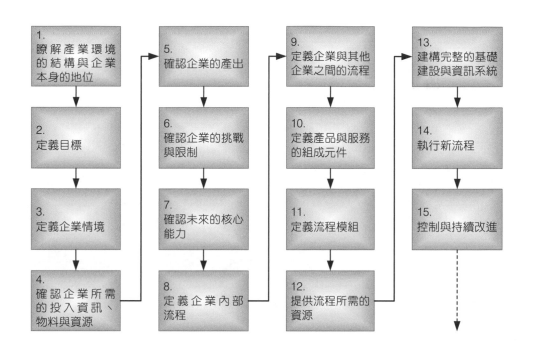

圖 2-9　企業流程規劃、設計、執行與控制

　　要求能夠有效溝通，首先必須"正其名"方能"順其言"。企業流程在規劃之初，最重要的是釐清所處環境與企業內部結構之間的關係。為達此一目的，必須統一定義各種用詞及術語，以俾利各部門之間的溝通。否則，各部門間因為專業認知與角度不同而未能統一術語及定義，以及容易造成混淆而使得流程規劃事倍功半。再則，當導入 ERP 系統時，必須確定企業本身所用的術語及定義與該 ERP 系統使用的相一致，否則極容易造成與系統供應商及外部顧問三者間的溝通問題。利用**企業本體結構分析** (Enterprise Ontology) 並結合物件導向的圖示法可有效幫助 BPM 專案以宏觀的角度定義企業流程與其他**企業物件** (Business Objects) 直接或間接的關係 (圖 2-10)。有關企業本體結構分析的方法論包括 IDEF5 及 TOVE 等，使用者可以應用這些方法定義各種企業物件以及彼此的關係。

　　由於個別企業在所處價值鏈中有其獨特的定位，由 ERP 支援的流程必須能有效因應內外部需求與條件。以生產流程為例，**存貨生產** (Make to Stock)、**接單生產** (Make to Order)、**接單後裝配** (Assembly to Order)、**接單後設計** (Engineer to Order) 等生產模式必須執行不同的資訊流程與實體作業。在導入 ERP 時，若未詳盡界定企業情境，ERP 上線後的問題將極其嚴重以致於難以彌補。

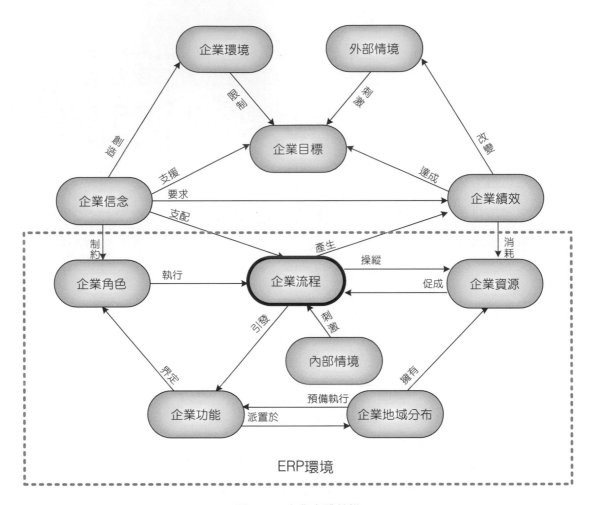

圖 2-10　企業本體結構

　　所謂**企業情境分析** (Business Scenario Analysis) 係根據企業結構，對各種流程進行描述以歸納為若干**典型的流程模式** (Process patterns)，而個別的企業流程則被視為各流程模式的**實例** (Instance)。SAP 及 IDS-Scheer針對不同產業將企業情境區分為**內部 ERP 交易** (ERP Transaction)、**企業間合作** (Inter-Enterprise Cooperation)，以及**電子化社群** (e-Community Collaboration) 三類情境，而各自包含許多經過歸類的次級情境與對應的流程。以採購流程為例，在三種情境中便有不盡相同的流程實例。此種功能使得企業與流程分析者在確認情境後便可隨即確定標準流程，進而加以調整或客製化。

　　經過宏觀分析所產出的企業模型將可清楚界定價值鏈的結構與企業在其中的定位、市場區隔、與供應商及顧客的關係、預測潛在利益與成本結

構、競爭策略、內外部限制，以及應有的核心流程。在進行 BPR 宏觀分析時，應遵循以下原理：

☑ 根據對流程期望的結果設計流程；摒除以功能分工的方式設計個別作業。

☑ 確認所有的流程及其重要程度以決定重新設計的優先順序。

☑ 對於企業整體而言，若一流程加值性低或者不能有效支援其他加值性流程，則應予廢除、簡化或與其他流程合併。

☑ 要求流程產出的使用者執行該流程，以減少官僚化行事並鼓勵外部顧客擔負部分作業。

☑ 將資訊處理的作業與產生該資訊的實際作業整合於同一流程中。

☑ 以**主從架構** (Client-server Architecture) 整合地域分散的資源以集中控管。

☑ 根據**同步工程** (Concurrent Engineering) 的概念強調平行作業在過程中必須互相配合，而不僅止於整合這些作業的結果。

☑ 整合決策點與實際作業，並將控制權建入流程中；鼓勵員工的自主性、強化工作群組的授權，以及實施較扁平的管理層級。

經宏觀分析後，需要進一步由資訊部門主導分析與設計資訊流程，以期落實 BPM 及成功導入 ERP 系統。由於現今絕大多數的資訊系統 (包括所有著名的 ERP 系統) 均以**物件化的方式分析、設計**與**撰寫程式** (Object-Oriented Analysis, Design, and Programming)，因此應用**物件導向的方法論** (Object-Oriented Methodologies) 是聯結流程設計與 ERP 配置的最佳途徑，能降低導入時間與成本，並有益於提升分析的品質及彈性。

物件導向的流程分析概可分為以下三個階段：

1. 根據企業本體結構與情境分析的結果，檢驗現存流程的假設與規則是否謬誤或不符現況。同時針對研發、生產、銷售、人力資源、財務會計等營運領域，經由**企業概念建模** (Business Concept Modeling)，應用包括 OOA 與 Unified Modeling Language (UML) 的建模方法產生各個領域模型 (Domain Models) 以完整地描述企業現況。企業概念建模所產生的包括**問題陳述** (Problem Statement)、**術語詞彙** (Glossary of Terms) 以及 UML 的九種圖式模型 (見表 2-3)。

表 2-3 UML 的圖示模型

結構性 UML 圖	行為性 UML 圖
Class Diagram - 系統的靜態結構 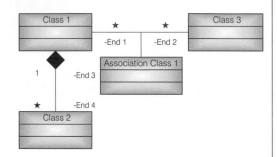	Use Case Disgram - 使用者與系統功能間的關係 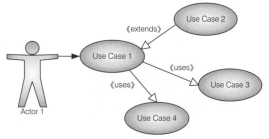
Object Diagram - 在一特定時間系統的靜態結構 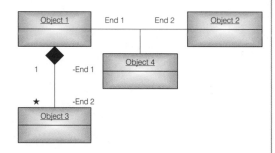	Sequence Diagram - 物件之間交換訊息的互動關係 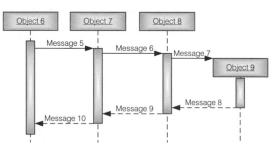
Component Diagram - 軟體元件的組織結構 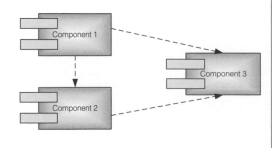	Collaboration Diagram - 物件之間透過資訊交換以進行合作 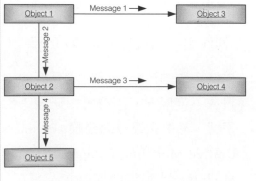

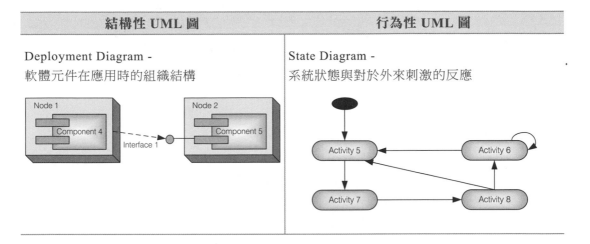

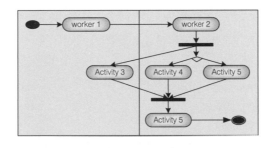

2. 重新設計與建構新的流程，而不僅止於調整、改進或強化局部流程。所產出新的物件與 UML 模型即所謂**企業藍圖** (Business Blueprint) 與**流程地圖** (Process Maps)。

3. 比對企業藍圖與 ERP 所提供的參考模型是否存有差距，再決定究竟應該調整現存流程以符合 ERP 的標準流程，或是按照新流程對該 ERP 系統進行客製化。換言之，必須經過分析才能決定哪些流程可以完全參照 ERP 的標準流程以及哪些流程應該客製化。

2.5 BPR 的成功因素

自從 BPR 被廣泛採行，學者從無數的案例歸納出許多成功因素 (Success Factors)。在此彙整區分為**策略性**、**管理**，以及**流程分析**三大類原則 (表 2-4)。

表 2-4　BPR 的原則

策略性原則

1. 必須確認大規模的流程再造勢在必行，否則宜採行漸進方式改善流程
   - 充分瞭解企業現況以及明示所冀望的未來狀態
   - 預期在轉變過程中組織將遭遇極大的衝擊而有因應的策略與方法
2. 自始至終必須有最高層經理人的持續支持
   - 高層經理人的參與責無旁貸
   - 高層經理人對 BPR 與 ERP 必須具備廣泛的知識
3. 強化溝通機制以使 BPR 能被普遍接受
   - 確定所有利益關係人能雙向溝通
   - 溝通應深入每個階層
   - 藉由溝通建立起誠懇互信的新文化
4. 組成能力最強的變革團隊
   - 好的團隊比強勢的個人更重要
   - 建立團隊才能擴散理念以及獲得普遍的支持
   - 強化團隊精神與跨功能合作
   - 同步進行流程再造的各項工作
5. 建立能鼓勵創新的氣氛與環境
   - 反對保守作風與墨守成規
   - 歡迎創新建議；對不可行的建議亦予以褒揚與說明原由
   - 可行的創新建議必須付諸實踐
6. 建立完整的 BPR 架構與綱領，包括
   - 定義清楚的目標
   - 變革的規模與範疇
   - 變革管理的機制
   - 外部顧客與供應商的投入
   - 與資訊技術的整合
   - 具有足夠的彈性對特別的需求客製化
7. 結合 BPR 與企業策略
   - 制訂有助於 BPR 的企業策略
   - 策略應明示 BPR 的需要以及必須改進的流程
   - 評估顧客與股東的期望、市場變遷、資訊系統的角色，以及核心能力
   - 制定策略的方法包括
     - 顧客研究、競爭分析、標竿學習 (Benchmarking)
     - 評估財務、營運、資訊管理、組織文化等
   - 制訂主要績效指標 (品質、時間、成本、服務等)

管理原則

1. 與外部顧問合作並培養內部顧問；顧問的角色為：
    - 變革促成者
    - 專案經理
    - 企業專家
    - 資訊系統專家
    - 教練
2. 選取對的流程進行再造
    - 根據策略重要性對需要改造的流程進行排序
    - 集中焦點，各階段僅改造少數流程
    - 須考量不同流程間潛在的相互關係，例如資源競爭與主從性
3. 集中焦點於核心流程以及主要的支援流程
    - 建立個別流程改造的願景，包括：
        - 流程創新後的產能以及預期的績效改進
        - 新流程對企業策略與競爭力的影響
        - 新流程的目標
4. 核心流程必須與組織結構趨於一致
    - 改造後的新流程應成為組織結構的一部分，與其他管理系統充分整合
5. 將提升資訊技術定位為改造流程的促成元素而不是目標本身
    - 避免新增資訊技術，卻仍然執行繁複、無效率、非加值性的舊流程
    - 瞭解流程內部顧客的需求
6. 充分瞭解流程改造的風險，包括
    - 技術性風險
        - 改造後的流程不如預期表現
        - 現存流程受到干擾而影響顧客關係
    - 組織反彈
        - 人員反對改變
    - 因應之道
        - 執行先期改造個案 (Pilot Project) 以示範改造成功的優點
        - 強化全面、有效、互信的溝通機制

流程分析原則

1. 充分瞭解現存流程，以能
   - 保留理想的流程或流程中重要的部分
   - 順利將現存流程轉換為新流程
   - 掌握與流程有關的成員
   - 建立共識與內控機制

2. 選取與使用正確的流程績效評估準則
   - 可確保流程朝正確的方向設計與改進
   - 可幫助建立有關流程的願景
   - 可測量流程改進的程度與引導成員正確的作為
   - 以顧客價值為目標

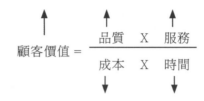

$$顧客價值 = \frac{品質 \quad X \quad 服務}{成本 \quad X \quad 時間}$$

   - 包括產出率、週期時間、設置成本、交期、顧客滿意度等

3. 善用流程建模及模擬的方法與工具
   - 對現存流程蒐集完整資料並以模擬軟體測試模型是否正確，繼而模擬創新流程以預測改進的效益
   - 計算流程的正常與變異成本、個別作業成本、設定成本、及總成本

4. 設計流程時，應盡量使各項流程中的作業能同步進行以提高時間效率
   - 必須考量資源有限、成本與作業順序等限制

5. 提升原有流程中各工作站之間的平衡
   - 針對最耗時的作業 (即流程瓶頸)
     - 分解成若干工作項
     - 由兩個單位合作
     - 提升個別員工或設備的效率
   - 針對零碎孤立的作業
     - 廢除之或與其他作業合併

6. 具備持續改善的方案
   - 以改善後的績效為基準，針對提高顧客價值的目標持續改善流程

2.6 再造企業流程的生命週期

參照表 2-5，流程再造的生命週期可概分為三個階段，而其中以上游階段最為關鍵。

表 2-5　流程再造的生命週期

上游階段

- 建構總體介面模型 (Meta-Model)
  - 釐清關於流程的概念、術語及邏輯
  - 定義物件類別、屬性、關聯性、限制、控制程序、規則，以及計算方法與描述各種流程的功能與實例
- 定義與建立正式流程模型
  - 根據介面模型，將非正式化的描述轉換為正式的流程模型與流程實例
- 分析流程
  - 邏輯分析：評估流程模型的靜態暨動態特性，包括語意檢驗、一致性、完整性、正確度、可追溯性 (Traceability)
  - 適切性分析：決定在可取得資源的條件內，新流程可否滿足需求
  - 統計分析：計算描述 (Descriptive) 及推論性 (Inferential) 統計值以評估流程中的作業與事件發生的頻率、分布、相關性
  - 推理：由模式比對 (Pattern-matching queries) 與推論以判斷流程的特性，包括空間及時間性分布、組織、分類層級、配置 (組合方式、排程、一般性或特殊性) 等
  - 資源流：應用作業成本制 (Activity-Based Costing) 分析如何轉化流程以降低資源需求與成本以及縮短週期
- 模擬分析
  - 以圖式模型顯示流程的途程 (Path) 與中介狀態 (Intermediate state transitions)，根據不同情境重組流程模型以及進行動態分析
  - 離散事件模擬 (Discrete-Event Simulation)：建構離散事件模型，加上需求到達率與服務時間等隨機性參數值，以模擬流程的行為與評量資源瓶頸及產出
- 重新設計流程
  - 轉變流程的結構與資料流、控制及產出以期縮短週期、減少流程步驟、部門內與部門間的交涉次數，以及重覆性人工作業等
  - 由於一流程的整體平衡、效率與產出皆受限於瓶頸作業 (Bottleneck activities)，認定與管理瓶頸作業應被視為作業設計的重點

- 經系統化測量流程績效可提供不同的選項以進一步判斷孰為最佳的設計
  - 根據流程分類 (Process Taxonomy)，將成功的流程設計作為其他流程的借鏡，用以比對轉變模式與規則
- 分析具象化 (Visualization)
  - 以上分析俱可應用工作流管理系統 (Workflow Management System) 軟體進行。由於物件化的系統設計，這些系統提供使用者各種清晰的流程圖樣版 (Templates) 以供編輯或增減物件與其間關係、逐步追蹤 (Navigationally Traverse) 流程的動態過程以及求算各種績效的統計值

中游階段

- 建構流程雛形 (Prototyping) 用以試驗並示範成果
- 規劃變革管理
  - 與流程負責人員協調，規劃新流程執行的步驟、期限、所需資源、權責、行政支援等
  - 確定人員的角色、使用工具及所需資料
  - 決定執行新流程的具體時程及里程碑
- 以物件導向方法整合資料、工具、及使用者介面
- 將各流程模型轉換為資訊系統環境中可執行的運算流程
- 準備 ERP 及新流程上線

下游階段

- 啟動新流程
  - 要求系統使用者必須切實執行流程
- 監控流程並測量效益
  - 蒐集執行新流程的資料以分析效益與作成紀錄
- 利用系統模擬工具顯示新流程的動態變化
  - 評估是否有異常發生，遇有異常即進行診斷是否存在作業瓶頸
  - 修正流程
- 持續改進
  - 依照使用者新增需求逐步調整、強化、或重建流程模型
  - 利用分析法與工具評估績效
  - 展示成功的流程，提供其他流程改造的專案參考

2.7 企業流程建模及分析的方法論與工具

　　以流程建模 (Process Modeling) 而言，導入 ERP 的專案團隊多以傳統流程圖描繪企業流程的功能性步驟，而不能同時清楚界定企業流程的五個構面：驅動事件、投入／產出資料、對應功能與作業、負責組織與人員、以及資料處理是否為自動化。因此；如何利用標準且精準的建模方法以幫助溝通極為重要。近年來，與發展資訊系統相關的**企業流程設計方法論**甚多，而以 PERA、TOVE、CIMOSA、IDEF、ÁRIS 等最為著名 (見表 2-6)。雖然各個方法論所著重的角度與適用範疇不盡相同，共同的特性皆為一 將物件導向圖式語言用於流程的概念化與建模以呈現流程的**邏輯性藍圖** (Logical Blueprint)。由於 ARIS 自學理、方法論到軟體工具最為完備，並且支援 SAP R/3 內建的標準流程模型，在此特別介紹該系統的概念及應用。

表 2-6　企業流程設計方法論

企業流程設計方法論	簡介
Purdue Enterprise Reference Architecture (**PERA**)	• 由 Purdue 大學與工業界合作發展 • 對企業整個生命週期建模
Toronto Virtual Enterprise (**TOVE**)	• 由 Toronto 大學發展 • 應用企業本體論 (Ontologies) 建模
CIM Open System Architecture (**CIMOSA**)	• 被視為歐洲企業建模的標準 • 對電腦整合製造系統 (CIM) 構建開放系統架構
ICAM DEFinition (**IDEF**)	• 由美國空軍發展 • 包含 15 種建模方法，其中以 IDEFO 應用最為普遍
Architecture of Integrated Information Systems (**ARIS**)	• 由 Dr. August-Wilhelm Scheer 發展 • 為 SAP R/3 的流程建模方法論 • 各種分析工具完備且可以完全整合

　　ARIS 是由 Dr. August-Wilhelm Scheer 所提出一具備完整架構的流程規劃方法，以各種角度描述企業流程。由圖 2-11 所示可知，ARIS 以組織、資料、控制及功能等四個**敘述觀點** (Descriptive Views) 描述企業流程，其中以控制項串聯其他三項整合為一整體模型。ARIS 同時在各觀點中融合發展資訊系統的三個**敘述層次** (Descriptive Levels)：(1) 需求定

義 (Requirement Definition)：確定名詞的一致性； (2) 設計規格 (Design Specification)：將需求定義轉換成資訊技術及介面 (如網路佈線圖)； (3) 導入說明 (Implementation Description)：將設計規格轉換成具體的硬體、軟體元件及連結 (如網路通訊協定的規格與組合)。如同 Zachman 的矩陣式架構， (表 2-1) ARIS 的三項敘述層次對原本粗略的企業流程逐步細分，並將一般敘述性語言逐步發展為結構化的程式語言，以完成系統發展程序。

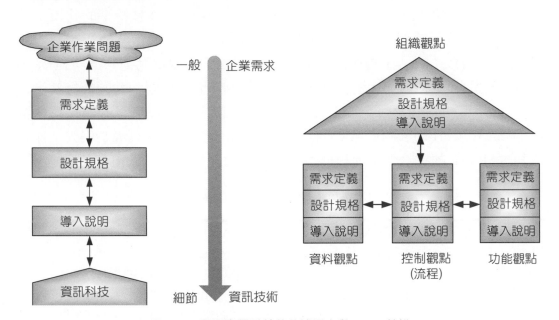

圖 2-11　發展資訊系統的敘述層次與 ARIS 結構

ARIS 同時提供水平平衡與垂直平衡的概念 (見圖 2-12)。以組織及功能觀點而言，往往是以階層的方式規劃流程，由上往下逐層展開而達到階層間垂直的平衡。舉例來說，同一層級中的兩個流程 (例如：銷售流程與生產流程) 若有先後連接關係，流程中的敘述精細度必須一致。而水平的平衡指的是屬於一特定層級的流程必須與隸屬該層級的功能及資料對應。例如：銷貨流程包括審查與確認訂單、通知出貨、備貨與檢驗、開立銷貨單以及出貨。其中，在開立「銷貨單」之前，業務人員必須依據規格、數量、價格等項目核對「備貨單」與「客戶訂單」，以確認兩者相符。

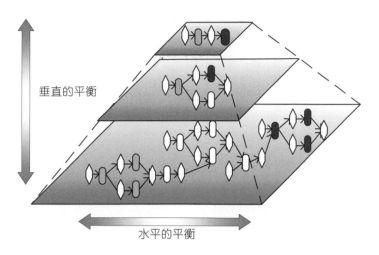

圖 2-12 ARIS 流程規劃的雙向平衡

　　ARIS 所提供的模型類別高達百餘種，使用者可就分析需求加以選用。以下僅以一處理顧客訂單的例子 (見圖 2-13) 簡介其中比較常用的模型，包括**組織階層圖、功能樹、延伸式 ER 模型**以及**流程圖**。ARIS 利用若干符號表示企業流程中的各項實體與其間的邏輯關係，其中包括：

- **事件**：代表一可以被察覺的狀態，而以被動語態表示，例如："顧客訂單被收到" (Customer Order Received)。事件本身並不會耗用時間及成本，而被視為企業流程中動作的啟動或反應點。同時，事件亦可作為流程中的分叉或匯合點，例如在"訂單確認完畢"的事件之後，可驅動"訂單追蹤"或"生產規劃"等數個功能。

- **功能**：是由某一物件為了完成企業目標所執行的動作，而以主動式語態表示，例如："確認訂單"。執行功能將同時耗用時間與成本。根據 ARIS 的標準語法及邏輯，必須以一事件起始功能，而功能必會生成事件；一完整流程必定是因事件啟始，以事件終結。

- **組織**：組織泛指所有流程中相關的實體或虛擬組織。除了如同一般的組織圖可劃分層級外，ARIS 將組織與事件及功能結合，以能指派多個負責單位或個人執行單項功能。此外，組織與組織之間除了從屬的關係之外，也可詳細描述其他可能的關係。

- **資料**：被定義成所有流程中相關的訊息，而以表格或文件等表示。在 ARIS 的流程模型中，資料必須因執行功能而產生輸入及產出的關係，而功能對資料則有新增、修改及刪除的關係。

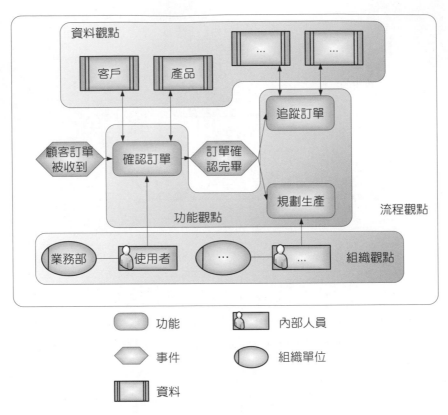

圖 2-13　處理顧客訂單流程 (簡例)

組織模型

　　組織設計一般可分為功能別組織、目標 (產品) 別組織及混合式組織。有別於傳統的觀點，ARIS 視企業組織為一動態系統，而以**流程導向** (Process Orientation) 規劃及設計基本作業之間應有的互動關係並在執行時進行管控；設計的重點在於要求資訊交換的即時性以及降低溝通的成本。針對此一逐層管控的機制所建立的**指揮鏈** (Chain of Command) 稱為**組織階層圖** (圖 2-14)。

　　根據組織階層圖，分析者可以進一步設計組織圖，而物件間的關係包括階層從屬的關係 (例如："由…組成"、"高於…") 以及水平階層式的關係 (例如："由…負責"、"由…替換"等)。

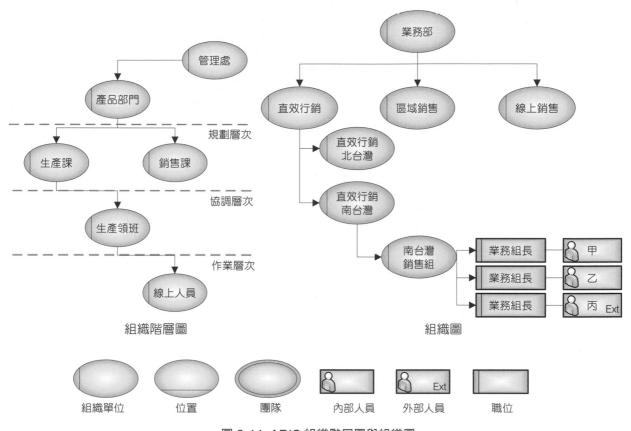

圖 2-14　ARIS 組織階層圖與組織圖

功能模型

　　針對企業功能，ARIS 提供功能樹由上而下展開為細項功能，例如：銷售功能可解構為接單、出貨、開立發票及收款等細項。功能樹可以分區為目標導向、執行導向及流程導向 (見圖 2-15)。以結構而言，目標導向功能樹是由受詞相同而動詞不同的功能集合而成 (例如：『建立』工單、『更改』工單 …)；執行導向功能樹是由動詞相同而受詞不同的功能集合而成 (例如：建立『工單』、建立『訂單』…)；流程導向功能樹是依功能先後順序排序而成。

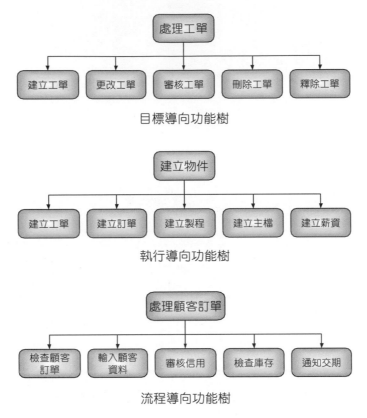

圖 2-15 ARIS 功能樹規劃法

資料模型

　　針對資料庫的設計，ARIS 改良傳統的**實體關連圖** (Entity Relationship Diagrams)，發展為**延伸式 ER 模型** (Extended ER Models, eERM)（圖 2-16)。此種模型主要是加入"分類" (Classification)、"一般化／特殊化" (Generalization/Specialization)、"聚集" (Aggregation)、"關聯性" (Association) 及"群組" (Grouping) 等物件導向的概念，並且以對應基數 (Cardinalities) 明確界定物件之間 1 對 1、1 對多或多對多的關係。

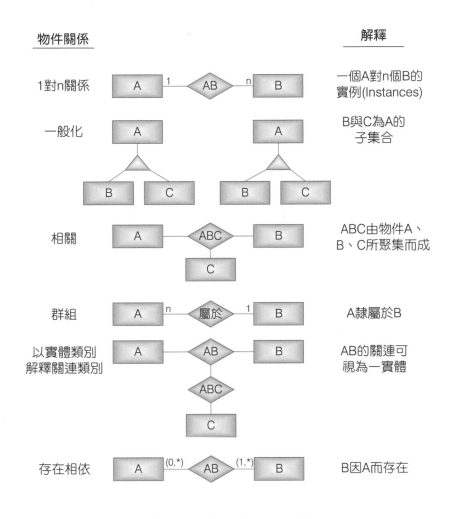

圖 2-16 ARIS eERM 關係分類

流程模型

　　事件驅導流程鏈 (Event-driven Process Chian, EPC) 可說是 ARIS 的核心規劃方法，同時亦是建立 SAP R/3 參考模型的建模方法。建立 EPC 模型首先決定執行流程中各個功能應屬哪些組織單位的權責，接著將事件與功能結合，以決定所有功能的**觸發原因**及**產生結果**。在 EPC 模型中，以三種**邏輯運算元** (Logical Operators)：交集 (AND)、聯集 (OR) 以及互斥 (Exclusive OR, XOR) 表示流程中分叉及合流的關係 (圖 2-17)。

　　建立 EPC 之後，分析者可應用所支援的**動態模擬** (Simulation) 以及**作業成本制** (Activity-based Costing, ABC) 兩項工具分別估算執行流程的時間以及總成本。在 EPC 模型中，將時間與成本兩項參數設定於各個功能項

中，ARIS 即可模擬各功能在流程中將被啟動的次數以及按照所設定的發生機率，以累計如處理時間、動態等待時間、總流程時間、物料成本、人工成本、總成本等數值。

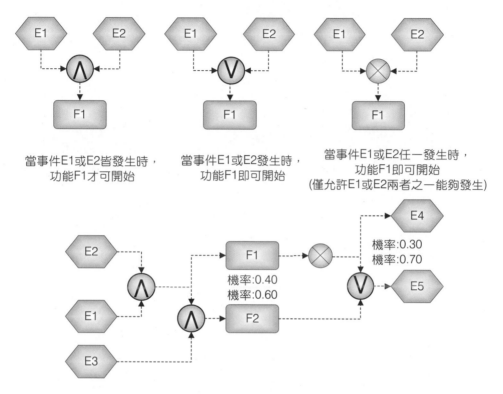

圖 2-17 EPC 規劃原則

當有關組織、功能、資料及 EPC 等模型俱已完成後，即可將四種觀點整合為**流程鏈圖** (Process Chain Diagram) 以清楚地表示彼此的關係，即界定究竟是由哪一個組織單位負責某項功能以及應存取何種資料。例如圖2-18表示從接獲詢價到客戶報價的處理顧客訂貨流程，其中完整顯示可能發生的事件、應執行的功能、存取的資料與分類資料庫、處理的形式 (人工或自動)、權責單位，以及使用 ERP 系統的對應權限。

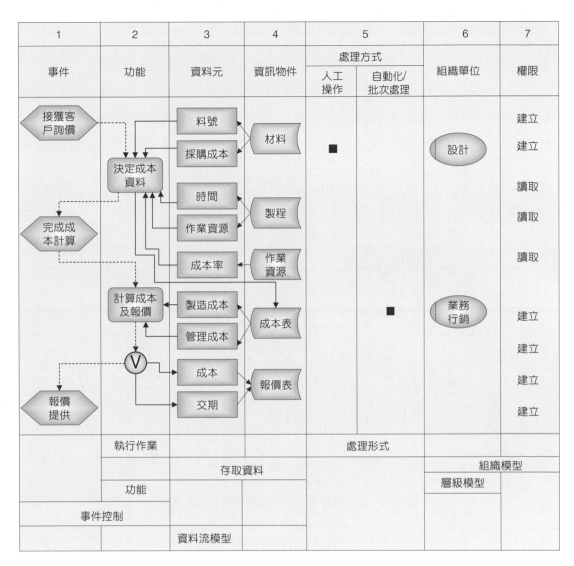

圖 2-18　PCD 圖形

2.8 企業間的流程管理

　　近年來，有些上下游廠商藉由企業間網路協定、web-based 平台，以及各種應用系統即時交換需求預測、訂單、產能、庫存、配送、成本等資訊。除了作業層次的互動，有關協同產品開發以及協同供應鏈等合作的模式、技術與執行以成為重要的策略性議題。協同的目的在交換資訊、調整作業步驟、分享資源、強化共用能量，以形成綜效與達成共同獲利目標。因此，企業間合作應全面審檢現存的流程以及應用系統的功能，進而規劃、分析、

與創新流程，建立雙方交易的營運規則，強化共同決策的彈性、提高整體供應的效率，以及降低共同風險。

　　企業間協同的效益非常可觀，勢必成為趨勢。因此，有關協同產品開發以及協同供應鏈的流程設計與管控愈顯重要。企業間的協同關係可以圖2-19顯現協同的結構變數與交易績效指標的因果與平衡關係，而其中企業間流程被視為中介變數。在分析設計企業間交易程序與流程之前，首先須要界定各方企業的利益與風險關係(長期或短期)、權利義務，以及指揮權的歸屬與模式(集中式或分散式)。

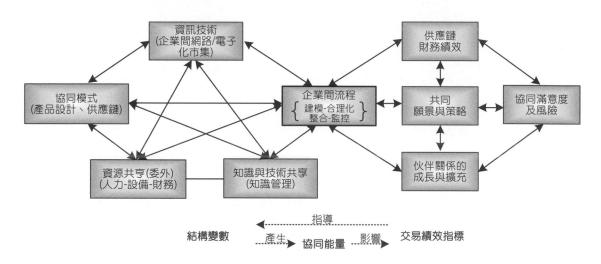

圖 2-19　企業間協同的結構變數與交易績效指標

　　為整合多層級的供應鏈，供應鏈作業參考模式 (SCOR) 以及協同規劃-預測-補貨 (CPFR) 已然成為交易模式、流程、資訊內容的產業標準。此種趨勢將有利於國際大型企業掌控指揮權以集中分派訂單與控管供應流程。中小型代工廠商針對此一趨勢，除了致力於參考與導入標準流程、提升技術與品質，以及降低成本，強化核心能力與差異化應該是流程再造的最終目的。再則，目前綠色產品與綠色供應鏈、無線射頻識別系統 (RFID) 及雲端運算已成為趨勢，而勢必影響全球產業網絡、企業間關係，關於企業間協同流程，ARIS 的分析方法亦可適用。

2.9 BPM 的發展趨勢

隨著全球 e 化經濟以及資訊技術的不斷創新，有關企業流程的理論與應用雖已逐漸成熟卻仍然方興未艾。近年來，除了製造業，服務業 (如金融、醫療、物流、資訊、娛樂) 業已引進流程管理以及相關技術。由於產業正朝向**企業間協同運作** (Collaboration)、**電子化市集** (e-Marketplace)、**虛擬企業群** (Virtual Enterprise)、**延伸式供應鏈** (Extended Supply Chain) 進展，如何發展**延伸式 ERP 系統** (Extended ERP) 與整合企業間的流程，以實踐**整合性價值鏈** (Integrative Value Chain) 已成為極熱門的實務課題。

在商用軟體方面，已有不計其數的**企業流程分析工具** (如 FlowMark、Proforma、Popkin) 與**群組軟體** (Groupware) (如 Lotus Notes) 上市。現今且有 Workflow Management Coalition 的組織針對工作流管理系統 (Workflow Management Systems) 建立了軟體產業的標準。再者，除了橫向的資訊整合，系統業者以縱向流程的觀點開發**資料倉儲** (Data Warehouse)、**資料挖礦** (Data Mining)，以及**即時性決策支援系統** (Real-time Decision Support System) 等技術已能即時地萃取、轉換，以及彙整由**線上交易處理** (Online Transaction Processing) 所產生的原始資料，進行**線上分析處理** (Online Analytical Processing) 以產出整合性的決策資訊。

在學理發展方面，**供應鏈的透明性** (Supply Chain Visibility)、**協調理論** (Coordination Theory)、**智慧代理人系統** (Multi-agent System)、**電腦輔助合作系統** (Computer-Supported Cooperative Work)，以及**電子黑板** (Electronic Blackboard) 等跨領域研究，皆以不同的角度探討如何應用**分散式人工智慧** (Distributed Artificial Intelligence) 設計智慧化與可動態組合的分散式企業流程，而其成果距離廣泛的商業應用已然不遠。在資訊技術蓬勃發展之際，可以預期的是企業營運將面對一個更加動態變化的環境。因此所有的管理領域必須朝向整合的目標快速調整，而在不久將來，企業流程管理勢必成為一標準的商管課程。

習　題

1.(　　) 在 EPC 模型中，沒有使用哪一種邏輯運算子來表示流程中分叉及合流的關係？

　　A. 交集 (AND)

　　B. 聯集 (OR)

　　C. 非 (NOT)

　　D. 互斥 (Exclusive OR, XOR)

2.(　　) 下列為 BPM 程序的 8 個階段 (1) 分析企業環境 (2) 分析主流程與資產的對稱性 (3) 設定 BPM 專案的願景 (4) 分析現存流程 (5) 更新流程 (6) 確定新流程 (7) 導入新流程於 ERP (8) 運作 ERP 系統。以進行導入 ERP 專案的角度，「分析應用需求」的進程中包含哪幾個階段？

　　A. 345　　　　　　　　　　　B. 234

　　C. 456　　　　　　　　　　　D. 567

3.(　　) 流程再造的生命週期可概分為三個階段，而其中以上游階段最為關鍵，上游階段中，以作業成本制 (Activity-Based Costing) 進行以下何者事項，以期降低資源需求與成本以及縮短流程週期？

　　A. 建構總體介面模型　　　　　B. 分析流程

　　C. 重新設計流程　　　　　　　D. 模擬分析

4.(　　) 流程鏈圖 (Process Chain Diagram) 可以清楚整合了下列哪些模型的觀點 (1) 組織 (2) 功能 (3) 資料 (4) EPC，正確答案為？

　　A. 4　　　　　　　　　　　　B. 34

　　C. 1234　　　　　　　　　　D. 234

5.(　　) 下列哪一個符號不是 ARIS 用來表示企業流程中的邏輯關係？

    A. 事件　　　　　　　　　　B. 知識

    C. 功能　　　　　　　　　　D. 組織

6.(　　) 下列哪些不是因為企業流程的理論與應用逐漸成熟後，產業進展的方向？

    A. 虛擬社群 (Virtual Community)

    B. 企業間協同運作 (Collaboration)

    C. 電子化市集 (e-Marketplace)

    D. 延伸式供應鏈 (Extended Supply Chain)

7.(　　) 下列何者不是在進行 BPR 宏觀分析時，所應遵循的原理？

    A. 將資訊處理的作業與生產該資訊的實際作業整合於同一流程中

    B. 以主從架構 (Client-server architecture) 將集中管理的資源分散到各地域

    C. 確認所有的流程及其重要程度以決定重新設計的優先順序

    D. 鼓勵員工的自主性、強化工作群組的授權、以及實施較扁平的管理層級

8.(　　) 推動產業資訊電子化是為了能夠即時地 (Real-Time) 交換以及分析資訊以促成物盡其用與貨暢其流。為達成此一目的，必須採行

    A. 流程導向的營運模式

    B. 組織導向的營運模式

    C. 資料導向的營運模式

    D. 資訊導向的營運模式

9.(　　) 實施流程分析首先得建構所有相關流程的模型，而各模型必須依照特定的目的以定義包括流程負責人與執行者、內外部顧客、細部活動與功能、資訊應用系統及資料庫，以及這些元素與流程之間獨特的介面關係。綜合而言，流程分析必須達成以下四項任務，下列何者為非？

A. 建模 (Modeling)

B. 調整 (Adjusting)

C. 監控 (Monitoring)

D. 整合 (Integrating)

10.(　　) 有關企業流程的定義繁多，其中加值性流程與企業組織的構成要素有直接的關係，而以系統的角度視之，一加值性流程係由 4 項元素構成，不包括下列何者？

A. 原物料 / 資訊流　　　　　　B. 投入

C. 控制 / 限制源　　　　　　　D. 產出

11.(　　) 下列何者為 ARIS 核心規劃方法？

A. ABC　　　　　　　　　　　B. ACM

C. EPC　　　　　　　　　　　D. GRAI

12.(　　) 企業流程主要可分成企業內部流程與企業間流程，進行流程分析時，下列何者不是必須達成的任務？

A. 最小化 (Minimizing)

B. 建模 (Modeling)

C. 整合 (Integrating)

D. 監控 (Monitoring)

13.(　　)在流程模型中建立事件驅導流程鏈 (EPC) 之後，分析者可以應用哪些支援的工具來估算執行流程的時間？

A. 作業成本制 (Activity-based Costing, ABC)

B. 線上分析處理 (OLAP)

C. 動態模擬 (Simulation)

D. 以上皆非

14.(　　)ARIS 在各觀點中均包含了哪幾個敘述層次 (descriptive levels)？

A. 需求定義　　　　　　B. 設計規格

C. 導入說明　　　　　　D. 以上皆是

15.(　　)隨著全球 e 化經濟及資訊技術不斷創新，下列何者是企業環境的發展趨勢？

A. 企業間協同運作　　　B. 延伸式供應鏈

C. 虛擬企業群　　　　　D. 以上皆是

16.(　　)ARIS 是一具備完整架構的流程規劃方法，以四敘述觀點 (descriptive views) 描述企業流程，其中以下列何者串聯其他三項而能整合為一整體模型？

A. 控制　　　　　　　　B. 組織

C. 資料　　　　　　　　D. 功能

17.(　　)Leavitt (1965) 曾提出四類組織變數之間必須達到雙向平衡；若改變其中單項，必須同步調整其他三項以維持整體平衡。BPM 範疇中的五項組織變數為 Leavitt 提出四類組織變數的延伸而增加下列何者？

A. 企業流程　　　　　　B. 組織模式

C. 可取得資源　　　　　D. 資訊技術

18.(　　)下列何者為企業利用通訊網路對消費者以及其他企業傳遞資訊、銷售產品、或提供服務？

    A. 企業電子化　　　　　　　　B. 電子商務

    C. 供應鏈管理　　　　　　　　D. 企業資源規劃

19.(　　)針對自供應商到顧客的整體流程規劃、執行、與控制有關物流、資訊流、金流的各種活動，進而與其他跨供應階層的企業成員統合，稱之為何？

    A. 企業電子化　　　　　　　　B. 電子商務

    C. 供應鏈管理　　　　　　　　D. 企業資源規劃

20.(　　)何者是網路經濟中被定位為落實企業電子化的基礎系統？

    A. 顧客關係管理系統　　　　　B. 物料規劃系統

    C. 企業資源規劃系統　　　　　D. 供應鏈管理系統

21.(　　)根據 Osterle (1995)，導入架構 ERP 系統時，應參考下列哪一選項以進行系統配置？

    A. 根據廠商提供之最佳實務範例，以符合 ERP 套裝軟體的設計精神

    B. 根據參考模型，以便整合企業各部門的作業流程

    C. 參考廠商提供之標準功能，經過分析與設計，了解現存流程並規劃未來流程

    D. 完全客製化，以創造企業競爭優勢

22.(　　)下列何者是 Leavitt (1965) 所提出鑽石模式的組織變數？

    A. 組織學習　　　　　　　　　B. 企業流程

    C. 財務績效　　　　　　　　　D. 顧客滿意度

23.(　　) 下列何者是 Kaplan 與 Norton (1992) 所提出平衡計分卡的績效指標？

　　A. 顧客滿意度　　　　　　　　B. 組織模式

　　C. 知識與技術　　　　　　　　D. 資訊技術

24.(　　) 下列哪一種圖能將組織、功能、資料以及 EPC 整合？

　　A. 資料關聯圖　　　　　　　　B. 流程鏈圖

　　C. 使用者案例圖　　　　　　　D. 部署圖

25.(　　) 下列對產業資訊電子化的敘述，何者正確？

　　A. 電子商務為一企業利用通訊網路對消費者 (B2C) 以及對其他企業 (B2B) 傳遞資訊、銷售商品或提供服務

　　B. 企業電子化為一企業應用整合性資訊系統規劃與執行關於採購、生產、銷售及服務等前檯與內部的作業

　　C. SCM 為針對自供應商到顧客的整體流程，規劃、執行與控制有關物流、資訊流、金流的各種活動，進而與其他跨供應階層的企業成員統合為自原料到最終產品的價值鏈

　　D. 以上皆是

26.(　　) 關於企業流程的敘述下列何者錯誤？

　　A. 企業流程為企業為達成既定的目的，利用有限資源執行一組邏輯性相關的活動與任務

　　B. 企業流程為由事件驅動，執行一連續的加值活動以滿足各種利益關係人不同的需求

　　C. ERP 系統可視為流程導向的整合式資訊系統

　　D. 加值性流程企業組織的構成要素並無直接的關係

27.(　)提供圖形化管控台顯示進行中的流程、已完成的流程與相關的績效，是在流程分析的哪一項任務中達成？

    A. 建模   B. 整合

    C. 監控   D. 最佳化

28.(　)對監控的流程進行分析，瞭解是否效率不足而及時調整，是在流程分析的哪一項任務中達成？

    A. 建模   B. 整合

    C. 監控   D. 最佳化

29.(　)執行 BPM 程序的階段 VI（確定新流程）階段 VII 導入新流程於 ERP，相當於 ERP 導入專案的哪一階段？

    A. 規劃 ERP 策略   B. 分析應用需求

    C. 配置 ERP   D. ERP 系統上線

30.(　)有關進行 BPR 宏觀分析時應遵守的原則，下列敘述何者錯誤？

    A. 將資訊處理的作業與產生該資訊的實際作業獨立於不同流程

    B. 以主從架構整合分散的資源以集中控管

    C. 根據同步工程的概念強調平行作業在過程中必須互相配合，而不僅止於整合這些作業的結果

    D. 整合決策點與實際作業並將控制權建入流程中

31.(　)在 BRP 流程分析原則中，以下何者為顧客價值的評估的公式？

    A.（成本＊時間）/（品質＊服務）

    B.（服務＊時間）/（品質＊成本）

    C.（品質＊時間）/（成本＊服務）

    D.（品質＊服務）/（成本＊時間）

32.(　　) 由 Dr. August-Wilelm Scheer 發展，為 SAP R/3 的流程建模方法論的
是哪一種企業流程設計方法？

A. PERA　　　　　　　　　B. TOVE

C. ARIS　　　　　　　　　D. IDEF

33.(　　) 有關 ARIS 中的功能模型，下列敘述何者正確 (1) ARIS 提供功能樹
由上而下展開為細項功能 (2) 功能樹可以分為目標導向、執行導向
及流程導向的功能樹 (3) 目標導向功能樹是由動詞相同而受詞不同
的功能集合而成 (4) 執行導向功能樹是由受詞相同而動詞不同的功
能集合而成 (5) 流程導向功能樹是依功能先後順序排序而成？

A. 125　　　　　　　　　　B. 12345

C. 1235　　　　　　　　　D. 1245

34.(　　) 企業流程管理 (BPM) 核心在於功能間密切整合，包括哪些原則 (1)
要以整體與宏觀的途徑管理 (2) 清楚界定各流程以及其間的介面與
關係 (3) 環境的因素決定改造的成敗 (4) 採取反覆式、按照時限、階
段性的方式進行？

A. 123　　　　　　　　　　B. 124

C. 234　　　　　　　　　　D. 134

35.(　　) 對於 BPM 的概念，下列何者不是正確的？

A. 企業變革屬於 BPM 的宏觀層次

B. 流程設計屬於 BPM 的微觀層次

C. BPM 的規劃後期，必須釐清所處環境與企業內部結構間的關係

D. 可以結合企業本體結構分析與物件導向的圖示法進行企業流程分析

36.(　　)導入 BPR 的成功因素之一的流程分析原則,其中顧客價值公式由哪些因素所組成?

A. 資源、成本、活動、時間

B. 產出率、滿意度、抱怨率、處理時間

C. 流程成本、設置成本、交期、顧客回流率

D. 品質、服務、時間、成本

37.(　　)在 BPM 的設計模式第四階段為分析現存流程,對應到 ERP 專案的?

A. 分析應用需求　　　　　　　　B. 規劃 ERP 策略

C. 配置 ERP　　　　　　　　　　D. ERP 系統上線

38.(　　)對於 BPM 的描述何者是正確的 (1) 企業變革為宏觀 (2) 流程設計為微觀 (3) 企業變革採企業本體結構分析 (4) 流程設計採物件導向分析方法 (5) 流程必須釐清所處環境與內部結構之間的關係?

A. 1234　　　　　　　　　　　　B. 2345

C. 1245　　　　　　　　　　　　D. 以上皆是

39.(　　)有關 ARIS 之 EPC 圖的相關情境資料如下,已知有兩個事件 E1 與 E2,且 E1 與 E2 合流到某一個互斥 (Exclusive OR, XOR) 之邏輯運算子 (Logical Operator) 上,XOR 之後只銜接某單一功能 F1,下列 EPC 規劃原則之敘述何者正確?

A. 當事件 E1 與事件 E2 皆發生時,功能 F1 可以開始執行

B. 當事件 E1 發生且同時事件 E2 不發生時,功能 F1 可以開始執行

C. 當事件 E2 發生且同時事件 E1 不發生時,功能 F1 無法開始執行

D. 當事件 E1 與事件 E2 皆不發生時,功能 F1 可以開始執行

40.(　　)以傳統而言，資訊系統發展生命週期的順序為何 (1) 確定策略 (2) 企業方向 (3) 系統建構 (4) 系統設計 (5) 系統實施 (6) 文件化 (7) 系統運作與控制？

    A. 1234567　　　　　　　　B. 1243567

    C. 1234657　　　　　　　　D. 1243657

41.(　　)何謂最佳實務範例 (Best Practices)，下列敘述何者正確？

    A. 企業所在產業第一名企業的作業流程

    B. ERP 軟體廠商所提供的標準流程

    C. 理論上最好的作業流程

    D. 最適合企業的作業流程

42.(　　)下列何者次系統的選項屬於運籌管理的應用模組？

    A. 先進規劃排程 (APS)

    B. 製造執行系統 (MES)

    C. 生產管理

    D. 高階主管資訊系統 (EIS)

參考文獻

[1] Burlton, R (2001) . Business Process Management: Profiting From Process, SAMS.

[2] Chesbrough, H. and L. Rosenbloom (2000) . "The Role of the Business Model in Capturing Value from Innovations: Evidence from Xerox Corporation's Technology Spin-off Companies", Harvard Business School Working Paper 01-002.

[3] Davenport, T. H. and L. Prusak (1998) . Working Knowledge: "How Organizations Manage What They Know", Boston: Harvard Business School Press

[4] Hammer, M. and J. Champy (1993) , "Reengineering the Corporation: A Manifesto for Business Revolution."

[5] Osterle, H. (1995) , Business in the Information Age: Heading for New Processes, Springer-Verlag.

[6] Porter, M.E. and V.E. Millar (1985) . "How Information Gives You Competitive Advantage", Harvard Business Review.

[7] Scheer, A.-W. (1998) , Business Process Engineering – Reference Model for Industrial Enterprises

[8] Scheer, A – W. (1998) , ARIS – Business Process Frameworks.

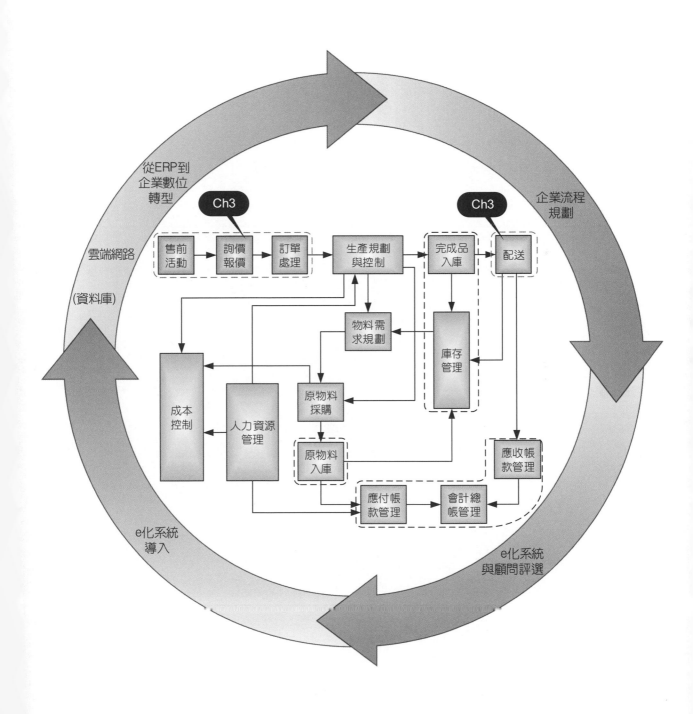

03

銷售與配銷模組

王福川　國立中央大學工管所博士
　　　　台積電 企業系統整合處 企業資源規劃部 經理
王福川　國立中央大學工管所博士
　　　　台積電 企業系統整合處 企業資源規劃部 經理
　　　　台積電 企業系統整合處 企業資源規劃部 經理

學習目標

- ☑ 導入銷售與配銷模組之目的
- ☑ 銷售與配銷之功能性定義
- ☑ 區分銷售與配銷模組之三大企業情境
- ☑ 學習銷售與配銷模組之文件流向
- ☑ 分析銷售與配銷模組和其他模組的關係
- ☑ 認識銷售與配銷模組之主檔資料
- ☑ 了解銷售、交貨、與請款之核心企業流程
- ☑ 解析顧客詢價單、報價單與訂單之關聯
- ☑ 學習可用量查核與交貨排程之計算
- ☑ 認識交貨文件與顧客發票在 ERP 系統中之重要性
- ☑ 了解挑料、包裝、裝載與貸項憑證之系統功能
- ☑ 分析運輸規劃與其他系統功能的關聯

本章介紹 ERP 系統的銷售與配銷 (Sales and Distribution) 模組，經由對於銷售 (Sales)、交貨 (Distribution)、與請款 (Billing) 等核心企業流程的描繪，以及系統相關對應功能的解說，讓諸位能一窺銷售與配銷模組之奧妙。

3.1　簡介

3.1.1　銷售與配銷模組之導入目的

由於全球化競爭、多樣化需求以及專業化分工，導致整體企業環境有著重大的改變。全球化競爭的結果，使得企業組織必須從全球各地攝取資源並加以整合與管理；面對多樣化的需求，企業組織必須能即時掌握顧客資訊，保持彈性的運作，並且快速滿足顧客的需求；而專業化的分工，更是促使企業組織必須以低成本、高效率來維持公司的競爭優勢。因此，過去強調大量生產的規模經濟已經被注重品質、時間、成本、服務以及效率的新競爭經濟所取代。

然而，企業資源規劃系統 (Enterprise Resource Planning, ERP) 的興起，幫助企業建立一個以**更快速度 (Speed)、更高能見度 (Visibility) 以及更佳整合度 (Integration)** 為基礎的新企業運作模式，並且與其他解決方案緊密地相結合，使得企業得以因應此一時間與空間極度壓縮的競爭環境。在此新運作模式下，企業以經營資源最佳化之觀點，整合整體企業的營運管理，以提升企業組織之效率，並即時反映企業內部資源之使用狀況，以供相關企業決策之參考。

在 ERP 系統中，銷售與配銷模組更是扮演了極為重要且不可或缺的角色，因為其所涵蓋的範圍，包含了所有創造企業利潤之相關作業，並且是驅動整個企業流程運作之根源所在。成功地導入 ERP 系統之銷售與配銷模組，明顯地可以為企業各部門帶來各種不同有形與無形的利益。Callaway (1999) 就曾明確地指出，這些利益包括：

- ☑ **縮短訂單實現時間** (Reducing Total Order Fulfillment Time)

- ☑ **減少訂單處理時間與成本** (Reducing Order Processing Time and Cost)

- ☑ **減少運輸與物流成本** (Reducing Transportation and Logistics Costs)

- ☑ **加強顧客服務** (Enhancing Customer Service)

- ☑ **增強滲透市場之能力** (Enhancing the Ability to Penetrate Markets)

- ☑ **改善即時交貨效率** (Improving On-time Delivery Performance)

- ☑ **增加企業資料之能見度** (Increasing Visibility of Corporate Data)

- ☑ **整合企業流程** (Integrating Business Process)

- ☑ **整合資訊流、物流與金流** (Integrating Information, Material and Cash flow)

此外，現今更因電子商務之蓬勃發展，整合性的觀念已蔓延至企業外部。展望未來，企業競爭優勢之塑造，必將從企業的內部轉移到企業與企業間，甚至擴大到整個供應鏈體系。正確且即時的顧客與配銷資訊，是影響整合性供應鏈成敗之關鍵因素。而 ERP 系統之銷售與配銷模組，正是提供此項資訊之主要來源。因此，為了塑造與維持企業的競爭優勢，導入銷售與配銷模組已是勢在必行。

3.1.2 銷售與配銷

在企業中之基本功能銷售與配銷模組，在 ERP 系統中，是歸屬於**物流** (Logistics) 之相關模組。根據**美國物流協會** (Council of Logistics Management, CLM) 對於物流之定義，物流乃是為了滿足顧客的需求，經由企業組織一連串的加值活動，包括生產、製造、運輸等流程，將原料轉換成顧客所需產品或服務的過程。當顧客有所需求時，能將高品質、符合需求之產品或服務，適時適地的送至顧客手中。並且在整個物流體系中，以最有效率、最高效益的方式，進行計劃、執行及控管。

由以上的定義可知，物流是將採購、生產、製造、運輸、倉儲、裝載、包裝、流通加工、資訊等個別活動加以整合化、效率化，以降低成本，增加對顧客的服務，並且提高顧客的滿意度。

簡言之,物流乃是提供加值服務給顧客,是一項跨組織與跨功能的整合,並且追求整個供應鏈體系的最佳化。而 Scheer (1994) 曾經以供應商至顧客端之供應鏈為劃分點,再將物流更進一步區分為:

☑ **進料物流 (Inbound Logistics)** ─即依據最終客戶的需求,將自不同供應商採購之原料、半成品運送至企業組織之過程。

☑ **生產物流 (Production Logistics)** ─指企業組織將原料、半成品,加以生產、加工或裝配成為最終產品之過程。

☑ **出貨物流 (Outbound Logistics)** ─指將最終產品由企業組織配送至最終顧客或目標市場的過程。

再從**價值鏈 (Value Chain)** 的觀點分析,整個出貨物流可以再細分為銷售、配銷與請款三大加值活動。如圖 3-1 所示,每個活動可再展開成為更多的作業項目,每一項目都是創造企業價值的所在。而就 ERP 的定義而言,這些具有創造價值的作業項目,即包含了所有銷售與配銷模組的基本企業功能。在後續的章節中,將對這些功能做個別而詳細的介紹。

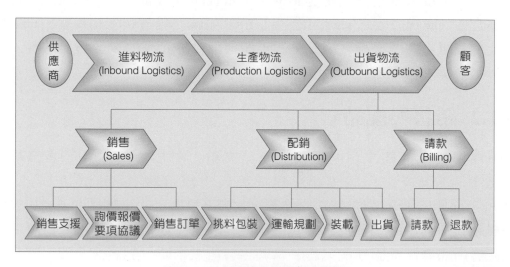

圖 3-1　出貨物流之價值鏈展開圖

　　除了以上經由物流觀點展開而成的企業加值功能外，另外單就系統功能而言，若與傳統的企業系統相比較，ERP 的銷售與配銷模組還提供了下列功能：

- ☑ **售前活動 (Pre-sale Activities) 之安排與相關資訊之彙總分析**
- ☑ **詢價 (Inquires)、報價 (Quotations) 和訂單 (Sales Orders) 之處理和監控**
- ☑ **契約 (Contracts)、出貨協議 (Scheduling Agreements) 之處理和監控**
- ☑ **提供強大的複製功能以減少訂單輸入錯誤和加強效率**
- ☑ **提供各種不同的文件型態以符合各式企業情境之需求**
- ☑ **允諾可用量 (Available to Promise , ATP) 之自動查核**
- ☑ **交貨排程之決定**
- ☑ **出貨點 (Shipping Point) 與路線 (Route) 之安排**
- ☑ **訂價策略 (Pricing Strategy) 之決定**
- ☑ **顧客信用 (Customer Credit) 之查核與控管**

　　銷售與配銷模組支援了企業組織所有創造利潤的相關功能，並且提供了更有效率的方式加以管理。同時經由與其他模組的整合，使得銷售與配銷模組發揮更強大的功能，以符合面臨新挑戰環境下之企業組織所需。

3.1.3 銷售與配銷模組之企業情境

　　根據 Leem (2002) 之定義，所謂的**企業情境** (Business Scenario) 是一種樣版 (Template)，根據企業組織的需求，提供其在不同的企業事例下，制定整體企業流程之參考。也就是說，企業情境是制定企業流程根源之所在，而企業流程則能反應出企業組織在不同情境下之運作模式。在 ERP 系統之銷售與配銷模組中，也定義了各式的企業情境以符合企業組織之需求。如圖 3-2 所示，這些情境可以依照三大種類來區分，包括了**需求反應策略** (Demand Response Strategy)、**特殊訂單處理** (Special Order Handling) 與**特殊物料處理** (Special Material Handling)。

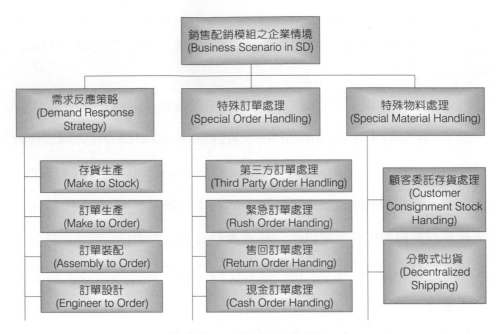

圖 3-2   銷售配銷之企業情境

需求反應策略 (Demand Response Strategy)

在整個物流體系中，任何包含最終產品的銷售訂單將會驅動一連串的企業流程，並且結束於該顧客需求被滿足時。而需求反應策略即是用來界定當接受銷售訂單時，各種後續生產規劃與控制的方法。一般而言，需求反應策略可以再劃分為以下四種：

1. **存貨生產 (Make to Stock, MTS)**：當接受銷售訂單時，直接以存貨來滿足銷售訂單的需求，因此必須事先預測市場需求，訂定需求計畫，並且以此排定成品之生產計畫、主生產排程以及物料與產能計劃進行生產。其優點在於滿足銷售訂單的前置時間較短，所以可以提供顧客最好的服務水準；缺點則是供應產品之企業組織必須承受較高存貨成本的壓力與預測不準的風險。此種策略適用於大量生產，而且產品種類屬於成本較低或產品生命週期較長的產品，如一般日常民生用品。

2. **訂單生產 (Make to Order, MTO)**：當接受銷售訂單時，根據顧客在訂單上所指定的成品規格加以生產，而不以現有的成品存貨來滿足顧客的需求。而對於訂單內所指定成品之原料與零組件，都必須先規劃其生產排程並加以生產。其優點是可因應客戶特殊之需求規格，以將存貨降至最少；缺點為滿足銷售訂單的前置時間較長。此種策略適用於較昂貴或生命週期較短的產品。

3. **訂單裝配 (Assembly to Order, ATO)**：當接受銷售訂單時，根據顧客所要求之成品規格，直接將零組件或模組加以裝配以符合顧客之需求。因此這項反應策略是以零組件或模組之生產規劃為基本。而 ATO 的優點在於所生產的成品是少量多樣，除了能快速回應顧客的需求外，並且使供應商的成品存貨降至最低；但其缺點在於模組化分類、零件模組預測以及模組設計均須視顧客的需求加以即時更新，否則將大量產生不適用的零組件與模組，造成存貨過多的情形。

4. **訂單設計 (Engineer to Order,ETO)**：即並沒有特定的成品規格限定於銷售訂單中，而是根據顧客的功能需求描述加以量身訂做 (Tailor Made)。此種策略強調當收到顧客需求後，設計出顧客的產品，以滿足其需求。在此策略下，只有原材料的存貨產生，但是產品種類繁多，而且這些產品可能只生產一次，產品的生產批量很小，設計工作和最終產品卻往往非常複雜。

　　因此，就銷售與配銷模組的觀點而言，銷售訂單需求，是驅動這些不同需求反應策略之來源。不同種類的銷售訂單，會有不同的生產預測與規劃方式。Higgins (1996) 等人即根據供應鏈中的原材料、零組件、半成品與成品等項目，區分了各種策略下銷售訂單之**分歧點** (Decoupling Point)，如以下之圖 3-3 所示：

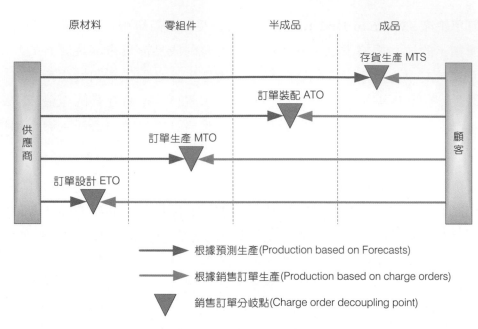

圖 3-3　不同需求策略下之銷售訂單分歧點（資料來源：Higgins,etal., 1996）

特殊訂單處理 (Special Order Handling)

▣ **第三方訂單處理 (Third Party Order Handling)：** 在此情境下，企業組織在收到銷售訂單後，針對已知的供應商來源，系統直接產生**請購單** (Purchase Requisition)，或是經由詢價、比價等過程後再產生請購單。然後，再將請購單轉置成**第三方採購訂單** (Third Party Purchase Order)，提交予供應商，並要求供應商直接將其產品運送至顧客處。而當顧客收到產品後，即針對此第三方訂單執行請款之作業。而供應商發票上的出貨數量也會自動地複製到請款文件中並且提交給顧客，以執行應收帳款之作業。

▣ **緊急訂單處理 (Rush Order Handling)：** 在此情境下，為了符合顧客之緊急需求，當收到銷售訂單後，同時系統便立即自動地產生交貨文件，以快速地執行後續出貨的相關事宜。在 ERP 系統中所有的銷售與配銷功能，例如可用量查核以及出貨排程，都是同時間地被執行。

▣ **售回訂單處理 (Returned Order Handling)：** 當同意顧客將受損害或不滿意的產品退回時，或是任何有關出貨的交易發生錯誤時，則以售回訂單之情境來處理。售回訂單是後續所有退貨流程之根源，**售回交貨文件** (Returned Delivery) 並是據此產生，並且其所產生的相關資料對於原先的銷售訂單有沖銷之作用。而如果顧客要求再補貨時，則可根據售回訂單再建立**後續免費訂單** (Subsequent Free-of-charge Order) 並執行後續免費交貨之流程。

☐ **現金訂單處理 (Cash Order Handling)**：現金訂單處理之使用時機，在於顧客獲得其所訂購產品之同時，立即以現金付款。與標準的銷售訂單處理流程相比較，傳統的應收帳款流程包括了建立發票、結單與付款，而現金訂單處理則簡化了整個應收帳款之流程。

特殊物料處理 (Special Material Handling)

☐ **顧客託管存貨之處理 (Customer Consignment Stock Handling)**：當顧客為了加強在整個供應鏈體系中之即時反應能力，或是為了減少本身倉儲作業成本與存貨成本時，會要求已經購得的產品先置放於供應商的倉庫處。而該產品供應商在 ERP 系統中，將會以顧客委託存貨之處理情境來管理該項存貨，即針對該項存貨執行相關的倉儲管理作業一直到該顧客將其產品再次生產或是銷售。而當委託之關係結束後，供應商將該項存貨自系統中之託管存貨項目中扣除，並且開立託管存貨之發票，提交給顧客以執行應收帳款之作業。

☐ **分散式出貨 (Decentralized Shipping)**：分散式出貨，即是為了縮短對於顧客出貨的反應時間以提升出貨的效率，在某些距離顧客較近之出貨點，建置**地方性的配送系統** (Local Distribution System)。當主 ERP 系統收到銷售訂單時，會先執行可用量查核與分析存貨狀況，並且針對相關的出貨作業加以排程。然後，相關的出貨資料會被轉移至地方性的配送系統，並由該系統執行相關的出貨作業，包括產生出貨文件，挑料、包裝與裝載等。而當出貨作業結束後，相關的出貨資料再回傳至主 ERP 系統，並且立即更新存貨狀況和執行請款流程。

3.1.4 銷售與配銷模組之文件流向

在銷售配銷模組中，3.1.2 所述的每一項加值功能，皆有記錄其相關交易的相關文件。而這些功能間的連接，即是經由不同文件類型的轉置來達成。如圖 3-4 所示，銷售配銷模組的文件型式可以區分為三種，即銷售、配銷與請款。當銷售功能執行完成後，銷售文件中的資料即自動地流向配銷文件；而當執行請款功能時，銷售與配銷的資料即為其所用。經由文件流向的設定，讓整個銷售配銷流程得以緊密地整合，並且配合強大的複製功能，加強作業效率並減少錯誤產生。

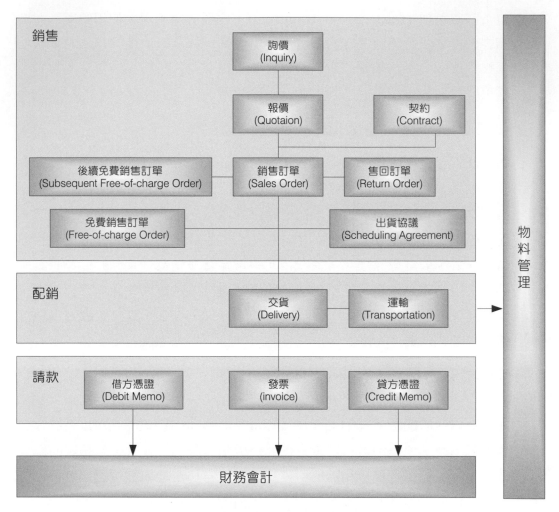

圖 3-4　銷售與配銷模組之文件流向

▢ **免費銷售訂單 (Free-of-charge Order)**：當將免費的樣本產品寄送給顧客時，則建立此類訂單。

▢ **售回訂單 (Returned Order)**：當同意顧客將受損害或不滿意的產品退回時，則建立此類訂單，並且同時成為後續產品退回交易之根據。

▢ **緊急訂單 (Rush Order)**：當顧客對於產品或服務有緊急需求時所建立的訂單。相關的銷售與出貨功能將被同時執行以縮短作業流程。

▢ **後續免費銷售訂單 (Subsequent Free-of-charge Order)**：因產品或服務有損害、遺失或不被顧客接受而退回，需要再次補貨給該顧客時，則產生此類訂單。

- 　□ **貸項憑證請求 (Credit Memo Request)**：當產品的計價過高時，則產生此種文件，用以在請款時，成為建立貸方憑證之根據。

- 　□ **借項憑證請求 (Debit Memo Request)**：當產品的計價過低時，則產生此種文件，用以在請款時，成為建立借方憑證之根據。

　　另外有關其他在標準核心作業流程下所產生之文件，例如詢價、報價與銷售訂單等，則將在後續的章節中加以詳細介紹。

3.1.5 銷售與配銷模組和其他模組之關係

與財務會計 (Financial Accounting) 模組之關係

　　當請款結束後，系統將相關的請款文件，例如**顧客發票** (Invoice)（註）、**借 / 貸項憑證** (Credit / Debit Memos) 等，傳送並過帳至財務會計模組之適當會計科目，以執行**應收帳款** (Accounts Receivable, AR) 和**現金管理** (Cash Management) 之相關功能。同時，銷售配銷模組會搭配財務會計模組執行**顧客信用 / 風險管理** (Customer Credit / Risk Management) 之功能，並經由對顧客**信用額度限制** (Credit Limit) 設定，系統可以在每一項銷售配銷作業中查核顧客信用，因而增強對於顧客信用之決策能力，以求減少呆帳之產生。

與物料管理 (Material Management) 模組之關係

　　當系統建立銷售訂單或交貨文件時，經由系統相關的設定，可以自動地驅動**物料管理** (Material Management, MM) 模組中**保留存貨** (Reservation) 的功能，也就是其他的交易不得再使用該項存貨。另外，當執行交貨流程中的挑料作業時，也必須和物料管理中的**倉儲管理** (Warehouse Management) 相配合，以求適時適地適物的將顧客所訂購的產品從倉庫中挑出，以執行包裝與裝載的作業。最後，在執行**系統扣帳** (Goods Issue) 時，同時在 MM 模組中產生過帳的相關文件，並且自動地將已出貨之數量從存貨中扣除。

與成本控制 (Controlling) 模組之關係

　　當銷售訂單產生時，系統即可將相關的**預期營收** (Expected Revenue) 項目以及相關的成本資料傳送至成本控制模組中，執行**利潤能力分析**

(Profitability Analysis) 以及早預測該訂單所能帶來之利潤,並且根據後續之請款文件,評估實際的利潤結果。

與生產規劃 (Production Planning) 模組之關係

銷售配銷模組與生產規劃模組之關係,在於當銷售訂單建立時,顧客所訂購的物料在系統中會被立即地轉換成**銷售需求** (Sales Requirements),並且轉置至生產規劃模組之**物料需求規劃** (Material Requirements Planning, MRP) 功能中,以做為物料規劃之根據。而存貨如有不足,生產規劃模組會接著執行**生產控制** (Production Control) 功能以生產符合顧客需求之產品。

與專案系統 (Project System) 模組之關係

在專案系統模組中,為了監控與管理專案之進行,會建立所謂的工作**分解結構** (Work Breakdown Structure, WBS),此 WBS 可以當成**會計要素** (Accounting Elements),指派至各模組的不同文件中。而在銷售訂單中,可以將先前建立之 WBS 輸入其中,成為該訂單所指定的會計要素。如此,可以預測、匯集、與追蹤因為該銷售訂單所產生的成本與收益,並且以專案管理之理論加以控制與分析整個銷售配銷作業之進行。同時,在銷售配銷模組之請款作業中,**請款計劃** (Billing Plan) 能和專案系統模組中的**網路** (Network) 相結合,以管理整個請款流程之進行。

3.1.6　銷售與配銷模組之組織架構

在 ERP 系統中,組織架構是區分各式**主檔資料** (Master Data) 與**文件類型** (DocumentsType) 之重要準則,並且可以據此執行嚴密的權限控制。因此系統上的組織架構,在導入 ERP 系統時,必須詳細地分析與定義,以期能和實際的企業組織架構相結合。而在銷售與配銷模組中,不論企業組織之複雜與否,其提供了功能強大而且具有彈性的組織架構定義方式,以此更有效率的管理與控制整個模組的相關功能。而銷售配銷模組的組織架構可以分成三大類:**銷售區域** (Sales Area),**內部組織單位** (Internal Organization Unit) 與**運送組織單位** (Organizational Units in Shipping)。

銷售區域 (Sales Area)

所謂的銷售區域，其定義為**銷售組織** (Sales Organization)、**配送管道** (DistributionChannel) 與**部門** (Division) 之結合體。整體銷售區域之結構，如圖 3-5 所示：

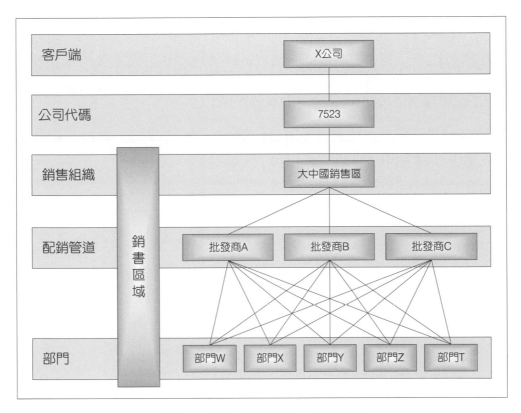

圖 3-5　銷售之組織架構：銷售區域

- ▣ **銷售組織**，一般定義為國家或是國際層級區域的銷售單位，例如北美銷售區或大中國銷售區。每一個銷售組織對於其所銷售的產品，必須負有法律上的責任與義務。而每項產品的企業交易也必須在該銷售組織下完成。

- ▣ **配銷管道**，即為用來定義不同的產品如何運送至不同的顧客處。典型的批發商、零售商與直銷商等，都可以被定義至配銷管道中，企業組織可以因此對於單一顧客從不同的幾個配銷管道來供應其產品。而在不同的配送管道下，一些相關的主檔資料，例如訂價和最小訂購量，也會有所不同。

▣ **部門**，即是在單一企業組織下，負責銷售各式不同產品線或是產品家族的組織單位。例如家電部門或是個人電腦部門。企業可以針對每一個部門，訂立特定的顧客協議，包括付款條件與出貨條件等。

因此，根據銷售組織、配送管道與部門，便可組成各個不同的銷售區域。而每一個銷售區域，更可進一步的規範其相關的主檔資料，同時，針對每一顧客，在不同的銷售區域下，可以採取不同的訂價策略。而且，當企業組織在從事銷售資料分析時，銷售區域更是一種非常重要的歸類標準。

內部組織單位 (Internal Organization Unit)

除了銷售區域外，在銷售與配送模組中，更可以另外以內部組織的觀點來定義其組織架構，如圖 3-6 所示。

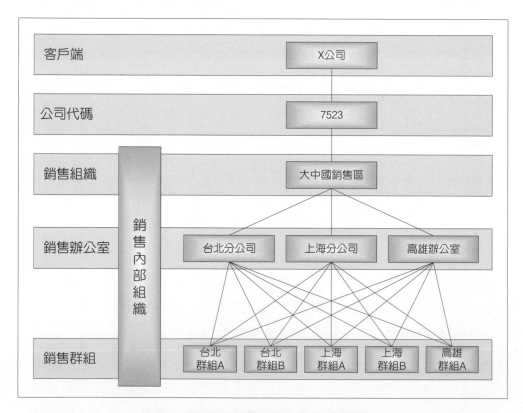

圖 3-6 銷售之組織架構：銷售內部組織

▣ **銷售辦公室** (Sales Office)，一般被定義為一企業的分公司或是分店。其需要對於單一或多個銷售區域負責各種型式的**銷售活動** (Sales Activity)。

- **銷售群組** (Sales Groups)，即是將銷售辦公室下的銷售員工區分成各種不同的群組，以作為分配各式銷售活動之根源。**銷售人員** (Sales Personnel) 即為每單一銷售員工，系統可以據此建立其主檔資料來管理該員工的銷售行為。

出貨組織 (Organization Unit in Shipping)

然而，只有定義銷售的相關組織單位是不夠的，因為整個銷售配銷模組的流程是當顧客收到其所訂購的產品才終止的。所以，在 ERP 系統中，也提供了出貨的相關組織單位，以期能和整個交貨相關流程互相整合，並且區分相關的交貨資料與文件。如圖 3-7 所示，出貨組織包含了兩層架構，即**出貨點與裝載點**。

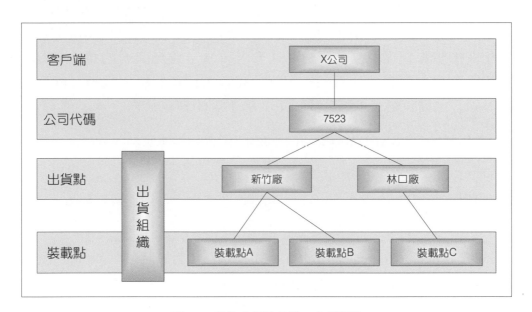

圖 3-7 銷售之組織架構：出貨組織

- **出貨點** (Shipping Point)，即是處理出貨相關事項的組織單位，通常是一個特定的廠或是倉庫，而同一個廠也可以再劃分為多個出貨點。當每次產生出貨文件時，都需要指派特定的出貨點。

- **裝載點** (Loading Point)，是根據所定義的出貨點，再更進一步細分而成。而每一個裝載點，即是代表在出貨點中，以不同的方式或設備裝載貨品的位置。例如以起重機或船塢來區分不同的裝載點。

3.1.7 銷售與配銷模組之主檔資料

　　在 ERP 系統中，所有功能之執行，都必須參考正確的**主檔資料** (Master Data)。而且某些執行的結果，也可再更新至主檔資料中。此在銷售與配銷模組中，主檔資料更是極為重要，因為它同時也是**顧客關係管理** (Customer Relationship Management, CRM) 系統之重要資料來源。以資料之種類區分，銷售配銷之主檔資料可以區分為四種：**顧客主檔資料、產品主檔資料、顧客－產品主檔資料、與訂價主檔資料**，而每一種主檔資料在 ERP 系統中，皆可以再劃分為更詳細的資料項目。

顧客主檔資料 (Customer Master Data)

　　顧客主檔資料主要是記錄企業所面對顧客的相關資料。在 ERP 系統中，顧客資料不只對於銷售與配銷模組相當重要，財務會計模組也常需要擷取相關的資料以做為交易與分析之參考。為了避免資料的重複，有關於顧客的財務會計與銷售資料便被記錄於顧客主檔資料中。根據詳細程度之不同，顧客主檔資料可以區分成以下 3 種不同的資料結構：

1. **一般資料** (General Data) 即用來描述該顧客的基本資料，包括了該顧客的住址、電話等。

2. **銷售與配銷資料** (Sales and Distribution) 則包含了針對於特定銷售區域所設定的資料，例如訂價條件與出貨條件等。

3. **公司代碼資料** (Company Code Data) 即包括了對於財務與會計部門相當重要的財會資料，例如與顧客往來的銀行資料及顧客的付款條件等。

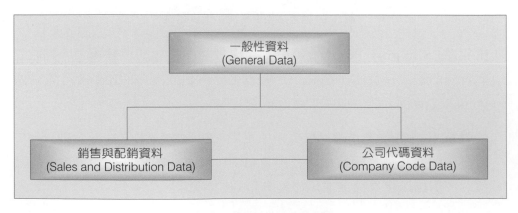

圖 3-8　顧客主檔資料結構

銷售夥伴 (Sales Partner)

企業組織在從事各種商業交易時，會面對各種不同的**企業夥伴** (Business Partner)，例如顧客、供應商或員工等。而企業組織在從事銷售行為時所面對的顧客，更可以再細分為各種不同的**銷售夥伴** (Sales Partner)，這種區分的方式，能讓企業更準確地劃分顧客的各種功能。如圖 3-9 所示，一般而言，銷售夥伴可以區分成以下 8 種：

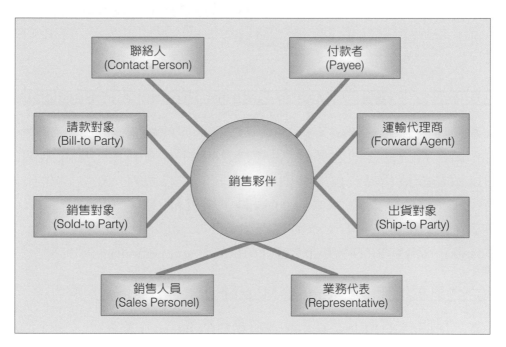

圖 3-9 銷售與配銷之銷售夥伴

在顧客主檔資料中，每一顧客都必須定義其相對應的銷售夥伴，而最簡單的情形是所有的銷售夥伴都是由同一顧客所擔任，但也可能因其出貨、請款或付款的對象不同，因而定義各種不同的銷售夥伴。然而對於 ERP 系統的財務會計模組而言，**銷售對象** (Sold-to Party)、**請款對象** (Bill-to Party)、**出貨對象** (Ship-to Party) 和**付款對象** (Payee) 同時也是所謂的**會計群組** (Account Group)，當在從事銷售交易時，相關的會計交易也同時地被驅動，而這些不同的會計群組便是執行各種會計功能和彙總相關會計資料之依據。

顧客層級 (Product Hierarchy)

經由顧客層級的設定，企業能由此反映出該名顧客複雜的層級組織。例如某些顧客是擁有各種不同層級的銷售通路或代理商，而這些銷售通路或代理商在 ERP 系統中也可以被視為各個單一顧客，則經由顧客層級，便可以把他們的關係結構化。形成顧客層級後，即可以針對每一個層級節點的顧客採取不同的訂價條件和折扣協議，而且這些顧客在**請購文件** (Billing Document) 中，也有可能扮演各種不同的**銷售夥伴** (Sales Partner)。並且，當執行一些統計資料分析時，顧客層級更是可以幫助企業更詳細地瞭解市場現況。

產品與服務之主檔資料 (Master Data for Product and Service)

產品與服務在整個銷售行為中，是最主要的銷售標的物。當產生銷售訂單時，系統便立即連結到產品與服務之主檔資料中，擷取相關的資料，以做為後續交易流程的準則，而不同的主檔資料，便會產生不同的交易模式。這些重要的資料包括了**物料主檔資料** (Material Master Data)、**物料表** (Bill of Material)、**產品現況** (Product Status)、**產品提案** (Product Proposals)、**存貨** (Stock) 與**批次管理** (Batch Management)。

銷售之物料主檔資料 (Material Master Data in Sales)

產品與服務在 ERP 系統中，皆以物料 (Material) 來概括。而在從事各種企業交易中，物料主檔資料 (Material Master Data) 是主要的資料來源。一般而言，物料主檔資料是以功能部門來區分，提供系統在各類交易中所需的資料。有關於銷售的資料，最主要是儲存在三種不同的資料層級：

- 一般資料：包括物料品名說明、計量單位、成本、重量與體積等。

- 銷售 / 配送管道資料：包括出貨廠、銷售單位、最少銷售與出貨量等。

- 工廠資料：包括一些有關物料需求方面的資料，例如安全訂購量、再訂購點與出貨處理時間等。

另外，**物料類型** (Material Type) 的選定也是會影響整個銷售的交易流程。一般而言，物料類型可以區分為**原物料** (Raw Material)、**貿易商品** (Trading Goods)、**半成品** (Semi- Finish Goods)、**製成品** (Finish Goods)、**非庫存物料** (Non-stock Material)、**包裝物料** (Packing Material) 與**服務** (Service) 等。而針對不同的物料類型所產生的銷售訂單，會有不同的訂單處理方式。

物料表 (Bill of Material)

物料表詳細記錄了組裝一件成品時，所需要的零組件。在 ERP 系統中，物料表是**生產與規劃** (Production and Planning) 模組中重要的主檔資料，而銷售與配銷模組則是在建立相關的銷售文件時，由系統自動地讀取該產品的物料表來表現出產品結構。因此，在銷售訂單中，一項單一成品就可以展開成**主要項目** (Main Item) 和由其零組件所形成的**次要項目** (Sub-items)，除了企業可以清楚地瞭解到顧客訂購產品的結構外，經由一些設定，企業之銷售人員可以針對其主要項目或是次要項目來訂價或執行需求量的轉換等。

產品狀況 (Product Status)

產品狀況可以用來規範某一特定產品所能允許執行的銷售交易。例如，某項產品有技術上的缺陷，則經由產品狀況之設定，該產品可避免被建立於顧客**銷售訂單** (Sales Order) 中，但仍允許被產生於**顧客詢價單** (Inquiry) 中。另外，可以經由特定日期的設定，來規範某段期間內該項產品所能允許的特定交易。

產品提案 (Product Proposals)

在產品提案中，使用者可以先記錄一些經常使用的物料以及其對應的出貨數量，然後當建立顧客銷售訂單時，系統會參照產品提案的相關資料，自動地提議並且產生物料列表，同時當顧客銷售訂單建立完成後，使用者也可以手動地去更改其中的項目。

存貨 (Stock)

　　銷售與配銷模組使用即時性的存貨資料來執行**可用量查核** (Availability Checks)。而這項主檔資料最主要是儲存於物料管理模組中，相關的存貨數量與價值皆會因相關企業交易後更新。根據銷售對於可用量查核的設定，存貨可以更進一步的劃分為不同的類別，包括了**不受限制的存貨** (Unrestricted Inventory)，**保留的存貨** (Reserved Inventory)，**品質檢驗中的存貨** (Inventory in Quality Inspection) 等。這些存貨的分類對於可用量查核的影響，將會在後續的章節中詳細地說明。

批次管理 (Batch Management)

　　一般而言，批次是用來描述在一特定的製程下，所生產出來的一批特定數量的產品。而在 ERP 系統中，批次管理的應用不侷限於生產規劃中，而是被廣泛地使用於物流其他相關的模組中。只要是該物料在物料主檔中設定為執行批次管理，則其所有的企業交易，皆可以利用此一功能來記錄批次規格和辨別批次項目。然而在銷售與配銷模組中，批次可以在建立銷售訂單時便決定，或是等到產生交貨文件 (Delivery) 時再指派。而批次決定後，後續的可用量查核與批次劃分，便是以此為根據。

顧客－產品資訊記錄 (Customer-Material Information Records)

　　儲存顧客銷售與配銷的相關資料於顧客－產品資訊記錄中，將可以有效率的滿足與實現顧客的需求。一般而言，顧客－產品資訊資料包括：

- ☑ **顧客產品品名與規格**
- ☑ **特定的配送資料**
- ☑ **對於產品的詳細描述**

　　顧客－產品資訊記錄所產生的資料比顧客資料主檔或是物料資料主檔的資料有更高的優先權。也就是當產生一張銷售訂單時，如果有對應的顧客－產品資訊記錄存在，則系統會自動地在此文件中，針對此一特定顧客的每一訂購項目自動地產生適當的資料。當然，在執行後續的每一項企業交易時，這些資料也是允許被更改的。

物料判定與替代 (Material Determination and Substitution)

在銷售訂單中，物料判定與替代主檔支援並簡化了物料替代的功能。使用此一資料主檔，能幫助系統自動地決定在某一特定期間內替代料的問題。並且還具有以下的功能：

- 以企業本身的產品號碼取代顧客特定的產品號碼
- 以企業本身的產品號碼取代**國際商品編碼** (International Article Numbers)
- 以新的型號的產品取代停產商品

產品選擇 (Product Selection)

當顧客對於產品的包裝有多樣的需求時，則可以經由產品選擇主檔資料之設定來達成，也就是產品選擇將顧客對於包裝的喜好納入考量。產品選擇的過程可以是手動或是自動，而使用量和優先權的設定是自動產品選擇的準則。

物料列入與不列入 (Material Listing and Exclusion)

經由此主檔資料，可以限定某些特定顧客所能訂購的產品與服務。例如，如果特別地針對某一顧客產生其物料列入主檔，則該顧客只能購買其表上所列的產品與服務。反之，如果特別地針對某一顧客產生其物料不列入主檔，則該顧客將不能購買其表上所列的產品與服務。而且經由日期的設定，可以區分物料列入與不列入主檔在哪些特定期間是有效的。

訂價主檔資料 (Pricing in Master Data)

當建立銷售文件時，針對每一訂購產品或服務，系統會自動地從訂價主檔資料中參考相關的訂價資料並轉置至該文件中。而訂價主檔資料中的**訂價條件** (Pricing Conditions)，則陳述並且規範了在各種不同的情況下的訂價組合。例如，某一特定的顧客在某一特定的期間內購買了某一特定數量的某一項產品，則在訂價條件中，這些訂價變數，包括了「顧客」、「期間」、「數量」與「產品」，便決定了最後賣給顧客的最後價格。另外，**物料群組** (Material Group)、**訂價單位** (Price Unit)、**國家別** (Country)，**貨幣別** (Currency) 等也可被視為訂價條件中的訂價變數。

3.2 銷售

3.2.1 銷售之核心企業流程

茲將銷售之核心企業流程圖示如圖 3-10（圖中詳細介紹之功能將對應章節標示在側）：

根據 3.2.1 銷售之核心企業流程，以下各小節為其詳細之功能介紹。

3.2.2 執行促銷活動

隨著科技的進步，行銷與銷售的方法也一直在改變中。現在，賣方與買方間的關係，是一種維持在長期而且相互合作基礎上的「**夥伴模式**」。因應此一趨勢，為加強與顧客的關係，企業須對於相關的行銷與促銷資料加以整理，並且分析目前市場狀況，以更進一步地開發新的市場。而在 ERP 系統中，銷售支援 (Sales Support) 提供了工具與功能讓行銷與銷售部門得以有效率地執行顧客關係服務與企業發展活動。所有的銷售人員能在系統中充分地分享具有價值的銷售資訊，並且這些資訊將成為後續所有的銷售與配送功能之資料來源。

然而，從行銷與銷售兩種功能構面來看，如圖 3-11 所示，銷售支援可以區分成兩類：**促銷** (Promotion) 與**銷售活動** (Sales Activity)，經由銷售支援中所獲知的資料，例如目前市場上的潛在顧客，競爭者，產品與合約等，將在 ERP 系統中形成所謂的**銷售支援資料** (Sales Support Data, SSD)，並且與**銷售資訊系統** (Sales Information System, SIS) 相聯接，提供了銷售資料的彙總與分析，如此，不僅可以快速而有效率地成為其他後續銷售支援活動的資料參考來源，並且也可將其輕易地轉成銷售主檔資料，成為後續銷售功能之依據。

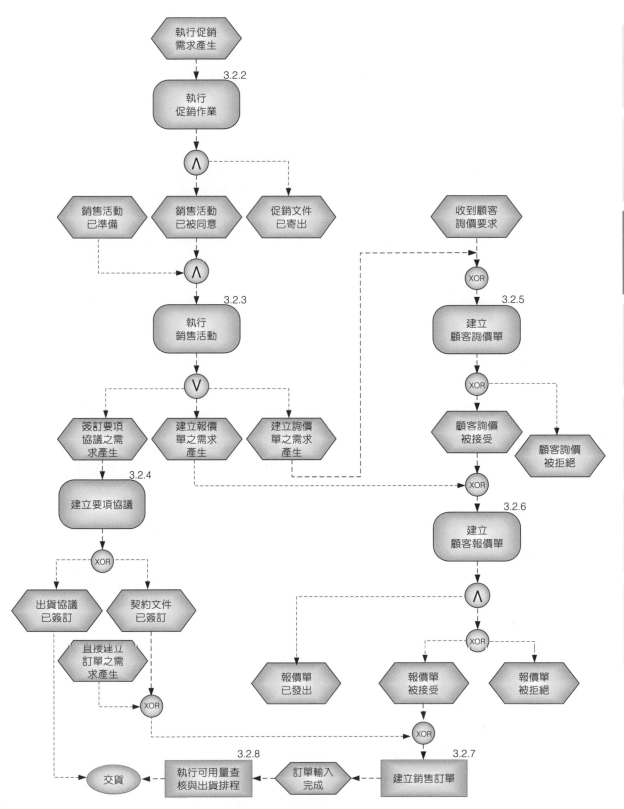

圖 3-10　銷售之核心企業流程

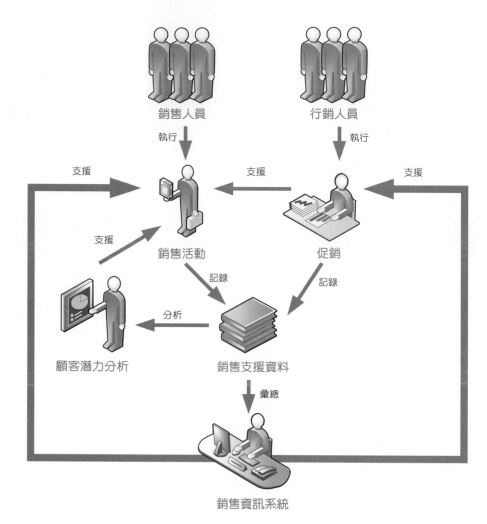

圖 3-11　銷售支援之關係圖

　　銷售支援不只是對於目前的顧客提供服務，而且同時也開發新的潛在顧客。所以，銷售支援是銷售資訊的來源，同時也是進入新市場的原動力。在銷售過程中，企業組織需要從事一些**行銷活動** (Marketing Activity) 讓潛在顧客知曉相關的產品資訊，通常**直效郵遞** (Direct Mailing, DM) 是最常用而且有效的方式。在圖 3-10 銷售之核心企業流程中，當有促銷需求產生時，行銷部門便執行相關的的促銷活動。而在 ERP 系統中，銷售促銷即是用來管理這些範圍廣泛的行銷活動。所有企業組織中行銷人員的促銷活動，都會被記錄在 ERP 系統之銷售支援資料，並且彙總至銷售資訊系統中，更進一步地分類與分析。經由不斷地資料累積，當後續有促銷活動或銷售活動舉行時，系統便可以快速地提供相關的資訊。而且，經由一些自動化的設定，ERP 系統更可以協助企業組織簡化整個促銷的作業流程。

3.2.3 執行銷售活動

　　每次聯絡或接觸顧客，都是一種**銷售活動** (Sales Activity)。一般而言，銷售行動可以用各種型態來進行，包括研討會、銷售座談會，銷售講座、銷售電話、廣告冊子等。而和銷售促銷相同，有關於銷售行動的相關資料會被存在系統的銷售支援主檔中而形成一有價值的銷售資訊來源。而且經由銷售資訊系統，將這些資料轉為有用的資訊分享給其他的相關人員。每一銷售業務人員可以讀取這些銷售行動的結果，銷售經理更可進一步得到關於整個銷售活動的綜觀，進而有效率地追蹤與管理。而銷售活動結束後，如果顧客對於銷售之產品有興趣，則可以產生建立報價單或詢價單之需求，甚至直接產生簽訂相關契約之需求。

銷售支援主檔資料 (Sales Support Master Data)

　　經由銷售促銷或銷售活動中所得到的資料，是儲存於銷售支援主檔資料中，以作為潛在顧客潛在分析之來源，或是彙總至銷售資訊系統以更進一步地分析，或是轉換成銷售主檔資料。而一般而言，銷售支援主檔可以區分成以下幾個項目：

- 潛在顧客資料
- 顧客資料
- 競爭者資料
- 聯絡人資料
- 內部銷售人員資料
- 競爭產品資料

顧客潛力分析 (Customer Potential Analysis)

　　當促銷活動與銷售活動執行完成後，便可以根據銷售支援資料執行顧客潛力分析。顧客潛力分析是用來幫助企業記錄與評估某一特定顧客在整個會計年度內，有能力達成某一產品或是產品層級之銷售數量與金額的潛力。而銷售支援主檔是支援此分析的資料來源，一般而言，經由顧客潛力分析，可以幫助企業有效率而且準確地找出具有潛力的顧客，然後再進一步地以銷售行動來推銷產品。另外，也可以對於企業本身與其競爭者相互

比較，以瞭解對於某一特定顧客之潛力；或是，以某一顧客的後續實際績效與原先的顧客潛力分析之結果相互比較，藉此瞭解該顧客的某方面潛力是否已經耗盡。

銷售資訊系統 (Sales Information System)

為了對於相關的交易資料加以彙總與分析，在 ERP 系統中，會針對不同部門，不同使用者的需求，建置了各種不同的資訊系統，例如**物流資訊系統** (Logistics Information System, LIS)、**財務資訊系統** (Financial Information System, FIS) 與**人力資源系統** (Human Resource Information System, HRIS) 等。而其中，銷售資訊系統是物流資訊系統下之次系統。此一資訊系統包含了一些分析報表，將銷售的相關資料轉成有用的資訊，以作為銷售決策之參考；並且同時支援後續的銷售活動，成為其主要的資料來源。一般而言，在銷售資訊系統中，會接收一些由銷售主檔資料所傳過來的資料，然後加以分析形成以下的報表：

- ☑ **銷售彙總** (Sales Summary)
- ☑ **銷售活動清單** (Lists of Sales Activities)
- ☑ **銷售交易清單** (List of Sales Deals)
- ☑ **促銷清單** (Promotions List)
- ☑ **項目提議清單** (List of Item Proposals)
- ☑ **競爭性產品** (Competitive Products)
- ☑ **交互分析比較** (Cross Matching)

3.2.4 建立要項協議

在銷售支援中，企業以各種型式的活動促銷產品，當促銷活動完成後，則有可能與顧客簽訂要項協議。**要項協議** (Outline Agreement) 是一種總括性的文件與長期性的約定，用來詳細而且具體地說明某些產品或服務將在某一特定的期間內，需交貨至顧客處。而要項協議通常可以讓企業有較長的時間來從事物料規劃，因此企業也會提供較好的價格優惠給予簽訂要項協議的顧客。在 ERP 系統中，要項協議可以再區分成兩類：**顧客契約** (Customer Contract) 與**出貨協議** (Scheduling Agreements)。

顧客契約 (Customer Contract)

　　顧客契約是一種特別指定產品數量與價格的要項協議，顧客會以開出**銷售訂單** (Sales Orders) 的方式來履行契約。如圖 3-12 所示，一張顧客契約可以成為多張銷售訂單產生的依據，然後再將這些訂單於適當時間轉換成出貨文件 (Delivery)。而當這些訂單產生後，系統會同時更新該特定顧客契約之剩餘約定數量。一般而言，根據約定項目之不同，顧客契約可以再更細分為**主檔契約** (Master Contract)、**數量契約** (Quantity Contract)、**價值契約** (Value Contract) 與**服務契約** (Service Contract) 等。

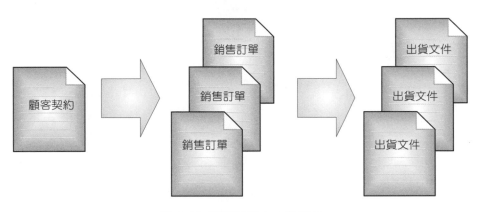

圖 3-12　顧客契約之文件流向

出貨協議 (Scheduling Agreements)

　　相較於顧客契約，**出貨協議是特別指明出貨數量與日期的一種要項協議**。在出貨協議中，依照顧客的需求，建立了多項的出貨排程，然後企業根據這些排程，產生出貨文件來履行這些出貨協議。在產生出貨文件後，同時系統也會更新出貨協議中的剩餘約定數量。如果企業本身在產業中是扮演**零組件供應商** (Component Supplier) 角色，則通常會和下游顧客簽訂長期的出貨協議，用以取代銷售訂單。如此可以簡化訂單處理流程，並且買家也可獲得價格上的優惠。

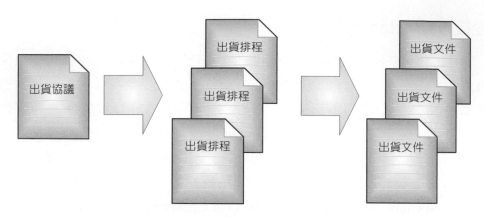

圖 3-13　出貨協議之文件流向

3.2.5　建立顧客詢價單

　　顧客詢價單 (Inquiry) 與**報價** (Quotation) 皆是所謂的**售前文件** (Pre-sale Documents)，用來記錄顧客正式下訂單前的交易行為。當顧客要求知道關於產品或服務的相關資訊時，即對於可以提供該產品或服務的企業組織發出詢價請求，要求企業組織回覆報價單。而企業組織在收到詢價要求後，便在系統中建立顧客詢價單，以記錄顧客詢價的相關資料。這些相關資料包括：

- 顧客對於該產品或服務所認定的詳細規格以及產品結構

- 顧客對於該產品或服務的訂購數量

- 顧客對於該產品或服務的要求交貨日期

- 顧客對於該產品或服務所認定的價格水準

　　同時，ERP 系統還可管理與監看這些詢價資料，更進一步地分析以瞭解市場的趨勢與銷售的狀況等，而且根據詢價資料上的有效日期，提醒使用者在限定的期間內將詢價資料轉置成報價單。

3.2.6　建立顧客報價單

　　如果接受顧客的詢價要求，則企業組織在系統上建立詢價單後，並於有效的期間內轉建成**報價單** (Quotation)，同時提交報價資料給予顧客。如果顧客接受所提出的報價資料，則後續便會發出銷售訂單給予該企業組織。而報價單上的資料內容，並不需要使用者逐筆地輸入每項資料，因為其中

一部份是由詢價單上轉置而成，即前述的產品詳細規格、訂購數量、交貨日期與價格水準等。另一部份的資料，則是由系統自動地產生於報價單中，這包括了：

- ☑ 該產品或服務的替代項目 (Alternative Items)

- ☑ 預期可以得到的利潤

- ☑ 在倉庫中該產品或服務的可用數量

- ☑ 該產品或服務的可交貨日期

- ☑ 該產品或服務的訂價條件

而與詢價單相似，系統也提供一些工具以管理、監看並評估報價單的處理流程。經由一些特定的選擇標準，使用者可以輕易地針對一群報價單作比較分析，並且檢視某些報價單被拒絕的原因，以做為產品銷售策略上的參考。

3.2.7　建立銷售訂單

銷售訂單 (Sales Order) 是一種契約性的確認協議，用來約定賣方在既定的數量、價錢與時間內，將指定的產品或服務運送給買方。一般而言，銷售訂單產生的方式有兩種，一是由**報價單 (Quotation) 轉置而來**，即當顧客評估與比較所有提交的報價資料後，如果決定購買某些供應商的產品或服務，則會針對這些供應商發出所謂的銷售訂單。而當這些企業收到銷售訂單後，便可在系統中建立相對應的文件。另一種來源是為了履行要項協議中的契約文件而產生，契約中的相關資料，會被轉置至銷售訂單中，同時更新契約文件中的剩餘約定數量與價值。

除了從報價單或是契約文件中轉置相關的資料到銷售訂單外，系統也會同時參考一些在主檔資料上其他相關的資料，包括：

- ☑ 從顧客主檔所轉置而來的資料：例如付款條件、訂價與稅賦決定等。

- ☑ 從物料主檔所轉置而來的資料：例如體積、重量與出貨控制等。

- ☑ 從產品 - 物料資訊主檔所轉置而來的資料：例如出貨量限制、批次限制等。

至於詳細的說明，請參閱 3.1.7 銷售主檔資料之介紹。

同時，當顧客訂購產品的品名、規格、數量與日期輸入完成後，系統便會自動地執行以下的標準功能：

- ☑ **訂價 (Pricing)**
- ☑ **可用量查核 (Availability Check)**
- ☑ **更新物料需求規劃 (Update Material Requirements Planning)**
- ☑ **出貨排程 (Delivery Scheduling)**
- ☑ **出貨點與運輸路線之決定 (Shipping Point and Route Determination)**
- ☑ **顧客信用查核 (Credit Check)**
- ☑ **出口執照查核 (Export License Check)**

而為了因應各種特殊的情境，這些標準功能也可以手動地被驅動。這將在後續的章節中詳細介紹。

3.2.8 執行可用量查核與出貨排程

在購買某項產品或服務時，出貨時程是一項影響顧客購買決策的重要因素。除了要能快速地提供顧客正確的可出貨時間外，更需將顧客的需求轉置至其他的模組，以做為物料規劃的依據。因此，一些 ERP 系統，會即時地參考物料管理模組和生管規劃模組的相關資料，當建立銷售訂單時，立即地執行**可用量查核** (Availability Check) 與**出貨排程** (Delivery Scheduling)。

可用量查核判斷被訂購的產品是否可用 (Available)，以確定能夠準時地依照顧客要求的交貨日，將該產品運送至其手中。而這項功能也提供了有關於存貨水準 (Stock level) 的資訊，找出交貨瓶頸所在，並且將其結果傳送到物料需求規劃功能，以做為物料計劃之依據。而一般的 ERP 系統，是以**允諾可用量** (Available-to-Promise, ATP) 為基礎來查核，即系統以存貨、**計劃收料項目** (Planned Receipt Items) 與**計劃扣料項目** (Planned Issue Items) 為基礎來計算可用量。其公式為

$$允諾可用量 = 存貨 + 計劃收料項目 - 計劃扣料項目$$

如圖 3-14 所示，存貨、計劃收料項目與扣料項目皆可再劃分為更詳細的項目，而一般的 ERP 系統提供了相當大的彈性，使用者可以根據本身的需求，設定這些項目是否包含在允諾可用量之計算中。

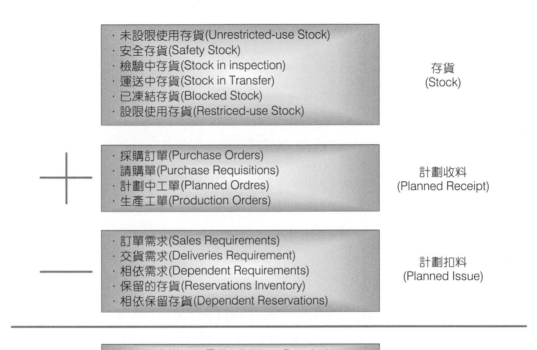

・未設限使用存貨(Unrestricted-use Stock)
・安全存貨(Safety Stock)
・檢驗中存貨(Stock in inspection)
・運送中存貨(Stock in Transfer)
・已凍結存貨(Blocked Stock)
・設限使用存貨(Restriced-use Stock)

存貨
(Stock)

+

・採購訂單(Purchase Orders)
・請購單(Purchase Requisitions)
・計劃中工單(Planned Ordres)
・生產工單(Production Orders)

計劃收料
(Planned Receipt)

−

・訂單需求(Sales Requirements)
・交貨需求(Deliveries Requirement)
・相依需求(Dependent Requirements)
・保留的存貨(Reservations Inventory)
・相依保留存貨(Dependent Reservations)

計劃扣料
(Planned Issue)

允諾可用量(Available to Promise)

圖 3-14　承諾可用量之計算

另外，可用量查核同時也會根據允諾可用量之結果，自動算出需要採購或生產的時間，並且反應在**物料需求規劃** (Material Requirement Planning, MRP) 上，分別成為執行採購規劃與生產規劃之依據。由於企業能與客戶建立並維持穩健互信之合作關係的關鍵在於是否能夠確切地履行對客戶允諾可用量承諾，所以確保接單後確實地出貨或是準時提供允諾的服務，這可以說是執行企業 CRM 的核心所在。

另外，出貨排程 (Delivery Schedule) 規劃了所有訂購產品被運送至顧客手中的相關作業活動。當輸入顧客要求交貨日期後，系統會參考產品主檔資料與顧客主檔資料上的相關資訊，自動計算所有關於出貨排程作業的期限。如圖 3-15 所示，這些期限包含了該產品**何時可用**，**何時挑料、何時包裝、何時規劃運輸時程**與**何時從系統扣帳**等：

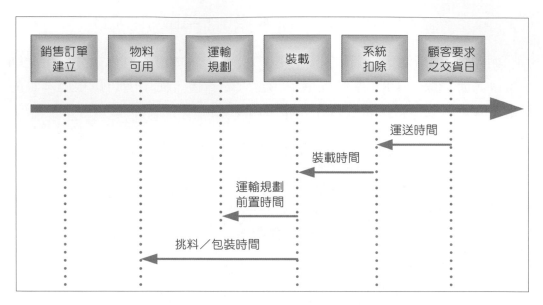

圖 3-15　出貨排程

☑ **物料可用期限** (Material Availability Deadline)：即顧客所訂購的產品已經
生產或購買完成，並準備開始執行挑料與包裝的期限。與裝載期限之時間
間距即為「挑料 / 包裝時間」。

☑ **運輸規劃期限** (Transportation Scheduling Deadline)：即是開始組織與規劃
運送產品相關事宜的期限。其與裝載期限之時間間距即為「運輸規劃前置
時間」。

☑ **裝載期限** (Loading Deadline)：即是產品已挑料 / 包裝完畢，並準備裝載
至運送工具上的期限。與系統扣帳之時間間距即為「裝載時間」。

☑ **系統扣帳期限** (Goods Issue Deadline)：即是產品離開公司，而且從系統
中扣掉該存貨帳的期限。與顧客要求交貨日之時間間距，即為「運送時
間」。

　　可用量查核與交貨排程是相互依存的。系統會根據顧客要求的交貨
日、顧客地理位置，以及主檔資料上的前置時間，以**倒推排程** (Backward
Scheduling) 來計算何時顧客訂購的產品須為**可用的** (Available)。而如果
產品不能如期地滿足顧客要求的交貨日，則系統會以**前推排程** (Forward
Scheduling) 的方式，找出訂購產品可用的最早時間，並且計算何時為可以
準確地交貨至顧客之日期，然後與顧客協調至一個雙方都能接受的交貨日。

3.3 交貨

　　茲將交貨之核心企業流程圖示如下 (圖中詳細介紹之功能將對應章節標示在側)：

3.3.1 交貨之核心企業流程

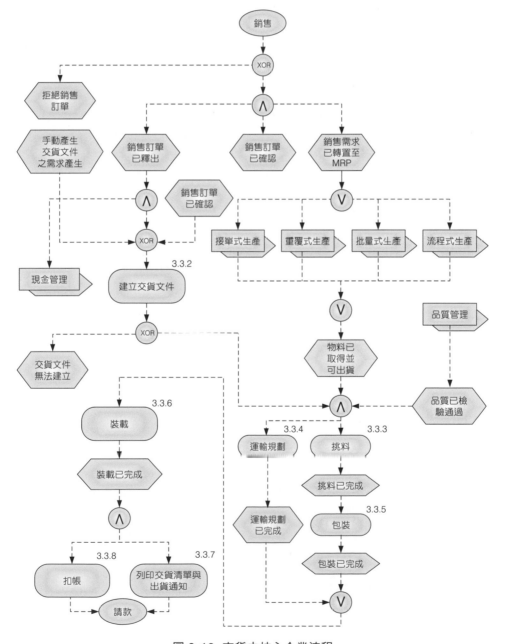

圖 3-16 交貨之核心企業流程

根據 3.3.1 交貨之核心企業流程，以下各小節為其詳細之功能介紹。

3.3.2 建立交貨文件

在銷售與配銷模組中，**交貨文件** (Delivery) 啟動並且支援了整個**出貨流程** (Shipping Process)。其提供了執行相關交貨規劃所需的資訊，同時追蹤出貨作業的狀況，並且建立出貨過程中所需的資料。因此這項文件是確立高品質顧客服務和有效率作業流程之來源。而當交貨文件建立時，系統會自動地執行以下的功能：

- ☑ 查核銷售訂單及其產品以決定建立交貨文件是否可行

- ☑ 決定出貨的產品以及數量

- ☑ 再一次的查核可用量

- ☑ 決定產品重量與體積

- ☑ 計算出貨的工作量

- ☑ 更新運輸路線資訊

- ☑ 加入相關的出口資訊

- ☑ 查核並調整出貨排程

- ☑ 指定挑料地點

- ☑ 決定批次 (如果該產品是被指定為批次管理)

- ☑ 品質檢驗

- ☑ 更新銷售訂單資訊以及訂單狀況

如圖 3-16 所示，交貨文件產生的來源，可分為三種：

1. **從出貨協議轉置而來 (with Reference to Scheduling Agreement)**

2. **從銷售訂單轉置而來 (with Reference to Sales Order)**

3. **手動產生交貨文件 (Manual Delivery Creation)**

從要項協議中之出貨協議轉置而來的交貨文件，是為了履行出貨協議中的指派出貨排程，而每次產生交貨文件後，出貨協議上的訂購總數量即

會相對地被扣除。另外，**手動產生交貨文件** (Manual Delivery Creation) 給予使用者最大的彈性，由於某些特殊情況的需要，企業必須手動地建立交貨文件。而如果是從銷售訂單轉置而成，則銷售訂單須先被釋出，並且依據先前和顧客的協議，以及企業本身所選擇的作業方式，以完全交貨 (Complete Delivery) 的方式將一張顧客的數量完全地轉置同一張**交貨文件**上；或以**局部交貨** (Partial Delivery) 的方式，將一張訂單切分為數張不同的交貨文件，此方法是為了因應不同的**出貨對象** (Ship-to Party) 或不同的交期；或是以**訂單合併** (Order Combination) 的方式，將多張訂單轉至同一張交貨文件上，這可以節省出貨的成本。圖 3-17 列舉出各種交貨文件產生之方式。

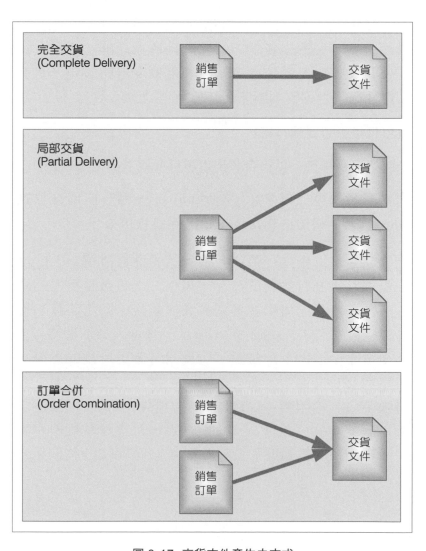

圖 3-17　交貨文件產生之方式

另外，ERP 系統也提供了**出貨到期清單** (Delivery Due List) 之功能，出貨部門可以根據先前所訂定的**出貨情境** (Delivery Scenario) 和**出貨準則** (Delivery Criteria)，以大量、快速而且自動的方式產生交貨訂單。並且根據**計劃交貨文件產生**日 (PlannedDelivery Creation Date)，由系統會自動地計算並分析在出貨過程中所累積的產品重量與體積，並以此來更進一步計算所需的人力。另外，使用者也可以根據出貨到期清單，以手動的方式，篩選出可以建立交貨文件之訂單，執行交貨作業以符合企業之特定需求。

3.3.3 挑料

挑料是一項需要系統與實體倉儲作業相互配合的功能，其為從倉庫中挑撿出數量正確與品質良好的顧客訂購產品，並且搬運至指定之出貨點，以執行包裝、裝載等後續出貨功能。而啟動挑料功能之來源，即為「交貨文件」。在交貨文件中，系統參考相關的主檔資料與設定，針對每一出貨項目，自動地執行了下列的判斷：

▢ **該出貨項目是否須要執行挑料？**

▢ **何時須開始進行挑料，以符合該出貨項目所要求的出貨期限？**

▢ **該出貨項目須從哪一個倉庫 (Warehouse)、哪一個儲存位置 (Storage Location) 與哪一個儲格 (Storage Bin) 中挑撿出來？**

一張交貨文件可以產生一張或多張對應的**挑料清單** (Picking List)，上面詳細的記載即將被執行挑料的產品、規格、交貨數量與其目前所放置的儲存倉庫。而當該產品已可用並通過品質檢驗後，即可將挑料單交由倉管人員從事實體挑料的作業。如圖 3-18 所示，倉管人員依據清單上的交貨數量，將貨品從倉庫中運送至出貨點，並且同時確認所挑的數量，將結果輸入至挑料清單與交貨文件中。而已挑料的數量須和交貨數量一致，但有可能因為「料帳不合」等因素，導致實際上的挑料數量有短缺的情形產生，則此時應該以確認的挑料數量為交貨數量，或是廢除該挑料單並重新執行挑料作業。而經由挑料數量的確認，也可以同時地監控整個挑料作業的進行。

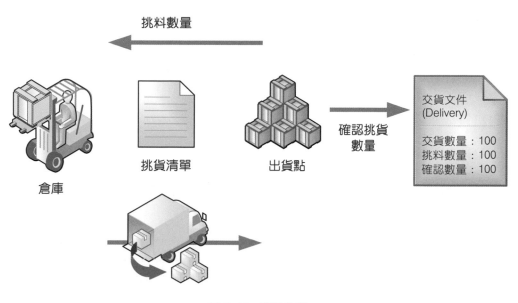

圖 3-18　挑料作業

　　傳統的挑料作業,常須要大量的人力與機器設備來執行。而 ERP 系統提供了更有效率的功能與工具,可節省大量的時間與成本。這包括除了以交貨文件監控挑料作業外,並且自動地列印挑料清單與挑料標籤;同時,經由與 ERP 倉儲管理功能相互配合,可以建立介面與**自動倉儲**系統 (Automated Storage & Retrieval System, ASRS) 相連結,如此,所有挑料中的實體倉儲作業將完全地自動化。

3.3.4　運輸規劃

　　不論是在**進料物流** (Inbound Logistics) 或是**出貨物流** (Outbound Logistics),運輸都扮演了一個極為重要的角色。而在銷售與配銷模組中,對於運輸之最基本要求,在於必須將顧客所訂購的產品準時地送至其所指定的地點。另外,往往運輸成本也是決定產品價格的一項主要因素,良好而有效的運輸規劃與執行,可以幫企業組織將運輸成本降至最低,相對地產品的價格也隨之降低。一般而言,運輸規劃包含下列的功能:

- ☐ **將合適的交貨文件結合一併出貨**

- ☐ **定義最適的出貨期限**

- ☐ **決定運輸工具與設備**

- 指定運輸服務代理商
- 產生運輸相關文件
- 決定最適之運輸路線
- 出貨成本之計算與管理
- 監控整個出貨流程

而以 4W1H 來界定運輸規劃所決定的問題，則如下圖所表示：

圖 3-19　運輸規劃所界定之問題

　　而運輸規劃之主要根據來源，也是交貨文件。系統會考量顧客位置、運輸工具、交貨期限、運輸成本等，決定出貨的安排。有可能是結合多張交貨文件執行出貨，也可能是每張出交貨文件只對應至一張出貨文件。而如果企業組織將出貨外包給**運輸代理商** (Forwarding Agent)，則 ERP 系統中之運輸規劃只執行至**簡略規劃** (Rough Planning) 層級，運輸代理商以此結果為依據，幫助企業執行**詳細運輸規劃** (Detailed Planning)，並且將其結果回傳至 ERP 系統的運輸規劃中。而詳細的出貨排程訂定後，企業組織必須將出貨通知發給顧客，同時運輸代理商也會將其規劃結果通知顧客。圖 3-20 表示出他們的關係。

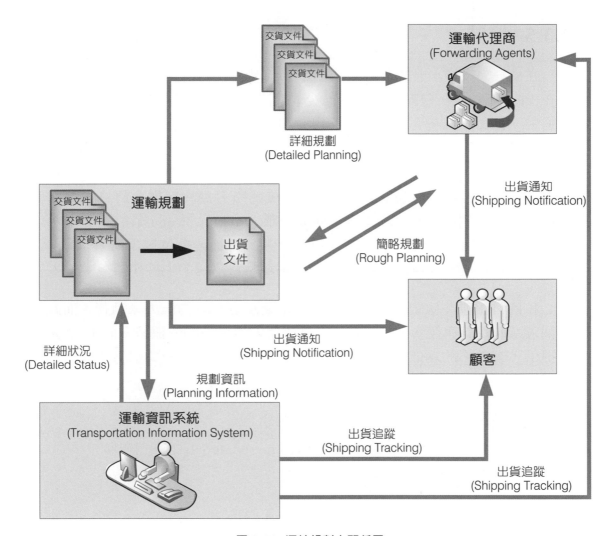

圖 3-20　運輸規劃之關係圖

　　如同銷售功能相對於銷售資訊系統，在 ERP 系統中，也提供另一個子系統—**運輸資訊系統** (Transportation Information System, TIS) 來幫助企業能瞭解與監控整個出貨運輸的狀況。在銷售與配銷模組中規劃的結果，將會立即地彙總至運輸系統中，並且對於運輸代理商與顧客執行相關的出貨追蹤。當該系統分析完這些資料後，將提供企業組織所有出貨狀況的概觀，而且詳細地表列每一個出貨的詳細狀況，包括每一出貨項目之所在位置等，並更進一步與原先的規劃資訊相比較，以監控一些例外情況的發生。

3.3.5 包裝

　　在挑料完成後，根據企業本身的需求，即對於出貨項目執行包裝作業。而在 ERP 系統中，包裝這項功能支援了整個有關於包裝流程之規劃、執行與追蹤。首先，系統會針對不同的出貨項目，根據包裝資訊來決定其相對的包裝方式。而包裝資訊之內容，即包括了出貨項目、包裝材料與出貨單位之組合。決定這項資訊的來源，主要是根據出貨項目的主檔資料，包括物料的型態、重量、體積等；另外，顧客先前所訂定的**交貨計劃** (Delivery Plan)，以及針對不同倉庫所訂定的**包裝提議** (Packing Proposal)，也是其可能的來源。而參考相關的包裝資訊決策來源，並且經由**包裝規則** (Packing Rule) 之制定，企業本身可以針對不同的情境執行最適的包裝作業。

　　和挑料相似，傳統上，出貨的包裝作業需要大量的人力來執行，而且不納入系統規劃與控管，常常造成企業整體人力與時間的浪費。而 ERP 系統提供了有效率的功能與工具來支援包裝作業，可以為企業組織帶來下列的好處：

- 經由包裝資訊來更新包裝材料的存貨狀況
- 監控**可歸還包裝材料** (Returnable Packaging Material) 之使用情形
- 將提供包裝資訊視為一種顧客服務
- 可以追蹤每一出貨項目所對應的包裝貨櫃之所在
- 可以確認每一出貨項目符合其重量與體積之限制
- 可以確認每一出貨項目是否適當地被包裝

3.3.6 裝載

　　根據企業本身的需求，可以在每個**出貨點** (Shipping Point) 中，制定出不同的**裝載點** (Loading Point)。而裝載點之所在，即為將包裝完成之產品搬運至運輸工具的位置。在執行裝載作業之前，必須確認運輸規劃已完成，並且根據運輸規劃的結果，參考相關的資料，系統會自動地決定最適合之裝載點，這些資料包括：

▣ 出貨點之所在

▣ 出貨方式

▣ 運輸工具

▣ 裝載設備

　　傳統上的裝載作業，往往和企業資訊系統相脫離，導致企業組織無法正確的規劃與即時的控制。而建置 ERP 系統後，將整個裝載作業納入系統管理，在產生交貨文件，確定出貨項目後，便能立即地決定最適的裝載時間。而經由運輸規劃後，可進一步地決定最適的裝載地點，並且監控整個裝載的進行，同時對例外之狀況加以反應。

3.3.7 列印交貨清單與出貨通知

　　當交貨文件建立後，經由生產之流程，如果顧客已取得訂購之物料、通過品質檢驗，同時包裝與裝載完成，出貨控制者便可以執行列印交貨清單 (Delivery Notes) 之功能。這項文件便可同時經由出貨程序遞交給顧客，以做為顧客清點訂購產品之依據。而在 ERP 系統中，交貨清單之建立，是以交貨文件為基準。也就是說，不論銷售訂單之多寡，每張交貨文件只會產生一張交貨清單，以方便整個交貨流程之控制。一般而言，交貨清單之內容，包含了下列幾項：

▣ 對應的銷售訂單與交貨文件交貨的日期

▣ 顧客之名稱、地址與聯絡方式

▣ 產品之品名、規格與交貨數量

▣ 負責交貨之組織與配送管道

▣ 出貨之地點

　　而同時，經由 ERP 系統，還可列印**出貨通知** (Shipping Notifications) 以告知顧客或**運輸代理商** (Forwarding Agents) 相關的出貨安排。而出貨通知的內容，則包括了：

- 該次出貨所包含的交貨文件

- 出貨日期

- 出貨地點

- 出貨路線

- 目的地

- 運輸工具

3.3.8 扣帳

當顧客的訂購產品已包裝完畢並且準備出貨，則此時在企業組織內的出貨流程已完成，出貨控制人員便可以接著進入系統執行扣帳 (Goods Issue) 的動作。而在 ERP 系統中，與其他傳統企業資訊系統不同之處在於，當執行扣帳時，以下屬於其他模組的功能也會同時被啟動：

- 倉庫中的存貨數量會根據出貨數量而減少 (MM)[1]

- 會計科目中的存貨價值同時減少 (FI / CO)

- MRP 中的需求量根據出貨數量而減少 (PP)

- 物料扣帳文件同時產生 (MM)

- 總帳會計文件同時產生 (FI / CO)

- 成本會計文件同時產生 (FI / CO)

- 獲利能力分析文件同時產生 (FI / CO)

- 請款到期清單 (Billing Due List) 同時產生 (SD)

而當系統扣帳完成後，整個在 ERP 系統中，與系統相關的配送作業即告完成。後續的流程，便是執行請款的相關作業。

---

[1] 括弧內為所在之模組名稱：MM 為 Material Management，物料管理模組；FI/CO 為 Finance/ Controlling，財務 / 成本控制模組；PP 為 Production Planning，生產規劃模組；SD 為 Sales and Distribution，銷售與配銷模組。

3.4 請款

3.4.1 請款之企業流程

　　茲將請款之企業流程圖示如下 (圖中詳細介紹之功能將對應章節標示在側)：

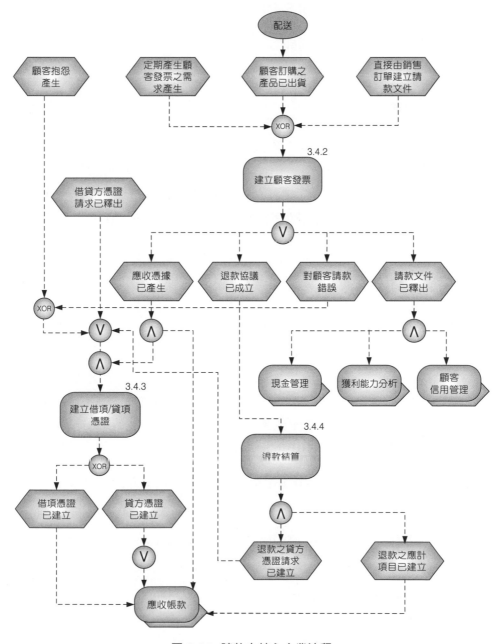

圖 3-21 請款之核心企業流程

根據 3.4.1 請款之企業流程，以下各小節為其詳細之功能介紹。

請款是銷售與配銷模組中最後一項交易流程，其提供了下列多項功能：

☑ 根據交貨文件而核發發票

☑ 根據借貸項憑證請求而核發借貸項憑證

☑ 根據交貨文件而核發暫時性發票

☑ 廢除請款交易並且執行適當的會計沖帳作業

☑ 根據售回訂單而產生貸項通知

☑ 根據退款同意書而核發退款文件

☑ 立即更新財務會計之資料

另外，在請款作業中，ERP 系統也提供了廣泛的訂價功能，並與請款與財務會計模組緊密地相結合。當請款文件被釋出後，相關的資料會即時地被傳送到財務會計模組，以執行**現金管理** (Cash Management)、**獲利能力分析** (Profitability Analysis) 與**顧客信用管理** (Customer Credit Management) 等相關功能。

3.4.2　建立顧客發票

顧客發票 (Customer Invoice) 是一種用來請求顧客付款的文件。而銷售發票建立的方式有兩種，一種是在送出貨品後即向顧客請款，則依據銷售訂單以建立顧客發票。另一種是經由交貨文件建立，即如果顧客在收到其所訂購的貨品後，並接受該貨品而且沒有任何報怨產生，則根據該出貨所對應的交貨文件產生顧客發票。如果是經由交貨文件建立，則 ERP 系統同時也提供了不同的**請款方式** (Billing Methods)，如圖 3-22 所示：

☑ **個別的顧客發票** (Individual Billing Documents)：即以交貨文件為根據，每一張交貨文件產生一張顧客發票。

☑ **匯集的顧客發票** (Collective Billing Documents)：即不論銷售訂單或交貨文件的多寡，只要符合先前定義之準則，即產生一張顧客發票。

☑ **分離的顧客發票** (Split Billing Documents)：即將一張交貨文件分割而成多張顧客發票。

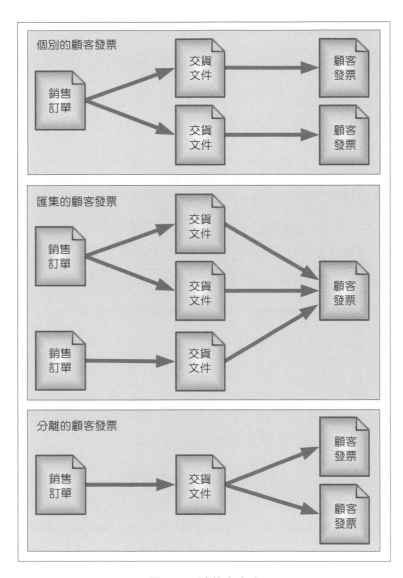

圖 3-22　請款之方式

　　在 ERP 系統中，顧客發票的內容，大都是從先前的銷售訂單或交貨文件轉置而來，並且參考相關的主檔資料而成。一般而言，一張正式的顧客發票必須包含下列的項目：

- **付款對象** (Pay to Party)

- **請款日期** (Billing Date)

- **整張發票之淨價值** (Net Value of Entire Billing Document)

- **請款貨幣別** (Billing Currency)

- ☑ **付款條件與國際條規** (Payment Terms and Incoterms)

- ☑ **請款物料** (Billing Material)

- ☑ **請款數量** (Billing Quantity)

- ☑ **重量與體積** (Weight and Volume)

- ☑ **每個請款項目之淨值** (Net Value of the Individual Items)

- ☑ **每個請款項目之價格** (Billing Price of the Individual Items)

　　而在顧客發票中，**請款價格** (Billing Price) 之決定，是一項重要的決策項目。當銷售訂單建立時，系統會參考相關的主檔資料，自動地執行訂價。而當顧客發票建立時，系統允許以下三種不同的訂價方式：

1. **直接轉置銷售訂單上的價格**

2. **再次參考相關資料執行訂價**

3. **手動輸入價格**

　　而當參考銷售訂單上的價格時，對於相關的訂價條件，例如賦稅和運費等，可以選擇性的決定是否要轉置至顧客發票上。

　　另外，ERP 系統也提供了建立**顧客發票清單** (Invoice List) 的功能。顧客發票清單的使用時機，在於針對於某一特定的日子或特定的期間，經由系統大量地產生顧客發票並發送給某一特定顧客。顧客發票清單可為單獨的一張發票或由多張發票匯集而成，而且系統以此清單為根據，自動計算每一張發票上的請款價格以及包含多張發票的清單總請款金額。同時，企業組織可以選擇以單張發票或以由多張發票匯集而成的清單向顧客請款。

　　而當建立顧客發票完成後，經過釋出的程序，系統便立即地將相關的請款資料，傳送到財務會計模組，以執行下列的功能：

- ☑ **現金管理** (Cash Management)

- ☑ **獲利能力分析** (Profitability Analysis)

- ☑ **顧客信用管理** (Customer Credit Management)

3.4.3 建立借項 / 貸項憑證

借項憑證 (Debit Memo) 與貸項憑證 (Credit Memo) 皆是因為顧客抱怨所產生的請款文件。其中，借項憑證將會增加應收帳款 (Accounts Receivable) 的數值。反之，貸項憑證則減少應收帳款的數值。而借項 / 貸項憑證建立的方式，可分為兩種，如下圖所示，一種是直接由顧客發票轉置而成，另一種是由借 / 貸項憑證請求 (Debit / Credit Memo Request) 轉置而成。

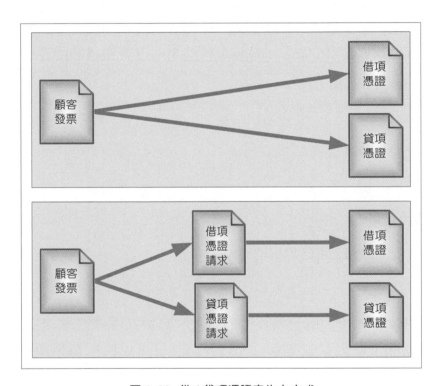

圖 3-23　借 / 貸項憑證產生之方式

當有顧客對於產品產生抱怨，進而退回產品時，接到退貨的部門即發出貸項憑證請求，經過確認 (Confirm) 與釋出 (Release) 之程序後，便可在系統上建立貸項憑證，以作為會計上沖銷應收帳款之依據。另外，也可以省去建立貸項憑證之作業，直接參考該產品所對應之顧客發票，開出貸項憑證。

　　另一方面，如果對顧客請款錯誤，例如對顧客的**索價過低** (Undercharge) 時，可經由相同的程序，先發出借項憑證請求，以成為建立借項憑證之依據，或者是直接建立借項憑證。而如果是對顧客的**索價過高** (Overcharge) 時，一樣經由相同的程序，建立貸項憑證，以沖銷應收帳款之會計科目。

3.4.4 退款結算

　　所謂的**退款** (Rebate)，是當顧客在某一特定期間內，購買超過特定數量或金額的產品後，退還某一部份金額給予顧客的購物回饋。而退款交易之產生，是根據**退款協議** (Rebate Agreement) 而來。退款協議的內容包含了：

- ▣ 退款的對象

- ▣ 退款準則

- ▣ 協議的有效期限

- ▣ 任何預付或初始的金額

- ▣ 退款之貨幣別

- ▣ 目前狀況 (例如是否已釋出準備結算)

- ▣ 付款方式

　　而在退款準則中，以訂價條件的方式，針對某一產品或產品群組制定了在特定條件下的退款金額或百分比。另外也可以使用**價格額度** (Pricing Scale) 的方式，讓顧客在較大的購買數量下，可以得到較多的購物回饋。

　　當顧客的發票建立後，如果其符合退款協議之準則，則可以執行**退款清算** (Rebate Settlement) 之功能。退款清算的方式有兩種：**局部清算** (Partially Settle) 與**全數清算** (Fully Settle)。而如果退款的金額達到某一先前設定的額度後，系統會自動地產生**貸項憑證請求** (Credit Memo Request)，並以此為依據轉置成貸項憑證。同時，系統會產生並更新所謂的**退款應計項目** (Rebate Accruals)，企業可以隨時的追蹤這項資訊，並且如有需要，可以進一步的修正。而當該退款清算全數執行完畢後，系統會將退款應計項目傳送到財務會計模組，並且將其過帳到適當的會計科目。

習　題

選擇題

1.(　　) 下列何者非為導入銷售與配銷模組所能為企業帶來之利益？

　　A. 改善即時交貨效率

　　B. 增強滲透市場之能力

　　C. 減少訂單處理時間與成本

　　D. 減少人員之流動率

2.(　　) 「所生產的成品是少量多樣，除了能快速回應顧客的需求外，並且使供應商的成品存貨降至最低」，此為何種企業情境之特性？

　　A. 訂單裝配 (Assembly to Order)

　　B. 存貨生產 (Make to Stock)

　　C. 訂單生產 (Make to Order)

　　D. 訂單設計 (Engineer to Order)

3.(　　) 銷售訂單中的付款條件與稅賦決定等資訊，是由下列何種主檔轉置而來？

　　A. 從物料主檔　　　　　　　　B. 從產品—物料資訊主檔

　　C. 從顧客主檔　　　　　　　　D. 從價格主檔

4.(　　) 下列何者為企業從事行銷活動時，最常用而且為最有效的方式？

　　A 研討會

　　B. 銷售講座

　　C. 銷售電話

　　D. 直效郵遞 (Direct Mailing, DM)

5.(　　) 當下列那種文件產生時，系統便自動執行可用量查核 (Availability Check) 之功能：

        A. 顧客詢價單　　　　　　　　B. 銷售訂單

        C. 出貨文件　　　　　　　　　D. 顧客報價單

6.(　　) 下列何者為在 ERP 系統中，啟動挑料功能之來源？

        A. 交貨文件　　　　　　　　　B. 裝貨文件

        C. 運輸規劃文件　　　　　　　D. 銷售訂單

7.(　　) 物料可用期限與裝載期限之時間間距，即為

        A. 挑料 / 包裝時間　　　　　　B. 裝載時間

        C. 運送時間　　　　　　　　　D. 運輸規劃前置時間

8.(　　) 下列何者非為請款價格 (Billing Price) 決定之來源？

        A. 手動輸入價格

        B. 直接參考相關請款資料

        C. 直接轉置顧客詢價單上的價格

        D. 直接轉置銷售訂單上的價格

9.(　　) 交貨文件產生的來源，可分為哪三種：

        (1)　從顧客契約轉置而來

        (2)　從出貨協議轉置而來

        (3)　從銷售訂單轉置而來

        (4)　從顧客報價單轉置而來

        (5)　手動產生交貨文件

        A. 123　　　　　　　　　　　B. 124

        C. 234　　　　　　　　　　　D. 235

10.(　　) 當系統出貨扣帳完成後，下列哪些功能會被自動執行：

(1) 會計科目中的存貨價值同時減少

(2) MRP 中的需求量根據出貨數量而減少

(3) 保留存貨 (reservations) 項目增加

(4) 成本會計文件同時產生

(5) 計劃訂單 (Planned Orders) 同時產生

A. 123　　　　　　　　　　　　B. 124

C. 245　　　　　　　　　　　　D. 345

11.(　　) 下列何者不是 ERP 的銷售與配銷模組的主要功能？

A. 允諾可用量 (ATP) 的自動查核

B. 詢價、報價和訂單的處理與監控

C. 出貨點和路線之安排

D. 庫存盤點作業

12.(　　) 在銷售與配銷模組中，當產品的計價過低時，用以在請款時，成為建立借 (或貸) 方備忘錄之根據，此狀況下所產生的文件為：

A. 貸項通知單請求　　　　　　B. 借項通知單請求

C. 緊急訂單　　　　　　　　　D. 售回訂單

13.(　　) 在銷售與配銷模組與成本控制模組的關係中，當銷售訂單產生時系統即可將預期營收及相關成本資料傳送至成本控制模組可以執行下列哪一選項？

A. 銷售需求與物料需求規劃

B. 工作分解結構與會計要素

C. 保留存貨與系統自動扣帳

D. 獲利能力分析與實際利潤評估

14.(　　)在銷售與配銷模組之顧客主檔資料中,對於財務與會計部門相當重要的財會資料會記錄在哪一資料結構中?

    A. 一般資料　　　　　　　　　　B. 銷售與配銷資料

    C. 公司代碼資料　　　　　　　　D. 以上皆非

15.(　　)在銷售與配銷模組中,交貨清單之建立是以何者為基準?

    A. 交貨文件　　　　　　　　　　B. 出貨通知單

    C. 顧客契約　　　　　　　　　　D. 排程協議

16.(　　)根據運輸規劃的結果,系統會參考相關的資料,自動地決定最適合之裝載點。這些資料不包括:

    A. 出貨點之所在　　　　　　　　B. 出貨方式

    C. 挑料方式　　　　　　　　　　D. 裝載設備

17.(　　)銷售與配銷模組的最後一項交易流程為:

    A. 運輸規劃　　　　　　　　　　B. 交貨

    C. 扣帳　　　　　　　　　　　　D. 請款

18.(　　)在銷售與配銷模組中,有關回扣 (Rebate) 的敘述,下列何者正確?

    A. 當顧客符合某一特定條件時,給予訂價上的折扣

    B. 當顧客在某一特定的時間內,購買超過特定數量或金額的產品時,退還某一部分的金額給顧客

    C. 當企業採購超過某一特定金額時,給予採購人員特殊的待遇

    D. 當供應商與企業合作超過某段時間之後,給予企業的優待

19.(　　)下列承 (允) 諾可用量 (ATP) 的公式計算,何者正確?

    A. 存貨 + 計劃收料 - 實際扣料

    B. 存貨 - 實際收料 + 實際扣料

    C. 存貨 + 計劃收料項目 - 計劃扣料項目

    D. 存貨 - 計劃進料數量 + 計劃出料數量

20.(　　) 銷售與配銷模組之企業情境可分為哪三類 (1) 需求反應策略 (2) 一般
訂單處理 (3) 特殊訂單處理 (4) 一般物料處理 (5) 特殊物料處理

A. 135　　　　　　　　　　　　　B. 123

C. 145　　　　　　　　　　　　　D. 124

問答題

1. 請列舉導入銷售與配銷模組所能帶來的利益。

2. 請列舉在銷售與配銷模組中，有哪些屬於特殊訂單處理之企業情境。

3. 請指出銷售與配銷模組與財務會計之關係。

4. 請指出銷售訂單輸入後，系統會自種執行哪些功能。

5. 請指出交貨文件產生的來源。

6. 請指出在 ERP 系統中，運輸規劃之功能。

7. 請指出在 ERP 系統中，當系統出貨扣帳完成後，哪些功能自動地被
執行。

8. 請指出在 ERP 系統中顧客發票所包含的內容。

參考文獻

[1]　Brady, Joseph A. and Ellen F. Monk. (2001) "Concepts in Enterprise Resource Planning", CourseTechnology, New York, New York.

[2]　Blain, Jonathan and Dodd, Bernard, (1999) , "Administering SAP R/3: The SD-Sales and DistributionModule", Que Corporation, New York, New York.

[3]　Callaway , Erin., (1999) "ERP: Integrated Applications and Business Processes across the Enterprise," Computer Technology Research Corp., First Edition -1999.

[4]　Higgins, P., Roy, P.L. and Tierney, L., (1996) , "Manufacturing Planning and Control: Beyond MRP II", Chapman & Hall. New York, New York.

[5]　Keller, Gerhard and Teufel Thomas, (1998) , "SAP R/3 Process-Oriented Implementation", AddisonWesley Longman. Halow, England.

[6]　Ptak, Carol A., (2000) "ERP, Tools, Techniques, and Applications for Integrating the Supply Chain" APICS, Alexandria, Virginia.

[7]　Scheer, A.W, (1994) "Business Process Engineering", Springer-Verlag, New York, New York.

[8]　SAP R/3 4.6C Functions in Detail: Sales and Distributions.

[9]　SAP R/3 4.6C Printed File: Sales and Distributions.

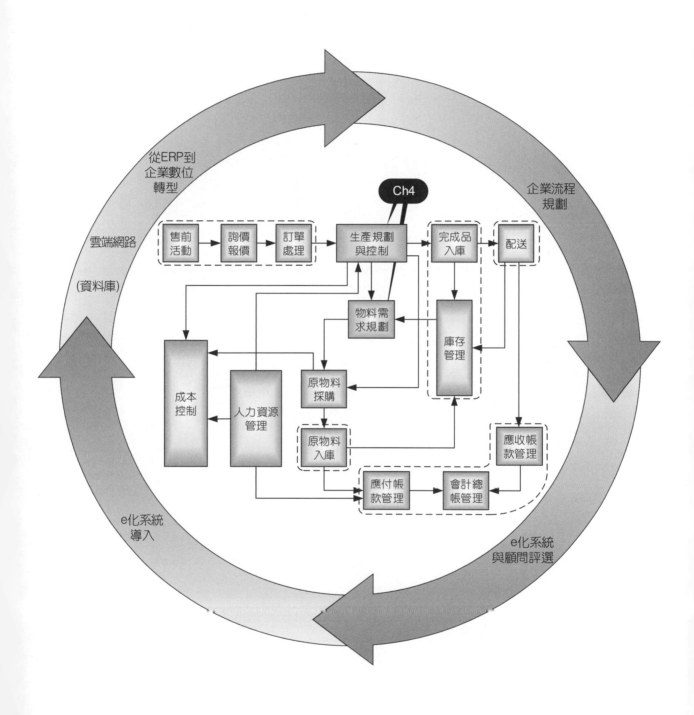

04

生產規劃與控制

沈國基博士　中央大學工業管理研究所教授

學習目標

- ☑ 概述企業資源規劃系統中生產規劃與控制的範疇與目的。

- ☑ 介紹生產規劃與控制企業流程及其它領域之關係。

- ☑ 說明所需的基本資料與建立於系統中的組織架構。

- ☑ 簡介生產規劃與控制有關長、中、短期的規劃功能，以及其所規劃的標的物，與各功能間之關係。

- ☑ 了解生產工單的產生、流程與其控管。

前言

　　生產規劃與控制旨在處理關於產品被製造的數量與時間、生產流程的控制、產能需求等等的規劃與控制問題；規劃層面的目的旨在求取供給面與需求面兩者間數量與時間的調合，以滿足需求，對公司之瓶頸資源所導致有可能的產能不足問題進行相當之產能控管，以極大化一公司各種有價值資源 (即供應面相關資源) 的利用；進行這些規劃的活動時，因牽涉到各不同需求、產品等等資源之競爭，而且一般從事生產事業公司之規劃所涉及資料量之龐大，往往非人工作業所能處理，企業資源規劃系統因此自動化了相關規劃功能，以應不同之需要。企業資源規劃系統提供一系列之工具，幫助公司改善交貨期績效、降低庫存水準、降低規劃不當導致加班之額外花費、提高產出、最大化公司資產的使用、提升公司利潤率與顧客滿意度。

　　控制層面的目的旨在為確保所規劃之結果得以被忠實地執行，企業資源規劃系統將規劃時所得之相關結果記載於各種**文件** (Document) 或**內部工單** (Internal Order)，藉由這些文件與工單的發放，進行實體之生產活動，不同部門間活動可以被調合一致，降低一般公司部門間因資訊不順暢所引發之問題，達到全公司資源控制之目的。而且，對於實際執行生產所發生的結果，亦可加以記載，所儲存之資料可備後來分析之用，改進與規劃間之差異，提升管理成效。

　　生產規劃與控制包含了：

1. 不同觀念的規劃方式

   例如：以**物料需求規劃** (Material Requirement Planning, MRP) 的展開方式推算各**相依需求** (Dependent Requirement) 或是以**看板卡** (Kanban Card) 的自我協調控制方式進行物料的領用與控制等等。

2. 不同形態的生產方式

   例如：**接單生產** (Make to order)、**存貨生產** (Make to stock)、**大量生產 / 重複性生產** (Repetitive manufacturing)、**流程製造** (Process manufacturing) 等等，對品項之**規劃策略** (Planning strategy) 與生產之驅動時點因方式不同而有所差異。

3. 不同規劃時間幅度 (Planning horizon) 與相對應之資料整合程度 (Level of data aggregation)

例如：從中長期之**銷售與作業規劃** (Sales and Operation Planning)、**需求規劃** (Demand management)、**主生產排程** (Master Production Scheduling, MPS)，至較短期之**物料需求規劃** (Material Requirement Planning, MRP) 等。所規劃的問題因時間幅度之關係，一般中長期規劃僅針對產品群、終端產品或重要組件進行規劃，時間單位也可能長至週與月，短期之物料需求規劃對每一零件進行規劃，時間單位也可能短至秒。

本章將以背景知識配合 ERP 流程的方式進行，第一節簡略介紹生產規劃與控制中相關之**核心企業流程** (Core business processes)，這其中將介紹資料主檔的建立、銷售與作業規劃、需求管理、主生產排程與物料需求規劃等，並對生產規劃與控制所使用到之**內部工單** (Internal order)，如**計劃中工單** (Planned order)、**生產工單** (Production order) 等的產生與發放的時點加以說明，讀者將可由此節中，掌握生產規劃與控制之相關流程，並可約略了解與其它領域，例如內向物流、外向物流、財務會計、成本控制等的關係；第二節說明 ERP 生產規劃中所使用的虛擬組織架構與規劃資料二部份，系統內生產規劃所涉及的組織架構 (Organizational Structure in Production Planning) 階層與實際公司上下層歸屬間之關係，規劃資料部份包括**物料資料主檔** (Material Master Data)、**物料清單** (Bill of Material)、**途程** (Routing)、**工作中心** (Work Center) 等；第三節將逐一對第一節所提及的各種規劃與控制之內部工單，有關的背景知識與細部流程，進一步深入說明，其中包括其目的、規劃的資料輸入與輸出、邏輯與步驟；第四節為結論部分。

4.1 企業流程

4.1.1 生產規劃企業流程

　　企業流程常被用以描述一公司各營運相關活動間的關係，本節將從企業流程的角度，描述與生產規劃及控制流程中相關的部份，讓讀者對本章所要介紹的部分之相關聯性有一整體的瞭解 (見圖 4-1：企業流程)。

　　要使企業資源規劃系統中生產規劃與控制的功能得以順利進行，須先建立相關資料主檔，規劃所需基本資料包含了物料資料主檔 (Material Master Data)、物料清單 (Bill of Material)、途程 (Routing)、文件 (Document)，以及生產所需的資源與器具與工作中心 (Work Center) 等，資料主檔建立後，可依需要進行銷售與作業規劃、需求管理、主生產排程與物料需求規劃等，依規劃邏輯與時程，將顧客獨立與相依需求轉為生產控制用之計劃中工單 (Planned order)、生產工單 (Production order) 等，**銷售與作業規劃** (Sales and Operations Planning) 根據市場分析或過去的歷史資料，確定一個公司中長期所需要的各產品群銷售量與所需要的生產量之間的關係；**需求管理** (Demand Planning) 對公司中的完成品與重要的半成品所需要的數量與日期進一步詳細規劃；**主生產排程** (Master Production Scheduling) 與物料需求規劃 (Material Requirement Planning) 用以決定**相依需求** (Dependent requirement) 所需的量與時間，主生產排程僅針對 MPS 品項 (重要品項) 規劃，規劃完成後，物料需求規劃再針對 MRP 品項進行規劃，主生產排程之結果被物料需求規劃時視為給定的情形，如此一公司將品項分成二類 (MPS 品項與 MRP 品項) 來規劃，實已發揮了重點管理的精神。計劃中工單為外購或生產之提案 (Proposal)，可由 MRP 自動產生或是由規劃人員手動輸入。而一張生產工單 (Production order) 則用以決定哪一產品或物料須進一步被處理、於何工作中心等。

4.1.2 與其它領域的介面

　　一個企業依其定位，對其顧客提供適合的產品與服務，生產規劃與控制作為一個實際去執行的作業活動，為公司核心之部分，此作業活動作為

一個企業製造有形物品或提供無形服務價值的主要企業活動之一，所牽涉其它領域的部分，有內向物流、外向物流、財務會計與成本控制等。

　　內向物流為企業輸入所需物品與服務的流程，經由企業提供的價值活動後，輸入物品與服務的價值得以增加，企業再依外向物流向其下游輸出物品與服務，在輸入、生產與輸出的過程中，企業創造出來的價值大於其所投入之成本，如此企業才得以生存，為了解有關的投入與產出的效益與生產力，能將企業相關活動的結果忠實地反映於**各利害關係者** (stakeholders)，則需財務會計與成本控制的流程；財務會計企業流程將相關企業活動以金錢的單位借貸於相關的會計科目上，再經週期性之結算 (monthly or yearly)，將其反映於資產負債表與損益表上，公司的管理者、股東、政府稅徵單位等等可據此了解公司的營運狀況，如資產、現金、應收帳款、應付帳款等等情形，一個正當的企業，所有的活動必須於相關會計科目上留下痕跡，這當然也包含了生產規劃與控制活動。

　　成本控制企業流程的執行，讓企業的成本與相關活動可與適合的成本中心連結，因此一企業可據此於生產活動未實際發生前，依所使用的料工費，先行計算**計劃成本**或**目標成本** (Planned cost or target cost)，於生產活動實際發生時，依內部工單或活動，將實際發生的成本分攤於各成本中心，此即為**實際成本** (Actual cost)，二成本可相互比較，計算**目標與實際差異** (Target/actual discrepancy)，達成本控制的目的；生產工單產生時，透過物料資料主檔，於生產工單開始執行前，即已計算出目標成本，待生產工單發放及實際生產後，由成本控制中之產品成本控制功能計算實際成本與差異。料的提存、人工的使用與相關費用的支出，由財務會計登錄於總帳相關會計科目，存貨則交由物料管理部門管理。

　　各物料基本資料主檔的部份，採購方式與儲存等基本資料由物料管理部門提供或建立，各產品的銷售與配銷等基本資料由銷售與配銷部門提供或建立，成本中心歸屬、相關活動成本分攤與成本計算等資料由成本控制部門提供或建立；銷售與作業規劃時採用銷售部門的銷售計劃與成本控制部門之獲利能力分析之結果；內向物流企業流程所購入之物料會反映於各相關生產規劃之供應面之數量，外向物流企業流程需運交的物品（銷售單）會反映於各相關生產規劃之需求面之數量。

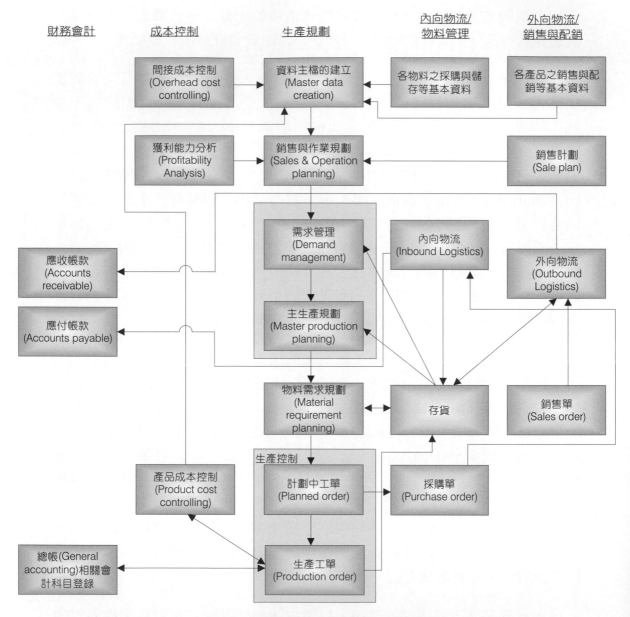

圖 4-1　企業流程 (Business processes)

　　各流程如圖 4-1 所述，一個完整的企業資源規劃系統作為一企業內部資訊整合的**骨幹** (Backbone)，則須提供上述流程的整合，讓相關資料的一致性達到百分之百正確、即時且沒有疏漏，各國政府對此有不同程度之要求。當一個企業內各流程並非由同一企業資源規劃系統所整合，流程間的整合亦應納入不同系統介面的考量。

4-2　資料的建立

在生產規劃的工作進行前，必須將公司實際的組織架構詳實地反應於 ERP 系統中，亦即建立一生產規劃中所使用的虛擬組織架構；規劃所需基本資料包含了**物料資料主檔** (Material Master Data)、**物料清單** (Bill of Material)、**途程** (Routing)、**文件** (Document)、生產所需的資源與器具、**工作中心** (Work Center) 等等，其中某些基本資料同時也被其他模組所引用。

4.2.1　生產規劃的組織架構

進行生產規劃前，須將生產規劃與控制中所涉及的公司組織架構呈現於 ERP 系統中；圖 4-2 為生產規劃在 ERP 系統中有關的組織架構。

圖 4-2　生產規劃有關之組織架構

- ☑ **公司代碼 (Company code)：** 代表一獨立的會計單位，因此一集團內可能有許多公司代碼，每一公司代碼將出具法律上要求之資產負債表與損益表。

- **工廠 (Plant)**：為公司代碼內之一作業設施 (Operational facility) － 生產或提供服務之單位，因此工廠可代表公司內之實際製造設施 (Manufacturing facility)、為配銷網路之配銷中心 (Distribution center)、子公司 (Subsidiary)、地方分支 (Branch office) 等；一公司代碼可以有許多工廠。

- **儲存位置 (Storage location)**：一工廠內可有許多儲存位置，ERP 系統因此可使用儲存位置以進一步區分工廠內不同情況之完成品、半成品或原物料等，以達更精密之控制；例如：半導體製程可能製造出不同品質等級之產品，於此狀況則可將不同等級各分置於不同儲存位置，出貨時按所需之等級，由相關儲存位置出貨，如此儲存位置可幫助管制不同等級產品生產量。

- **出貨點 (Shipping point)**：用以表示工廠出貨所在地點，數個工廠可共用同一出貨點。

4.2.2　物料資料主檔

物料資料主檔為生產過程中，一個非常重要的資料。物料資料主檔中所含的資訊，不但關係著生產效率，更是正確進行生產規劃的依據。物料的意義是指企業體內所有使用的物質或生產的東西，例如：在批發業、零售業或流通業中，物料可以為上下游交易的物品，在製造業中可為原料、電子零組件、或為完成品。根據「一物一料號」的原則，系統中每一物皆有其唯一的號碼，除了這一個唯一的號碼外，亦可有其它的資料，例如：在生產成本的計算上，須將每一種物品所採用的成本計算方式加以記載，譬如加以記載所採用的成本計算方式為標準成本或移動平均成本；另外計算所得之成本又歸屬那一成本中心，可能又依物品之不同，在成本會計上之歸類將有所不同；因此，這方面有關生產成本之資訊，就屬於物料資料主檔中之成本計算及分類；其它又如公司有關銷售與配送的工作中，產品的描述與可能的折扣比例是非常重要的基本資料，這又以另一特定角度來檢視物料資料的分類；再次，公司採購部門需要關於物料**補貨的前置時間** (Replenishment lead time)、採購的批量等物料基本資料，以達到進貨與儲存成本的降低，這些採購資料又屬某一特定分類；因一物料基本資料描寫了一個公司所製造的完成品或製程中所牽涉到的半成品或零組件，一個公司購入「物」後，可能會進行某些附加價值的活動，再以另一種形式的「物」輸出，在公司內部進行這些附加價值活動時，則需要公司內部各相關功能性部門的參與，因此物料資料主檔為公司內部各部門參與有關

活動資料的重要連結，物料基本資料則依相關功能性部門加以分類，以利有關不同部門人員進行資料維護，這在資料的安全性與系統使用者權限之管制上，將因而更為便利。圖 4-3 中即描寫了物料資料主檔可能有的角度 (Views)，每一角度基本上與一功能部門的資料相關。

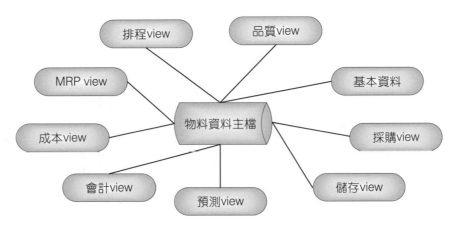

圖 4-3　物料資料主檔之各種角度 (Views)

4.2.3 物料清單

與物料資料主檔類似，物料清單包含了相關不同需要的資訊。基本上描寫了一個產品是由下層哪些數量的零組件在製造過程中所組成的，當然，物料清單僅用於製造單位為個、台、輛等單位之產業，這些產業如汽車業、顯示器、一般家電、電腦組裝等等，對於連續流程產業 (Process industry)，則另以配方 (Recipe) 方法來表示。

圖 4-4 顯示產品的下層數量與零組件關係的三種表示方法，(a) 中以產品結構樹 (Product structure tree) 的方式表示。(b) 中則將 (a) 圖之結構樹以單階物料清單的方式表示。圖 (c) 中則將 (a) 圖之結構樹再以多階物料清單的方式表示。此三種方式皆有不同用處。

Configurable 物料清單 (Configurable BOM) 為現代接單生產（尤其是 Configuration to order 方式）環境中常使用之方式，由於二種（或多種）產品間物料清單之差異僅在於某些物料，而且這些物料非常類似，我們因此將這些物料歸為一品類表示於物料清單，這種方式可避免為每一產品建立一物料清單，降低資料儲存與維護的成本。

　　圖 4-5 中 B1 為一品類，品類中惟一差異為顏色，B2 為另一品類，品類中惟一差異為頻率；由 B1 與 B2 中不同品項可組裝成六種 F1，在此以一 Configurable 物料清單彙整了此六種 F1。搭配 Configurable 物料清單，必須有一選取特定品項的準則，系統才可於展開物料清單時有所遵循。

(a) 產品結構樹

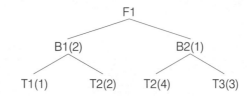

(b) 單階物料清單

F1		B1		B2	
物料	數量	物料	數量	物料	數量
B1	2	T1	1	T2	4
B2	1	T2	2	T3	3

(c) 多階物料清單

F1	
物料	數量
.B1	2
..T1	1
..T2	2
.B2	1
..T2	4
..T3	3

圖 4-4　物料清單之三種表示方式

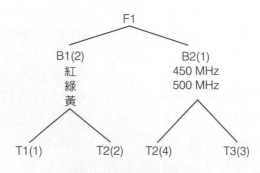

圖 4-5　Configurable BOM

另一常被提及且與物料清單有關的專有名詞為低階編碼 (Low-level coding)；在物料清單的架構中，相同的物料可能會不只出現在某一部份作為生產的下層組件，也可能會出現在許多不同的階層之中，與其他物料進行生產或組成而成為其上層之產品，對每一組件而言，低階編碼主要是找出該組件出現的最低階層數，而將所有用到該組件之處皆以最低階層重新排列。低階編碼的方式與組件被規劃的順序有關，越高階層的組件越早被規劃，見圖 4-6，一物料的低階編碼比其曾出現的所有物料清單中其各父層的低階編碼大，低階編碼控制了以後將談及的 MRP 的規劃順序。系統從低階編碼為 000 的物料開始規劃，然後再規劃位於編碼 001 的物料，於此類推。所有的物料因此可以一正確的順序進行規劃。當維護物料清單的基本資料檔時，系統自動計算各物料的低階編碼，並將其儲存於系統中，一般 ERP 可讓使用者列出物料之低階編碼。

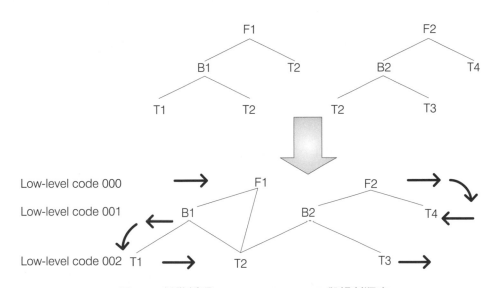

圖 4-6　低階編碼 (Low-level coding) 與規劃順序

4.2.4　工作中心

工作中心在生產規劃中有二個非常重要角色：一、工作中心提供生產規劃中產能相關資訊；二、維護人力資源部門所決定何種員工技能水準可從事此工作中心工作之相關資訊。由上述二點可知，工作中心提供會計單位所需的成本計算與活動型態 (Activity type)，為人力資源部門或會計部門提供薪資計算所需的必要資訊。

　　工作中心可以為一台機器或一群機器，代表一個人或一群人。從系統技術上的角度來看工作中心，讓工作中心上所界定之相關資訊得以被運用，須將工作中心與途程中之作業、產品成本計算機制、**生產前置時間** (Lead time) 推算方式、產能規劃做連結。圖 4-7 表途程編號 100-01 有五步驟 (作業 10 至 50)，作業 10 使用工作中心三 (WC3)，作業 20 與 30 使用工作中心一 (WC1)，作業 40 與 50 使用工作中心二 (WC2)。由產品知其使用那一途程生產，由途程可知與那些工作中心有關，因此上述所需之計算可得。

途程 100-01

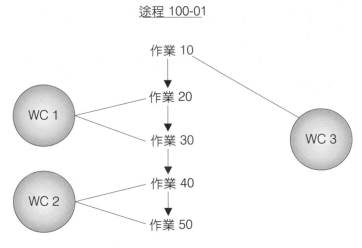

圖 4-7　工作中心與途程之關係

4.2.5　途程

　　途程描寫了一物從它的初始狀況到它的最終狀況的程序。途程也描寫了何物將被生產、如何被生產、以及以何種方法來生產。當然這些最終的目標即在於以最有效用與效率的方式生產一個產品。建立一途程時，首先依據由產品設計與開發部門所提供的產品資訊，將其轉成生產或服務的指令。在途程中，我們定義了作業 (Operation)，並依序描寫作業在生產或服務發生的先後步驟。另外，將生產設施、工作中心、生產工具等分派給各個作業，維護各作業之處理時間。途程的使用上，有時有其時間性，因此須將途程的有效起訖時間加以界定，有時又因不同的生產批量會採用不同的途程，因此須將不同批量與途程間之使用關係加以界定，以幫助系統更迅速與正確地找出適合的途程。

　　途程管理的功能可幫助公司員工迅速的找到已建立的或類似的途程，使用分類 (Classification) 系統，可以儲存某些關於物料群或相似生產方法的資訊，以做為未來找出已建立的或類似的途程之用。一般來說，途程對組織結構中之工廠有唯一性，亦即在某一工廠內，此一途程的號碼為唯一的。

4.3 功能

4.3.1 銷售與作業規劃

　　銷售與作業規劃的目的在於確定中期至長期所生產的產品型態與數量，調和一個公司中長期所需要的銷售量與生產量之間的關係，在這個階段，一般針對產品群作規劃，以降低所需規劃的資料量，當然，也可以特別針對某一完成品作規劃。其目的一在獲得後續生產規劃所需的規劃資料，例如消費者產品或是食品產業中後續生產規劃所需之數據，另一個目的在根據市場分析或是過去的歷史資料，例如顧客銷售訂單，以獲得粗估規劃之銷售數量 (Rough planned sales quantity)，所獲得的粗估規劃之銷售數量可進一步與生產數量與生產產能進行比較，在這一階段之銷售與作業規劃並未展開物料清單或是規劃途程。由此可知，銷售與作業規劃是用以連結市場導向銷售計劃、生產導向的需求管理和主生產排程。

　　一公司未使用企業資源規劃系統中之銷售與作業規劃功能的壞處，在某些狀況下，因銷售預測所得數據將直接影響後續生產和控制、物料管理與人力資源管理等相關工作，如果說規劃過程中未與生產中所將使用的資源加以比較，常導致了規劃的日期與數量，可能因為所需的物料與資源未能及時取得，而將無法被執行；因此，後續各個生產規劃有關層面之規劃結果的品質，依賴銷售與作業規劃階段所獲得的粗估規劃之銷售數量，銷售與作業規劃是後續生產規劃一個重要的開始步驟。（例如銷售與作業規劃的結果將被傳至需求管理中做更深入的規劃。）

銷售與作業規劃所採用的資料，可能有下列來源：

- ☑ 人工輸入相關的銷售數量；

- ☑ 根據過去的歷史資料所預測的結果；

- ☑ 直接從成本控制模組中獲利能力分析 (Profitability Analysis) 的結果轉換過來；

- ☑ 從銷售與配送資訊系統中轉換銷售有關數量；

- ☑ 從外部系統中轉換銷售有關數量。

上述的可能資料來源，被用於產生銷售數量之初始計劃後，銷售與作業規劃將進一步去產生**粗略的生產計劃** (Rough-cut production plan) 之初始數量，對有興趣的規劃物件 (可為產品群或某一物料)，一般以週或月為時間單位來產生後續數個月的計劃，此粗略的生產計劃即為圖 4-8 中之生產計劃，稱其為粗略的生產計劃導因於其規劃物件一般為產品群且時間單位以週或月來規劃供需；一般企業資源規劃系統之銷售與作業規劃功能可允許使用者進行不同生產規劃版本的計劃模擬，每一生產規劃版本中會界定影響規劃的參數設定，例如為接單生產策略或存貨生產策略、產能有狀況時應如何進行調整等等，所產生的銷售計劃與生產計劃符合要求後，再予採納為後續規劃之用。其流程如圖 4-8 所示。

4.3.2　需求管理

在需求管理中，公司中的完成品與重要的半成品所需要的數量與日期將被詳細的規劃，此即以需求管理來規劃計劃中的獨立需求 (Planned Independent Requirement)，計劃中的獨立需求與顧客獨立需求不同，計劃中的獨立需求用來概括性的規劃公司內部自製或外購所需的量，這些數量可能由生產企劃師直接手動輸入或由上一層規劃 (銷售與作業規劃) 直接輸入。需求管理與銷售與作業管理所規劃的對象上有所差異，銷售與作業管理對產品群，而需求管理對產品群內各別產品規劃。

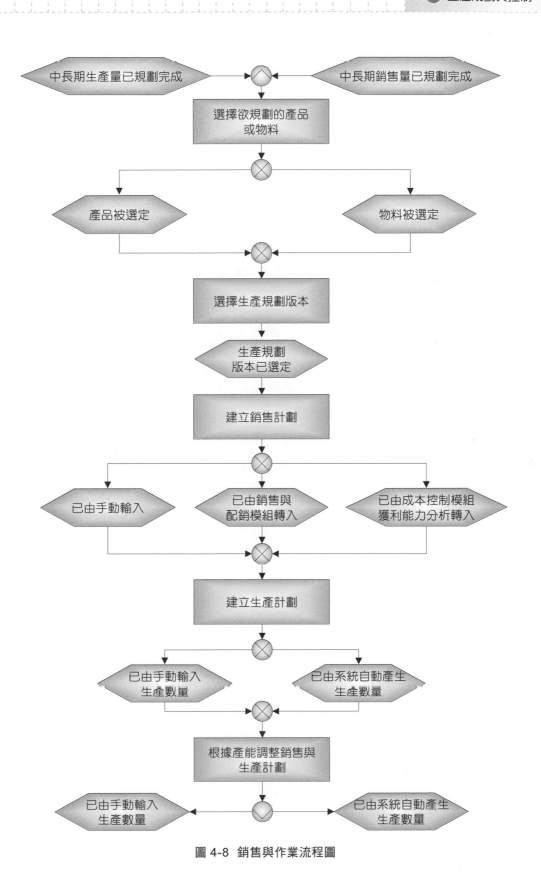

圖 4-8 銷售與作業流程圖

　　所傳入需求管理的資料除了有銷售計劃、粗略的生產計劃，尚包括銷售計劃中產品群內各產品所佔的百分比與生產計劃中產品群內各產品所佔的百分比，如此才可將產品群進一步細分為產品。

　　需求管理的功能在決定完成品與重要次裝配品的需求量與**運交日期** (Delivery date)，需求管理可進一步定義規劃與製造或外購產品的規劃策略。需求管理的結果為需求計劃 (Demand program)。**規劃策略** (Planning strategy) 代表著規劃生產數量與日期的方式與程序。一公司所使用的規劃策略，可能從單純的**接單生產** (Make to order) 至**存貨生產** (Make to stock)。根據所選擇的策略，依銷售計劃或銷售預測值產生需求計劃。一公司對不同的品項亦可能有不同規劃策略的選擇，例如將存貨的層級降至次裝配品的層級，完成品的最後幾個作業步驟是等到接獲訂單後才開始，圖 4-9 所示者即此情形，BOM 中緊鄰分割線下之 B1、T3 與 T4 為存貨之品項，公司之生產至此層為止，待接獲工單後，再驅動 B2 及 F1 之生產動作；此種規劃方式混合了接單生產與存貨生產，又若假設 B1 為一**品類** (item class)，由許多類似的品項組成，例如品類中的所有品項之各種尺寸、強度等等皆相同，唯一之不同在於顏色，則公司可等到接獲顧客訂單後，再依顧客之顏色喜好，客製化其需求，此種情形常見於需**大量客製化** (Mass customization) 且接單至交貨日之時間短的產業。由此可知，一公司須了解其需要，對 BOM 中每一品項決定其規劃策略，且同一 BOM 中各品項可有不同規劃策略。圖 4-10 為需求管理流程。

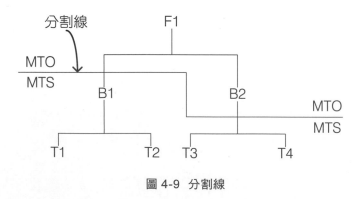

圖 4-9　分割線

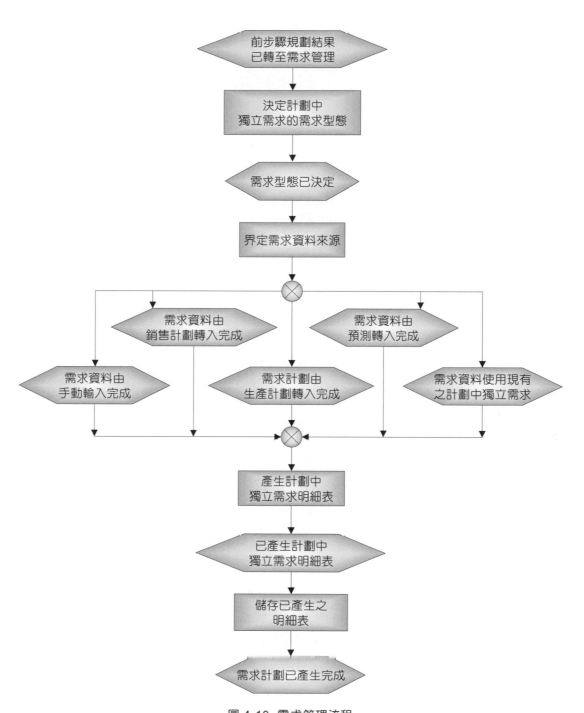

圖 4-10 需求管理流程

4.3.3　主生產排程與物料需求規劃

　　BOM 的展開，長久以來為生產規劃與控制中主要單元之一，且文獻顯示物料需求規劃中此 BOM 展開的流程，可有不同的方式，此節我們即針對其中一種方式進行介紹。

　　在進行 MPS 介紹前，首先須初步地瞭解物料需求規劃的目的，物料需求規劃的目的在決定**相依需求** (Dependent requirement) 所需的量與時間，此相依需求由**獨立需求** (Independent requirement) 依其 BOM 展開而來。何謂相依需求？何謂獨立需求？何謂 BOM 展開？我們以圖 4-4 中的 BOM 來介紹 BOM 展開，為了生產此圖中最上層的 F1 品項，則需二個 B1 及一個 B2，進一步向下一層展開，一個 B1 需一個 T1 及二個 T2，一個 B2 需四個 T2 及三個 T3，此過程即為 BOM 展開。圖中第二層（含）以下的各層需求量的產生，是衍生自第一層 F1 品項的需要量，因此我們稱它們為相依需求。一般獨立需求，如銷售人員等依其對市場的瞭解估計銷售量，此種需求來自於對廣大的**需求群體** (Population) 的估算，此稱為獨立需求。

　　上述的 BOM 展開，涉及非常大的資料量，對一般公司，需要一計算夠快的電腦來執行，為了降低展開工作的困難，可將此工作分為二階段來進行；在第一階段，僅針對**重要件** (Critical parts) 進行規劃，此重要件即為 **MPS 品項** (MPS item)，其餘的我們稱它們為 MRP 品項。MPS 品項可為 BOM 中之終端產品 (End products)、重要的零組件 (Assembly/semi-finished goods) 或原料，這些重要件在公司進行附加價值活動 (Value-added activities) 的過程中扮演非常重要的角色，或這些組件會使用公司非常重要的生產資源 (Production resources)；規劃這些 MPS 品項，以求成本密集 (Cost-intensive) 材料較佳之使用或避免生產過程中瓶頸的情形為首要考量，因為這些重要件雖於生產過程中增加了許多價值，卻積壓了公司許多資金，為了降低庫存過多造成的資金壓力，增加了規劃穩定度 (Stability)，給予這些重要件較多的注意與關心是必要的，此處所述的主生產排程即針對此重要件進行規劃。一個生產企劃師 (Production planner) 因可僅對此重要件進行各種不同方案快速的規劃模擬，然後從中選取一最佳的方案，使其在資源的使用上更有效率。圖 4-11 為各分析或規劃所計劃的對象。

　　MPS 與 MRP 二者使用了相同的 BOM 展開邏輯，唯一之主要不同在於 MPS 品項與 MRP 品項的差別，MPS 僅規劃 MPS 品項，規劃完成後，MRP 再規劃 MRP 品項，MPS 之結果被 MRP 規劃時視為給定的情形，如此一公司將品項分成二類 (MPS 品項與 MRP 品項) 來規劃，實已發揮了重點管理的精神。

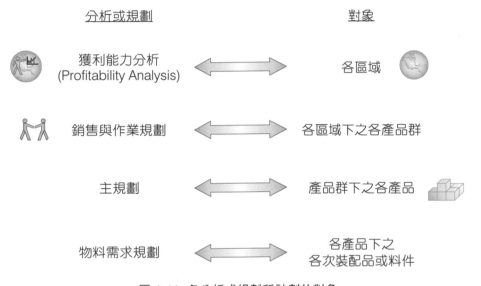

圖 4-11　各分析或規劃所計劃的對象

　　由於近日內的工單，可能已開始生產或其下層相依需求已開始投料，若於 MPS 與 MRP 規劃時，更動相關日期與量，則會造成系統非常大的困擾，因此最好先確定近日內工單的生產排程，不讓系統自動改變；為了達到此目的，ERP 系統中對每一物料皆有一規劃時間圍籬 (Planning Time Fence)，時間圍籬界定一時間範圍，規劃時間圍籬的使用，在以時間區別各工單是否位於圍籬內或外，系統是否自動重排相關工單，如圖 4-12 所示，假設今天將進行規劃，時間點為零，依系統所設定的規劃時間圍籬，位於圍籬內的工單有 MPS 品項的 T1 工單，MRP 品項的 B1、T1 及 T2 工單，系統將視它們為確定工單 (Firmed orders)，於此次執行 MPS 或 MRP 時，將不再自動重排，系統僅自動重排圍籬外 (亦即規劃時間圍籬所界定的時間以後) 的工單，因此若須調整圍籬時間內的工單，則須經人工手動方式進行。

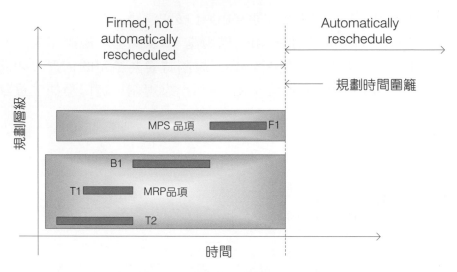

圖 4-12　規劃時間圍籬與確定工單

MPS 與 MRP 規劃時，應對那些料進行規劃，可有下列三種方式：

1. 重規劃 (Regenerative planning)：無論是否有任何供需的改變，所有物料皆重新規劃與推算。

2. 淨變規劃 (Net change planning)：僅對自上次規劃後，狀況有改變的物料進行重新規劃與推算。

3. 規劃時間幅度內的淨變規劃 (Net change planning in planning horizon)：僅對自上次規劃後且位於規劃時間幅度內，狀況有改變的物料進行重新規劃與推算。

上述中，某物料狀況有改變是指此物料發生了如發貨 (Goods issues)、顧客訂單 (Customer orders)、BOM 改變等等；為了降低重規劃對電腦高負荷的問題，淨變規劃僅針對有改變的物料或產品進行規劃，如此所需的時間相對於重規劃少了許多，可進行較高頻率的規劃，對某些公司來說，因規劃的物料及產品實在太多，淨變規劃所耗用的時間仍太長，不在實務允許的範圍內，可能採取規劃時間幅度內的淨變規劃，所需的時間可進一步再加以縮短，在此方式下，唯有於規劃時間幅度有改變的物料才會被納入於規劃中。一般 ERP 系統中，會建立一規劃檔 (Planning file) 以追蹤物料狀況改變的情形且改變是位於規劃時間幅度內或規劃時間幅度外，如圖 4-13 中所示，當物料狀況有改變且位於規劃時間幅度內時，於淨變規劃指標與規劃時間幅度內淨變規劃指標二者皆會標記；當物料狀況有改變，但物料

位於規劃時間幅度外時，則僅會於淨變規劃指標上有標記；如此於 MPS 與
MRP 規劃時，依使用者的設定為重規劃、淨變規劃、或規劃時間幅度內的
淨變規劃，系統會根據規劃檔上之標記，規劃相關的物料；於規劃後，系
統會重設 (re-set) 指標上之標記。

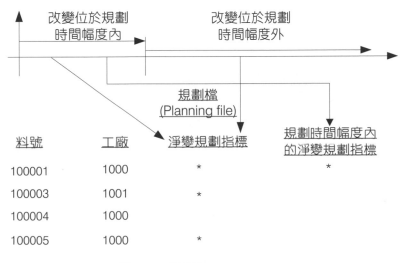

圖 4-13　規劃檔 (Planning file)

　　一般的 ERP 系統允許使用者根據其需要，決定對單一物料或對全工廠
的物料進行規劃，或對 BOM 的單階或多階進行規劃，有些更先進的系統，
更可允許使用者進行模擬、進行相關產能平衡的調整等等，直至滿意後，
再採用為執行的方案。

　　MPS 與 MRP 規劃依下列步驟進行：

1. 淨需求計算 (Net requirement calculation)：期初庫存 + 當期供應量 − 當期
   需求量 = 當期淨需求。

2. 批量大小的計算 (Lot size calculation)：可有靜態的方式 (Static procedure)、週
   期的方式 (Period procedure) 或最佳的方式 (Optimum procedure)；一般我
   們了解的逐批 (Lot-for-lot)、固定批量 (Fixed lot size) 與補貨至最高存貨水
   準 (Replenish up to maximum stock level) 皆屬靜態的方式；最小單位成本
   (Least unit cost procedure) 屬最佳的方式；週期的方式則允許使用者彙總某
   幾天的需求成為一批，例如彙總每三個工作天的需求量為一批。

3. 內製或外購的決定 (Procurement type)

4. 排程 (Scheduling)：依所設定的方式，可以較粗的時間單位，例如天，或較細的時間單位為計算的時間基本單位，例如秒；亦可設定是否考慮產能需求等。

5. 物料清單的展開 (BOM explosion)：因有效的 BOM (valid BOM) 可能有數個版本，必須決定哪一 BOM 有最高之優先性 (Priority)，決定的原則可依生產批量的大小、BOM 展開的日期、或某些公司預設的邏輯而定。

4.3.4 計劃中工單與生產工單

一計劃中工單為一外購或生產之提案 (Proposal)，可由 MRP 自動產生或是由規劃人員手動輸入。而一張生產工單則用以決定哪一產品或物料須進一步被處理、於何工作中心等。MPS 與 MRP 屬中期之規劃流程。由中期轉入短期的工作項目中，將計劃中工單轉成生產工單為其中一項重要工作。當計劃中工單轉成生產工單時，各相依需求將被保留 (Reservation)，途程中有關作業與生產資源的資料將被用以更細部之規劃與排程。有些 ERP系統有開立期間 (Opening period) 與發放期間 (Release period) 的設定，此二時間之前者界定何時一計劃中工單可被轉換為生產工單 (Production order)，後者界定何時生產工單可被發放至現場。除此之外，牽涉規劃時間推算的設定中，除上述的開立期間與發放期間外，有時亦保留生產前寬放 (Float before production) 與生產後寬放 (Float after production)，用以預留彈性時間以吸收生產之不確定性與時間估算的不準確因子。

生產工單在實際被現場執行前可有二種狀態 (Status)，一為生產工單開立狀態 (Production order – created)，一為生產工單發放狀態 (Production order – released)。參閱圖 4-14。當系統發現了某物料短缺之情形時，則產生該物料的計劃中工單 (亦可直接產生申購單)，一張計劃中工單一直掛在系統中，直到時間達開立期間時，見圖 4-15，計劃中工單就可轉換為生產工單 (Production order)，此生產工單在開立的狀態，於此狀態之生產工單並不能被發放到現場進行生產，一直到時間達發放期間時，生產工單開立的狀態才轉換為生產工單發放狀態，於此時，生產工單才可被發放到生產現場，生產活動才可被啟動，在此之前的時間，相關部門可進行其需要的各種準備工作，例如物料部門的備料等。生產前 (後) 寬放被用以預留彈性時間以吸收生產之不確定性因子。物料需求規劃即根據開立期間、發放期

間與生產前 (後) 寬放,由需求之交貨期倒推,決定何時計劃中工單應轉換為生產工單開立狀態,何時生產工單開立狀態應轉換為生產工單發放狀態等等。

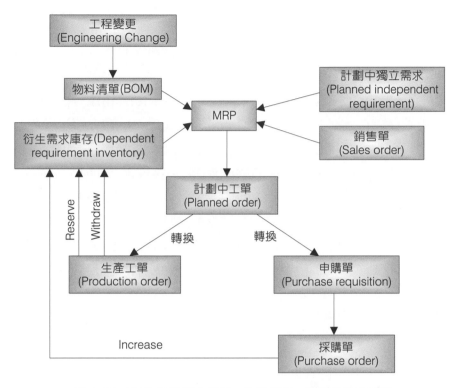

圖 4-14　MRP 與計劃中工單、生產工單、採購單等之關係

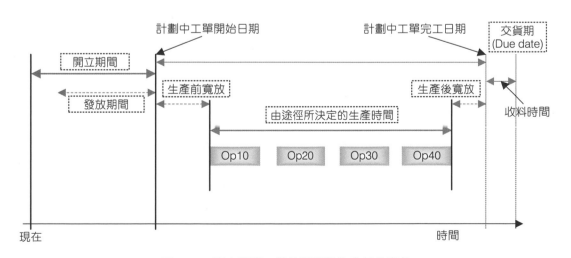

圖 4-15　開立期間、發放期間與生產前後寬放

4.3.5　生產工單流程

　　生產工單流程中主要步驟如圖 4-16 所示，首先為生產工單的產生，在此階段可由計劃中工單自動轉換或以手動輸入產生；生產工單產生時，ERP 系統會執行物料可獲得性確認，以確保有足夠的物料以執行此工單的生產；預留機器產能，以確保機器於所需的時間內不為它用；於此之前的生產工單狀態為開立狀態，生產工單發放則將工單狀態轉為發放狀態，工單發放後才可列印如各工作站的確認單 (Confirmation slip)、揀貨單 (Picking list)、控制單據 (Control ticket)、看板卡 (Kanban card)、發貨單 (Goods issue slip) 等等，相關單位再據以進行相關活動，如此各部門的活動得到了協調，如倉儲部門的備料、生產部門的領料、製程部門準備各種夾治具等的時間，可依生產工單上所排定的時程進行，生產部門與相關工作中心依生產工單的命令，執行生產，待生產完成或至某一階段時，確認實際生產所發生的相關數據，並將完成品入庫，且計算預估值與實際生產發生數值間之差異，工單結算時則將各種資料記載於相關會計科目上，以為資產負債表、損益表與後續相關成本控制的依據。最後則將已完成其控制目的之工單歸檔，以備日後參考。

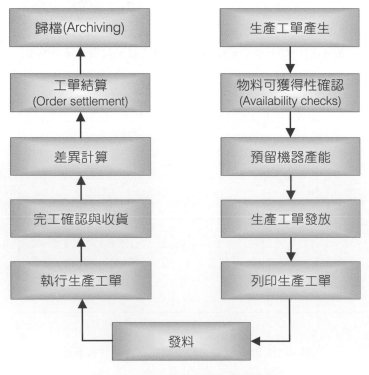

圖 4-16　生產工單流程中主要步驟

生產工單的產生

生產工單可由轉換計劃中工單產生，或可直接由手工輸入相關資料產生；當生產工單由轉換計劃中工單產生時，工單上轉載了來自計劃中工單上每筆規劃的資料 (例如需求量、開始時間、交貨時間、料號等)，並納入或進一步計算與生產工單相關的資料，這些資料主要來源之一為儲存於物料主檔、物料清單、工作中心與途程的基本資料。但公司在此轉檔時，可能可用的物料清單與途程有數個，會發生這種情形是因為公司可由不同的顧客、不同的訂購數量、不同的時間…等等，來選擇適當的物料清單與途程，因此 ERP 系統裡須有選擇適當的物料清單與途程的邏輯。選定後，將物料清單與途程的相關資料複製至生產工單 (而關於那些相關資料會被複製至生產工單中，則於物料清單與途程及工單型態中被界定，使用者對於不足之必要欄位再手工補足)，並進行相關排程 (排定所牽涉作業後再排定工單時程)、更新各作業有關工作中心產能負荷、保留所需相依物料及估算人工、物料與各活動分類下之成本 (此成本估算之成本指計劃成本)，以備以後與生產實際發生成本的比較。圖 4-17 生產工單產生的流程。

生產工單的產生為生產控制的開始，進行生產工單排程，可能須先執行產能規劃與排程。排程的進行過程與工單排程時決定先後順序的邏輯，根據所選擇的不同排程演算法而有差異，可參閱 [沈國基、呂俊德、王福川 (2006)]。在長期規劃中，產能規劃的問題發生於工廠層級，在中期物料需求規劃中，是在未考慮產能限制的情形下，決定了各作業的起訖時間，此目的之一在檢驗若僅考慮物料的情形下，生產工單的結束日期是否能符合需要。

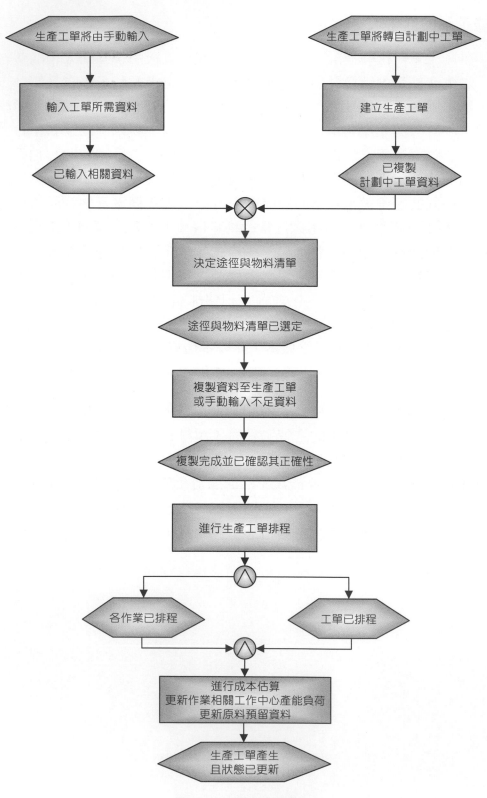

圖 4-17 生產工單的產生

物料可獲得性確認

　　ERP 系統的物料可獲得性確認可有二個時點，一為當工單產生時，一為當工單發放時，可設定於任一時點，可設定為自動與手動二種；**確認的規則** (Validation rule) 可以非常複雜，通常由物料所屬的群體、工單的分類與確認範圍 (Scope of check) 而定，如此則可讓一 ERP 系統應用於不同確認方式。確認範圍的選定影響了 **ATP 數量** (ATP quantity) 的計算，例如可獲得性確認可僅對倉庫中之**存貨** (Stock) 進行確認，亦即 ATP 數量僅包含了存貨，我們可讓確認範圍大一點，例如除存貨外，亦納入生產中工單的量；確認範圍的選擇受到需求變異、物料前置時間、可使用於確認的時間等等許多因素的影響，是一複雜的決策問題；ERP 系統通常會提供使用者對所有工單、單一工單的所有物料或個別物料進行確認的選擇，以提供更多彈性。確認後可得**允諾數量** (Committed quantity) 與不足料件的清單，相關部門對不足的部份可及早因應。有些較先進的 ERP 系統亦對產能與所使用到的夾治具進行確認，但一般 ERP 系統於此方面較欠缺。

生產工單的發放

　　如果經上述的物料可獲得性確認後，所有需要的資源確定可於生產開始時取得，工單則可被發放至現場進行生產。可以依據不同的策略進行工單的發放，例如事先設定的優先性、工單的狀態 (Status) 或位於規劃時間幅度 (Planning horizon) 的日期等為先後發放的規則，以避免同時太多工單發放，導致瓶頸與壅塞的情形，亦即工單發放亦須考慮生產部門現階段的產能情形。

發料

　　發料為庫存管理或倉儲管理的重要工作。被保留的物料將不准被轉為它用，因此為某一生產工單保留物料的動作將降低系統中可用庫存的數量。保留 (Reservation) 可視為對某一物料在某一特定時間需要某一數量的請求 (Request)。發料降低庫存水準，發生於生產工單的執行與顧客訂單的請求。一般牽涉下列步驟：從某一儲存位址，**揀貨** (Picking)、**實體發放** (Physical issue) 與運送至指定地點。發料一事，除了數量上的改變，可能導致庫存價值的改變。根據發料的不同需求，將使用不同的儲存倉庫。**緩衝倉庫** (Buffer warehouse) 被用來做暫時的短期儲存，特別作為調節上下游工作中心生產

不平衡之用。而配銷倉儲則被用以合併 (Consolidate)、分裝與組合數個供應者的物品後，再轉運至下游。

生產工單的完工確認

　　為了更正確有效地規劃未來生產，須由以往的生產工單資料，更正確地累積有關生產時間與生產成本的資訊，機器與生產資料正確性的提高，將影響未來後續工單被執行的方式。工單的完工確認所獲得的資料，可被成本會計部門當成計算未來工單成本的依據；可被人力資源部門用來計算工資與決定加班費的發放；可被工廠維護部門用以規劃機器設備的維護計劃；可被庫存管理部門用以更新目前存貨狀況；可被品保部門用以決定品質保固的管制標準。因此為了能應付上述各種部門資料的需要，工單的完工確認資料可分為下列四大類：

1. **工單有關資料**：工單有關資料的確認與計算，可被用以檢視工單狀態與統計資料。工單有關資料詳細記載了機器被使用的時間長度、各作業的執行時間長度、生產了多少單位、報廢的比率等資料。

2. **人工有關資料**：人工有關資料可被用來計算工資與薪資。工單資料的確認與計算，詳細記載了個人於生產中出現的時間長度、其執行的工作量與品質、所消耗與使用的物料量等。

3. **資源有關資料**：資源有關資料涉及機器時間與工具使用的時間。將機器當機與工具損壞的次數與原因、工具被使用於何處、多久與各維護資料等皆詳實的記載下來。

4. **物料資料**：物料資料描寫了執行生產工單所需的物料量。參考了已完工工單的實際物料使用量，未來工單將被規劃得更可靠與準確，物料預留的掌握度也可以更完美。

　　生產工單完工確認可週期性的進行或由特定事件 (Event) 驅動。在週期性的完工確認下，蒐集二次確認期間所發生的有關數據。在特定事件驅動方式下，當所標示的事件發生時，蒐集工作將會自動進行。完工確認時可以手動輸入時間、數量與報廢等資料或可自動接收來自於現場監控機器設備所蒐集等的資訊。

收貨

　　一旦生產工單已完工，所生產的物品則可進一步被用於另一張生產工單或可直接將所生產的物品入庫保管直到被需要時。收貨的流程包含了數量與品質二者的檢驗。因為此處所處理的生產工單屬公司內部工單，因此當量與品質有差異時，應向生產部門反映。因為收貨的動作一般發生於完工確認時，任何收貨時所觀察到的短缺，皆可歸因於公司內部作業與物料搬運的問題。檢驗可於某一特定區域或於存貨地點進行。如果數量有誤（多或少），檢驗的物品將被凍結 (Blocked) 直到釐清情況或直接輸入實際的物品數量。要入庫前，可先了解此批貨品是否已預留予其它特有用途，例如某一顧客訂單，則可直接發貨給訂購的顧客，直接調整相關的數據。

差異計算

　　計劃成本 (Planned costs) 與**實際成本** (Actual costs) 間的差異計算為檢驗此二成本誤差的手段。計劃成本高或低於實際成本的原因有許多，例如規劃所依據的資訊太樂觀或太悲觀、可能未可預知的事件導致相關成本與價格的上升或下降、或所消耗用以生產物料的數量與規劃數量有所差距等。進行差異計算時，對所計算的**物件** (Object)，計算其**目標成本** (Target cost)，同樣的基準也被用於計算**計劃成本** (Planned costs) 與**實際成本** (Actual costs) 間的差異。系統亦計算此物件有關的**廢料** (Scrap) 與廢料的成本，**在製品庫存** (Work in process) 與其成本，將此廢料成本與在製品庫存成本由實際成本中扣除，以忠實的反應**產出量** (Yield quantity) 與實際成本間之關係。圖 4-18 彙總了生產工單流程中個主要步驟的相關輸入與輸出。

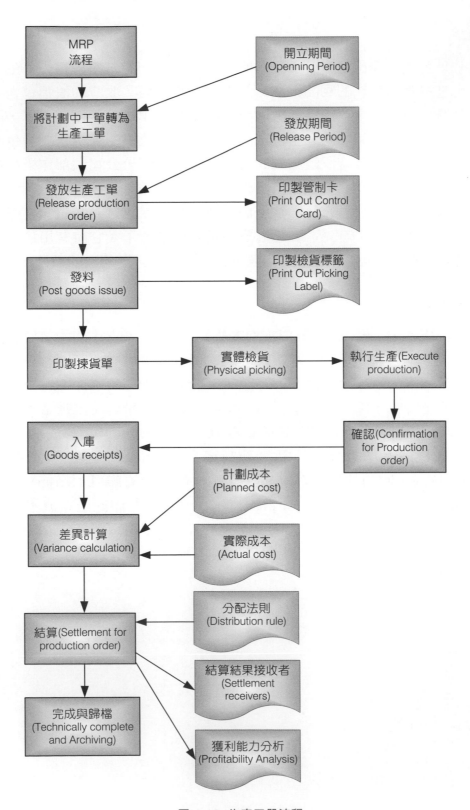

圖 4-18　生產工單流程

結算

當生產已完成後，完工工單須被結算，工單結算的目的在將工單的成本轉至一個或多個適當的會計帳。將領料、活動 (Activities) 與完成品入庫所產生的變化，以金錢單位借貸於各會計帳，例如借貸至專案、成本中心、物料或至銷售訂單。當一生產工單被結算時，實際成本被結算至一或多個接收物件 (Receiver objects)，有借必有貸，借貸必相等的會計借貸原則須被遵守，一般的生產工單接收者為物料或顧客訂單。例如生產工單被指定給某一物料帳，則當完成品入庫時，借物料貸生產工單，任何實際發生的數值與應貸至生產工單的數值有差異的情形，則**過帳** (Post) 至**物料存貨帳** (Material stock account)、**價格差異帳** (Price difference account)、或**作業收益帳** (Operating profit)，方式則根據物料價格的控制方法為標準價格或移動平均價格的選擇而有所不同。

當物料價格的控制方法為標準價格時，系統將實際發生成本與收貨時的貸方數據二者間之差值反映於價格差異帳，移動平均價格則重新計算；而物料價格的控制方法為移動平均價格時，此差值被反映於物料存貨帳，總存貨價值與移動平均價格二者皆重新計算。根據需要與設定，亦可將前面計算出之差異等資料傳至成本控制部門，以進行相關**獲利能力分析** (Profitability Analysis)。更複雜的結算可先定義**分配法則** (Distribution rule)，分配法則內界定了一生產工單可與數個**結算接收者** (Settlement receivers) 有關，事先設定好所有接收者間的分攤比率與**結算形態** (settlement types) 為**全結算** (Full settlement) 或**週期性結算** (Periodic settlement)，全結算指工單有關的所有成本皆結算，週期性結算指僅對期間內工單發生的成本結算；一般上，當生產工單產生時，結算的方式已隨附於生產工單，ERP 根據相關設定，進行結算。

4-4 結論

　　企業資源規劃系統自動化了關於產品被製造的數量與時間、生產流程的控制、產能需求等等的規劃與控制，規劃層面的目的旨在求取供給面與需求面兩者間數量與時間的調合，以滿足需求，並對因公司之瓶頸資源可能導致的產能不足問題進行相當之產能控管，以極大化一公司各種有價值資源（即供應面相關資源）的利用；控制層面的目的旨在為確保所規劃之結果得以被忠實地執行，企業資源規劃系統將規劃時所得之相關結果記載於各種文件 (Document) 或內部工單 (Internal Order)，藉由這些文件與工單的發放，進行實體之生產活動，調合不同部門間活動，降低一般公司部門間因資訊不順暢所引發之問題，達到全公司資源控制之目的。本章以企業流程的角度介紹了生產規劃企業流程及與其它領域的介面關係，使讀者可以一窺企業資源規劃系統如何整合不同部門間資訊的道理。

　　生產規劃的工作進行前，須將實際公司的組織架構反應於 ERP 系統中，亦即建立一生產規劃中所使用的虛擬組織架構，其中有公司代碼、工廠、儲存位置等，以將公司上下層架構反映資訊系統中；規劃所需基本資料包含了物料資料主檔 (Material Master Data)、物料清單 (Bill of Material)、途程 (Routing)、文件 (Document)、生產所需的資源與器具、工作中心 (Work Center) 等，物料資料主檔可能有的角度 (views)，以串聯不同功能部門的相關資料；物料清單描寫了一個產品是由下層那些數量的零組件在製造過程中所組成的；工作中心提供生產規劃中產能與何種員工技能水準可從事此工作中心之工作之相關資訊；途程描寫了一物從它的初始狀況到它的最終狀況的程序，也描寫了何物將被生產、如何被生產、以及以何種方法來生產。

　　銷售與作業規劃 (Sales and Operations Planning) 根據市場分析或過去的歷史資料，確定一個公司中長期所需要的各產品群銷售量與所需要的生產量之間的關係；需求管理 (Demand Planning) 對公司中的完成品與重要的半成品所需要的數量與日期進一步詳細規劃，主生產排程 (Master Production Scheduling) 與物料需求規劃 (Material Requirement Planning) 用以決定相依需求 (Dependent requirement) 所需的量與時間，主生產排程僅針對 MPS 品項（重要品項）規劃，規劃完成後，物料需求規劃再針對 MRP

品項進行規劃，主生產排程之結果被物料需求規劃時視為給定的情形，如此一公司將品項分成二類 (MPS 品項與 MRP 品項) 來規劃，實已發揮了重點管理的精神。

　　一計劃中工單為一外購或生產之提案 (Proposal)，可由 MRP 自動產生或是由規劃人員手動輸入。而一張生產工單 (Production order) 則用以決定哪一產品或物料須進一步被處理、於何工作中心等。生產工單流程包含了工單的產生、物料可獲得性確認、生產工單的發放、發料、生產的進行、生產工單的完工確認、收貨、差異計算、結算與歸檔等；生產工單落實了各規劃之結果，並整合了各部門的動作，為公司重要文件之一。

習 題

選擇題

1.(   ) 接單生產 (Make to order)、存貨生產 (Make to stock)、大量生產 / 重複性生產 (Repetitive manufacturing)、流程製造 (Process manufacturing) 等等屬

    A. 不同觀念的規劃方式　　　B. 不同形態的生產方式

    C. 不同規劃時間幅度　　　　D. 相對應之資料整合程度

    E. 短期之物料需求規劃

2.(   ) 一企業輸入所需物品與服務的流程為

    A. 內向物流　　　　　　　　B. 物流管理

    C. 核心作業流程　　　　　　D. 買賣行為

    E. 實體配銷

3.(   ) 下列何者非屬 ERP 系統中生產規劃有關之組織架構

    A. 工廠 (Plant)

    B. 出貨點 (Shipping point)

    C. 公司代碼 (Company code)

    D. 半永久儲存區 (Semi-permanent area)

    E. 儲存位置 (Storage location)

4.(   ) 下列何者包含了用以完成某一品項之一序列作業 (a sequence of operations)

    A. 途程 (Routing)　　　　　B. 工作中心 (Work center)

    C. 物料清單 (BOM)　　　　D. 物料主檔 (Material master)

5.(　　) 下列何者為一作業或一活動被執行的地方

　　A. 途程 (Routing)　　　　　　B. 工作中心 (Work center)

　　C. 物料清單 (BOM)　　　　　D. 物料主檔 (Material master)

6.(　　) 下列何者針對產品群規劃

　　A. 銷售與作業規劃　　　　　B. 需求管理

　　C. 主生產排程　　　　　　　D. 物料需求規劃

7.(　　) 下列哪一組合為正確

　　a. 銷售與作業管理 對 各產品群；

　　b. 主規劃 對各產品群下各產品；

　　c. 物料需求規劃 各產品下之各次裝配品或物料。

　　A. 僅 a.　　　　　　　　　　B.　　僅 b, c

　　C. 僅 c　　　　　　　　　　D.　　僅 a, b

　　E. a, b 及 c.

8.(　　) 請問開立時間 (opening period) 決定了下列何者？

　　A. 顧客帳開帳時間　　　　　B.　　生產工單產生時間

　　C. 計劃中工單產生時間　　　D.　　成本帳過帳時間

　　E. 物料可開始使用時間

9.(　　) 生產工單流程中結算的目的在 (選出其中最適者)

　　A. 將工單的差異告知主管單位

　　B. 將工單的確認情形計算出來

　　C. 將工單的發料與生產的差異量登錄

　　D. 將工單的成本告知買者

　　E. 將工單的成本轉至適當的會計帳

10.(　　)下列何者為正確的生產工單部分流程順序

    A. 物料可獲得性確認、生產工單的產生、生產工單的發放

    B. 收貨、差異計算、結算

    C. 物料可獲得性確認、發料、生產工單的發放

    D. 發料、收貨、生產工單的完工確認

    E. 以上皆非

11.(　　)在生產規劃與控制模組中,若以規劃時間幅度區分,下列何者屬於短期之生產規劃?

    A. 主規劃

    B. 需求管理 (Demand Management)

    C. 物料需求規劃 (Material Requirement Planning)

    D. 銷售與作業規劃 (Sales and Operations Planning)

    E. 部門規劃

12.(　　)根據市場分析或過去的歷史資料,確定一個公司中長期所需要的各產品群銷售量與所需要的生產量之間的關係,屬於下列那一種類的規劃?

    A. 物料需求規劃　　　　　　B. 主生產規劃

    C. 需求管理　　　　　　　　D. 銷售與作業規劃

    E. 產能規劃

13.(　　)要使企業資源規劃系統中生產規劃與控制的功能得以順利進行,須先建立相關資料主檔,而以下何者非生產規劃所需的基本資料?

    A. 物料清單　　　　　　　　B. 物料資料主檔

    C. 途程　　　　　　　　　　D. 生工作中心

    E. 總帳會計文件

14.(　) 下列哪一組合為正確的規劃順序 (1) 主生產規劃 (2) 需求管理 (3) 銷售與作業規劃 (4) 物料需求規劃？

　　A. 1423　　　　　　　　　　B. 1234

　　C. 4123　　　　　　　　　　D. 3214

　　E. 4132

15.(　) 在 ERP 系統生產規劃與控制模組中，關於生產規劃企業流程之描述，下列選項何者是錯誤？

　　A. 在進行銷售與作業規劃前須先完成資料主檔 (Master Data) 的建立

　　B. 銷售與作業規劃完成後會進行需求管理 (Demand Management) 工作

　　C. 需求管理 (Demand Management) 工作完成後會進行物料需求規劃的工作

　　D. 以上皆錯

16.(　) 當 ERP 系統導入後，下列有關生產規劃模組 (PP) 之敘述何者錯誤？

　　A. 首先需要先建立 PP 模組相關資料主檔 (Master Data)

　　B. 當執行銷售與作業規劃工作後，系統流程會連結串到主規劃工作，包含需求管理與主生產規劃兩項工作

　　C. 當主生產規劃執行後，ERP 系統就會連結串到物料需求規劃 (MRP) 工作

　　D. 以上皆錯

17.(　) 在生產規劃與控制中，下列何者描寫了一個產品是由那些下層零組件所組成的

　　A. 途程　　　　　　　　　　B. 工作中心

　　C. 產品組織　　　　　　　　D. 物料主檔

　　E. 物料清單

18.(　　)下列何者為一公司內部各部門參與有關活動資料的重要連結，其依
相關功能性部門加以分類，以利有關不同部門人員進行資料維護，
這在資料的安全性與系統使用者權限之管制上，將因而更為便利

    A. 物料資料主檔　　　　　　　B. 途程

    C. 工作中心　　　　　　　　　D. 物料清單

    E. 連結關係

19.(　　)有關物料清單中低階編碼 (Low-Level Coding) 的敘述，下列何者
正確？

    A. 為了節省資料儲存和維護的成本

    B. 為了 MRP 的規劃順序

    C. 為了讓產品結構表看起來簡潔

    D. 為了配合途程的需要

20.(　　)在生產規劃與控制管理過程中，下列何者與 BOM 中品項進行 MRP
的規劃順序有關

    A. 低階編碼　　　　　　　　　B. 計劃中工單日期

    C. 生產工單日期　　　　　　　D. 訂單交貨日期

    E. 基礎日

21.(　　)在生產規劃與控制管理過程中，下列何者為工作中心的主要角色 (1)
提供產能相關資訊 (2) 描述產品之相依需求結構 (3) 描述一物品從它
的初始狀況到它的最終狀況的程序 (4) 維護人力資源部門所決定何
種員工技能水準

    A. 12　　　　　　　　　　　　B. 14

    C. 23　　　　　　　　　　　　D. 34

    E. 13

22.(　　) 在生產規劃與控制中，有關途程 (Routing) 的敘述，下列何者錯誤？

A. 途程描寫一物從它的初始狀況到它的最終狀況的程序

B. 途程的目標在於以最有效率與最有效用的方式生產一個產品

C. 途程中定義了作業，並依序描寫作業在生產或服務發生的先後步驟

D. 途程對組織結構中之工廠不具有唯一性

23.(　　) 在 ERP 系統中通常會以物料需求規劃 (MRP) 來決定相依需求 (Dependent Requirement) 所需要的量與時間，而 MRP 的推算過程中需要提供物料清單 (BOM) 資訊以協助 MRP 工作的執行，BOM 亦可以用產品結構樹方式來表達，假設 Kony 公司的某一完成品 F1 需要由兩個相同的零組件 B1 與一個零組件 B2 來組裝完成，F1 在 Low-level Code 000 位置，B1 在 Low-level Code 001 位置，B2 亦在 Low-level Code 001 位置，如果顧客 Z 前天下一張訂單購買 Kony 公司 F1 產品 28 個，已知目前 F1、B1、B2 的庫存量皆為 0 個，則完成此訂單需要幾個 B2 零組件？

A. 28   B. 14

C. 18   D. 30

E. 84

24.(　　) 在生產規劃與控制中，有關工作中心 (Work Center)、作業 (Operation) 與途程 (Routing) 之間的關係，下列敘述何者正確？

A. 一個工作中心可以對應多個途程

B. 一個途程可以包含多個工作中心

C. 一個途程可以有多個作業

D. 以上皆是

25.(　　) 物料資料主檔為生產過程中，一個非常重要的資料，下列有關物料資料主檔的描述何者錯誤？

A. 為企業內部各部門重要活動的資料連結

B. 描寫了一個產品由下層哪些零組件所組成的

C. 有許多的 views 來看每個物料

D. 根據一物一料號的原則，每一物皆有唯一的號碼

26.(　　) 有關銷售與作業規劃 (Sales and Operations Planning) 的敘述，下列何者正確？

A. 規劃產品的銷售而已

B. 規劃特定產品的產能

C. 規劃中長期銷售量與生產量之間的關係

D. 以上皆是

27.(　　) 在生產規劃與控制管理中，銷售與作業規劃的目的在於確定產品的生產型態與數量，調和公司所需要的銷售量與生產量之間的關係，而採用於銷售與作業規劃的資料可能來源包括

A. 人工輸入相關銷售數量

B. 根據過去的歷史資料所預測的結果

C. 從獲利能力分析 (Profitability Analysis) 結果轉換過來

D. 以上皆是

28.(　　) 下列那一種生產規劃的方式能夠用以連結市場導向銷售計劃與生產導向的需求管理與主生產排程？

A. 物料需求規劃　　　　　　　　B. 銷售與作業規劃

C. 途程　　　　　　　　　　　　D. 看板系統

29.(　　) 在生產規劃與控制管理的流程中，企業會因自身的需求與能力來決定零組件是用外購或生產的方式來取得，而下列何者是外購或生產之提案 (Proposal)

    A. 生產工單　　　　　　　　　B. 計劃中工單

    C. 物料清單　　　　　　　　　D. 確認單 (Confirmation Slip)

30.(　　) 下列何者將決定哪些生產工單為確定工單 (Firmed orders)，於此次執行 MPS 或 MRP 後，將不再自動針對物料進行重新規劃與推算

    A. 生產工單預計完工日期　　　B. 生產工單的確定交貨量

    C. 規劃時間圍籬　　　　　　　D. 規劃檔

問答題

1. 請問規劃時間幅度 (Planning horizon) 對 MRP 規劃時，重規劃 (Regenerative planning)、淨變規劃 (Net change planning)、規劃時間幅度內的淨變規劃 (Net change planning in planning horizon) 的影響？

2. 請問時間圍籬 (Time fence) 的作用為何？

3. 請問低階編碼的原理及其與物料清單上各物料於 MRP 規劃時之順序關係？

4. 請劃出生產規劃企業流程及與其它領域的關係？

5. 請問生產工單流程中主要步驟？

參考文獻

▣ Ballou, R. H. 2004. Business Logistics/Supply Chain Management. 5th Edition, Prentice-Hall, Upper Saddle River, New Jersey.

▣ Jacobs, F. R., Chase, R. B. 2014. Operations and Supply Chain Management, 14th Global Edition, McGraw-Hill, New York.

▣ Sapient College. 2000. TAPP40. SAP Partner Academy. Vol.3-4, SAP Taiwan Training Center.

▣ SAP on-line help, "Production Orders(PP-SFC)," SAP Help Portal, SAP ERP Central Component, Release 5.0, SR1, February 2005, SAP AG, March 10, 2005, http://help.sap.com/saphelp_47x200/helpdata/en/a5/63198843a21 1d189410000e829fbbd/frameset.htm.

▣ SAP on-line help, "Product Cost Planning(CO-PC-PCP)," SAP Help Portal, SAP ERP Central Component, Release 5.0, SR1, February 2005, SAP AG, March 10, 2005, http://help.sap.com/saphelp_47x200/helpdata/ en/7e/cb7d4f43a311d189ee0000e81ddfac/frameset.htm.

▣ SAP on-line help, "Cost Object Controlling(CO-PC-OBJ)," SAP Help Portal, SAP ERP Central Component, Release 5.0, SR1, February 2005, SAP AG, March 10, 2005, http://help.sap.com/saphelp_47x200/helpdata/en/ 1d/39d448cd3011d19eb3080009b0db33/frameset.htm.

▣ SAP on-line help, "Product Cost Controlling Information System(CO-PC-IS)," SAP Help Portal, SAP ERP Central Component, Release 5.0, SR1, February 2005, SAP AG, March 10, 2005, http://help.sap.com/ saphelp_47x200/helpdata/en/69/7a6bbbabd711d38ad70000e83234f3/ frameset.htm.

▣ 沈國基，2004，ERP 運籌管理模組實作 -SAP 篇，旗標出版社，台北。

▣ 沈國基、呂俊德、王福川，2006，進階 ERP 企業資源規劃 - 運籌管理，前程文化，台北。

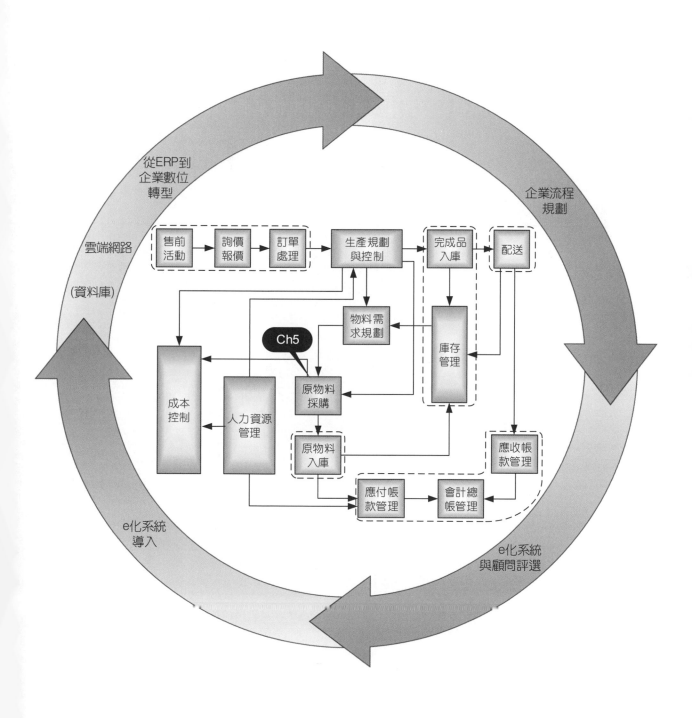

05

企業之採購管理

周惠文博士　國立中央大學資訊管理學系教授

學習目標

- ☑ 認識採購功能與目的
- ☑ 理解採購流程中之各重要步驟與內容
- ☑ 理解企業採購活動與其他部門之關聯
- ☑ 理解企業採購系統之採購流程與重要報表
- ☑ 理解採購目標與策略性角色
- ☑ 理解採購目標與企業營運目標之關係

　　本章共分三節，第一節緒論，主要簡述採購管理之重要性及短、中、長期目標，並舉美國 Daimler Chrysler 汽車公司為例，說明成功的採購管理活動對企業整體營運績效之影響，最後說明企業採購部門發展趨勢與其在組織層級之變化；第二節則以流程為主說明採購部門主要活動，以及採購部門與其他部門之聯繫；第三節則以第二節所提出之採購活動，以企業之企業資源規劃系統 (Enterprise Resource Planning, ERP 系統) 為例，介紹系統中採購流程之主要活動以及其與企業其他流程之關聯。

5.1　緒論

　　企業的採購部門在日益競爭的全球環境下，顯得益加重要，有效採購對於『量』方面的效益有：降低成本、降低採購週期所需時間、提高產品品質及運送品質，以及提高企業營運成效等；在『質』方面的效益則有：可將整體採購流程與企業營運之前後端接軌，達到**無間縫** (Seamless) 運作的企業流程、提昇顧客滿意度與企業整體形象等。而由於外購項目增加，如何有效計劃並管理控制單次採購的數量及降低全部採購次數，以降低企業製造與營運成本，成為企業經營管理上日趨重要的議題。

　　企業內採購部門的功能與目標，自短期 (微觀)、中期以及長期 (綜觀) 等角度來看各有不同重點：

- ☑ **短期目標**：適時從最恰當的供應商中採購，以提供正確數量且符合要求的產品，並運送到正確的地點給組織內之顧客。換句話說，滿足組織內 "顧客" 的採購需求，支援企業運作與生產作業，是採購部門的最基本功能與目標。

- ☑ **中期目標**：為協助組織達成其營運目標。具體工作內容包括有效管理採購部門並提高其營運績效，與其他部門維持極佳關係並聯繫密切，以及選擇、發展並維持與供應商之關係等。

- ☑ **長期最終目標**：為發展企業整合性之採購策略，以協助企業整體營運策略與終極目標之實現。

　　以美國 Daimler Chrysler 汽車公司為例，該公司體認到來自市場及客戶的壓力，必須提供即時回應以滿足市場及客戶之需求，因此引進「延伸企業 (Extended Enterprise)」的概念，將與該公司生產作業流程有關之各合作廠商，如原料供應商、零件供應商、半成品組合衛星工廠、產品經銷商及顧客端等，整合為一個緊密的「採購 — 供應鏈」網路，這個網路是一個擴大的虛擬企業，除了有利於「採購 — 供應鏈」網路中各組織的部門及相關人員進行跨組織溝通協調、有助於提升作業效率與顧客滿意度，更可進而提升企業整體形象。

　　而觀察企業採購之發展趨勢，自 1970 年至今，受到下面幾個因素影響：

- ☑ **全球化趨勢**：面對來自全球包含太平洋區域、歐洲與美洲的強大競爭對手，使得企業之採購計畫週期縮短，且採購不確定性增高。而全球企業發展的結果使得各地區企業之組織與策略變得更有彈性。

- ☑ **產品推出週期受技術創新影響**：技術創新的速度更快，而其擴散影響範圍更廣，因此產品推出週期縮短。

- ☑ **利用網路與 WWW 以協調並聯繫全球為範圍的採購活動**：網際網路的普及與 WWW 的興起，促成採購活動得以全球為範圍，使得企業得以因不同生產策略、市場戰略或產品定位，而規劃不同配套的採購方案。

　　因此，在現今企業中，採購活動所扮演角色以及其聯絡網路，如圖 5-2 所示，此與過去企業中採購活動所扮演角色以及其聯絡網路，如圖 5-1，有很大差異。

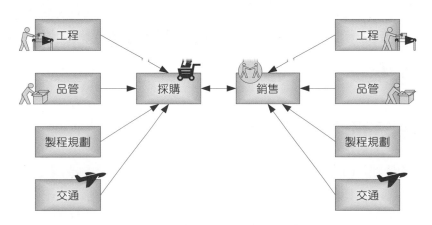

圖 5-1　傳統採購溝通聯絡網路

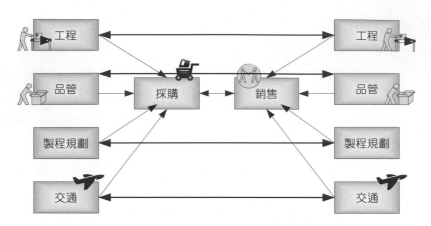

圖 5-2　點對點採購溝通聯絡網路

　　圖 5-1 顯示傳統採購部門為企業與供應商主要的聯繫窗口，因此企業內的任何採購需求必須透過採購部門與供應商的銷售部門聯繫，以溝通採購品的規格與需求。圖 5-2 顯示的是現今企業採購可能的流程，因此若有必要，企業各部門可逕與供應商相關部門聯繫。

　　至於採購部門在組織層級的變化，亦可顯示其在企業營運重要角色的轉變。通常，採購部門在企業的組織層級約可分為三類：**低階功能部門**，採購部門是組織層級中第三階層；**中階功能部門**，屬於組織層級中第二層；以及**高階功能部門**，屬於組織層級中第一階層，直接向 CEO 報告。研究指出，當採購部門在組織層級越高時，代表其在組織策略辯論時有較大的談判權力或較大影響力，研究亦指出，採購部門在企業組織層級有持續提升的趨勢。

5.2　企業採購部門內部活動、企業採購流程，以及採購部門與其他部門之聯繫

5.2.1　採購部門內部活動

　　傳統採購部門主要任務為進行並完成採購活動，採購內容包含如原料、零件或服務等，但現今企業之採購部門除採購活動為其基本任務外，其任務不斷擴充，包含許多其他活動，例如：訂貨追蹤與庫存控管，交通工具

分析與評估、以物付款合約之管理、內製 / 外購決策分析，價值分析、以及採購研究 / 原料需求預測等，現分述如下：

採購活動

採購活動包含從供應商處採購原料、零件、成品或是服務，採購可能是一次採購或是定期採購，與採購活動有關的其他活動，如供應商選擇與評估、契約訂定、以及各式採購等，至於採購活動所涉及之相關流程，留待 5.2.2 中詳細討論。

訂貨追蹤與庫存控管

訂貨追蹤指的是對於逾期未到，或交期已近的已訂貨品之追蹤。通常會產生前述現象的原因代表供應商績效不佳，可能是供應商之原料供應來源出現問題，抑或是製造排程規劃不夠穩定等，當然也有可能是買賣雙方簽訂的交貨時程太趕，這需要雙方合作研究找出原因與解決方法。

至於追蹤各地倉庫每日庫存以及使用中之庫存，主要利用電腦之精密計算軟體來協助處理。越來越多的企業將庫存管理的責任下放給使用者。由於請購部門須肩負訂貨追蹤與庫存控制管理之責任，使用者在訂貨數量與訂貨頻率上變得更加格外小心。

配送工具分析與評估

無論是向供應商採購原料物料後的交貨，或是將製成產品送交買方，都需要運輸工具運送。所須之配送工具其成本分析及選擇亦屬於採購項目的一環，為採購部門的主要任務之一。由於配送採購品與製成產品之交貨工具，其選擇範圍很廣，包含鐵路、公路、水路與航空等，考量因素則包括總費用、運能、可靠度、配送費用、可到達性與運送速度等。其中**配送費用**雖然是總費用中重要的考量因素，但若只考量配送費用而忽略其他費用 (如管理費用、庫存費用、倉儲費用等)，可能造成低配送費用、高總費用情況，因此，宜針對各因素通盤考量評估。茲將各因素簡要說明如下：

- **成本**：配送成本與總成本 (含庫存成本、倉儲費用、關稅與報關行政費)
- **速度**：從送出貨品到收貨的所需時間，此與所運送貨物特質有關
- **可靠度**：依照約定時間安全抵達的機率

☑ **運能**：某些貨品需特殊運送設備，如化學藥劑、危險物質、生鮮食品

☑ **可到達性**：能否一路到底、抑或需換不同運送工具

「抵銷貿易」(Countertrade) 合約之管理

採購部門工作發展趨勢中，有一項為採購案中「抵銷貿易」相關契約之訂定。這種貿易方式近幾年來在大宗跨國採購案中有增加之趨勢，例如：若美國某公司向台灣某供應商採購價值超過三千萬美金之貨品，基於二國貿易平衡政策與對等互惠原則等考量下，美國政府可能要求台灣須向美國採購相當比例金額之貨物。在此情況下，企業之採購部門須與行銷部門密切合作，以確保跨國買賣對國家而言能獲得最大效益。

這種「抵銷貿易」可以有不同的形式，較重要的有幾種：

1. 第一種稱為「**易貨貿易**」(Barter)，是最基本且最古老的「抵銷貿易」，買賣雙方在過程中以物易物，完全沒有牽涉到貨幣進出。

2. 第二種稱為「**償付**」(Offset)，亦即賣方同意在規定時間內向買方所在國家的任何產業之任何公司，購買當初買方採購金額之一定比例的貨品，以作為賣方對買方之「償付」。

3. 第三種稱為「**抵銷採購**」(Counterpurchase)，其概念與償付 (Offset) 極為相近，不同的是，在「抵銷採購」中，賣方同意在買方完成採購並付清款後，賣方在規定時間內向買方指定項目清單中購買指定金額的貨品。

內製／外購決策分析

針對某項請購案，採購部門須評估企業是否應自製或外購。由於全球競爭激烈，企業必須確保在某特定產品或技術之市場領先地位，因此評估並決定某些請購案應自製或外購時，有時並非單純自成本角度分析即可，其亦將涉及企業整體之經營策略、未來經營目標，以及該產品之市場定位。

當採購品有其獨占性或控制權時，應考慮以垂直整合方式製造採購，而避免以外包形式為之，若製造機器設備、廠房或人事等固定成本偏高，則可以增加內製產量所達到的經濟規模以攤平偏高的固定成本。因此，內製之缺點包含較高的投資成本，如機器、員工等固定成本，故不利現

金週轉、需要大量製造才能達經濟規模，因此當市場規模尚待開發時，並不適用。

前述「內製」之優點，即為「外購」之缺點。「外購」之缺點包含容易喪失對採購品之獨占性或控制權、選擇供應商時有風險、以及需有較長之前置時間以取得採購品等。至於「內製」或「外購」的成本因素條列如下，前者包含有：

1. **作業成本** (Operating Expenses)：包含直接人力、直接原料、以及交通等，這類成本是變動的，通常與工廠生產產量有關。

2. **工廠營運成本** (Total Factory Costs)：這類成本包含因營運製造流程而產生的成本，但不易辨識其與某項特定之關連，包含因「內製」而產生的固定成本，例如：行政人事費、工廠等建築成本、研發、行銷、員工健康保險及有薪給假等。

3. **整體作業成本** (Total Operating Costs)：包含高階主管薪資福利、公共關係、法律服務費 (如專利等)、機器折舊攤提成本、產品設計、間接人力、行政費用、特殊機器等。

至於與「外購」相關之成本，除了購買採購品本身成本外，尚需考慮下列 5 種成本：

1. **運送成本**：運送所需之成本，包含交通、人員等費用

2. **儲放的空間**：儲放原料所需空間，如土地或倉庫成本

3. **人事與行政作業成本**：處理外購過程之人事以及相關行作業成本

4. **庫存成本**：外購所得之原料，其尚未使用前之庫存量成本

5. **流動資金成本**：所需之流動資金以支付上述成本及其備提資金

由於全球化趨勢，企業市場之競爭加劇且加速進行，因而導致全球委外在各企業之重要性越來越高，以美國為例，其自 1973 年至 1987 年企業由境外採購的比率由 21% 增加至 71%，由於美元大幅升值導致其入口貿易相對有利。但，為何企業要紛紛選擇境外委外？期考慮因素可能包含成本、品質、技術及供應商配合度較高等各種因素。而境外採購除了原有之採購成本外，還包含幣值匯兌風險、關稅、航期運送、保險、通關等費用。

價值分析

每項物品均有其價值，就任一採購物品而言，分析其價格相對於其功能之比值是否合理，即是判斷其價值高低的一種方式。可表示如下：

價值 = 物件所具備之功能 / 該物件的成本

價值分析的終極目的為希望藉由 3 種方法以提升物品的價值：

1. 不降低物件功能前提下，降低物件成本。

2. 不增加該物件成本前提下，提升物件功能。

3. 相對於所增加之成本，大幅增進物件之功能。

因此，採購部門以小組研究方式進行價值分析以提升採購物件之價值時，會討論以下問題：

▣ 是否該採購物品現有之功能與特色是必要的？

▣ 是否市場上有較低價格或較高品質之物品可供取代？

▣ 該物品現有之製造流程是否恰當？

▣ 是否有標準零件可以取代現有客製化之零件？

▣ 現有物品是否有其他較低成本之供應來源？

▣ 是否存在較簡單之設計以方便使用、組裝或是較低成本？

價值分析發展至今已近五十年，絕大多數企業仍持續進行這項活動，而這也是企業成本控制之基礎，藉由價值分析，採購部門協調企業內生產工程部門與供應商共同合作，以協助企業進行更高價值產品之研發。

採購研究 / 原料需求預測

採購部門應研究原料市場與供應端之短、中、長期發展趨勢，其關鍵功能之一為針對原料來源、量的多寡、價格變化等研究與預測，針對某些易受國際政治、經濟、或技術發展影響的原料，訂定明確且詳盡的短期與中長期採購策略計畫，以確保企業能以合理價格購買符合品質的貨品。採購部門應針對關鍵大宗物料發展積極的策略採購計畫，明訂採購部門之任務，並針對重要採購案組成跨部門小組，以增進各部門間的溝通及參與。

在採購研究計畫中，通常針對以下七個重要議題進行研究：

1. **分析現有採購品採購狀況**：包括該採購品之描述與用途、該採購品如何購得、現階段之採購價格與年消耗量、現行採購契約，以及該採購品之策略重要性描述等。

2. **訂定採購目標**：包含從短期或長期觀點所建立的採購目標。

3. **預測需求**：包含過去與現階段之使用狀況、未來需求預測、預測所需資訊之來源、以及所需之前置時間等。

4. **研究市場狀況**：包含地理區為考量、市場供貨分析與可能的政治或科技影響因素、可能替代品、預期的供給需求研究等。

5. **進行成本／價格分析**：供應商之製造成本、歷史成本／價格、未來成本預測，以及替代品價格研究等。

6. **進行供應商評估**：針對每一家供應商之優勢與弱勢評估、並持續找尋潛在供應商、買賣雙方關係研究、與自製／外購決策分析等。

7. **發展採購策略**：包含短期與中長期採購策略建議、權變採購／供應計畫，以及價值分析等。

5.2.2　企業採購流程

根據 Monczka (1997) 所提出之採購週期模型，企業採購流程共包含五個主要活動，分別是**原料需求辨認與預估**、**評估可能供應來源**、**選擇所需物料之供應來源**、**採購單下達與收貨**以及**供應商績效評估與連續供應管理**，其彼此之關係如圖 5-3，而五個主要活動之內容分述如下。

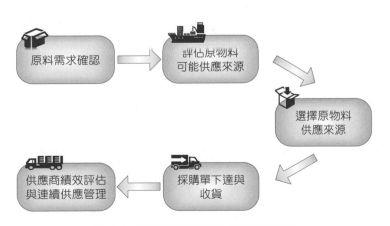

圖 5-3　採購流程原料需求辨認與預估

原物料需求辨認與預估

　　企業之採購活動,其發生是始於原料需求之產生,原物料是一個統稱,包含原料(直接用於生產)、物料(不直接用於生產,如機械之機油)、零件、半成品或成品、有毒廢棄物處理、儀器設備等。因此如何辨識企業內新產品其所需之原料需求,以採購滿足企業內其他部門顧客之需求,是採購部門最基本的任務及功能。通常原物料需求來源有:

▫ **再訂購點系統** (Reorder Point System):根據系統預先設定的相關參數,如安全庫存量、需求預測、以及交貨所需時間,系統會自動計算並訂出補貨點及補貨的數量,一旦庫存數量低於系統設定的補貨點,系統自動發出採購需求到採購部門。這也是目前最為通用的定期性原物料採購補貨方式。

▫ **倉庫盤點** (Stock Checks):倉庫盤點是指實際到倉庫現場以人工方式實際盤點存貨,並與系統比較存貨數量差異,一旦發現沒有庫存或低於安全庫存時,便須採購。通常企業會定期進行倉庫盤點。

▫ **跨部門新產品研發小組** (Cross-functional Teams):由跨部門人員(如行銷、工程、研發、生產等)組成小組以研發新產品時,在產品設計及雛型建構,或最終新產品完成時,均可提供採購部門原物料需求之相關資訊。

▫ **部門請購**:通常是屬於原物料之採購,由需求部門填寫請購單,經主管部門核准送交採購單位。

　　在確認採購需求後,須產生採購相關文件。並依不同的採購類別,進行採購。而如何產生採購文件?傳統採購文件之準備與處理,耗用許多人力及時間,近幾年來許多企業藉由電腦協助,已大大簡化採購文件準備的過程,採購文件從製作、傳送、到接收、處理,全在電腦上執行,根據Monczka 等人 (1998) 指出,這種電子化採購流程可有如下益處:

▫ 大幅降低文件處理的數量,以及文件處理所需時間與人力

▫ 大幅降低採購文件傳送及接收所需時間

▫ 提升企業內部及與企業外供應商之溝通時效與溝通品質

▫ 降低買賣雙方文書來往可能之資料處理錯誤率

▫ 降低採購原料所需的行政費用

　　採購流程產生之相關文件包含請購單、詢價單、採購單、定期採購單、裝箱單及送貨單等，分述如下：

- **請購單** (Purchase Requisition)：通常請購單內容包含請購品之簡短描述、料號、數量、單價、請購單位、聯絡人、交貨地點與注意事項、建議供應商，以及該請購品可否有替代品等。

- **詢價單** (Request for Quotation, RFQ)：通常詢價單包含以下資訊：採購品之描述、所需數量、交貨日期、交貨處，以及採購品可否有替代性等。一般而言，採購部門至少會有三家的報價，以便從中選擇最佳的供應商。有時所採購之商品屬於新品，須經測試，或須先請供應商提供樣品以供評估。

- **採購單** (Purchase Order, PO)：亦可稱之為**採購協議** (Purchase Agreement)，在採購單中，通常將重要資訊詳載明確，包含採購品之規格、採購數量、品質需求、價格、運送日期、運送方式、運送地點、採購單號以及交貨日期。由於採購單據法律效力，簽署時應注意用字。過去未電腦化時代，採購單通常一式七至九份，分送各單位，如：請購部門、會計部門、收貨部門等，採購單一直要等到進貨確認數量與品質無誤後才歸檔。而副本分送各相關單位的好處包含有：

  - 方便請購部門掌握資訊，以便作為後續追蹤請購案之依據

  - 方便採購部門作為追蹤該採購案之依據

  - 方便會計部門據以作為財務規劃預測之依據

  - 方便收貨部門作為與實際進貨核對之依據

- **定期採購單** (Blanket Purchase Order, BPO)：適用於某類或某單項採購單須重複或定期採購的情況，通常是建立在較長久的合作關係上。在 BPO 中，採購及供應雙方，就價格等項達成協議，其表件格式與一般採購單大致相同，亦須將副本送至上述相同的相關單位。當採購與供應商雙方在協議 BPO 時，除針對數量、品質及價格明確訂定外，亦可載明終止契約的條件，一般說來，當品質不良或交貨時間延遲時，採購方有權終止契約。

- **裝箱單** (Material Packing Slip)：指的是由供應商準備，實際運送交貨的清單，採購部門可以此與原先的採購單核對，以確定是否有採購數量到貨超過或不足的情況發生。

⊡ **提貨單** (Bill of Lading)：提貨單是隨運送貨物的配送工具，由司機在送抵貨品時交付採購企業以簽收，主要註明本次到貨的總箱數，但並不記載箱內物品詳細資料及數量。

企業的採購活動次數頻繁，且種類繁多，涵括多種不同類型之採購，本文針對各式採購類型說明如下：

⊡ **原料類** (Raw Materials)：原料類的採購，有礦產原料，例如：石油、煤、銅礦砂、木材；或農產品原料如大豆、棉花等。原料有一個關鍵特色為需要加工再製而成為可販售的產品，例如：銅礦砂須經由萃取程序以取得銅，因此，依照原料的品質或是純度，在採購時將原料細分為不同等級是常見的做法。原料之價格與供應情況會有較大波動，如農產品易受氣候 (乾旱、水災、風災、聖嬰現象) 影響，而石油則受全球政局 (尤其是中東局勢) 左右。因此經驗豐富的採購部門會依長短期不同時間點，以預測並規劃企業對原料之需求，及供應商的供應趨勢。

⊡ **半成品** (Semi-Finished Products and Components)：企業採購半成品零件以生產公司最終產品，在企業集中發展核心競爭優勢的現今，這種情況尤其明顯。例如：汽車製造廠將採購的輪胎、引擎、座椅、車子外框及其他半成品組件組成最終產品 – 汽車；又如電腦公司將採購之各式半成品及組件組成電腦，因此半成品價格及其品質將對企業生產之產品有決定性之影響。為確保半成品組件的供應無虞、品質可靠、價格合理，當今主要趨勢為採購企業與供應商組成**策略聯盟** (Strategic Alliances) 或是以**外包** (Outsourcing) 方式進行，無論是策略聯盟或是外包，均是採購部門的主要工作之一。

⊡ **為企業維修與作業品項所需之採購** (Maintenance, Repair, and Operating Items, MRO)：這類項目包含辦公室文具、清潔用具、機器之備用零件等，由於這類項目通常為全企業各部門所需而分散各處使用，所以很難盤點，且這類採購品企業內各部門皆是使用者，皆可提出請購採購需求，故有採購次數頻繁但採購數量低的特效，長久以來也一直未受到採購部門或高階主管之重視，相對於其他類型之採購，企業通常不會追蹤或檢討投資在這類採購之人力、時間等成本及其成效，因而造成企業在 MRO 採購上有過多的供應商，或單一採購訂單其時間或人力成本過高，但採購數額過低的無效率情形。

隨著電腦庫存管理系統之廣泛應用，企業發現，組織花在 MRO 類項目的採購金額可能不亞於在製造生產有關之採購金額，故開始思考如何有效管理控制 MRO 項目之採購與庫存。其中一個改善機制便是要求所有請購相同 MRO 項目的部門，均須透過集中採購並與供應商簽訂定期採購單 (BPO)，以降低採購成本 (包含人事處理成本、處理時間) 並減少供應商數量，以確保採購品質。

更為積極的企業，其採購 MRO 項目時，要求供應商提供更多的服務，除最基本的要求，如降低價格外，更包含如：採購方的庫存控管交由供應商負責、一般單在 24 小時內送達，緊急單在 2 小時內送達、無紙本下單 (亦即雙方以 EDI 或其他電子傳輸方式交換資料) 等，以提高採購績效。

- ▣ **為支持生產所需之採購** (Production Support Items)：指的是為支援生產製造所需的採購，例如：產品製造完成後裝箱包裝的紙箱、捆帶、儲藏盒等，這類物品的採購除須能有效保護其內部產品之安全無損壞外，尚須能在外觀設計上吸引消費者興趣。而這類採購案，因其數量須配合以即時滿足產品包裝所需，否則會造成產品生產線停工或無法接軌的情形，所以通常是庫存的主要項目，也佔去庫存的大量空間。因此如何有效採購這類項目以免造成過度囤積或是存量不足，當是採購部門的重要考驗。以美國 Daimler Chrysler 公司在 Michigan 的包裝生產線為例，該公司有超過 35000 種零件以供維修市場的需求，如何滿足這 3 萬多種零件的包裝條件，並採購適當的數量，對採購部門是很大挑戰。

- ▣ **服務 (Service) 之採購**；所有的企業或多或少均需其他產業之相關企業提供不同類型的服務，舉例而言，企業需要專業的水電、空調服務，以解決辦公大樓或廠房的問題。企業也可能將員工餐廳、機器維護等工作外包。而這部分的服務採購，如同 MRO 項目之採購，所受到之注意雖然不大，但仍耗去相當的組織資源，而且服務項目的採購，可能非常複雜，例如興建一棟大樓從設計到發包、完工等，需要很多的服務採購。

- ▣ **資本設備 (Capital Equipment) 之採購**：亦即購買非流動性資產以供長期經營之用，這類資本設備種類包括：

    - ■ 一般性質的資本設備，例如：電腦、辦公傢俱。

■ 特殊性質資本設備，例如：發電機、生產設備工具等，以滿足生產製造部門之需求，而此類設備之採購須買賣雙方的密切配合。

資本設備之採購有幾項特性，造成其與其他採購案之差異。一是這類採購不會經常發生，例如：生產製造設備一旦買入，便可使用經年；再者，這類採購通常金額龐大，因此從會計作帳分年提列分攤。也因為上述特性，這類採購案一旦選定供應商後並不易更換，因此選擇這類設備之供應商須特別謹慎，尤其是廠商日後維護的能力及其服務品質應列入採購時重要考慮因素。

▫ **配送** (Transportation)：採購部門通常需要與提供交通服務之供應商討論，以安排原料購入或產品輸出之交通運送。一如服務採購及資本設備採購，有效的配送採購可以節省大量成本並提升服務品質。

評估原物料可能供應來源

原物料供應商之評估，是採購流程中相當重要的一個環節，在新產品研發中，供應商能否密切配合更是研發成敗與否的關鍵因素之一。若能根據過去交貨記錄及績效，建立原料的特定供應商表 (Preferred Supplier)，以幫助評估選擇適當的供應商，亦能有效減少選擇供應商所需的時間，提高效率。

原料供應商的決選最後可能須要實際參訪供應商工廠及其相關設備，以了解供應商的能力及管理績效。全球採購趨勢下，採購部門在採購企業內各功能部門之請購案 (包含原料、服務或零組件) 時，應不囿於地區供應商，而以全球潛在的可能供應商為考量，此舉非但可以全球角度思考，找尋最佳供應商，更可藉此建立全球競爭之佈局，開發全球新市場。此種由全球各有專精之供應商形成之供應網的採購模式在電子產業已發展相當成熟，其他產業亦有企業開始探索這種可能。

選擇所需原物料之供應來源

在選擇供應商時，首先須確認此項需求，接著須考慮其所應具之關鍵能力或技術，然後以全球為範圍，尋找具相關能力技術之潛在可能供應商，最後再縮小範圍針對少數可能之供應商進行深入評估，訂定評估準則以及各項準則之權重，根據鎖定之評估準則及權重做出決定。

　　一旦原料供應商評估結束後，就應從中選擇最適合之供應商。而供應商之選擇可以**競標**及**採購契約協議**二種方式進行。

1. **競標 (Competitive Bidding) 方式**：利用招標方式由最低價之供應商得標；作法是通常由採購部門向可能之供應商發出詢價單 (RFQ)，而由供應商報價與其他競爭者競標，價格最低者得標。

　　競標方式之採購，適用於如下情況：採購的數量龐大、採購品其規格及樣式非常明確清楚、市場上有足夠的供應商可供選擇、各家供應商之產品品質及相關技術均符合需求、以及有足夠時間詢價並評估供應商等。而對採購品之採購，通常採購部門並無特定偏好的供應商，否則若有特定偏好的供應商，即可以「協議」方式直接對其進行採購。

　　競標採購方式通常適用於價格是影響採購之主要因素時，但如果存在非價格因素為主要考量，買賣雙方通常會直接進入協議方式。在有些情況下，競標也可作為取得特定供應商名單的依據，並根據該名單進行下一階段的協議，以確定最後的供應商。

2. **協議 (Negotiation) 方式**：當上述競標方式不適用時，均可採用此方式，例如：價格並非最重要的採購參考要件、或是在開發新產品時，其所需要採購的原料條件或規格不明確、也有可能是新產品的開發，須要原料供應商及早參與設計規劃；此時以競標方式不易找得適合供應商，便須以協議方式達成。協議方式一般而言較為費時，且過程較競標方式複雜。

　　當採購之企業與供應商雙方逐漸形成雙贏共榮的命運體時，採購決策之重心可能會由價格慢慢移轉到品質與技術上。

採購訂單下達與收貨

　　本節包含採購單實際下達至原料供應商端，此流程稱之為**採購單下達** (Purchase Order Received)，若能大幅降低採購流程所需之時間，不但能提升該部門之運作績效，更能有效提升企業整體之營運績效。在下採購單時，將採購文件以網路或電子資料方式自採購部門傳送到供應商，以大幅降低採購文件之公文旅行時間，亦可避免因資料重複輸入所造成之時間浪費，並提高

採購文件正確性，從組織文化而言，更可開啟採購端與供應端雙方組織合作的機制，例如：**即時訂購系統** (Just-in-time Ordering System)。

供應商績效評估與連續供應管理 (Continuous Supplier Management)

在眾多供應商中，如何評估供應商的表現，須靠平時對供應商表現的追蹤管理，這也是採購週期與流程中重要的一環。正式的績效評估系統能協助評估供應商表現，長期累積評估結果，將可針對供應商的某單項原物料採購品的品質及供貨表現，進行追蹤評估。一般而言，對供應商的表現，每年進行約 1~2 次的評估。

由於企業採購決策影響產品品質、產品成本與價格、以及產品能否準時送達之可靠度，而上述問題之關鍵在於企業之供應鏈管理績效。企業如何發展本身之關鍵競爭力，例如：較低成本與定價策略，或能在更短時間內推出創新產品等，其中科技研發能力及跨部門整合協調能力便成為企業之核心競爭力，而其他條件如與供應商之緊密結合，雖不一定是企業成功之核心條件，卻也是凌駕競爭對手並脫穎而出的必備條件。因此，企業採購策略如何滿足企業整體策略達成優勢，並協調兼顧企業內部各部門優勢與功能，不應純以採購部門角度出發。

如何結合企業策略與採購策略以增強企業競爭力，端賴企業發展出與供應商較密切長遠的關係，由於企業必須發展其核心競爭力以保持優勢地位，因此期望供應商能提供更佳或更低廉之原物料品或服務，雙方基於雙贏立場，發展更為密切且長遠之關係。在這種關係下，供應商往往在買方新產品設計研發初期，便已加入買方的研發團隊，以便在新產品零組件、原料或服務的供應上，能提供建議。

也因此，供應商管理成為採購部門的重要任務之一，因為現今企業發展趨勢，是發展並保留企業自身核心競爭活動，而將其他所有非屬核心競爭活動向外採購。以汽車製造業而言，其可能委外的採購活動能力包含汽車外殼製造、內部車椅安裝、汽車門窗安裝、電力系統、輪胎組合安裝、空調系統、音響系統、安全氣囊及安全系統等，牽涉到極廣的產業及數量眾多的供應商，所以如何有效管理供應商，成為採購部門的重要工作議題。

　　針對供應商管理議題，採購部門的任務通常包含管理各種專長的供應商及各種供應商組合，並控制供應商數量。自 1980 年代起，企業開始了解到供應商數量之多寡、企業的成本，以及供應風險等變數間的消長關係，因此，對企業而言，發展趨勢為擴展數目較少但較高競爭力的供應商群，透過長期且連續的評估程序，以剔除競爭力弱的供應商。而這種策略稱之為**供應商群數之最佳化** (Supply-base Optimization)，其優點如下：

▣ 可向世界表現最優的供應商採購

▣ 降低採購風險

▣ 降低供應商數量維護成本

▣ 降低整體製造成本

▣ 實施複雜採購策略之可能性

　　缺點則有：

▣ 可能因對供應商之過度依賴，而增高供應商風險

▣ 可能因特定供應商主控供應來源，缺乏競爭，導致其主導買賣關係，如控制價格

▣ 可能因集中少數供應商，若供應商發生異常狀況，將影響供應數量或供應品質，造成供應商干擾

▣ 過度刪減供應商數目，一旦訂單湧入須增加採購數量時，無法滿足採購需求

　　至於有哪些重要評估項目可以評估供應商，並從中選擇？一般而言，評估項目中至少包含下列三項：

1. 交貨情況，包含交貨數量及交貨日期是否符合預期

2. 交貨品質，供應商交貨品質是否滿足條件

3. 供應商製造成本，比較各家供應商之製造成本

　　而評估方式可有如下三種：

1. **類別法**：將所要評估之項目一一列舉並分別評分，最後加總各項得分，根據分數選出得分最高的供應商為最佳供應商。

2. **加權法**：在上述「類別法」中，依各項類別之重要程度之差異賦予不同權重，並計算各項加權計分後加總而成，同上方法，選取總分最高的供應商。

3. **成本法**：此法是三種方法中最完備且最為客觀的。這種方法依不同供應商而算出與各家供應商採購時所花費的總成本，最低採購成本不必然是最低總成本，因此計算成本可以得到完整的資訊。首先計算出「供應商績效指標」，該指標是依以下公式計算而來：

供應商績效指標 (Supplier Performance Index, SPI)

= (採購總成本 (Total Purchases) + 非績效成本 (Nonperformance Cost))

/ (採購總成本)

其中「採購總成本」是指該次採購品實際採購成本，「非績效成本」指的是如果供應商無法履行契約 (例如：無法準時交貨、不良品比率超出規定) 時，企業所要負擔的成本。此一指標初始值為 1 (亦即不履行成本為 0)，其值越小表示供應商績效越好，此計算方法可以針對每單項採購品計算其績效指標，接著再將每一採購品之單位採購價與其績效指標相乘，所得之值便為總成本，將每一供應商之總成本相比較，便可找出能提供最低總成本之供應商。

5.2.3　採購部門與企業內部其他部門之聯繫

採購部門傳統上扮演「支援」角色，企業內部各部門須靠著緊密聯繫以協力完成企業營運之終極目標，這目標包含降低成本、提升產品品質、提升市場佔有率或研發新產品時。藉由有效連結企業內部不同部門的請購者與外部之供應商，採購部門在協助企業目標之達成上扮演積極角色，採購部門與企業內部之溝通聯繫如圖 5-4。

- **與製造部門之聯繫**：採購與製造部門向來關係非常緊密，採購須滿足生產需求，在某些規模較小的企業，其組織架構中採購部門甚至直屬於製造部門。

- **與品質控制部門之聯繫**：企業產品品質之良窳與採購部門採購的原料之品質，有極密切之關係，因此品管部門主管必須提供採購部門最新資訊，以協助其掌握現有供應商之供貨品質。近十年來，企業外包情形增多，採購須與品管部門協力合作，以確保外包之品質能如預期。這種跨部門之專

案，包括如「供應商品質訓練」、「流程更正計畫」等，主要目的為管理供應商的供應品質。

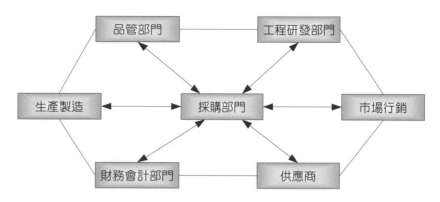

圖 5-4 採購部門與企業內部之溝通聯繫

▣ **與工程部門之聯繫**：在與所有內部其他部門之聯繫中，採購部門或許與工程部門之聯繫最為關鍵，二部門須在產品設計、原料選擇上密切合作，以期縮短產品開發週期並降低生產成本，專家預估，二部門若能達到充分整合之合作，所降低之成本與產生之效益不容小覷。

▣ **與會計及財務部門之聯繫**：採購部門與會計及財務部門之聯繫，一向不若與工程或生產部門之聯繫密切，通常其聯繫是以電子方式進行，如採購向供應商下訂單後，電腦系統會自動拋轉採購單相關資料到會計部門，產生後續帳單，而採購部門對某採購案之評估（例如：應該自製或外購等），部分也靠會計財務部門提供資料以計算其成本。

▣ **與市場及行銷部門之聯繫**：採購部門與市場及行銷部門之聯繫屬於間接聯繫，例如：行銷部門開發一個促銷專案之前，須先與生產、製造及採購部門確認，企業存貨或生產之產品數量與品項是否可以支持該項促銷專案。

在過去數年中，許多企業經歷了"企業流程重組"的組織再造，組織結構重新調整，而組織階層數減少，低階員工獲得更多授權，員工須在更少時間內以較少資源完成工作任務，因此以團隊方式作為企業分工及決策之單位，成為企業普遍採行的模式，在最近一項調查中發現，受訪企業中有近八成計畫採用跨部門團隊方式作為分工及決策單位。

跨部門團隊由企業內各部門員工組成，以完成特定工作任務，例如：如何有效降低成本。有效的跨部門團隊，可以降低企業內各部門間的溝通

障礙、降低產品研發成本並提高團隊決策執行的機會。在過去的例子裡，企業採購過程中，由採購、製造、及工程研發組成的跨部門團隊，有效解決供應商選擇的問題，未來亦有相當多的企業採購策略問題，如產品開發、外購或自製、**合作研發** (Joint Venture) 等，採購部門均須介入跨部門團隊。

跨部門團隊雖有其組成及解決任務的必要性，有些因素會影響其運作成效，包括團隊規模大小、團隊成員間技能專精的互補性、團隊溝通情形、獎勵辦法等，而跨部門團隊之優點，包含以下各點：

- **降低任務完成所需之時間**：跨部門工作團隊溝通協調機會較多，因此，能節省時間較快達成共識，以 Honeywell 公司之建物控制部門的新產品開發工作方式為例。採用跨部門團隊有效將所需時間由 2~3 年降為 1.6 年，並將產品開發的流程手冊由原來近 10 公分厚大幅降低為 20 頁左右。

- **創新**：創新是企業長遠發展的重要利基所在，新產品能創造全新客層及市場，而創新作業流程更能提供客戶更佳的服務，以跨部門團隊方式運作，所受制式約束較小，因此能提振團隊工作士氣，進一步更能有效改變企業文化或精神，以凝聚向心力。

5.3　企業採購系統與所屬模組

企業的採購系統通常屬於**物料管理模組** (Material Management, MM, Module)，是該模組的一個子系統，其範圍可包含三大部分：**採購、庫存管理**及**發票驗證** (Invoice Verification)，如圖 5-5 所示。而整個 MM 模組與其他模組以及其他流程作業系統之關連很高，其關聯如圖 5-6 及圖 5-7 所示。

圖 5-5　MM 模組的範圍

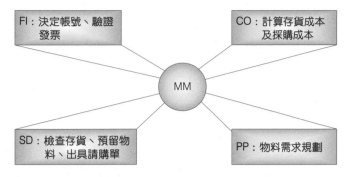

圖 5-6 MM 與其他模組織之關連

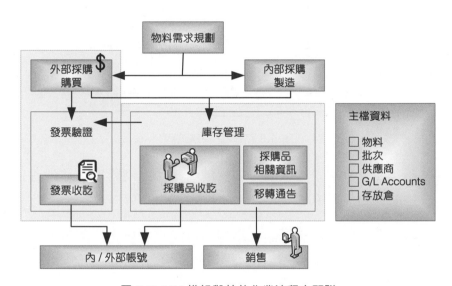

圖 5-7 MM 模組與其他作業流程之關聯

☑ MM 模組始由 MRP（物料需求規劃）而來，根據 MRP 的資料產生請購、採購流程。

☑ 採購流程往下可經由內部採購（亦即製造）或外部採購流程（購買）滿足請購需求，並進而產生發票系統流程以及庫存管理系統流程。

☑ 其中發票系統流程產生應付帳款管理系統流程，包含票據系統，並由此進入財務會計模組。

☑ 庫存管理系統流程會記錄收貨數量、收貨狀態、存放或移轉倉庫位置、貨物數量更新等作業。

　　因此，如何有效管理與計畫企業採購活動，成為企業降低製造成本的重要關鍵。企業採購系統其流程可以圖 5-8 說明，其採購週期起始於確認請購需求，依序為決定供應商來源、選定供應商、採購單處理、追蹤採購單處理流程、採購品抵達、確認發票及付款等共 8 個流程，其中前 7 項屬於採購核心任務，茲說明如下。

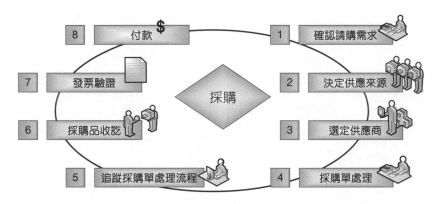

圖 5-8　系統之採購流程

1. **確認請購需求**：採購是否成立，端視請購部門之請購需求經過評估之後是否獲得核准。如未獲核准，則整個案子就此關閉，不再往下一流程進行。

2. **決定供應來源**：一旦請購成立，系統即自歷史資料中釋出可能供應來源之相關資料 (如採購價格、供應狀況與供應品質等)，以便決定此次採購之可能供應來源。

3. **選定供應商**：在此階段主要任務是開出規格與需求，邀請供應商報價，並據此選定供應商。

4. **採購單處理**：一旦確定供應商後，便進入採購單處理作業並釋出採購單。

5. **追蹤採購單處理流程**：本階段持續追蹤採購單處理情形。

6. **採購品收訖**：包含採購品抵達後的驗貨、收貨入庫或是退貨的情況。

7. **發票確認**：主要為確認發票所載的發貨品名、項目、規格、品質、數量與價格等是否符合採購單上之要求。

8. **付款**：一旦確認發票後，資料拋轉到 FI 模組，進行發票付款。

以下本節所討論之採購流程，共包含五個部分：

1. **請購作業**：主要為確認請購需求。

2. **採購作業**：包含決定供應來源、選定供應商等採購單處理、以及追蹤採購單處理流程等。

3. **採購品到貨作業**：包含採購品到貨後之驗貨、收貨、入庫與退貨等。

4. **發票資料處理**：主要包含確認發票。

5. **付款**

5.3.1　請購作業

在採購系統中，個別部門請購某項原料或服務時，必須先建立請購單 (Purchase Requisition Document)，因此，請購單產生來源及請購單資料建立維護與更新等工作非常重要，請購單等相關文件屬於企業內部文件，不可向外流傳。至於請購單之產生可由 MRP、外部訂單、安全庫存需要、銷售訂單或人工直接鍵入系統方式而來，如圖 5-9 表示。根據系統的供應商主檔之歷史採購紀錄與交貨情形，採購單位可以系統或人工判斷是否應重新找尋供應商。至於請購單經由相關部門核准後，再經詢價、簽署採購協定等程序後，即可產生採購單。請購單與採購單之關係如圖 5-10 所示。

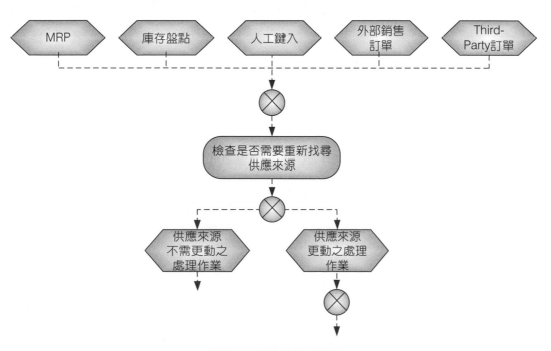

圖 5-9　請購單產生來源

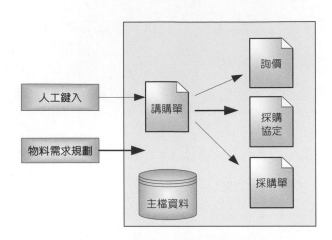

圖 5-10　請購單與採購單關係示意圖

採購系統中，一張請購單可能包含數個請購項目，但在處理請購案時，是依各單項原物料個別處理，依請購單中請購項目，如原料或服務，逐項檢查其品號、庫存狀況、以及現有庫存可用量等，再經相關人員核准請購案。一旦請購單建立後，必須經過主管人員核准，則此請購單才能被釋出並轉換成採購單。而請購單之核准流程可以分為二種：

1. **With Classification**：須經過具核准職權的人在系統中「逐項」直接核准該請購案，並填入核准碼 (Release Code)，此種在系統中直接核准請購案的作業方式，其效力視同傳統的在請購文件上之親簽程序。因此請購案在系統線上直接核准之流程，必須有相關之配套措施，方得實施，例如：明訂請購案中系統線上核准程序之流程，以及請購案中各節點之負責人與其權限。

2. **Without Classification**：通常只作為資料確認或更正時之用，大多用於固定、經常性的採購。此種情形可能發生於採購計畫已經核准通過，其內容依照不同時程（可能逐月或分季）批次請購，此時這類逐月或分季的請購單就不需要經過逐項核准的動作。

5.3.2 採購作業

　　請購單核准之後，採購單可以直接由該請購單轉換而來，在採購處理作業中，採購單應包含採購項目、採購數量、價格、採購項目之簡短描述、交貨日期及請購部門等資料。整個採購單產生流程如圖 5-11 所示。

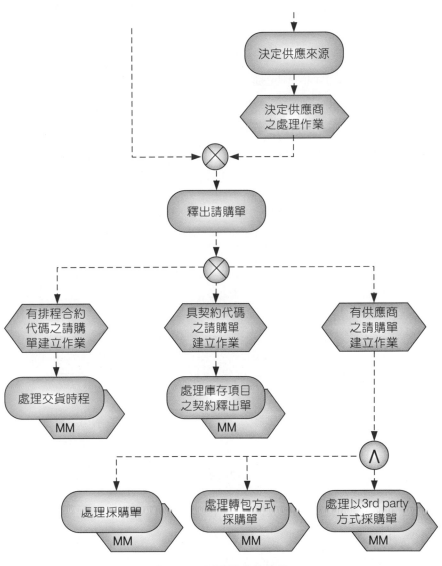

圖 5-11　採購單產生流程

　　在圖 5-11 的流程中，在確認請購單資料正確無誤後，則須決定供應來源，接著決定供應商，隨即釋出請購單，請購單可分成三類：

1. 具排程合約之請購單，須建立排程合約代碼，以及交貨時程計畫。

2. 定期採購契約之請購單，須建立契約代碼，通常是在庫存低於既定量時進行採購。

3. 一般請購單，須建立供應商代碼，這種採購單，依其性質有可分為以轉包方式的採購單，或是向 third-party 的採購，後者是指向第三方供應商採購。

　　在決定供應來源後，接著便交由可能供應商針對擬採購項目，提供報價。報價項目應包含交貨可靠度、交貨時間、可交貨數量、交貨品質及價格等，藉以詢得最佳之採購條件，這些的流程稱之為「**詢價**」。系統中的詢價流程，如圖 5-12 所示，先確認供應來源後，由供應商主檔中找出符合條件的供應商，並發出詢價單，收回詢價單後，依供應商報價結果通知接受或拒絕。此處所稱之可能供應商，包含在供應商主檔中現存之供應商以及條件合適之新供應商。針對所收到的供應商報價，採購部門輸入電腦以供進一步之條件及價格比較，並從中選擇最合適之條件價格與供應商，以便簽訂採購契約。至於詳細的詢價處理步驟如圖 5-13 所示。

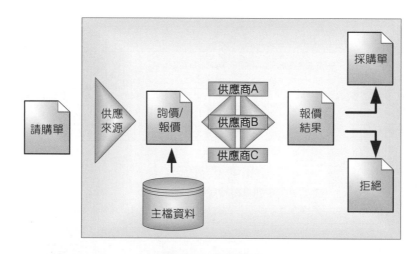

圖 5-12　詢價模式

　　圖 5-13 的例子中有三家供應商的報價，每家報價各有不同，最後擇定最佳報價的供應商。詢價只是決定供應商的一個常用途徑，另外還有競標或協議二種方式可以決定供應商，其各有不同的適應情況。通常，競標較適合採購品規格與樣式要求明確清楚，且市場上有足夠供應商競爭時，而協議則在新產品開發時，採購品規格不明確時適用。

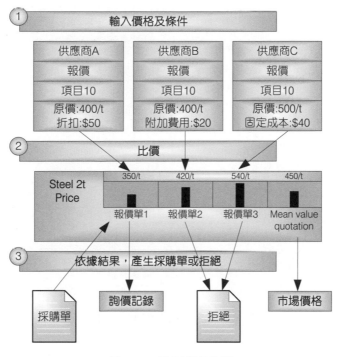

圖 5-13　詢價處理步驟

在採購契約中，須詳細規範雙方同意遵守的採購品 (原物料或服務) 的數量、品質、價格、交貨方式、交貨日期、付款方式及付款日期等重要事項，如圖 5-14 所示。圖 5-14 中可以看出，該採購單共採購 3 項物品，在採購單標題中，列有採購單號、採購單建立日期、供應商名稱及代碼、付款方式及採購幣別等，而在每一項採購物品中還要記錄該採購品之品號、品名、物品簡要描述、採購價格、交貨日期、採購數量等資料。為有效管理採購之進度，採購方應在交貨日期前以書面方式詢問並要求確認目前所採購原物料之生產狀況，萬一供應商回覆無法如期交貨或運送延滯等，則須詳加記錄以作為未來採購之參考。

至於在採購系統中，可以針對某一次的採購狀況察看其請購情形、詢價狀況，以及採購狀況，甚至可依單項採購單察看其交貨狀況，如圖 5-15 右方所示，該採購單品項 20 採購數量 10 件，已在 3 次不同時間分別收訖，也收到供應商該件品項的請款發票。

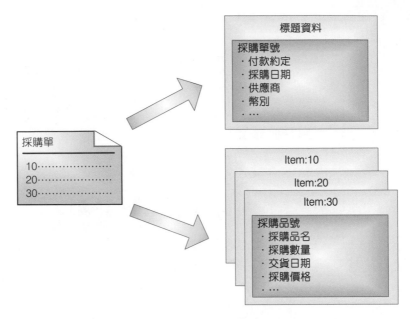

圖 5-14　採購單結構與內容樣例

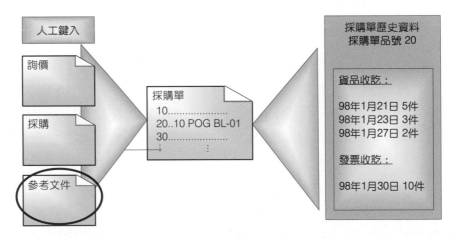

圖 5-15　採購單樣例之二

供應商主檔資料管理與維護

　　當採購行為發生，必會有供應商與採購部門簽訂合約，雙方同意在規範條件下以特定價格購買特定數量的原料或服務，並約定在特定日期在特定地點交貨。採購契約規範了買賣雙方所購買原料或服務之數量品質與價格，其內容具有法律效力，並載明買賣雙方之權利義務，故在擬訂合約內容時須謹慎。其中，對賣方而言，發貨單位未必是收款單位，因此有必要在買方電腦系統中建立一個共用的供應商主檔資料，作為企業採購時之作業依據，而供應商主檔資料之建立流程，如圖 5-16 所示。

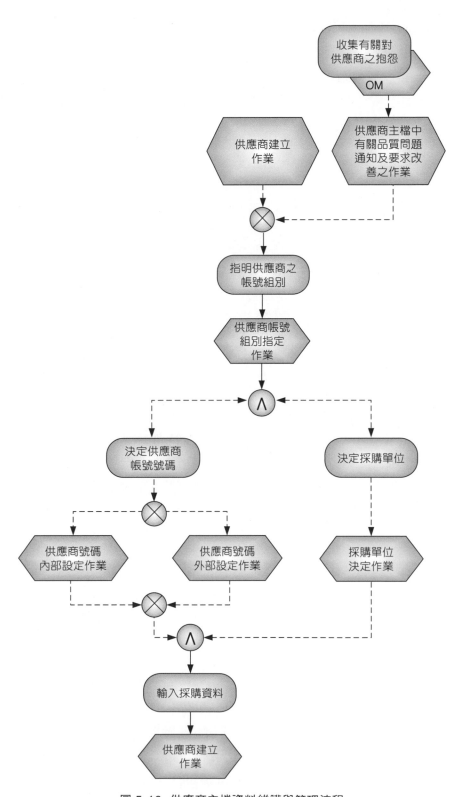

圖 5-16　供應商主檔資料維護與管理流程

　　在圖 5-16 中，供應商主檔資料的建立首先由系統設定或自設供應商代碼，此供應商代碼若由採購系統自動產生，則稱為內部設定，若由使用者自行輸入代碼，則稱為外部設定。採購單位是指由哪個單位負責此項採購，包含採購聯絡人資訊。而採購資料是指採購品的各項資料與供應商資料。決定採購單位之後，輸入採購資料便完成供應商主檔資料之建立。在供應商主檔資料中，主要以供應商代碼作為供應商辨認依據，而供應商主檔資料可包含 3 部分：

1. 基本資料：如供應商之名稱、住址、連絡電話、傳真等。

2. 供應商過去交貨歷史：例如：交貨量、交貨日期、連絡人及相關抱怨記錄等，是採購部門在下採購單時重要參考，這部分資料依每次每筆採購而分，亦可再依供應商所轄不同工廠而分。

3. 供應商之財務資料，如往來銀行帳號、幣別、付款方式等，均與應付帳款有關，而採購品之單位價格及交貨數量等，則與確認裝箱單有關。其中付款方式包含有無現金折扣及付款日期限制等。

　　供應商可依其採購頻率分為**一次交易供應商**及**一般供應商**。一次交易供應商產生的原因，可能是在某次採購中因特殊原因，一般供應商無法供應採購原料及服務，而須透過一次交易供應商進行採購。對於這類特別的供應商，不須為其一一建檔，也因此，當採購單下給一次交易供應商時，在採購系統中必須輸入該供應商之相關資料。

　　採購系統亦可因供應商交貨歷史之表現而做註記，例如，若過去交貨中有瑕疵品比率過高或交貨品不良等情況，可在系統中註記，如此系統會自動剔除該供應商在未來相關採購商名單之外。

5.3.3 採購品到貨作業

　　在採購品送抵時，採購部門須簽收相關文件即貨品，並進行各項工作，統稱為到貨作業。在這項作業中，除了驗收採購品之數量外，還包含對送貨單中價格之檢查。這種到貨檢驗可能有採購單（外購）或是製令單（內製）等文件以作為與送貨單中之進貨明細比對參考。到貨作業也可能包含品質檢驗，萬一發現品質檢驗結果不符標準，若貨品屬於外購，則必須通

知相關人員促其決定是將採購單品退件或是暫時凍結付款；若貨品屬於內製，則通知製造部門決定處理方式。

在採購部門簽收到貨相關文件時，系統通常提供下列幾種不同狀況以供人員選擇輸入：

- ☑ 採購品送達並可供領用

- ☑ 採購品送抵但暫時凍結領用，直到通過到貨品質檢驗

- ☑ 採購品在品質檢驗中

- ☑ 採購品在轉送中

- ☑ 採購品有瑕疵或毀損

- ☑ 採購品入庫

本作業流程如圖 5-17，當到貨是源自採購單時，在進行到貨檢驗時，採購人員輸入裝箱單之資料，採購系統會自動將其中資料與採購單比對，如果數量與採購單不同時，系統會提報「**到貨量不足**」或「**到貨量超過**」等二種情況，並以一定比率作為系統可接受之上下限。而前者在系統中是可被接受的，因為可能是分批進貨，因此即使不足量超過下限，系統只提供警訊。但如果到貨數量不足並非因分批到貨，則可以人工方式在系統中設定為「最後一批到貨」指標，如此則系統不會提供警訊。至於「到貨量超過」情況，一般而言，是不為系統所接受的，因此系統會發生「錯誤」訊息。如要系統接受「到貨量超過」情況，採購人員可以在採購單處加上「無限量」指標，如此系統不會有錯誤訊息產生。

根據進貨明細或是彙總，採購部門的到貨檢驗結果，可有**確認**或**退貨**二種狀況。經確認後的到貨，可以入庫或是在進貨暫存區中接受驗貨（如果是須驗貨的採購品）。

圖 5-17 中承前者採購單追蹤而來，採購單位的基本職責為滿足請購單位的採購需求，因此當接近採購品的交貨時間點或是已經超過交貨時間點時，採購單位須追蹤供應商的交貨進度，以免延誤請購單位的請購時效。圖 5-17 上半部主要處理採購品及相關文件收訖處理等作業，下半部則分二部分處理：一為檢查貨品及隨附之文件，並依狀況接著辦理退貨作業或採

購清單確認作業；一為決定貨品存放之倉庫、所在位置及未來移轉類型。
至此，採購部門工作告一段落。

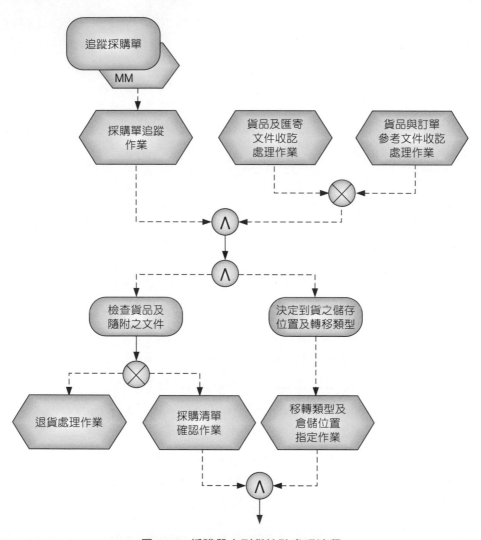

圖 5-17　採購單之到貨檢驗處理流程

5.3.4　發票資料處理

發票資料處理的目的是確認帳單的正確性，以憑此支付採購品費用。
發票可以隨「送貨單」附送，或是隨已確認的採購單而開立，在少數特殊
情況下，甚至可能皆未隨附在上述二種文件中而單獨寄發，因此必須針對
發票所登載之價格、數量、付款方式、包裝及運送費用等各項資訊仔細核

對，其處理流程如圖 5-18。在圖 5-18 中，最重要的便是確認發票、相關參考文件、與供應商等資料之正確性。

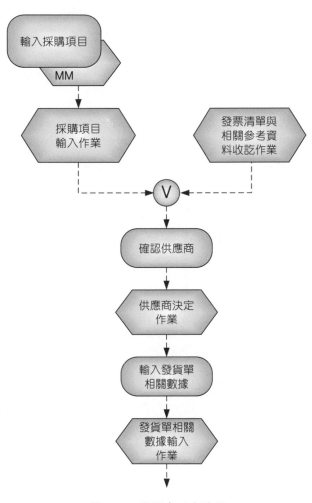

圖 5-18　發票處理之流程

5.3.5　付款

　　經過更正與確認發票之後，即可將此發票發送給會計部門並且擱置，直至採購部門簽核並同意付款。**付款**常有一定的期限限制及各種條件約束，這是建立在與企業組織有往來的對象間之各種條件，這些付款條件例如在基準日 14 天之內付清款項就享有 3% 的折扣，30 天之內享有 2% 的折扣，所有款項必須在 45 天之內付清等。

習　題

1.(　　) 價值分析中何者無法提昇物品之價值？ (1) 不降低物件品質前提下，降低物件成本 (2) 不降低物件成本前提下，提昇物件功能 (3) 不降低物件成本前提下，降低物件功能 (4) 相對於所增加之成本，大幅增進物件之功能

    A. 3　　　　　　　　　　　　　　B. 1

    C. 2　　　　　　　　　　　　　　D. 124

2.(　　) 在企業採購管理中，有關「外購」的敘述，何者為非？

    A. 其所佔之重要性有增加趨勢

    B. 外購所需的前置時間較「內製」為短

    C. 易喪失對採購品的控制性

    D. 適合於當「內製」之固定成本偏高時採用

3.(　　) 為確保外包之品質能如預期，採購部門必須與哪個部門保持密切的關係？

    A. 製造部門　　　　　　　　　　B. 市場行銷部門

    C. 品保部門　　　　　　　　　　D. 工程部門

4.(　　) 在供應商的選擇方式中，以下何者為競標採購之適用情形？ (1) 採購數量龐大 (2) 市場上有足夠的供應商 (3) 價格不是最重要的採購參考要件 (4) 採購的原物料規格及樣式均清楚明確

    A. 1234　　　　　　　　　　　　B. 123

    C. 124　　　　　　　　　　　　　D. 234

5.(　　) 下列哪個文件不是企業採購時的相關文件？

    A. 報價單　　　　　　　　　　　B. 採購單

    C. 工單　　　　　　　　　　　　D. 裝箱單

6.(　　) 下列何者是企業採購的短期目標？

    A. 有效管理採購部門

    B. 協助組織達成其營運目標

    C. 選擇、發展並維持與供應商之關係

    D. 支援企業最基本的作業需求

7.(　　) 在 ERP 系統中，以下何者不是採購文件電子化的益處？

    A. 大幅增加文件處理的數量

    B. 大幅降低採購文件傳送及接收所需時間

    C. 降低買賣雙方錯誤率

    D. 降低採購所需的行政費用

8.(　　) 在企業採購類型中，下列有關「為企業維修與作業所需之採購 (MRO)」的敘述，何者有誤？

    A. 採購次數頻繁且採購量低

    B. 與供應商組成策略聯盟

    C. 透過集中採購來改善

    D. 與供應商簽訂定期採購契約

9.(　　) 何種企業採購部門的主要活動，需要採購部門與行銷部門密切合作，以確保跨國買賣能獲得最大效益？

    A. 抵銷貿易 (Countertrade) 合約之管理

    B. 內製 / 外購之決策分析

    C. 庫存追蹤與控管

    D. 採購研究 / 物料需求預測

10.(　　) 採購相關文件中，由供應商準備，隨實際運送交貨的採購相關文件是？

    A. 到貨清單　　　　　　　　　　B. 報價單

    C. 採購單　　　　　　　　　　　D. 裝箱單

11.(　　)發展企業整合性之採購策略以協助企業整體營運策略及目標之實現
是屬於企業採購部門的？

  A. 中期目標   B. 微觀目標

  C. 綜觀目標   D. 暫時目標

12.(　　)在企業採購管理中，影響內製決策之成本因素為何？ (1) 購買成本
(2) 作業成本 (3) 工廠營運成本 (4) 整體作業成本 (5) 庫存成本

  A. 123   B. 234

  C. 1234   D. 12345

13.(　　)在企業採購類型中，辦公文具、清潔用品、機器之備用零件屬於何
種類型之採購？

  A. 原物料

  B. 為支持生產所需之採購

  C. 為企業維修與作業所需之採購

  D. 服務之採購

14.(　　)在供應商管理中，哪些重要評估項目可用以評估供應商？ (1) 交貨
數量 (2) 交貨日期 (3) 交貨品質 (4) 交貨地點 (5) 供應商製造成本

  A. 1234   B. 123

  C. 12345   D. 1235

15.(　　)評估並決定某些請購案應自製或外購時，應該考慮哪些因素？
(1) 經營策略 (2) 未來經營目標 (3) 成本 (4) 產品之定位 (5) 供應商配
合度

  A. 1234   B. 234

  C. 123   D. 12345

16.(　)影響外購決策之成本因素為何？(1) 購買成本 (2) 作業成本 (3) 工廠營運成本 (4) 整體作業成本 (5) 庫存成本

    A. 234　　　　　　　　　　B. 123

    C. 15　　　　　　　　　　D. 1234

17.(　)下列何者類型的採購，通常是庫存主要項目，而且也佔去庫存的大量空間？

    A. 原物料

    B. 為企業維修與作業所需之採購

    C. 為支持生產所需之採購

    D. 服務之採購

18.(　)企業採購在評估原物料可能供應來源時，下列敘述何者正確？

    A. 為了確保供應來源無虞，應增加供應商數目

    B. 宜針對評估準則及權重以選擇適合供應商

    C. 為提高交貨時效，應以地區供應商為主要考量

    D. 以上皆是

19.(　)下列何者不是企業作為採購原物料的需求來源？

    A. 再訂購點系統　　　　　B. 供應商績效評估結果

    C. 倉庫盤點　　　　　　　D. 部門請購

20.(　)有關採購部門在決定產品"外購"或"內製"的決策分析時，下列敘述何者錯誤？

    A. 內製成本低　　　　　　B. 內製需要較高的投資成本

    C. 外購為趨勢　　　　　　D. 外購風險較高

21.(　　)下列何者不是外購決策之優缺點？

    A. 採購成本較低

    B. 選擇供應商之風險

    C. 需較長前置時間

    D. 適合獨佔性採購品

22.(　　)下列哪項不屬於採購流程產生之相關文件？

    A. 詢價單　　　　　　　　　　B. 採購單

    C. 維修單　　　　　　　　　　D. 裝箱單

23.(　　)就任一項採購物品而言，要分析該物品價格是否合理會就價值高低做判斷，而價值的公式為？

    A. 物件所具備之規格 / 該物件的成本

    B. 物件所具備之功能 / 該物件的成本

    C. 物件所具備之品質 / 該物件的成本

    D. 物件所具備之零件 / 該物件的成本

24.(　　)採購流程共包含五個主要活動 (1) 選擇原物料供應來源 (2) 供應商績效評估與連續供應管理 (3) 原料需求辨認 (4) 採購單下達與收貨 (5) 評估原物料可能供應商來源。其正確順序為何？

    A. 15342　　　　　　　　　　B. 35142

    C. 23451　　　　　　　　　　D. 31542

25.(　　)在企業採購管理中，有關採購內容之敘述何者為非？

    A. MRO 項目之採購金額逐漸增高，已成為主要採購項目之一

    B. 交通或服務亦是企業採購項目之一

    C. 電腦屬於資本設備之採購

    D. 半成品之採購則逐漸減少

26.(　)採購部門的主要任務為進行並完成採購活動，還包括了哪一項內部活動？

A. 內製／外購之決策分析

B. 庫存追蹤與控管

C. 採購研究／物料需求預測

D. 以上皆是

27.(　)有關採購流程之主要活動之敘述何者為誤？

A. 原物料需求辨認是最早的活動

B. 與企業內部其他部門之聯繫中，以與會計、財務部門之聯繫最為關鍵

C. 採購單下達與收貨可利用網路或電子資料方式進行，降低所需時間並提高效率

D. 這是一個循環的活動，週而復始

28.(　)下列何者為企業評估產品"內製"或"外購"決策分析的考慮因素？

A. 成本   B. 產品定位

C. 整體經營策略   D. 以上皆是

29.(　)在 SAP 系統中，有關採購流程之描述何者為正確？

A. 請購單建立後，須先經核准，才能釋出轉成採購單

B. 包含請購、採購、發貨單確認及庫存管理等四部份

C. 供應商主檔資料管理與維護中，以每筆採購單號設為代碼作為供應商之辨認依據

D. 屬於 SD 模組

參考文獻

[1]　Keller, G. and T. Teufel (1998) SAP R/3 Process-oriented Implementation, England: Addison Wesley Longman.

[2]　Monczka, R. M., R. J. Trent, and R. B. Handfield (1998) . Purchasing and Supply Chain Management, Cincinnati, OH: South-Western.

[3]　沈國基、呂俊德、王福川，(2006)，進階 ERP 企業資源規劃運籌管理，前程文化。

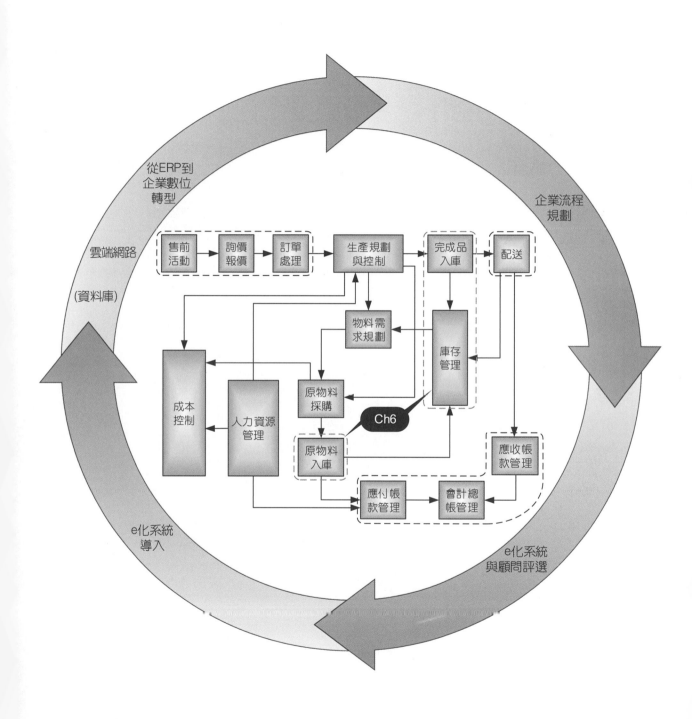

庫存管理系統

陳振明博士　國立中央大學工業管理研究所教授

學習目標

☑ 瞭解庫存管理的重要性、存貨在企業經營管理中扮演的
角色與功能，以及庫存管理相關重要詞彙與決策制訂 (此
相當於ERP系統的參數設定) 方法

☑ 瞭解ERP系統的模組，以及以庫存管理為核心的應用功
能模組：系統架構、系統功能與作業流程、存貨管理模
組與其他模組之關聯性

☑ 瞭解ＥＲＰ系統中最基礎之標準資料檔：物料主檔
(Material Master)，以及建立物料主檔所需的物料分類及
編號原則

☑ 瞭解存貨控制與補貨決策的相關管理技術，庫存管理系
統的參數設定 (例如：補貨批量、補貨時機、安全存量
等)

☑ 瞭解倉儲作業各項流程與管理，例如：收料作業、發料
作業、呆廢料處理作業、盤點作業等。

　　庫存管理與存貨控制是生產規劃、倉儲作業、採購作業、銷售與配送作業及商業活動之零售管理上最重要的管理技術與資訊模組之一。本章將從企業資源規劃 (ERP) 系統的角度，介紹庫存管理之系統架構、流程管理、各種相關的存貨控制與決策模式 (此決策值將用於系統的參數設定，例如：**補貨批量** Lot-size 之設定)、倉儲作業流程及系統的各項日常作業、維護更新及報表範例。雖然本章介紹的庫存管理系統不涉及特定 ERP 系統架構與操作流程，而以一般性的論述為主，但為具體說明庫存管理系統功能、作業流程及各模組間的關聯性，仍將引用兩家國外 ERP 系統 (SAP – S 系統、IFS – I 系統) 及一家國內 ERP 系統 (DS – D 系統) 作為說明範例。

6.1　庫存管理導論

　　任何企業或集團為滿足市場需求而生產、促銷其產品，但不論採用何種管理方式，都需有存貨來幫助企業達成產銷資源整合的目標，即使是豐田看板式的**及時管理系統** (Just In Time, JIT)，雖然號稱**零庫存** (Zero Inventory)，也須有線上存貨來平滑其生產線。根據研究調查，某些產業，例如：零售業之**威名百貨** (Wal-Mart Store)，其存貨成本甚至高達公司總資產的半數以上。一般言之，存貨成本包含了各項物料成本、製造或委外成本、人工成本、運輸費用、倉儲管理費用、保險費用、過時淘汰費用、資金積壓的機會成本等。若產品屬於時間敏感性較高的生鮮食物、藥品、高科技產品 (例如：電腦或電腦周邊產品)，因過時淘汰或產品降價所帶來的成本損失更是驚人，因此，存貨乃成了企要必要之惡。存貨過多可能造成資金積壓、過期損壞成本提高，存貨不足也可能使生產中斷、服務水準降低，造成顧客抱怨及企業競爭力降低。因此，存貨有如利刃之兩面，如何有效管理是企業經營的重要課題。

　　庫存管理工作主要藉由生產管理計畫和 ERP 系統的人工智慧功能，使物料管理工作單純化、標準化、效率化、及時化，同時達成降低庫存成本、又能提高供貨率與服務水準之雙重目標，使企業提昇競爭力。因此，導入 ERP 系統對庫存管理部門而言，最重要的莫過於降低庫存水準，且能滿足客戶訂單需求。其工作內容分為**接到訂單前**和**接到訂單後**兩個階段，接單前為業務和生產管理之計畫性作業；接單後主要考慮因素在於需求數、庫

存數量、在製品數量 (含材料)、廠商交貨條件、用料變更等，以便將正確的品項、正確的數量、在正確的時間，以最低的成本交達顧客。

6.1.1　系統設計應考慮之因素

庫存管理系統是後勤支援模組，也是計劃生產流程的中心點。在進行庫存管理系統設計時，應適當根據存貨屬性，配合企業特質，規劃其系統功能與管制政策。一般言之，庫存系統的功能需求會隨著下列各項變數之複雜度高低而有所變化：

- 業務性質 (服務業、零售業、製造業)
- 組織架構 (全球化、多國化、區域化)
- 管理制度 (集權化、分權化)
- 會計制度 (成本中心制、利潤中心制)
- 廠房數目及產能規模 (單廠、多廠)
- 倉庫類別 (成品倉、半成品倉、原物料倉、維修物料倉)
- 存貨特性 (物料危險性、生命週期長短)
- 與供應商 / 客戶的關係 (例如：供應鏈管理、顧客關係管理)
- 資訊系統模組間的連結 (採購、製造、訂單、配送)

因此，存貨管理系統是一個相當複雜的系統，而愈複雜的系統，愈需要有秩序與科學化的管理。

6.1.2　系統功能與預期效益

一個成功的 ERP 庫存管理模組在於能否達成存貨有效管理，例如：

- 滿足預期需求
- 使生產需求平順
- 使生產—配銷系統的依賴度降低
- 預防或降低缺貨發生機率

- 獲得週期訂購的好處

- 避免價格上升，或取得數量折扣上的好處

- 方便作業與管理

每個 ERP 庫存管理系統由於設計上的差異 (例如：S 系統的模組化、I 系統的**組件化** (Component-Based)、D 系統的流程導向 ERP)，各有其略為不同的系統功能與效益。以 D 系統為例，其系統功能與期望達成效益如下：

系統功能：

- 即時處理存貨帳務

- 庫存異動統計及呆滯料分析管理

- 簡易及明確之盤點作業管理

期望達成效益：

- 提高帳務處理的作業效率與正確性

- 掌握正確即時的庫存資訊

- 掌握存貨異動、週轉及呆滯狀況

- 提高盤點作業的效率

6.1.3　重要辭彙解釋

本節介紹與庫存管理相關的重要詞彙，這些專有名詞經常在學術討論及實務上被使用，也將在本章的以下數節使用，因此瞭解這些名詞對庫存管理系統的學習是必要的。

- **品項 (Item) 或庫存管理單元 (Stock Keeping Unit, SKU)**：例如：青箭口香糖與白箭口香糖是兩個 SKU 或兩個品項。

- **前置時間 (Lead Time)**：從採購訂單**發出** (Issue) 到**收到** (Receive) **貨品**的時間，例如採購訂單五月三日發出，而於五月六日收到貨品，則前置時間為三日。

▫ **存貨周轉率 (Inventory Turnover Rate, 簡稱 Turnover)**：存貨在倉儲系統或零售系統中的流動次數，通常以一年為計算單位。存貨周轉率代表存貨的流動性，周轉率越高，則流動性越高，經濟效益越好。簡易計算方式如下：

$$存貨周轉率 = \frac{一年的銷貨總成本 (Cost\ of\ Goods\ Sold)}{年度的庫存平均成本 (Cost\ of\ Inventory)}$$

或

$$存貨周轉率 = \frac{一年的銷貨量}{年度平均庫存量}$$

▫ **服務水準 (Service Level)**：也可視為**供貨率** (Fill Rate) 或**訂單滿足率** (Fulfill Rate)，其定義為：顧客需求或顧客訂單能由庫存品直接供貨的比率，例如：一百位顧客需求中，有九十八位顧客能由貨架或成品倉庫中直接供貨，則服務水準為 98%，缺貨率則為 2%。

6.2 系統簡介

　　庫存管理是 ERP 系統中的一個應用功能模組，為具體說明本系統與其他模組間的關連性，以下將引用三個 ERP 系統 (S 系統、I 系統、D 系統)闡述其系統架構、系統功能、主要作業流程及與其他功能模組之關聯。

6.2.1 系統架構

　　以 S 系統為例，共包含**物料管理** (Material Management, MM)、**生產規劃** (Production Planning, PP)、**銷售與配送** (Sales & Distribution, SD)、**財務** (Finance, FI)、**人力資源** (Human Resources, HR)，以及**其他模組與跨應用功能** (Cross-Application Functions) 等。其中物料管理的**應用模組** (Application Module) 架構如圖 6-1 所示，以**主檔資料** (Master Data) 為中心，共包含以下六個應用功能模組：

▫ **材料需求** (Material Requirement)

▫ **採購** (Purchase)

▫ **庫存管理** (Inventory Management)

▣ **倉儲管理** (Warehouse Management)

▣ **發票驗證** (Invoice Verification)

▣ **物流資訊系統** (Logistics Information System)

　　圖 6-1 的**主檔資料** (Master Date) 包含**物料清單 (主檔資料)**、**供應商資料主檔** (Vendor Master)、**物料主檔** (Material Master) 及其他系統資料，其中與本章相關並將詳細介紹的是物料主檔，以及庫存管理與倉儲管理應用模組。

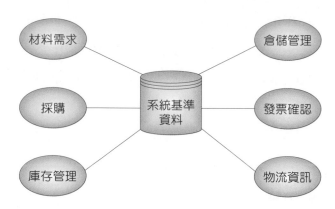

圖 6-1　S 系統物料管理應用模組架構圖

　　再以 I 系統為例，共包含三個模組：**配送** (Distribution)、**財務** (Financials) 及**製造** (Manufacturing)，其中的配送應用模組架構如圖 6-2 所示，也是以系統基準資料為中心，包含以下四個應用功能模組：

▣ **庫存管理** (Inventory Management)

▣ **採購** (Purchase)

▣ **顧客訂單處理** (Customer Order Process)

▣ **揀貨 / 出貨與配送** (Pick / Ship & Delivery)

圖 6-2　I 系統配送應用模組架構圖

　　I 系統的庫存管理應用功能模組，事實上也包含倉儲作業管理。

6.2.2　系統功能與作業流程

　　本節將以 D 系統為例，說明主要作業流程，以及這些流程與其他子系統的關聯性。D 系統庫存管理的主要功能與作業包含如下：

- ☑ 系統參數設定：登入者管理、權限設定、共同參數設定

- ☑ 基本資料管理：基本資料建立與清單列印

- ☑ 日常異動處理：庫存異動單據、轉撥作業

- ☑ 憑證及清單列印：憑證及清單列印

- ☑ 庫存查詢作業：查詢庫存狀況

- ☑ 庫存盤點作業：定期 / 循環盤點、批號盤點

- ☑ 批號管理作業：採購批號及生產批號管制

- ☑ 借出借入管理：借出 / 借入建立、憑證及明細表

- ☑ 管理報表作業：帳務報表、存貨管制報表

- ☑ 定期維護作業：庫存重計、批次確認 / 取消

- ☑ 存貨結轉作業：成本計價、調整、月結作業

　　圖 6-3 以日常異動登錄為例，說明相關作業流程與系統產出的各類報表。日常異動登錄作業包含異動單據、批號管理、借出 – 借入單管理，這些作業所產出的相關報表有：單據憑證、帳務之管制報表、清單與明細表、追蹤表、管制表單據憑證、狀況表等，這些報表可作為日常管理與決策制訂的依據。

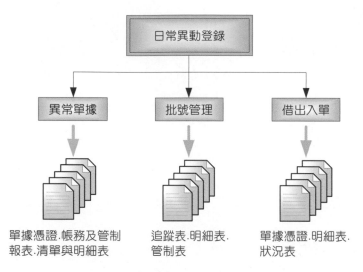

圖 6-3　日常異動登錄作業與產出報表

6.2.3　庫存管理與其他模組之關係

　　一般而言，企業導入 ERP 系統模組時 (例如：訂單輸入、採購、製造或供應鏈管理模組)，大都須要同時導入庫存管理模組。若以財務系統為中心，為了企業的經營，勢必販賣或製造商品，於是必須向供應商購買原料來製造商品，購買的行為發生了應付帳款，購買的商品須經過貨運送達公司或工廠的倉庫，在未銷售出去前，置於倉庫中妥善保善，待銷售發生時，再將貨品出庫，經貨運送達客戶手中，產生公司應收帳款。這便是一個企業最基本的總帳及進、銷、存作業的產生。而存貨管理系統在整個銷售流程中扮演支援模組的角色。圖 6-4 是以 D 系統為例，說明存貨管理及企業八大流程之關係。

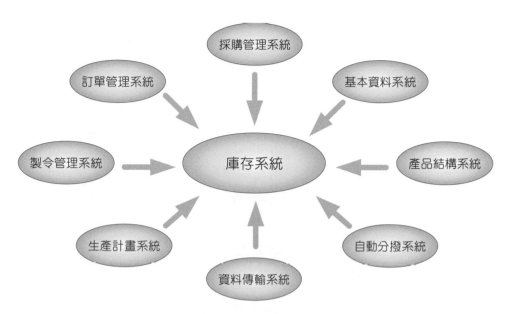

圖 6-4　D 系統庫存管理模組與其他模組之關聯圖

　　以下我們將從系統的角度，分別討論存貨管理的相關課題，例如：物料管理系統的基石：物料主檔及貨品的分類與編號，存貨管制方法中的 ABC 分析法、**經濟訂購量** (Economic Order Quantity, EOQ) 與訂購時點之決定，倉儲作業之入出庫作業、呆廢料處理作業、盤點作業等。

6.3　物料主檔

　　物料主檔為物料管理系統中最基礎之標準資料檔，建立物料主檔的主要目的為：建立正確的物料基本資料管理與維護，作為其他相關模組之索引或進行資料維護之用。通常物料主檔的內容，須綜合所有使用者的需求來決定 (參考圖 6-5)，一般應包含下列數類型態之資料：

- ☑ 技術資訊 (物料項目名稱、編號、單位、用途類別區別、圖號、工程變更記錄、檢驗標準代號等)

- ☑ 庫存資訊 (儲存場所、庫存量、入出庫累計、安全存量等)

- ☑ 訂購資訊 (前置時間、訂購政策、批量方法、供應商資料等)

- ☑ 成本資訊 (材料、人工、製造費用等)

- ☑ 軟體資訊 (最低階碼 Low Level Coding、生產別代碼等)

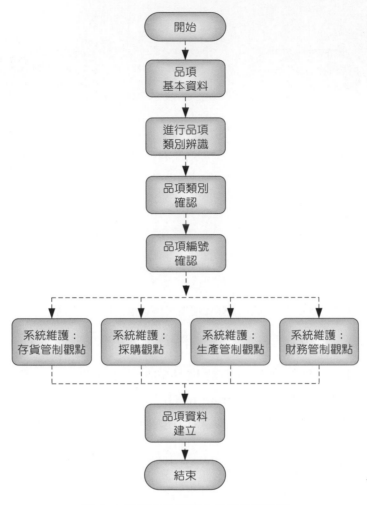

圖 6-5　物料主檔建置作業與維護流程

6.3.1 物料分類與編號

為配合企業營運的需要，企業大都擁有種類繁多的庫存管理單元 (SKU)，因此將存貨依一定標準與程序，進行有系統的分類、編號管理，將有助於材料計劃、分析與管制工作之進行。品項經過適當分類編號後，在管理上具有下列功能：

□ 易於查核管制，可以節省人力、減少開支、降低成本

□ 便於電腦化資料整理分析

□ 增加存貨商品資料的正確性

□ 提高存貨商品活動的工作效率

▣ 削減存貨：因有了統一編號，可以防止重複訂購相同的品項

▣ 可考慮選擇作業的優先性，並達到貨品先進先出的目的

6.3.2 物料分類原則

　　物料分類可依用途、材質或成本結構分類。依用途可分成四大類：**原物料** (Raw Materials)、**在製品** (Work in Process, WIP) 或稱**半成品**、**製成品** (Finished Goods)、**維修與作業品項** (Maintenance-Repair-Operating, MRO)。依材質可分成七大類：鋼及合成鋼、鐵及合成鐵、非鐵金屬、塑膠、木材、油漆塗料、化學溶劑等。依成本結構可分成二大類：直接材料及間接材料。

6.3.3 物料編號原則

　　企業在實施物料分類編號時，應注意的基本原則有：

▣ 簡單性：應將貨品化繁為簡，以節省操作時間

▣ 單一性：使每一個編號代表一個品項

▣ 彈性：可在不影響原有編號系統情況下，為未來貨品的擴展及產品規格的增加預留號碼編列

▣ 完全性：所有商品均須編號，且每一種貨品的編號都能清楚完整的代表貨品內容

▣ 組織性：所有的編號依序排列，不但可依編號查知某項商品，亦可依商品名稱或特性查出其編號

▣ 充足性：所採用的文字、記號或數字，必須有足夠之數量及欄位來代表所有的品塤

▣ 易記性：應選擇易於記憶之文字、符號或數字，或富於暗示及聯想性的編號，以便於記憶

▣ 一貫性：號碼位數要統一

▣ 分類展開性：貨品複雜，其物類編號大，分類後還要再加以細分

▣ 適應機械性：能適應事務性機器或電腦處理工作的進行

6.4 存貨控制與補貨決策

存貨管制系統為一用以監控與存量管制相關決策制定之參考：如存貨數量、補貨時點、或訂購批量之決策支援系統。存貨管制是在配合企業生產與銷售活動的需求下，以達成最低存貨總成本為目標。適當的存量管制，預期可達到下列幾種功能：

- 防止商品損失及浪費

- 降低超額存量，減少成本，增加可用資金

- 迅速出貨，使顧客缺貨之損失得以避免

- 減少呆料之發生，避免商品之過時與跌價損失

- 使商品出貨趨於正常與穩定

存貨因其需求型態的不同，而有不同的存量管制方式。一般而言，**獨立需求 (Independent Demand)** 品項，即各種存貨品項的需求數量與其他存貨品項的需求數量不具任何關聯者，在求算此類存貨的需求數量時，應根據存貨品項的特性，選用適合的管制方式，企業的最終產品或製成品即為獨立需求存貨的典型代表。在觀念上，獨立需求的存貨需求數量，通常需要透過市場研究部門之銷售預測來決定。因此為降低因銷售預測誤差所帶來的缺貨風險，企業多持有適當存貨數量以備不時之需。

當某種存貨品項得需求，與其他存貨品項的需求呈現正相關時，稱此二者為**相依需求 (Dependent Demand)** 品項；此類存貨多為最終產品或製成品在製造過程中所使用的組合零件。至於相依需求品項之需求計算，可根據 BOM 表更高層級品項的需求量，藉由 MRP 模組的功能來計算。本章所討論的存量管制屬於獨立需求品項的管制方法，因此不需經由 MRP 模組來計算。

在圖 6-5 物料主檔建置作業與維護流程中，系統維護有以下四種觀點：存貨管制、採購、生產管制及財務管制觀點，本章所討論的存量管制屬於獨立需求品項的管制方法，而生產管制則通常處理相依需求品項之需求計算，至於採購及財務管制則會牽涉到獨立需求與相依需求品項。

6.4.1 ABC 分析法

　　ABC 分析是利用**柏拉圖 (Pareto) 80-20 法則**所發展出來的存貨分類與管制方法，此分析法則是根據各類存貨所帶來的經濟效益及所消耗的經濟資源之相對關係作為實施重點的基礎。根據一般企業的統計資料顯示，約有 10-30% 的存貨品項，其價值約佔全部庫存價值的 70-80%，此類存貨通常稱為 A 類存貨 (最重要品項類別)；另有 40-60% 的存貨品質，其價值約佔全部庫存價值的 5-15%，被歸為 C 類存貨 (較不重要品項類別)；其餘的存貨品項則被稱為 B 類存貨 (次重要品項類別)。圖 6-6 為 ABC 分析圖之範例說明，圖中係依累計的存貨品項佔每年使用金額百分比為縱座標，各類存貨品項占總存貨項目百分比為橫座標。各類存貨的比例，實際應用時應依據企業本身的實際情況而有所調整。

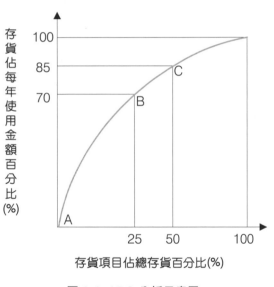

圖 6-6　ABC 分析示意圖

　　ABC 分析表的製作可由出貨資料與物料主檔資料彙整，製作步驟說明如下：

1. 求算每一品項每年耗用金額 = 單價 × 年使用量

2. 按品項的年耗用金額，由大至小 (由左至右) 順序排列

3. 計算各類品項之年累計使用金額及其所佔百分比

4. 計算品項佔全部庫存量品項的百分比

5. 根據累計百分比，按實際情形分類，分類等級 (A、B、C) 應按實際管理的需要而決定

6. 繪製 ABC 分析圖 (參考圖 6-6)

　　實務上，ABC 分析的分類設定，並無絕對標準可遵行，應依據企業內部存貨管理政策之需要，而不是依一般習慣的比例作為分類標準。企業在訂定分類標準時，應考慮下列數項：

▣ 按企業內部實際擁有之材料品項數目調整分類的標準。如果品項愈多，則 A 類品項比例應縮小，否則將失去重點管理的意義。在使用時不要以固定的品項或金額百分比為分類依據。

▣ 材料價值、需求變動幅度、及對時間敏感度等因素之考量。材料價值愈大者，則影響成本愈鉅；需求變動幅度愈大，影響利潤也愈大；對時間愈敏感者，則其承辦人的態度愈要謹慎與敏銳。因此，對公司財務的資本、利潤、成本等影響愈大者，應將其劃分為 A 類。

　　因此，在使用 ABC 分析時，應注意彈性原則；並應將全部資料整體納入考量後再分類。以下將說明 ABC 分類之差別管制方法。

處理 A 類存貨之原則：

▣ 進行嚴密的管制活動，並隨時保持完整、精確的存貨異動資訊

▣ 根據過去的資料，進行預測需求，以決定訂單發出的時機

▣ 儘量縮短前置時間，且對交期嚴加控制

▣ 使需求之變動減少，減少安全存量

▣ 增加交貨次數，採取分批交貨的方式

▣ 增加循環盤點次數，以提高庫存精確度

▣ 物品放置於容易入出庫之處，以增加效率

處理 C 類存貨之原則：

- 可以實施較不嚴謹的管理手續，採用訂量訂購的方式
- 可以大量訂購以取得數量折扣，並簡化採購程序
- 採用定期盤點方式，盡量簡化庫存管理程序
- 可同一地方放置多種類的品項

處理 B 類存貨之原則：

- 其管理原則介於 A、C 類之間

ABC 分類的主要目的為使管理能夠著重於**高流通** (Fast-Moving)、高單價的商品，使有限的人力及時間得以更有效的利用。如前所述，分類的比例沒有一定的標準，應視行業別及流通層次而自行彈性調整，如此方不失重點管理的真正精神。此外，在使用時除可依據銷售總金額作為分類基準外，亦可以依商品單價或出貨數量等作為分類基礎，將出貨量特別大或品項單價特別高的商品列為 A 類管理，如此將使管理的工作更為完整。

6.4.2 訂購批量

決定**訂購量** (Lot-Size) 最簡單的決策模型是 1915 年提出的**經濟訂購量模型** (Economic Order Quantity, EOQ)。經濟訂購量係指使存貨總成本最低的訂購量，而此處之存貨總成本包含：**訂購設置成本** (Setup Cost)、**購買成本** (Purchase Cost)、**持有成本** (Holding Cost)。與經濟訂購量相關之基本假設有：

- 市場需求為**確定值** (Deterministic Demand)，並與時間成線性相關
- 每批次的購買數量，不受儲存空間或資金的限制
- 每批次的訂購設置成本與購買量無關，即每批次的訂購設置成本都相同，商品的單位購買成本及單位持有成本皆為定值
- 不考慮數量折扣
- 前置時間為零或一確定值
- 不允許缺貨發生

茲將推導模式所需的相關符號定義如下：

T：規劃期間 (年)；

TC：年度存貨總成本；

D：年度總需求量 (件 / 年)；

S：每批次的訂購設置成本 (元 / 次)；

P：每件商品的購買成本 (元 / 件)；

H：每件商品的每年持有成本 (元 / 件 × 年)；

Q：每批次的購買數量 (件 / 次)；

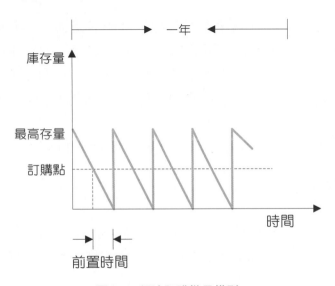

圖 6-7　經濟訂購批量模型

參考圖 6-7，年度總成本計算如下：

TC ＝年度購買成本 + 年度訂購設置成本 + 年度存貨持有成本
＝ PD + SD/Q + HQ/2

將以上公式對 Q 微分並令其等於零，得經濟訂購批量 Q* 及最小總成本 TC* 如下：

$$Q^* = \sqrt{2\ DS/H}$$
$$= 2 \times 年度需求量 \times 批次訂單設置成本 \div 單位持有成本^{1/2}。$$

$$TC^* = PD + SD/Q^* + HQ^*/2$$
$$= PD + \sqrt{2\ SDH}$$
$$= 購買成本 + 2 \times 年度需求量 \times 批次訂購設置成本$$
$$\times 單位持有成本^{1/2}。$$

一般言之，求算經濟訂購量的方法有很多，不論採用何種方法，其中心思想皆為求算使總存貨成本最低之批次訂購量。在選擇使用模型時，應注意其是否符合基本假設，雖然在實際使用時多數狀況多無法完全滿足基本假設，因此在實務應用時，比較可行的方式為利用公式求出一經濟訂購量後，再根據實際狀況進行調整修正。

另一比較複雜的批量模型是**經濟生產批量模型** (Economic Production Quantity, EPQ)。在前述模型中，假設每次訂購僅交貨一次；然而當生產者與使用者相同時 (一面生產、一面陸續交貨或消耗)，存貨之增加是漸漸增加而非一次足量增加，如圖 6-8 所示。經濟生產批量模型通常假設生產率或交貨率大於使用率或需求率。在生產率大於需求率的情況下，存貨消耗發生於整個週期，而生產期間只在整個補貨週期的某一時段。在生產週期內，存量的增加率恰好等於生產率與使用率之間的差額。只要生產持續進行，存量水準則持續增加；當生產停止時，存量水準則在達到高峰後開始遞減。存量水準遞減到耗盡時，生產才又重新開始，於是生產或補貨週期如此週而復始反覆進行。

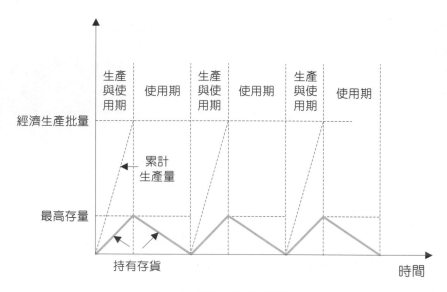

圖 6-8　經濟生產批量模型

　　經濟生產批量模型下，並沒有所謂的訂購設置成本的發生，起而代之的是每次進行生產前的設置成本。所謂**生產設置成本** (Setup Cost)，通常係指每次從事生產前的預備成本，如機器設備的整理、清潔調整或更換工具及夾具等所消耗的成本。生產設置成本與前述經濟訂購量模型下的訂購準備成本的計算方式則完全一樣，亦即當生產批量越大，機器設備的年生產設置次數愈少，則年設置成本也愈低。至於機器設備的籌置成本，則等於每年機器設備設置次數乘以每批次設置成本。經濟生產批量係指使總成本最低的生產批量 Q*，總成本包含：**生產成本** (Production Cost)、**生產設置成本** (Setup Cost) 及**存貨持有成本** (Holding Cost)。

　　茲將推導 EPQ 模式所需的相關符號定義如下：

T：規劃期間 (年)；

TC：年度總成本；

D：年度需求量 (需求率：件 / 年)；

R：年度生產量 (生產率：件 / 年)；

S：每批次的生產設置成本 (元 / 次)；

P：每件商品的單位生產成本 (元 / 件)；

H：每件商品的單位存貨持有成本 (元 / 件 × 年)；

Q：每批次的生產批量 (件 / 次)。

參考圖 6-8，年度總成本計算如下：

TC ＝生產成本＋生產設置成本＋存貨持有成本

　　＝ PD ＋ SD/Q ＋ HQ (1-D/R) /2

將以上公式對 Q 微分並令其等於零，得經濟生產批量 Q* 如下：

Q* ＝ $\sqrt{2\ DS/H\ (1-D/R)}$

　　＝ 2× 年度需求量 × 批次生產設置成本

　　　÷ 單位存貨持有成本 (1– 需求率 / 生產率) $^{1/2}$

6.4.3　訂購次數與訂購週期

不論經濟訂購量 EOQ 或經濟生產批量 EPQ 模型，訂購次數 (K) 與訂購週期 (Z) 都可以同樣公式求得：

K^* ＝年度需求量 / 經濟訂購量或經濟生產批量

　　＝ D/Q^*

Z^* ＝規劃期間長度 × (經濟訂購量或經濟生產批量 / 年度需求量)

　　＝ TQ^*/D

由以上公式得知，在 EOQ 或 EPQ 模型架構下，最小成本批量 Q* 與訂購次數 K* 有一對一的關係，Q* 與訂購週期長度 Z* 也有一對一的關係。因此，只要求得最小成本批量，即可得知規劃期間的最佳訂購次數與最佳訂購週期長度。

6.4.4　訂購時機

訂購時機或訂購時點的決定有兩類型模式： (1) **時間基準法則 (Time-based)** 如固定訂購週期模式，例如：系統設定在每週三發出訂單補貨為本類型的模式； (2) **再訂購點模式 (Re-Order Point, ROP)**，當存貨水準等於或小於再訂購點時，則發出訂單補貨。由於固定訂購週期模式比較不涉及數學決策問題，因此系統的參數設定也相對的簡單，本節所討論將以再訂購點模式為主。

在上節所討論的訂購或生產批量模型，是在確定需求、**前置時間** (Lead Time) 為零的情境下適用，**需求不確定** (Uncertainty) 或前置時間不為零或前置時間不確定時，則產生訂購時機或再訂購點如何決定的問題，當然也是 ERP 系統參數如何設定的問題。訂購時機的決定與前述的經濟訂購批量的基本原則類似，但須多考慮服務水準的因素：在滿足設定的服務水準前提下，使用存貨成本最小化。

茲將推導模式所需的相關符號定義如下：

ROP：再訂購點或再訂購量；

LT_u：前置時間的期望值或平均值 (日、週、月、年)；

D_u：需求率的期望值或平均值 (件 / 時間)；

SS ：安全庫存 (Safety Stock)。

訂購時機或再訂購點 (ROP) 的計算如下：

ROP ＝前置時間的期望需求＋安全庫存

＝前置時間的期望值 × 需求率的期望值＋安全庫存

$$= LT_u \times D_u + SS$$

例如期望 (平均) 前置時間是 3 日，每一日的期望 (平均) 需求量是 50 單位，則前置時間的期望需求 (或稱平均需求量) 等於 150 單位。假如系統的安全庫存設定為 100 單位，則再訂購點 (ROP) 在 ERP 系統的設定值將為 250 單位；也就是當存貨等於或小於 250 單位時，系統會自動產生並發出訂單給供應商。

6.4.5　安全庫存

所謂的**安全庫存** (Safety Stock) 是為了因應前置時間的需求不確定，或因前置時間的不確定性所產生的總需求變異，所保存的超額庫存，以降低存貨短缺的機率，維持一定的服務水準。因此安全庫存量的決定需考慮三項因素：

▣ 服務水準的高低

▣ 前置時間變異性的大小

▣ 需求率變異性的大小

　　安全庫存的計算需使用統計學的概念，讀者可參考坊間生產與作業管理課本 (如本章後的參考文獻)，本節將就一般的管理原則作介紹。影響安全存量大小的因素有：

▣ 服務水準愈高，安全庫存量愈大；反之則愈小。

▣ 前置時間的變異愈大，則安全存量愈大；反之則愈小。

▣ 需求率的變異愈大，則安全存量愈大；反之則愈小。

　　此外還須考慮以下因素，以設定合理的安全庫存：

▣ 屬於重要的品項，缺貨將導致很大的風險成本。

▣ 獲益率很高的品項，如果缺貨將造成很大的收益損失，例如高毛利率品項。

▣ 缺貨會造成顧客很大損失的品項，例如：醫療用品。

6.5 倉儲作業

　　倉儲作業是指接收、儲存、保管、發放物品的管理作業。根據 APICS 的定義：凡是應用於支援生產或與生產相關活動，以及為滿足顧客需求的原物料、零組件、備用零件、半成品、成品等皆為存貨。因此，倉儲管理作業根據保管貨品之不同可以歸納為下列幾種：

▣ 原物料、零組件倉儲管理作業

▣ 半製品倉儲管理作業

▣ 成品倉儲管理作業

▣ 維修物料倉儲管理作業

若根據作業內容之不同區分，則有以下四項內容：

- ☑ 收料作業

- ☑ 發料作業

- ☑ 呆料、廢料處理作業

- ☑ 盤點作業

6.5.1　收料作業

若以作業面觀之，收料作業可視為採購系統之後續作業，亦可視為倉儲管理的前置作業，也是庫存管理系統的一部分。收料作業的工作內容，基本上係取決於兩項事實：

- ☑ 進料品項來源 (外部供應商或公司內部工廠)

- ☑ 進料品項特性、規格等相關規定

若進料品項為由供應商訂購進廠的材料時 (參考圖 6-9)，收料作業應涉及前置作業「採購活動」，因此於開立進貨單據前，應先由採購系統中檢索相關訂購資料，進行資料比對，例如：確認供應商資料、交貨品項、數量、品質、日期與其他交貨條件等。如果發現兩者所記錄有不一致的地方，則應通知採購部門相關負責人員與供應商連絡處理。若辦理入庫者為製造單位生產完成的在製品或製成品時 (參考圖 6-10)，通常應有一份由生產計劃單位所核發出來的**工單** (Working Order)，因此在開立入庫單據時，應自生產管制系統中查閱相關資料，以作為入庫品項、數量或用途的確認依據。若有不符之處，則應通知生產管制相關人員進行確認工作。

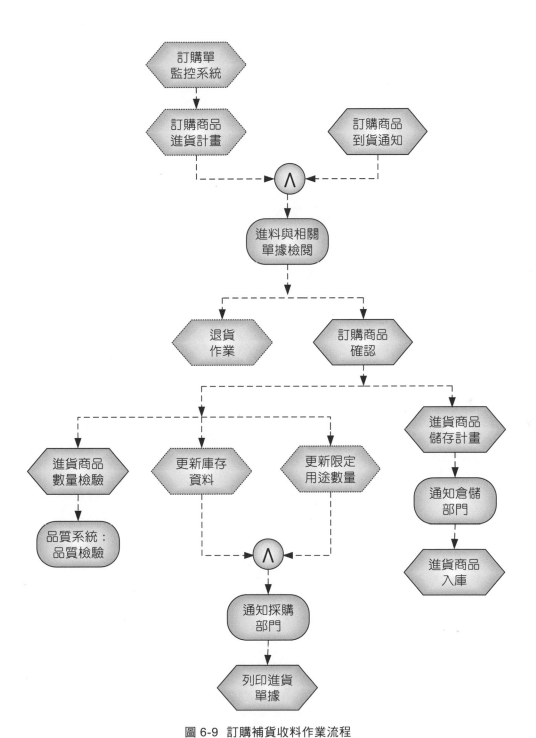

圖 6-9　訂購補貨收料作業流程

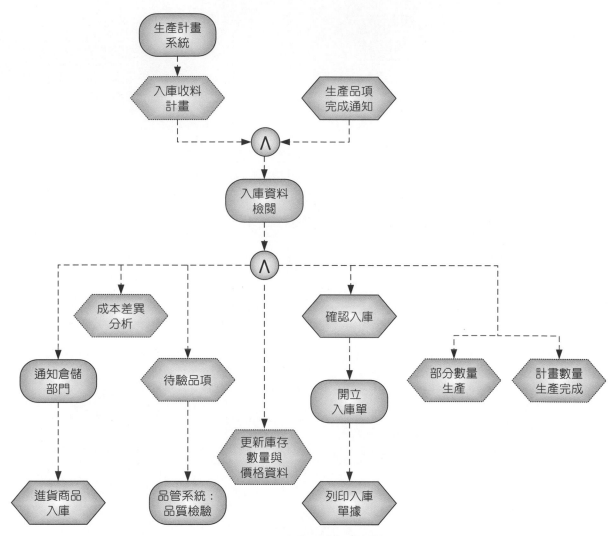

圖 6-10　生產入庫作業流程

同時，在執行收料作業時，執行單位並不單以點收數量為其工作之唯一內容。收料作業會因進料來源或用途的不同，而有不同的品質檢驗程序；甚至在某些特殊情況，收料時還須確認進料品項的價格。因此，應有收料作業之監控追蹤系統，在確認接到料品後，根據企業內部規定程序及相關訂購合約或產品設計規格，在收料單據上標示、記錄收料作業的執行狀態：如數量檢驗完成、品質檢驗核可、待驗商品、待退商品等。相關倉管人員應注意將已檢驗、未檢驗等各類型不同檢驗狀態的材料，依其狀態分類堆置於指定之暫存區域，以利相關人員工作之進行。以下將就作業流程與系統相關參數設定說明。

收料作業流程

1. **收料準備作業**：收料單位應根據相關單據（採購單位之採購單據或生產單位的入庫單）安排**入庫計劃表**。入庫計劃表係依據將入庫的材料種類、數量等，安排收料作業的相關事宜：如指派專人負責，調派搬運設備等，以利收料作業之順利進行。

2. **數量點收與品質檢驗**：待進料品項（材料、在製品、製成品）到達時，負責收料單位應該核對送貨單／入庫單上的資料是否填寫正確。若需進一步進行品質檢驗者，當通知品質檢驗部門實施檢驗，以決定是否允收入庫。

3. **價格／成本差異分析**：若進料品項為製造部門送來的製成品或以備將來生產之用的半成品，則當將其生產成本資料傳輸至成本分析系統，進行成本差異分析。此外，也當將此成本資料記錄至相關料帳。

4. **庫存更新**：庫存更新通常包含數量與存貨成本之更新，故須將進料相關單據傳送至存貨管制系統做數量更新，以及財務會計系統作為存貨成本更新之依據。

系統相關參數

　　在數量與品質驗收作業完成後，系統將以下列數種方式記錄結果，並決定其後續處理作業：

☑ 品質、數量皆符合：此時將由收料單位接收入庫或送交現場領用。

☑ 品質核可，數量不符：

1. 交貨數量超出合約：若交貨數量多於訂購數量不多時，企業得根據兩項標準：a. 是否為常用之材料，b. **超限允收百分比** (Tolerance) 做決定，於超限允收百分比以內且為企業常用材料則可照價收購入庫；否則當退還供應商。

2. 交貨數量不足：此時企業得要求供應商補交，如決定不補交者，則可自總價中扣除相等部分之價款。

☑ 品質不符：無法使用之材料應辦理退貨，退還並請供應商補交新材料。如加工修復者，則可通知供應商取回修復或由廠方自行修復並扣除部分價款。品質不良勉強可使用，則減價收購。

6.5.2　發料作業

發料作業為庫存管理系統的主要工作之一，其發料原因可以區分為：

☑ 配合業務單位銷貨需求的出貨作業 (參考圖 6-11)。

☑ 因應生產線生產需求的發料作業 (參考圖 6-12)。

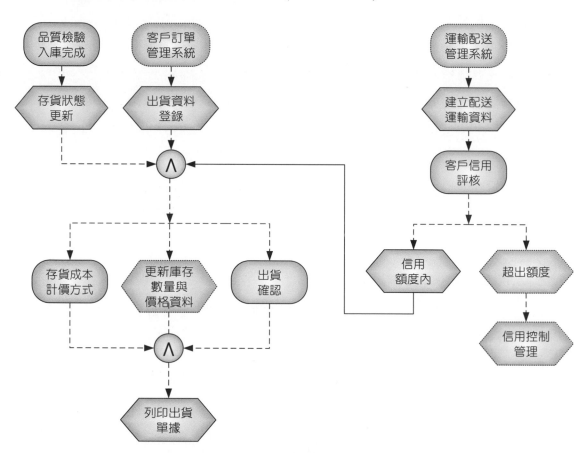

圖 6-11　業務發料作業流程

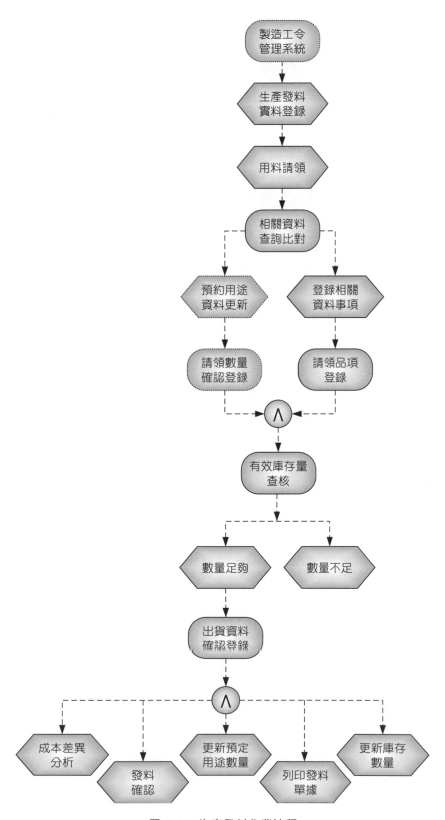

圖 6-12　生產發料作業流程

發料作業因涉及商品之實體配送問題，因此在實際將商品發放出去之前，應先行確認下列數項工作已正確執行：第一、在登錄出貨／生產發料交易之前，應確認貨品的品質及數量之正確性；第二、確定貨品包裝及配送方式，並將其實際狀況記錄於相關文件上，以備將來追蹤查詢之用；第三、發放料品前應先確認相關文件資料正確無誤，並備齊相關文件，例如：出貨／發料單、發票、配送／托運單等。在配送／托運資料上，應詳細記錄包裝方式、數量、送貨時間、地點等資訊。若屬分批配送貨品之部分商品亦應當註記說明。

在圖 6-11 的業務發料作業流程當中，必須根據客戶信用評核的紀錄來核定信用額度，這些記錄包含訂購數量與金額的歷史資料、付款及違約記錄等。在存貨成本的計價方式則須根據財務會計準則公報 10 號「存貨之會計處理準則」，規定存貨成本之計算得採先進先出法、平均法、個別認定法等；而存貨之後續評價應以成本與市價孰低法為之。

此外得於出料作業執行前，按時根據訂單出貨計劃或生產計畫，訂定出庫計劃表。此表將依據出庫品項種類、數量等指派專人負責調派搬運設備、出貨時程等作業，使出貨作業得順利進行。以下將就作業流程與系統相關參數設定說明。

發料作業流程

1. 根據生產用料計畫或出貨計畫等相關文件，將發料交易正式登錄於系統；此系統登錄動作即為正式通知其他模組即將執行的品項出庫行為。

2. 有效出庫數量之查核，此舉將保證不會將已預定用途之庫存挪作他用，或使有效庫存變成赤字。

3. 品質檢驗工作之需求通知：針對須於出料前再次確認品質者，發出檢驗通知。

4. 根據出庫商品的用途，更新相關存貨數量與存貨價值。

5. 列印出庫相關單據。

6. 更新財務系統的應收帳金額與存貨價值；或更新成本會計帳的各項存量與金額的異動。

7. 累計更新相關統計數字，如銷貨統計、材料耗用統計、應收帳款等。

8. 更新生產系統之用料需求計畫表、或銷售出貨需求之相關數字。

9. 安排相關出料時程與運輸設備。

系統相關參數

出料作業因出貨原因不同可分為下列數項：

☑ 送交客戶之出貨：為確保實際送貨品項之品質於數量與出貨文件所記錄之內容一致，當初或資料正式登錄於系統時，即不再允許人為更改出貨資訊。若有任何變動狀況，應經由配送系統進行修改。資料確認後，與出貨相關的庫存數量與金額、應收帳金額、銷貨成本等相關資料即由系統自動更新，以確保系統數字之一致性。

☑ 製造部門提領生產用料：發料作業涉及材料用量控制問題，因此許多企業多指派專人，根據銷售資料與 BOM 表求算訂單所需使用數量，以編製用料計畫表，進行材料發放作業。如因製造錯誤或其他因素須再行領料時，應提出超額領料單據，以便財務系統進行成本資料之分析。

☑ 退回供應商之退貨：當出庫品項為由供應商訂購取得之商品時，應參考相關訂購及收料相關資料，查核其數量與品項。確認無誤時，則更新庫存數字並登錄退貨交易，並列印相關文件。

☑ 報廢料處理：有關呆廢料的其他管理事項將於下面章節繼續討論。

6.5.3　庫存記錄

庫存數字之記錄方式，因管理需求之不同可以區分成：

☑ 存貨價值之記錄

☑ 存貨數量之記錄

存貨價值之記錄，主要用於企業財務活動之規劃與短期營運資金之掌控等。存貨價值之計價方式可以透過下列公式求得：

存貨價值＝存貨數量 × 單位成本

庫存數量的計算方式為：

有效庫存量＝現有庫存量＋已訂未交量 － 已指定用途量

不正確的庫存記錄，將導致下列情形：

☑ 超量的安全存量：若企業無法確知實際庫存品項及數量，為避免缺貨發生，可能經由不適當的庫存補充方式，而致庫存投資數量與金額過大。

☑ 腐化庫存的發生：變更設計或導入新產品時，若未能正確掌握庫存狀況，將導致呆廢料的增加，造成庫存腐化的損失成本。

☑ 大量的盤虧現象的產生：盤點時發現帳面盤存數字與實際盤存數字差異太大，導致超量的盤虧損失，也影響企業經營獲利的目標。

☑ 監督費用提高：不妥善的庫存管理將使管理部門提高監督管理費用。

☑ 生產效率的降低：現場製造人員須有適時、適量的物料或零組件進行生產活動，不良的庫存管理將嚴重影響生產線的平順，降低生產效率。

☑ 產品交貨的遲延：若無法正確判斷其生產的優先順序，就無法掌握產品的完成日期，因此就常常需要修正、調整或延遲交貨日期。

☑ 影響成本或生產績效的正確性：由於沒有正確的庫存記錄、無法計算正確的材料耗用及製造成效。

庫存記錄的主要內容有：

☑ 訂購單號碼及訂購數量

☑ 收料數量

☑ 發料數量

☑ 計畫使用量

☑ 可用數量

☑ 現有庫存量

☑ 每筆交易的日期及材料單據等

6.5.4 呆廢料處理作業及其他管理事項

所謂「呆料」 (Slowing-moving Item) 乃指**存貨周轉率低** (Low Turnover Rate)、使用機會小、然而並未喪失物料原有特性及功能者。而「**廢料**」(Obsolesce Item) 之產生則因未經過相當時間之使用或儲存，已喪失或部分喪失物料原有之特性或功能者，不再具使用價值的物料。呆、廢料不但占用寶貴的儲存空間，更造成資金的浪費與損失。因此基於企業營運成本之考量，應當對呆、廢料積極的管制管理。

呆料的認定

呆料的認定方法，通常以物料標準儲存日數為判斷基準，其求算方式如下：

- ☑ 計算平均存貨周轉率（**＝年淨銷售量或淨耗用量 / 年平均庫存量**）；

- ☑ 計算物料標準儲存日數：**物料標準儲存日數＝ 365 / 平均存貨周轉率**；

- ☑ 超出物料標準儲存日數一定百分比者，則可視為呆料，例如：平均標準儲存日數 30 日，某品項儲存日數為 90 日，也許就可視為呆料。

廢料的認定

廢料的認定，應由品管人員依照物料現有的狀況，衡量其是否具備當初設定的功能特性，或根據物料是否已超過保存期限等方式來判定其是否為廢料。

呆廢料的處理方式

- ☑ 自行再加工
- ☑ 調撥給其他可用的部門
- ☑ 拼修重組
- ☑ 拆零利用
- ☑ 讓予教育機構
- ☑ 出售或交換
- ☑ 銷毀

6.5.5　物料盤點作業

從事盤點作業的目的有數項：

▣ 確定各物料品項現存數量，調整財務帳，使料帳合一。

▣ 衡量存貨精準度，檢討物料管理績效。

▣ 追蹤盤損、盤盈、帳料誤差的原因，藉以改善庫存管理制度與作業流程。

適時進行盤點作業將有助於及早修正庫存記錄之錯誤、考核材料管理作業績效、確認庫存材料性質與堪用程度、提高顧客服務水準及經營績效。以下將就盤點作業工作項目、系統參數設定（盤點制度）及相關管理課題（盤差異常分析）詳細說明。

盤點作業工作項目

▣ 制定盤點時程計畫

▣ 凍結庫存

▣ 列印盤點清冊

▣ 實地盤點

▣ 盤點實際量輸入

▣ 盤點差異列印

▣ 盤差盈虧調整

▣ 庫存凍結解除

▣ 盤點差異對策分析

系統參數設定（盤點制度）

▣ **定期盤點制** (Periodic Counting)：此法乃是選定一特定日期，關閉倉庫，動員所有人力，以最短的時間清點現有庫存所有物料品項，例如：某百貨公司於六月三十日作為年度盤點日，便是定期盤點制的實務作法。

- 週期盤點制 (Cycle Counting)：又稱為**循環盤點制**，此法在盤點時不關閉倉庫，而是將倉庫分成多區、或者依照物料品項分類，逐區或逐類的輪流進行循環盤點，或當某類物料存量達到最低安全庫存量時，即予機動盤點。執行時間，在實務上多以下列三種方式決定：

  1. 以 ABC 等級訂定之：例如 A 類品項每月盤點一次、B 類品項每三個月盤點一次、C 類則每年盤點一次。

  2. 以 MRP 展開時之材料需求計畫表項目進行盤點。

  3. 在物料主檔中自行設定。

- 複合盤點制 (Combinatory Counting)：上述兩種盤點方法各有其利弊，故實務上可依照企業特性與實際需求，綜合以上兩種方法，配合實施。

盤差異常分析

一般而言，盤點異常的原因不外乎記錄時看錯數字、運送過程損耗、盤點計數錯誤、容器破損流失、單據遺失而未過帳、捆紮包裝錯誤及度量衡欠準確或使用方法錯誤等幾種。因此可以採用品質管制的柏拉圖分析法、魚骨圖（特性要因分析法）等，查明發生錯誤原因，並尋求解決與改善方案。

在執行盤點作業前，須先行列出所有需要盤點項目的明細報表，交給有關人員（倉管、會計人員）進行盤點。若有任何差異，應將實地盤點與帳面盤點之差異（盤差）報表交財務或會計部門及製造部門存貨管制人員，進行差異來源追蹤與分析，並進行帳面調整工作。

盤點作業的實施相當耗時費力，然而對企業而言，盤點是物料管制上很重要的課題。因此事前妥善的規劃與訓練人員，將有助於盤點作業的順利完成。再者，選擇適合企業本身特性的盤點制度，亦有助於提高盤點的效率與準確度。

6.6 結論

　　本章將從 ERP 系統的角度，介紹庫存管理的相關課題，包含系統架構、流程管理、存貨控制與補貨決策模式、倉儲作業流程及系統的各項日常作業、維護更新及報表範例說明。本章介紹的庫存管理系統盡量不涉及特定的 ERP 系統架構與操作流程，而以一般性的論述為之，但在系統架構的解說上，為具體說明庫存管理系統功能、作業流程及各模組間的關聯性，仍然引用三家 ERP 系統作為說明範例。

　　本章希望能提供讀者以下的學習目標：

☑ 瞭解庫存管理的重要性及庫存管理相關重要詞彙與決策制訂 (此相當於 ERP 系統的參數設定) 方法；

☑ 瞭解 ERP 系統的模組，及以庫存管理為核心的應用功能模組：系統架構、系統功能與作業流程、存貨管理模組與其他模組之關連性；

☑ 瞭解 ERP 系統中最為基礎之標準資料檔：物料主檔以及建立物料主檔所需的物料分類及編號原則；

☑ 瞭解存貨控制與補貨決策的相關管理技術，庫存管理系統的參數設定；

☑ 瞭解倉儲作業各項流程與管理，例如：收料作業、發料作業、呆廢料處理作業及盤點作業等。

　　有關庫存管理決策模式涉及的統計及數學議題，本章並未詳細說明，讀者可從坊間的作業管理教科書，獲得詳細的公式推導與理論說明；而著重在實務上系統執行層面的探討，希望有助於實務界人士在操作執行 ERP 庫存管理系統的參考。

習　題

名詞解釋

1. 品項 (Item 或 SKU)

2. 前置時間 (Lead Time)

3. 安全庫存 (Safety Stock)

4. 服務水準 (Service Level)

5. 存貨周轉率 (Turnover Rate)

6. 再訂購點 (Re-Order Point, ROP)

7. 獨立需求品項 (Independent Demand Item)

8. 相依需求品項 (Dependent Demand Item)

9. 呆料 (Slow-Moving Item)

10. 廢料 (Obsolesce Item)

11. 定期盤點制 (Periodic Counting)

12. 週期盤點制 (Cycle Counting)

選擇題

1.(　　) 下列何者非使用 ERP 庫存管理模組能達成的目標與效益

   A. 使生產需求平順

   B. 最佳品項規劃或產品組合

   C. 預防或降低缺貨發生機率

   D. 滿足預期需求

2.(　　) ERP 庫存管理模組的目的在於達成存貨有效管理，因此該模組功能應具備 (1) 即時處理存貨帳務 (2) 庫存異動統計及呆滯料分析管理 (3) 推算各衍生需求進行物料的領用與控制 (4) 盤點作業管理

   A. 124　　　　　　　　　　B. 123

   C. 134　　　　　　　　　　D. 234

3.(　　) 在庫存管理系統中，下列何者非服務水準 (Service Level) 的正確定義

   A. 顧客需求能由庫存品直接供貨的比率

   B. 顧客訂單能由庫存品直接供貨的比率

   C. 可視為供貨率或訂單滿足率

   D. 全部訂單數量 / 缺貨數量

4.(　　) 在庫存管理的領域中有些相當重要的專有名詞，這些專有名詞在學術討論及實務上被使用，因此瞭解這些專有名詞所代表的意義是必要的，在下列選項中與「前置時間 (Lead Time)」是有關的是

   A. 從顧客發出詢價 (Inquire) 單到顧客訂單 (Customer Order) 正式下達的時間

   B. 從採購訂單發出 (Issue) 到收到貨品 (Receive) 的時間

   C. 從貨品到達倉庫到品檢完畢可以使用貨品的時間

   D. 生產時的寬放時間

5.(　　) 在庫存管理系統中，如果 20 位顧客需求中，有 13 位顧客能由貨架或成品倉庫中直接供貨，則意謂著其缺貨率為

    A. .13　　　　　　　　　　　　B. .65

    C. .5　　　　　　　　　　　　　D. .35

6.(　　) 在庫存管理系統中，存貨周轉率之計算與下列何者無關

    A. 年度平均庫存量

    B. 年度平均使用量

    C. 一年的銷貨量

    D. 一年的銷貨總成本

7.(　　) 一般而言，企業導入 ERP 系統模組時，例如訂單輸入、採購、製造或供應鏈管理模組，大都須要同時導入庫存管理模組，因此在整個銷售流程中可以將庫存管理模組視為一個什麼樣的角色存在

    A. 完全獨立運作模組的角色

    B. 成本中心的角色

    C. 支援其他模組的角色

    D. 利潤中心的角色

8.(　　) 在庫存管理系統中，物料主檔為物料管理系統中最基礎之標準資料檔，建立物料主檔的主要目的為

    A. 計算存貨需求量

    B. 建立正確的物料基本資料管理與維護，作為其他相關模組之索引或進行資料維護之用

    C. 從事 ABC 分析

    D. 以上皆是

9.(　　) 在庫存管理系統中,請問物料主檔的內容應包含何種資訊 (1) 庫存量 (2) 製造費用 (3) 最低階編碼 (4) 前置時間

　　A. 1234　　　　　　　　　B. 123

　　C. 234　　　　　　　　　　D. 134

10.(　　) 在 ABC 分析法中,發現許多公司之 10-30% 存貨項目其價值佔全部庫存價值的 70-80%,此類存貨通稱

　　A. B 類　　　　　　　　　B. C 類

　　C. A 類　　　　　　　　　D. D 類

11.(　　) 在庫存管理系統中,ABC 分析法是利用柏拉圖 80-20 法則所發展出來的存貨分類與管制方法,其分類方式通常係根據何種原則來進行

　　A. 物料用途　　　　　　　B. 物料年度使用金額

　　C. 物料單位價值　　　　　D. 以上皆非

12.(　　) 在庫存管理系統中,經濟訂購批量模型 (Economic Order Quantity, EOQ) 中的總成本包含 (1) 訂購準備成本 (2) 倉儲成本 (3) 購買成本 (4) 持有成本

　　A. 1234　　　　　　　　　B. 123

　　C. 134　　　　　　　　　　D. 234

13.(　　) G2 公司所建置的 ERP 系統中,有關庫存管理的機制採取經濟生產批量 (EPQ) 模型,其中年度存貨總成本 TC 的計算公式為 (生產成本) + (生產設置成本) + (存貨持有成本),已知在經濟生產批量 Q* 決策下的各成本分別為年度生產成本 320 元,年度生產設置成本 8 元,年度存貨持有成本 8 元,則在經濟生產批量 Q* 決策下的年度存貨總成本 TC* 為多少元

　　A. 330　　　　　　　　　　B. 336

　　C. 342　　　　　　　　　　D. 348

14.(　　) TT 公司所建置的 ERP 系統中，有關庫存管理的機制採取經濟訂購量 (EOQ) 模型，其中經濟訂購批量 Q* 計算公式為 Sqr[(2 * D * S) / H]，而 Sqr[ ] 此符號為 1/2 次方的意思，例如 Sqr[9] = 3，Sqr[16] = 4，已知年度總需求量 D 為 400(件 / 年)，每批次的訂購設置成本 S 為 2(元 / 次)，每件商品的購買成本 P 為 5(元 / 件)，每件商品的每年持有成本 H 為 4(元 / 件 X 年)，則在經濟訂購批量 Q* 決策下的年度持有成本 (H * (Q*)) / 2 為多少元

A. 15　　　　　　　　　　　　B. 50

C. 60　　　　　　　　　　　　D. 40

15.(　　) 在庫存管理系統中，請問下列何者為經濟生產批量之總成本

A. 生產成本　　　　　　　　B. 生產設置成本

C. 存貨持有成本　　　　　　D. 以上皆是

16.(　　) 在庫存管理系統中，有關經濟生產批量模型 (EPQ) 的相關數據如下，年度需求量 80 單位，年度生產量 90 單位，每件商品單位生產成本 12 元，每批次的生產設置成本 10 元，每件商品的每年持有成本 4 元，則下列何者正確

A. 經濟生產批量 30 單位

B. 經濟生產批量 60 單位

C. 經濟生產批量 50 單位

D. 經濟生產批量 40 單位

17.(　　) U7 公司所建置的 ERP 系統中，有關庫存管理的機制採取經濟訂購量 (EOQ) 模型，在經濟訂購批量 Q* 決策下的訂購次數為 K* 次，已知 K* 的計算公式為 D / (Q*)，且年度總需求量 D 為 64(件 / 年)，經濟訂購批量 Q* 為每批次 8 件，則 K* 為幾次

A. 10　　　　　　　　　　　　B. 9

C. 8　　　　　　　　　　　　D. 7

18.(　) Box 公司所建置的 ERP 系統中，有關庫存管理的機制採取經濟訂購量 (EOQ) 模型，其中經濟訂購批量 Q* 計算公式為 Sqr[(2 * D * S) / H]，而 Sqr[ ] 此符號為 1/2 次方的意思，例如 Sqr[9] = 3，Sqr[16] = 4，已知年度總需求量 D 為 160(件 / 年)，每批次的訂購設置成本 S 為 10(元 / 次)，每件商品的購買成本 P 為 12(元 / 件)，每件商品的每年持有成本 H 為 2(元 / 件 X 年)，Box 公司一年的營運天數 T 為 360 天，則在經濟訂購批量 Q* 決策下的訂購次數 K* 為多少次，已知 K* 的計算公式為 D / (Q*)

    A. 2   B. 3

    C. 4   D. 5

19.(　) 在庫存管理系統中，訂購時機的決定與經濟訂購批量的基本原則類似：皆在使總存貨成本最小化；但須多考慮哪一因素

    A. 市場需求數量   B. 訂單處理成本

    C. 存貨持有成本   D. 服務水準

20.(　) 在 Tony 公司的 ERP 系統中是採用 EOQ 模型進行決策，表示存貨消耗率為某一常數 (d) 以及前置時間 (LT) 為某一常數值，如果品項 X 的供應商 PAP 的供應前置時間需要 1 天，即 LT=1，且品項 X 的存貨消耗率為每天消耗 19 件，根據過去經驗供應商 PAP 通常會使命必達讓 Tony 公司不需要制定安全存貨量 SS，則訂購時機或再訂購點 (ROP) 的計算公式為 (LT) * (d)，試求 Tony 公司的 ROP 為多少件

    A. 17   B. 19

    C. 20   D. 21

21.(　) 在庫存管理系統中，有關於影響安全存量大小的描述，下列何者正確

    A. 需求率變異越大，則安全存量越大

    B. 服務水準越高，安全庫存量越高

    C. 前置時間變異越大，安全庫存量越大

    D. 以上皆是

22.( ) 在庫存管理系統中，安全存量的訂定可以用統計方法求平均值及標準差的方式來計算，影響安全存量大小的因素有

A. 平均前置時間與平均需求率

B. 前置時間與需求率之變異

C. 期望服務水準

D. 以上皆是

23.( ) 在庫存管理系統中 ，下列何項工作不屬於倉儲作業的功能

A. 收料作業

B. 因購買物料產生的應付帳款管理

C. 呆廢料處理

D. 盤點作業

24.( ) 收料作業可視為採購系統之後續作業，亦可視為倉儲管理的前置作業，也是庫存管理系統的一部分，在 ERP 系統中是歸屬於物料管理 (Material Management, MM) 模組，而關於訂購補貨收料作業流程之描述，下列選項何者錯誤

A. 當進料與相關單據檢閱功能啟動後發現資料無誤時，ERP 系統會進入訂購商品確認

B. 當 ERP 系統會進入訂購商品確認後，會進入更新庫存資料狀態，等更新庫存資料後，會通知採購部門並接著列印進貨單據

C. 當 ERP 系統會進入訂購商品確認後，會進入進貨商品儲存計畫狀態，接著會通知倉儲部門執行進貨商品入庫事件

D. 以上皆非

25.(　　) 在 ERP 系統中通常會透過存貨價值之記錄來瞭解整個公司財務活動
之規劃與短期營運資金之掌控,而存貨價值之計價方式可以用下列
公式求得,存貨價值 = (存貨數量) * (單位成本),已知 Nix 公司在
某一時段中的存貨數量為 320 單位,單位成本為每個 3 元,則存貨
價值為多少元

A. 945　　　　　　　　　　　　B. 950

C. 960　　　　　　　　　　　　D. 965

26.(　　) 在庫存管理系統中,有效庫存量計算公式為何

A. 現有庫存量

B. 現有庫存量 + 已訂未交量 - 已指定用途量

C. 現有庫存量 + 已訂未交量

D. 已訂未交量 - 已指定用途量

27.(　　) 在庫存管理系統的倉儲作業中,呆料品項 (Slowing-moving Item) 主
要的認定基準是

A. 品項價值

B. 品項庫存周轉率

C. 品項銷售量

D. 品項庫存量

28.(　) 在 ERP 系統中通常會以存貨周轉率 (Inventory Turnover Rate) 來掌控存貨在倉儲系統中的流動性，甚至作為檢視是否為呆料 (Slowing-moving Item) 的基準，過程中首先必須計算出物料的標準儲存日數，其公式為物料標準儲存日數 = (公司的一年營運時間) / (平均存貨週轉率)，接著必須與物料平均標準儲存日數比較，大於物料平均標準儲存日數者可被認定為呆料，假設物料平均標準儲存日數為 25 天，而該公司的一年營運時間為 250 天，則下列哪一個物料會被視為呆料處理

　　A. S1 物料的存貨周轉率為 12

　　B. S2 物料的存貨周轉率為 8

　　C. S3 物料的存貨周轉率為 14

　　D. S4 物料的存貨周轉率為 19

29.(　) 在庫存管理系統之倉儲作業中，有關週期盤點制 (Cycle Counting) 的觀念，下列何者正確

　　A. 盤點時不關閉倉庫

　　B. 盤點時不凍結庫存

　　C. 每個月可以盤點一次以上

　　D. 選定一特定日期關閉倉庫，動員所有人力，以最短的時間清點所有物料

30.(　) 在庫存管理系統的倉儲作業中，選定一特定日，關閉倉庫，動員所有人力，以最短的時間清點現存所有物料的盤點方式稱為

　　A. ABC 盤點制

　　B. 定期盤點制

　　C. 循環盤點制

　　D. 複合盤點制

參考文獻

[1] R.B. Chase, N.J. Aquilano, and F.R. Jacobs, Operations Management for Competitive Advantage, Tenth Edition, McGraw-Hill, 2006.

[2] J. Heizer and B. Render, Operations Management, Tenth Edition, Pearson Education LTD, 2011.

[3] G. Keller and T. Teufel, SAP R/3 Process-Oriented Implementation, Addison Wesley Longman, 1998.

[4] E.A. Silver, D.F. Pyke, and R. Peterson, Inventory Management and Production Planning and Scheduling, Third Edition, John Wiley & Sons, Inc., 1998.

[5] W.J. Stevenson, Operations Management, Tenth Edition, McGraw-Hill, 2009.

[6] R.J. Tersine, Principle of Inventory and Materials Management, Fourth Edition, PTR Prentice Hall, 1994.

[7] 陳振明，ERP 專欄－ERP 庫存模組管理應用，資訊傳真，第 662 期，August 12, 2002，頁 71-72。

[8] 陳振明，ERP 專欄－ABC 分析法聰明管制庫存，資訊傳真，第 663 期，August 19, 2002，頁 71。

[9] 徐茂陽，電腦化生產管理與物料管理資訊系統－理論與實務，第八版，松崗電腦圖書股份有限公司，1990。

[10] 張保隆、陳文賢、蔣明晃、姜齊、盧昆宏、王瑞深，生產管理，第二版，華泰文化事業公司，2000。

[11] 賴士葆，生產作業管理－理論與實務，第二版，華泰文化事業公司，1995。

[12] 鼎新電腦股份有限公司，鼎新 ERP 系統－庫存管理系統教育訓練教材，Version 2.X，2001。

[13] 台灣凱笙科技股份有限公司，IFS (Industrial and Financial Systems) ERP 系統教育訓練教材，2000。

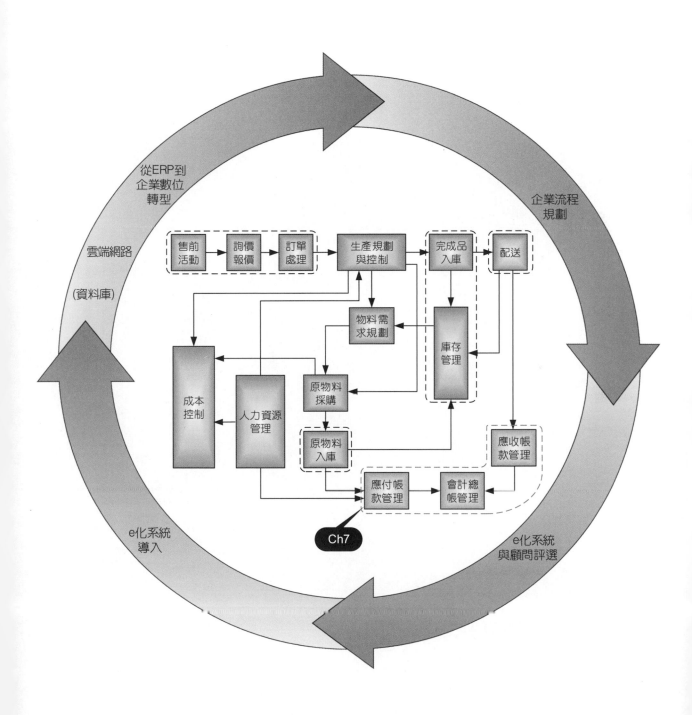

從ERP到
企業數位
轉型

雲端網路

(資料庫)

企業流程
規劃

e化系統
導入

e化系統
與顧問評選

售前
活動

詢價
報價

訂單
處理

生產規劃
與控制

完成品
入庫

配送

物料需
求規劃

庫存
管理

成本
控制

人力資源
管理

原物料
採購

原物料
入庫

應收帳
款管理

應付帳
款管理

會計總
帳管理

Ch7

07

ERP財務會計模組

范懿文 博士　國立中央大學資訊管理學系兼任教授
鄭漢鐔 博士　大畏創新股份有限公司董事長

學習目標

- ☑ 了解財務會計流程與財務報表
- ☑ 了解ERP財務會計模組流程與財務報表
- ☑ ERP財務會計模組在ERP系統扮演的角色
- ☑ 了解ERP財務會計模組對企業經營的潛在效益

7.1 緒論

　　成功的企業在擬定新的策略之前都會仔細檢視其所處的時間與空間環境，特別是企業所在國家的政治、經濟、社會及科技的變化趨勢。這些變化會影響企業的永續經營，因此企業必須依據外部環境的發展，在適當的時機創新或調整自己的事業模式，以持續創造企業的價值。簡單的說，企業必須建立自我良性循環的事業模式才能面對外部環境的變化與激烈的競爭。

　　問題是公司怎麼知道現行的事業模式已經或很快就不適合在新的環境使用？公司應在甚麼時候啟動改變營運模式的計畫？幸好 ERP 財務會計模組能及時提供有關企業經營績效與財務狀況的財務報表，幫助企業評估其獲利模式的關鍵資訊，讓企業的經理人隨時分析並診斷企業營運模式的健全性。因為獲利模式與營運模式存在特定的對應關係[1]，就像人的血壓、心跳、體溫等症狀與人身體的健康存在特定的對應關係。醫生診斷病患的病情時，會先量測病患的血壓、心跳、體溫等症狀是否出現異常現象，或進一步抽血檢查血液中各種與人體健康有關的指標。

　　獲利模式中的各項財務指標正好是營運模式是否健全的指標。但是要是使用獲利模式中的各項財務指標，除了企業領導人必須具備基本財務會計的觀念之外，企業需要一套能快速產出整合性的財務報表的 ERP 財務會計模組。ERP 財務會計模組是任何 ERP 系統的基石，它已經是一般中大型企業不可或缺的工具。

　　一般 ERP 系統包括財務模組、生產管理模組、物料管理模組、銷售與通路模組、人力資源模組。而財務會計模組儲存並處理其他模組所需要的資料。本章主要目的在於介紹財務會計、ERP 財務會計模組、ERP 財務會計模組與其他 ERP 模組之間的關係，並說明如何應用 ERP 財務會計模組所產生的財務資訊分析企業經營實力的變化。

---

1 本章事業模式、營運模式、經營實力以及獲利模式的觀念取材自鄭漢鐔著‧《企業經營實力分析 -8 十事業法則 ®》，中華 8 十事業模式學會，2022 年。

本章第 2 節介紹財務會計特色與財務會計流程基本觀念；第 3 節介紹 ERP 財務會計模組的主要功用，包括會計總帳管理、基本資料建立與維護、供應廠商資料建立與維護、客戶資料建立與維護、應付帳款管理、應收帳款管理，以及財務報告循環；第 4 節說明 ERP 財務會計模組與其他模組的關係，第 5 節先介紹 8 十® 事業模式，接著說明透過 8 十® 營運模式與 8 十® 獲利模式的對應關係，企業可以應用 ERP 財務會計模組所產生的財務資訊分析企業經營實力的變化；最後一節是本章的結論。

7.2 財務會計

7.2.1 財務會計的特色

企業財務會計的主要目的在於提供正確且即時的會計資訊給企業內外部的資訊使用者，供其作為決策參考，一般企業的財務會計有以下兩項特色：

財務會計提供企業價值創造有關的資訊

企業成立的目的主要是利用投資人所提供的各種資源，將所投入的資源轉換成產品與服務，為目標顧客創造價值，進而為投資人與其他利害關係人創造價值。在這些資源轉換活動中，各項投入、生產、產出活動所使用的資源若是品質不佳、或成本太高；或是各項活動進行效率不彰，浪費時間與資源，都可能導致企業無法達成其預定的目標，甚至造成企業失去永續經營的能力。

企業經營者在過去和現在所做的決策會影響企業未來的經營與生存。因此，**企業經營者必須即時掌握整個投入、生產、產出活動的正確資訊，有效監控企業活動的進行成效，防止企業例行的活動悖離企業既定的目標。**所以，所有的企業，不論其規模的大小，產業的類別，都必須設計一套完善的會計制度來記錄、彙總企業各項例行的營運活動包括營運、投資及融資活動，最終以財務報表揭露企業的經營績效與財務狀況。因此，市面上的 ERP 系統都會提供財務會計模組整合企業的財務會計流程，快速又正確地提供有用地資訊給企業經營者，幫助企業領導人在瞬息萬變的環境中規劃與執行重要決策。

財務會計流程須要遵循國際財務報導準則

　　股東、債權人、主管機關及其他利害關係人使用企業提供的財務報表作為重要決策的依據，例如投資人使用財務報表所揭露的資訊進行投資決策、債權人使用財務報表所揭露的資訊進行授信決策，其他利害關係人使用財務報表所揭露的資訊進行各種不同目的的決策。

　　為了提供具備一致、攸關及可靠的資訊給報表使用者，企業所提供的報表必須依據相同的規範編製。目前世界各國陸續採用**國際財務報導準則 (International Financial Reporting Standards, IFRS)** 來設計其會計流程，以便報表使用者進行跨企業、跨國、或是跨年度的比較分析。台灣自 102 年起開始依 IFRSs 編製財務報告。

　　國際財務會計理事會 (International Accounting Standard Board, IASB) 於 2011 年 5 月正式發布公允價值之衡量準則 (IFRS 13 Fair Value Measurement) [2] 作為規範 IFRSs 中所有公允價值的會計流程。有別於以往企業將財務報導的焦點放在揭露企業短期經營績效的損益表上，在 IFRS 規範下，**財務會計流程主要的目的在於將企業營運對企業價值創造的狀況忠實地報導給報表使用者**。企業價值創造的能力決定於企業所擁有的關鍵資源包括有形及無形的資源，以及企業如何善用其關鍵資源以滿足顧客的需求。所以，企業價值資訊的揭露重心從損益表移轉至資產負債表。

7.2.2　財務會計流程

　　實務上企業常常須要依據外部環境的變化、企業所能運用的資源、企業的特性及管理程序來設計其會計制度，以便透過財務會計流程將各項例

---

2 IFRS 13 對於公允價值的定義為「在常規交易下 (Orderly transaction) 下，市場參與者於衡量日出售資產所獲得或移轉負債所支付的價格。」企業衡量公允價值的要件包括：衡量標的 (例如資產或負債)、衡量標的的使用 (例如最佳使用狀況，單獨使用或共用)、交易市場 (常規交易或非常規交易)、評價技術。針對評價技術的輸入值，IFRS 13 進一步建立三個公允價值層級 (Hierarchy) 其中第一層級為在活絡市場未經調整的公開報價；第二層級為第一層級以外直接或間接可觀察之輸入值；第三層級為不可觀察之輸入值。原則上第一個層級的輸入值優先使用，其次為第二層級，再其次為第三層級。企業應於報表中揭露使用的評價技術及衡量公允價值所使用的輸入值。企業若使用第三層級的輸入值衡量標的物之公允價值時，報表應揭露該衡量對當期損益或其他綜合損益之影響。

行的活動轉換成各種有用的財務會計資訊。這個將活動轉換成資訊的財務
會計流程可以分為以下七個階段，如圖 7-1 所示：

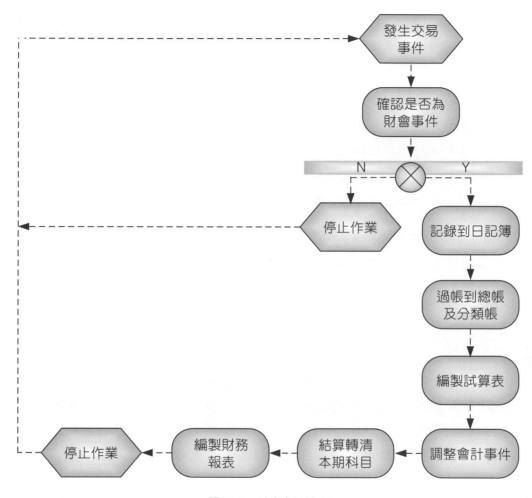

圖 7-1　財務會計流程

1. **確認階段：**：交易事件發生後，應先確認是否為財會所處理的經濟事實，
   並同時將交易事件加以分類，歸類於合適的會計科目及帳號。

2. **記錄階段：**在確定交易事件是財會系統應該處理之交易事件，並將之歸類
   於合適的會計科目及帳號之後，便須決定其會計分錄的借貸方向與借方貸
   方金額，依發生交易的時間順序，將交易分別記入日記簿內。

3. **過帳階段：**因為分錄是依交易的時間先後順序記載，因此只能提供時序的
   交易情況的資訊，無法顯示個別會計科目的變化情形，因此財務會計流程

的下一階段便是在過帳階段將按時間先後順序記載之分錄轉記為按會計科目記載之總帳及分類帳。

4. **試算階段**：為了要檢查記錄分錄或過帳是否正確無誤，在試算階段，可將總帳及分類帳各會計科目總額與餘額彙列一處，試算並檢查借方金額與貸方金額是否相等。

5. **調整階段**：通常在會計期間終了時，必須將會計分類帳內各分類帳戶所記載之金額，依期間內發生之事實狀況加以調整。例如，預付保險費帳戶會依時間的流逝而自然轉成保險費用，此時，便須依照實際狀況加以調整修正，以使會計資料反應真正的事實狀況。

6. **結帳階段**：為了釐清各會計期間的銷貨收益與費用及成本等績效權責，在會計期間終了時，須將各項收入、費用科目結清，並將資產、負債，及業主權益等科目之本期期末餘額結轉為下期之期初餘額。例如，本期的期末存貨，應結轉為下一期的期初存貨，以便分期結算損益。

7. **編表階段**：結帳完畢或使用者要求財務會計流程輸出資訊時，財務會計流程便在編表階段彙總編制各種財務報表，如資產負債表，損益表等。

　　國際會計準則理事會 (International Accounting Standard Board, IASB) 於 2001 年所採用的《財務報表編製及表達之架構》指出：「財務報表之目的是在提供對於廣大使用者作成經濟決策有用之關於企業財務狀況、績效及財務狀況變動之資訊。」

　　IASB 在 2007 年 9 月修正並發布 IAS 1「財務報表之表達」主要目的在確保企業財務報告前後期的一致性以及同業間財務報表的可比較性。一般而言，可以說明企業財務狀況及經營績效的 IFRS 報表包括當期期末之資產負債表與當期之損益表[3]。

---

3 除了損益表與資產負債表之外，權益變動表、當期之現金流量表、附註及追溯重編或重分類項目也是 IAS 1 要求揭露的報表及資訊內容。

資產負債表提供企業在特定時點的財務狀況資訊，表中至少必須揭露下列會計科目之金額：

- ▣ 資產：包括 (a) 不動產、廠房及設備；(b) 投資性不動產；(c) 無形資產；(d) 不含 (e)、(h) 及 (i) 項金額之金融資產；(e) 採權益法之投資；(f) 生物資產；(g) 存貨；(h) 應收帳款及其他應收款；(i) 現金及約當現金；(j) 待出售非流動資產及停業單位；(k) 應付帳款及其他應付款；(l) 負債準備；(m) 不含 (k) 及 (l) 項金額之金融負債；(n) 當期所得稅負債及資產；(o) 遞延所得稅負債及遞延所得稅資產；(p) 分類為待出售處分群組中之負債；(q) 非控制權益以及 (r) 母公司已發行之股本及準備。

- ▣ 權益：包括已發行股本及歸屬於母公司之權益持有者之準備；及不具控制權力的股權。

- ▣ 負債：包括遞延所得稅負債；當期所得稅負債；金融負債；準備；以及應付帳款及其他應付款。

- ▣ 待出售資產與負債。

損益表提供企業在特定期間的經營績效資訊，表中應揭露的會計科目包括：

- ▣ 收入、

- ▣ 財務費用、

- ▣ 採權益法認列之關聯企業及合資企業之損益分攤、

- ▣ 所得稅費用、

- ▣ 停業單位的稅後損益、

- ▣ 當期損益、

- ▣ 其他綜合損益、

- ▣ 採權益法認列之關聯企業及合資企業之其他綜合損益、

- ▣ 當期綜合損益合計。

7.2.3 財務報告循環

會計期間

　　財務會計流程的七個作業主要是將在會計期間內發生在企業內的所有經濟或會計事件，依事件發生的時間先後順序經確認後加以記錄，再將類似的交易以累積或加總的方式處理後，於期末以標準化的格式彙報給企業內外的所有使用者。當企業永續經營下去時，交易事件不斷發生，財務會計流程便不斷地確認、記錄、過帳、試算、調整、結帳、及編表報告這些交易事件，儼然成為一個週而復始的循環週期 (Cycle Time)。我們稱這個包含 7 個會計作業的循環為會計循環（Accounting Cycle)。

　　所謂財務報告循環是指會計資訊的定期彙報循環。會計資訊須要遵循一定會計制度來記錄、蒐集與企業營運相關的所有經濟交易事件。 ERP 系統的財務會計流程中，利用企業的會計總帳管理機制，隨時記載、更新各個經濟事件，並整理各個經濟事件與會計各科目的關係，因此，企業內的管理決策者或其他資訊使用者皆可依其實際需求，隨時要求最即時最正確的企業財會資訊報導。然而，因應企業專業管理人員及業主的關切等不同需求，財會資訊的定期彙報可以是一週報導一次，一個月報導一次，一季報導一次，或是一年報導一次。舉例來說，當企業專業管理人員須要知道每月營運成果時，則財務報告循環週期為一個月；若股東關心的是企業的年度經營結果與財務狀況時，則財務報告循環週期為一年。

　　會計期間終了時，期間內所有營業損益轉結業主權益，讓所有收入及支出等會計科目可以歸零，準備記錄及報導下一會計期間的經營活動及績效；另外，本期的資產，負債，及業主權益等會計科目之本期期末餘額也必須結轉成為下期之期初餘額。例如，本期的期末存貨，應結轉為下一期的期初存貨，以便在企業永續經營的前提下分期結轉損益。一般企業會計年度的訂定可以以一個曆年(陽曆的一月到十二月)為一個會計年度，也可以以企業營運活動的自然循環期間(以企業活動最低潮的淡季時間為會計年度的起迄分界點)為一個會計年度。

<u>財務報表與生命周期</u>

　　我們可以透過財務表分析來解讀任何企業的獲利模式。企業獲利模式的變化反映其營運模式所建立的經營實力是否在增強或在衰退。經營實力的變化傳遞企業正從一個生命週期過渡到另一個生命週期。所以，企業經理人若具備解讀該企業獲利模式的能力，就能預先為下一個生命週期規劃營運模式，或是乘勝追擊、或是逆轉局勢、或是設下停損。

　　企業例行性的交易活動透過會計流程彙總於財務報表。實務上經過會計師查核簽證的報表為年報，但是一年的財務報表無法反映企業的營運模式，因為企業的營運模式反映企業領導人的經營哲學，或人生觀與價值觀。一般而言，企業在不同的生命週期階段會有不同的營運模式。所以，單一年度的財務報表無法反映企業的營運模式，一個生命週期階段 (Life Cycle Stage) 的期限會因所屬產業特性與科技變化而改變。通常，一個生命週期階段的期限約三年至五年。

　　不同的營運模式對應不同的獲利模式[4]。企業必須定期檢視其獲利模式，以確保其營運模式能持續為股東及所有利害關係人創造價值。因此，我們需要分析連續數年的財務報表，才能判斷一個企業在某一命週期階段的獲利模式究竟是往正向發展或是往負面發展。我們可以從獲利模式的五大關鍵績效指標判斷這五大關鍵績效指標所對應的五大經營實力的變化情況，進而擬定改善對策。

7.2.4 宏致電子 2017-2021 財務報表

　　宏致電子 (3605) 創立於 1996 年，早期主要為五大筆記型電腦大廠生產精密連接器。歷經十年的努力，自 2005 年起公司的營收和獲利快速成長，2009 年宏致電子的股票掛牌上市。2100 年宏致電子的營業收入登上高峰，營業額超過新台幣 46 億元。

　　然而，2012 年全球筆電市場逐漸飽和，宏致電子的主要客戶集中在筆電系統大廠，因此，宏致電子步入產業成熟期。2012 至 2015 公司的營收成長率與獲利率雙雙下降。2016 至 2018 年期間宏致電子進入轉型期，開

---

4 參考本章 7.5.3 節。

始跨足智慧型手機與汽車電子連接器市場。在這個階段，宏致電子成功收購並整合幾個事業單位。宏致電子的創收能力與獲利能力開始逆轉，營收和獲利開始穩定成長。

2019-2021 年宏致電子找到新的成長動能。另外，自 2020 年初起至今[5]，全球遭受新冠疫情的肆虐。上天似乎特別關愛台灣，相較於韓國、新加坡、大陸、香港等地區的疫情嚴峻，台灣在 2020-2021 年期間的疫情輕微。台灣電子業受惠於轉單效應，營收和獲利大幅成長。宏致電子也是這段期間受惠的公司之一。

表 7-1 為宏致電子 2017-2021 合併損益表與合併資產負債表[6]。為了減少本章的篇幅並作為 7.5 節 ERP 財務資訊與企業分析的案例，本節僅列舉宏致電子 2017-2021 的簡易損益表與簡易資產債表。7.5.2 節將介紹經營實力與獲利模式之間的關係，並以宏致電子為例說明如何透過財務報表分析，歸納出企業的獲利模式，再以獲利模式評估企業經營實力的變化。

表 7-1　宏致電子 2016-2021 的簡易損益表（單位：千元）

年	2016	2017	2018	2019	2020	2021
營業收入	5,184,340	5,665,958	6,710,893	7,311,836	8,062,865	10,575,862
營業成本	3,964,726	4,572,737	5,337,999	5,639,431	6,226,899	8,146,641
營業毛利	1,219,614	1,093,221	1,372,894	1,672,405	1,835,966	2,429,221
營業費用	1,067,219	1,065,828	1,237,562	1,403,917	1,487,428	1,915,218
營業利益	152,395	27,393	135,332	268,488	348,538	514,003
利息收入	20072	15,859	25,534	22,134	14,823	23,765
財務成本	18971	21,313	32,793	38,605	34,834	31,264
其他綜合損益	104,522	76,700	136,819	112,797	11,321	85,093
所得稅費用	65,604	23,472	30,049	53,316	63,475	80,742
本期淨利	192,414	75,167	234,843	311,498	276,373	510,855

---

5 本書於 2022 年 6 月改版，台灣正進入 Omicron 新冠疫情的高峰期，每天確診案例數以萬計。

6 資料來源：宏致電子股份有限公司 2016-2021 年報

宏致電子 2016-2021 的簡易資產負債表 (單位：千元)

年	2016	2017	2018	2019	2020	2021
現金及約當現金	1,703,210	1,967,261	2,170,687	1,528,665	1,774,112	2,629,364
透過損益按公允價值衡量之金融資產－流動	137,066	187,937	98,415	166,932	326,016	99,988
應收帳款及票據	1,445,032	1,680,842	1,831,672	2,429,487	2,231,762	2,855,433
其他應收款	267,521	189,492	239,881	57,888	97,224	135,941
存貨	722,912	809,191	1,011,423	1,072,325	1,158,346	1,663,434
其他流動資產	113,769	94,564	140,506	231,440	136,888	210,824
流動資產	4,389,510	4,929,287	5,492,584	5,486,737	5,724,348	7,594,984
透過損益按公允價值衡量之金融資產－非流動	79,576	-	190,050	145,242	145,684	168,662
採權益法之長期股權投資	192,164	282,766	293,538	280,803	339,991	448,799
不動產廠房及設備	2,019,997	2,220,091	2,094,198	2,374,577	2,290,600	2,642,133
其他非流動資產	394,819	609,304	470,438	1,038,185	1,794,514	2,018,024
非流動資產	2,686,556	3,112,161	3,048,224	3,838,807	4,570,789	5,277,618
資產總額	7,076,066	8,041,448	8,540,808	9,325,544	10,295,137	12,872,602
短期借款	398,077	829,841	1,176,982	1,033,476	1,198,460	1,044,234
應付帳款及票據	802,575	948,575	990,091	1,354,367	1,476,057	1,922,047
其他應付款	542,166	599,529	642,449	787,983	820,456	1,128,559
當期所得稅負債	32,657	50,526	50,882	54,203	58,092	49,901
租賃負債—流動	15,422	-	-	50,434	58,309	240,286
其他流動負債	40,978	678,260	91,906	117,732	111,235	158,860
流動負債	1,831,875	3,106,731	2,952,310	3,398,195	3,722,609	4,543,887
應付公司債－非流動	-	-	-	-	-	535,452
銀行借款－非流動	446,362	159,359	822,861	992,677	1,385,767	1,523,286
租賃負債－非流動		-	-	79,603	129,574	108413
應計退休金負債	34,798	29,881	29,842	47,348	54,424	52,949
遞延所得稅	424,855	371,144	343,998	302,102	321,282	301,967
其他非流動負債	97,693	128,336	125,221	172,467	117,331	274,445
非流動負債	1,003,708	688,720	1,321,922	1,594,197	2,008,378	2,796,512
負債總額	2,835,583	3,795,451	4,274,232	4,992,392	5,730,987	7,340,399
母公司股東權益合計	4,018,092	4,015,364	4,168,301	4,240,261	4,493,559	5,512,210
非控制權益	222,391	230,633	98,275	92,891	70,591	19,993
股東權益總額	4,240,483	4,245,997	4,266,576	4,333,152	4,564,150	5,532,203
負債及股東權益總額	7,076,066	8,041,448	8,540,808	9,325,544	10,295,137	12,872,602

7.3 ERP 財務會計模組

　　當企業的規模越來越大，例行的交易資料也越來越龐大，要及時產生正確資訊的難度就越來越高。這時，除了建立完善的會計制度，企業就必須借助資訊系統提供即時、整合的重要資訊，幫助經理人快速因應市場變化。因此企業都殷切期盼藉由企業資源規劃 (Enterprise Resource Planning, ERP) 系統的採用，幫助企業整合現有的資源，改善營運流程的效果與效率，進而提升經營績效。

　　一般 ERP 財務會計模組 (Financial, FI) 的主要功用在於透過程式系統，將企業現行營運模式下所執行的例行性交易活動透過財務會計流程量化，最終產出財務報表。 運用 EPR 財務會計模組，企業可以節省重複記帳的人工成本，並將大量的交易資料及經會計處理後的財務資訊儲存於資料庫中，經理人可以隨時讀取、重組、分析、解讀企業的獲利模式，及時執行營業、投資以及融資決策，使企業在激烈的競爭環境中立於不敗之地。

　　理想的 ERP 系統不僅重視企業整體的資料整合，同時也重視工作流程整合。因此，企業財務會計流程在以資料整合及工作流程整合著稱的 ERP 系統中，各功能性部門的作業流程一旦涉及財務會計資料的狀態，便會在該作業執行的同時自動啟動更新 ERP 系統資料庫中的分錄及分類帳戶資料，以便節省工作人力，提昇工作效率。因此，ERP 系統便可簡化成本章 7.2.2 節及 7.2.3 節所介紹的財務會計流程以及財務報告循環流程。

　　一般 ERP 財務會計包括會計總帳管理、應收帳款管理以及應付帳款管理。本模組主要處理企業例行性交易中與現金流量有關的會計活動。

7.3.1 會計總帳管理

　　在前一節的會計基本資料建立完成後，會計總帳作業就可以於會計期間的期初準備就緒，進行前期結算關帳後的開帳作業。此時，各資產、負債、及業主權益的會計總帳科目都有期初餘額，各收益及費用等會計總帳科目之期初餘額都歸零。企業在會計期間經營的交易活動，則會依照其發生時間的先後順序與對相關會計科目的影響記錄在會計總帳科目及明細分類帳科目之下。須要編制財務報表時，須隨時編制調整分錄及過帳，來調

整已經在會計期間內因實務運作而發生的折舊費用或其他已經將資產耗用成費用的科目後，例如將預付保險費調整成已發生的保險費用，再編制即時而正確的報表。會計期間終了時，為了能夠釐清各會計期間的銷貨收益與費用及成本等經營績效及責任歸屬，則必須調整已發生的費用以反應真實狀況後，將各項收入、費用科目結清，並將資產、負債、及業主權益等科目之本期期末餘額結轉為下期之期初餘額。由圖 7-2 我們可以看出，每一會計期間的期末結算關帳後，即進入下一會計期間的期初開帳階段。

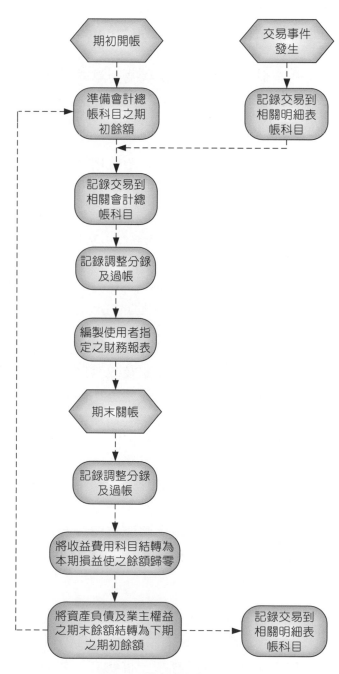

圖 7-2　會計總帳管理流程

在 ERP 系統中，因為強調工作流程整合，相關明細帳科目及會計總帳科目常常是由各功能性部門的人員在處理相關作業時即自動啟動日記簿分錄及過帳的會計流程，因此 **ERP 財務會計模組僅包含基本資料建立與維護、供應廠商資料建立與維護、應付帳款管理、客戶資料建立與維護、及應收帳款管理等 5 項作業流程。**

7.3.2　基本資料建立與維護

與企業最密切的外部環境為企業營運所在的國家。跨國企業在不同的國家設立分公司或子公司，其營運範圍跨越不同國家的地理疆界，受到分公司或子公司所在地政府的法令規範與當地環境變化的影響。

企業的會計流程依其主要的使用者而概分為管理會計流程與財務會計流程。因為不同國家的政府對企業財務資訊接露的規定不同，企業必須依據各國主管機關的規定制訂會計科目表 (Chart of Accounts)，藉由財務會計流程提供各種財務資訊給企業外部人士，包括股東、債權人、主管機關及其他利害關係人。實務上，跨國企業必須為每一個國家的分公司或子公司設定一個公司代碼 (Company Code)，位於不同國家的分公司或子公司會有專屬的公司代碼，作為編制個別財務報表的識別號碼。

另一方面，企業就由管理會計流程提供管理資訊給企業內部的經理人，以協助其執行業務、管理控制及改善經營缺失。為了方便跨國企業經理人分析及比較集團內各分公司或子公司的經營績效，跨國企業的管理會計流程要求集團內所有分公司或子公司使用相同的成本及費用科目，以便於彙總及編制各式管理報表。

一般企業的財務會計流程是企業對其所營運過程所發生的一連串經濟事件或交易，加以確認，分類，記錄，與彙總之全部過程。再依據企業管理控制系統所設定的參數，將財務會計流程所記錄的各項成本及費用科目金額拋轉至管理會計流程，進行各項成本及費用的分攤，最後再編製成企業需要的管理報表。

財務會計流程主要是將企業營運活動記錄在會計制度內的相關會計科目下，在 ERP 系統中，有關供應商明細帳的會計科目通常是由採購部門的人員建立廠商基本資料時一併建立，並同時建立各供應商明細分類帳的

會計科目與會計總帳之間的關係。例如，採購部門為某一特定廠商建立公司名稱、聯絡地址、負責人姓名、廠商金融機構帳戶等資料時，便一起建立該廠商的應付帳款明細分類帳會計科目。當該應付帳款明細分類帳會計科目有任何異動更新時，強調「資料就源擷取」及「工作流程整合」的ERP 系統應該自動將異動資料記錄到會計總帳的應付帳款科目下。

同樣地，有關**客戶明細帳的會計科目通常是由行銷部門的業務人員建立客戶基本資料時一併建立，並同時建立各客戶明細分類帳的會計科目與會計總帳之間的關係**。例如，行銷部門為某一特定客戶公司建立公司名稱、聯絡地址、負責人姓名、廠商金融機構帳戶等基本資料時，便一起建立該客戶公司的應收帳款明細分類帳會計科目。當該應收帳款明細分類帳會計科目有任何異動更新活動時， ERP 系統應該自動將異動資料記錄到會計總帳的應收帳款科目下。

因此，在**財務會計流程基本資料建立與維護工作中最重要的是建立符合企業性質的會計科目制度及財務會計流程共用參數**。若在財務會計流程中發現企業進行交易活動的夥伴尚未輸入在 ERP 系統資料庫內時，則可以依照下面 7.3.3 、 7.3.4 兩個小節的流程處理。

7.3.3 供應廠商資料建立與維護

企業的原料或物料供應廠商是企業的重要經營夥伴。**採購部門的人員向供應廠商詢價、訂購原料；ERP 系統在收到供應廠商運來的原料或物料時，將供應廠商記錄為該筆貨款的債權人；在後續付款作業中，則將供應廠商視為相關貨款款項的收款人**。因此企業需要建立即時而正確的供應廠商資料。因為企業中有這麼多人須要用到供應廠商資料，該由誰來負責供應廠商資料建立與維護的工作變成了一個值得討論的議題。因為原物料採購部門是第一個接觸到企業的供應廠商的部門，所以 ERP 系統的最佳實務範例 (Best Practices) 通常都建議由原物料採購部門負責針對主要的供應廠商逐一建立與維護其供應廠商資料。然而，有些小額的採購，或是不定期、不定對象的採購，並不需要事先建立其供應廠商資料，這些小額的採購可由財務會計人員輸入廠商資料。我們可以圖 7-3 的範例來說明供應廠商資料建立與維護流程。

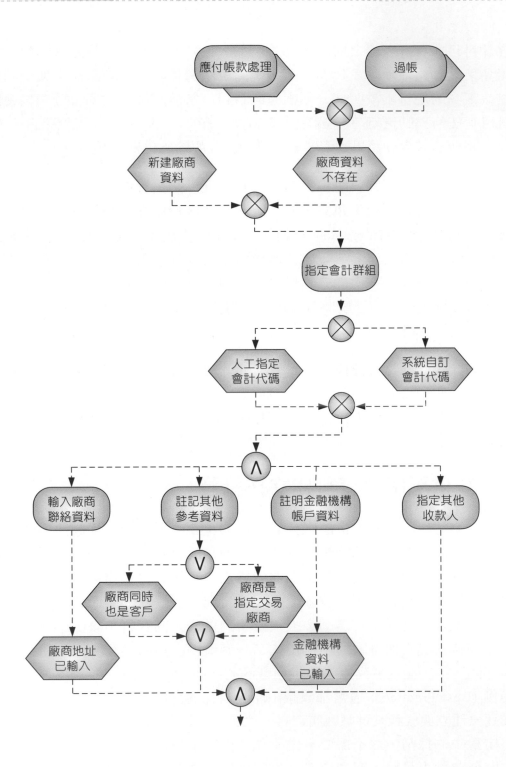

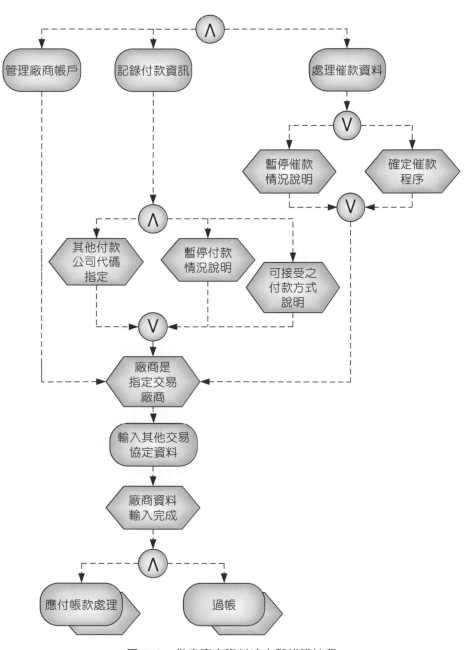

圖 7-3　供應廠商資料建立與維護流程

　　圖 7-3 的範例中顯示當財會業務在處理發票記錄或過帳時發現 ERP 系統中並沒有該廠商的資料時，則可以自行輸入該供應廠商的基本資料。一般須輸入的基本資料有廠商公司名稱、聯絡地址、聯絡電話、傳真電話、負責人姓名、廠商往來的金融機構帳戶資料、往來文件及溝通用語文、付款方式、付款幣別、付款條件及折扣方式、該廠商應付帳款明細帳戶會計科目、以及其他備註事項。有時候，若某個供應廠商同時也是客戶，我們也可以在建立其基本資料時，註明其資料可供客戶資料參酌時使用。在圖 7-3 的流程中，有關會計組群的指定是建立該廠商應付帳款明細帳戶會計科目與會計總帳應付帳款科目關聯的作業，須遵守適合企業的會計制度選擇系統自訂或是人工指派會計科目代號。若是供應廠商要求我們付款時直接將款項交給第三者時，我們也可以註明第二收款人基本資料。

7.3.4　客戶資料建立與維護

　　企業存在的目的是要提供客戶所需要的產品或服務，進而賺取利潤，以求永續經營。**行銷部門人員依照客戶資料進行促銷活動、爭取訂單，企業將貨品或服務由業務部門人員或行銷部門人員依照客戶訂單上指定的規格與數量提供給客戶後， ERP 系統便會自動將該客戶記錄為該筆交易款項的債務人，而財務會計流程更須依此進行後續應收帳款催討、收款與管理。** 因此企業須要建立即時而正確的客戶資料。因為企業內部許多人須要用到客戶資料，因此由誰來負責客戶資料建立與維護的工作也是一個值得討論的議題。因為行銷部門是負責開發客戶與第一個接觸到客戶的部門，所以 ERP 系統的最佳實務範例通常都建議由行銷部門負責針對主要的客戶逐一建立與維護其客戶資料。然而，有些金額很小的零售，現金銷售，或是不定期不定對象的銷貨，並不一定須事先建立其客戶資料時，可由財務會計流程人員來輸入客戶資料。我們可以圖 7-4 的範例來說明客戶資料建立與維護流程。

　　圖 7-4 的範例中顯示當財會業務在處理業務時發現 ERP 系統中並沒有該客戶的資料時，則可以自行輸入該客戶的基本資料。一般須輸入的基本資料有客戶公司名稱、聯絡地址、聯絡電話、傳真電話、負責人姓名、客戶往來的金融機構帳戶資料、往來文件及溝通用語文、付款方式、付款幣別、付款條件及折扣方式、該客戶應收帳款明細帳戶會計科目、以及其他備註事項。有時候，某個客戶同時也是企業的供應廠商時，我們也可以在

建立該客戶基本資料時，註明該資料可作為供應廠商資料使用。在圖 7-4 的流程中，有關會計組群的指定是建立該客戶應收帳款明細帳戶會計科目與會計總帳應收帳款科目關聯的作業，須遵守適合企業的會計制度，並選擇系統自訂或是人工指派會計科目代號。若是客戶註明將由第三者付款給我們時，我們也須註明該客戶第二付款人的基本資料與聯絡方式等相關資料。

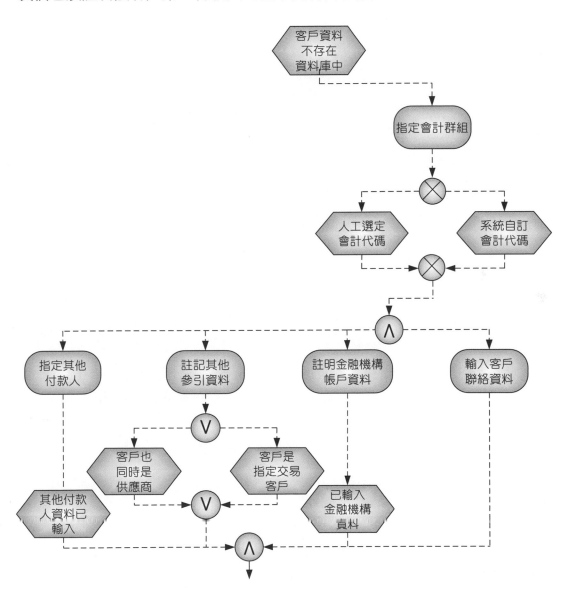

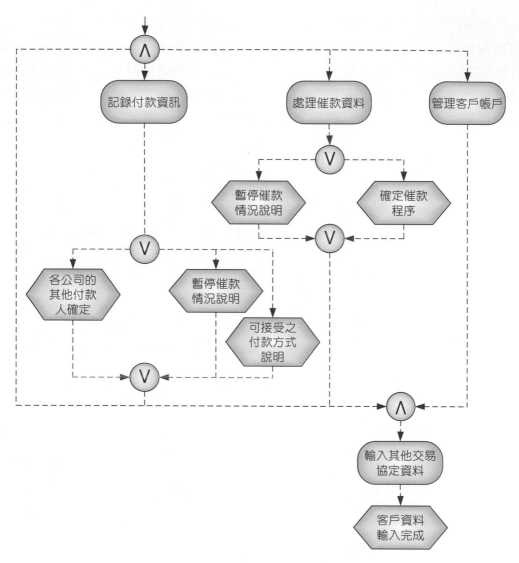

圖 7-4　客戶資料建立與維護流程

7.3.5　應付帳款管理

　　應付帳款管理及應收帳款管理是財會業務非常重視的工作項目，任何應付帳款到期時，若公司沒有足夠的現金來付款，公司便可能面臨舉債付利息來償還帳款或逾期未付帳款等影響公司信用的窘境，因此，如何在企業永續營運的活動中，隨時記錄有關現金收入的應收帳款以及有關現金支出的應付帳款的增減，並在到期日執行催收款或付款的作業，是任何企業都非常重視的財會業務。以下兩個小節將說明 ERP 系統的應付帳款付款流程與應收帳款的催收款流程。

　　應付帳款是企業的一項流動負債，企業應付帳款管理績效影響企業財務流通能力甚鉅，因此財務會計流程非常重視應付帳款的付款規劃與執行。通常供應商會提供一些三天或十四天內付現採購折扣優惠方案，或是分期付款等付款條件，此時，財會部門的應付帳款管理人員就必須依照企業的現金流量以及資金利率成本等考量因素來決定各項應付帳款的付款方式及時間。也可以指定 ERP 系統按照預先設定好的條件依照帳款到期日的日期來自動付款。我們可以圖 7-5 的範例來說明應付帳款付款流程。

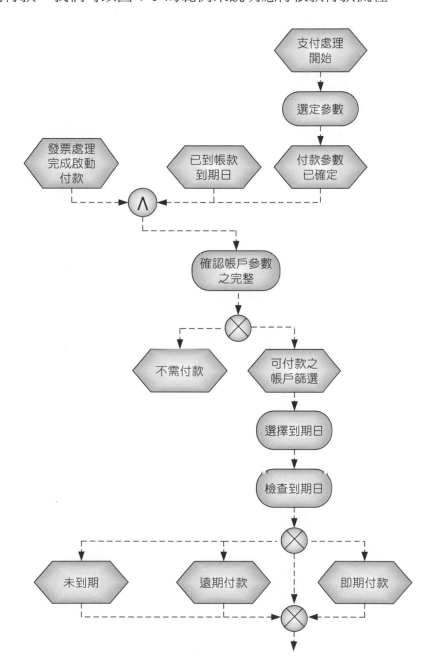

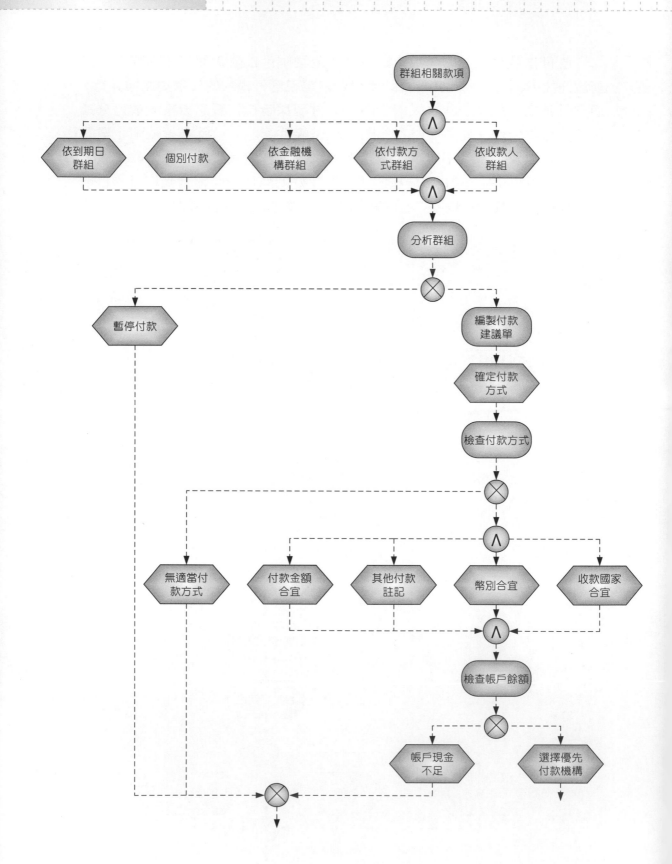

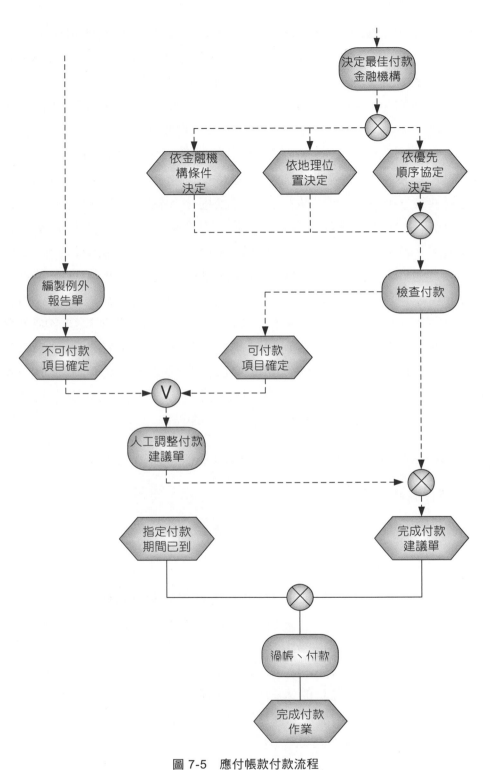

圖 7-5　應付帳款付款流程

　　圖 7-5 的範例中顯示當財會業務人員參考各個供應廠商所提供的交貨及付款條件、企業的變現能力及財務流動率、金融機構的貸款利率及景氣循環現況來決定自採購驗收活動中啟動的應付帳款事件付款的頻率及付款方式。一般付款的頻率可以是指定日期付款或人為隨時付款。定期付款方式通常是財會業務人員每兩週或每月檢核一下到期或將在下一個付款日前到期的應付帳款項目，並依其權限進行付款作業。隨時付款方式則是企業的財會部門人員依照供應廠商的需求，隨時準備付款。隨時付款方式可以不定期隨時執行，也可以一天執行多次付款程序。因此，隨時付款方式之財會人力資源耗費的成本較高，較不建議重視企業人力資源工作效率及效能的公司採用。在實務運作中，若供應廠商提供貨到三日或十日內付款的折扣優惠時，除非公司的現金不夠、財務流動率不足、或是預期有其他更重要的現金用途時，否則，公司大都會把握繳款優惠期限來付款，以取得付款折扣的優惠。當公司進行營運活動採購原物料項目眾多，往來廠商數目多，各筆應付帳款款項金額及到期日差異大時，ERP 系統的應付帳款管理模組便可以幫助財會業務人員在到期時日自動付款，一方面不會發生帳款逾期未付，影響企業聲譽及信用的窘境，另一方面又可把握現金折扣的優惠，幫助企業開源節流，降低成本，提昇企業競爭力。

一般 ERP 系統的應付帳款管理模組處理流程有以下三個步驟：

(1) 編列付款建議單。

(2) 執行付款交易及財會分錄記錄、過帳。

(3) 列印相關文件及表單。

　　在 (1) **編列付款建議單**階段時，首先系統參照各個應付帳款款項的到期日及付款優惠條件來編制本次建議付款名單。然後決策者或業務人員再以系統建議的名單為基礎，進行停止付款、不同的付款方式、或付款時日等項目的人為調整。實務上常見的付款方式有支票付款、匯票付款、轉帳付款等方式。企業可以依照現有的人力資源多寡、人力資源專長、現金管理策略、以及金融機構提供的服務品質與費用來選定最佳的付款方式，不必拘泥於系統參數建議的付款方式。

在 (2) **執行付款交易及財會分錄記錄、過帳時**，系統可以依照上一階段業務人員已在系統線上調整後的付款建議單內容，進行付款交易，並同時將公司的現金餘額及應付帳款餘額減少。此處所記錄的會計分錄應該同時更新會計總帳之會計科目以及明細分類帳的各供應廠商的明細科目。

在 (3) **列印相關文件及表單**階段，系統自動列印各種相關報表及文件，如付款支票或通知銀行轉帳明細書等文件，以完成付款作業。

7.3.6　應收帳款管理

應收帳款是企業的一項流動資產，企業應收帳款管理績效影響企業財務流通能力極大。有時候，應收帳款管理不當時，甚至會出現帳款無法催討成功的呆帳，因此財務會計流程非常重視應收帳款的催繳規劃與執行。然而，應收帳款管理流程與應付帳款管理流程最大的差異在於後者的處理流程主控於己，而前者通常受制於人，由客戶主動決定何時以哪種付款方式支付多少金額的款項。所以，企業常常會提供一些三天或十天內付現採購折扣優惠方案，或是分期付款等付款條件供客戶選用來鼓勵客戶配合公司現金管理策略付款。此時，**財會部門的應收帳款管理人員就必須依照客戶的信用等級、企業的現金流量以及資金成本等考量因素來決定各個客戶的應收帳款的付款條件。**更可以指定 ERP 系統按照預先設定好的條件依照帳款到期日的日期來自動催繳。我們可以圖 7-6 的範例來說明應收帳款管理流程。

圖 7-6 的範例中顯示當財會部門收到客戶寄來的支票或是轉入公司的帳款時，必須依照客戶指示來結算明細分類帳客戶指定的應收帳款內容、餘額以及會計總帳應收帳款科目餘額。倘若客戶未註明支付的款項是支付哪些貨款金額時，財會人員應主動徵詢客戶的意見，然後據此記錄會計分錄並由系統自動過帳。若是客戶無法指定支付項目或授權我們的業務處理人員代為處理時，財會人員則可自該客戶現有的各筆應收帳款中依照先欠先還原則、取得折扣付現原則、帳款到期日最接近付款日原則、帳款金額最接近付款金額原則、其他交易雙方協定之原則等原則來進行應收帳款收款業務處理，並通知客戶處理後的更新餘額，以維繫良好的客戶關係。

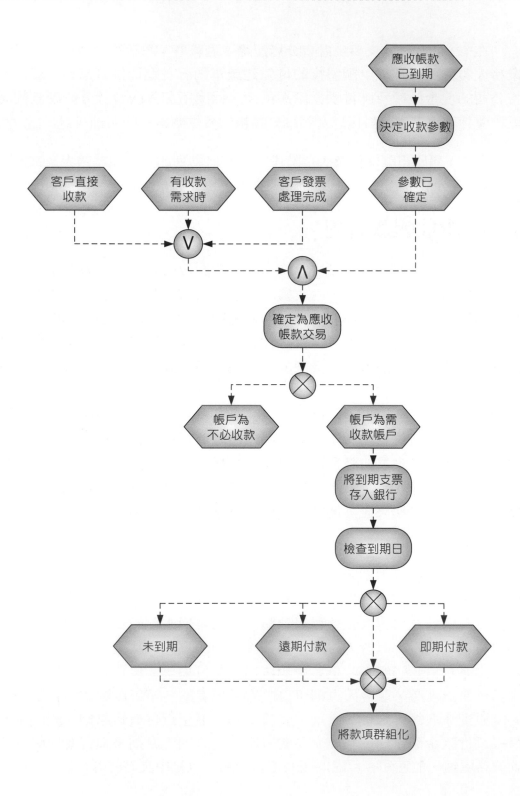

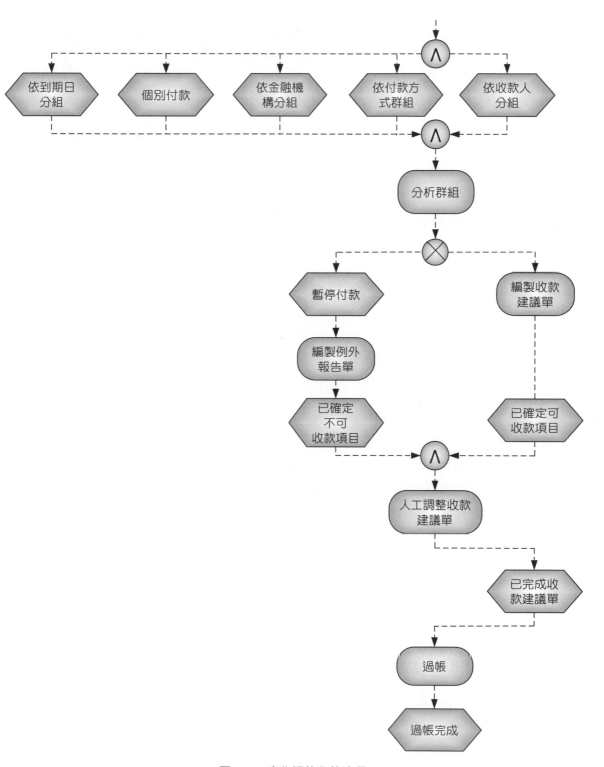

圖 7-6　應收帳款收款流程

7.4 ERP 財務會計模組在 ERP 系統扮演的角色

7.4.1 ERP 財務會計模組是所有 ERP 模組中必要且優先選項

實務上，企業購置 ERP 系統後可以採用一次導入的策略或是分階段導入的策略。因為 ERP 系統龐大、模組多，採用一次導入全部 ERP 模組的企業，常常須要仔細規劃資源在各模組間的分配。但無論如何，財務會計模組導入、上線的投入，通常是最重要且必須優先考慮的選項。另外，實務上有一些企業購置 ERP 系統後，常常會依照其資源多寡的情況，將 ERP 系統各模組分階段上線運作。而在企業分階段上線運作 ERP 系統時，其財務會計模組必是第一階段名單內的模組。原因是經理人只能從財務會計模組產生的財務報表分析並解讀企業的獲利模式的變化。

ERP 系統主要是為了幫助企業經營管理者，以企業整體資源為規劃主體，進行各項業務活動之決策規劃及執行成效管理，而建置的一套資訊系統，因此，在理想的 ERP 系統運作環境中，企業財會模組與 ERP 系統中的其他模組有資訊整合及流程整合的關係。一般而言，ERP 財會模組負責詳實地記錄與彙報企業中各模組的所有經濟事件及其成果效益。因此，ERP 財會模組所產生的報表也被視為 ERP 其他作業流程的工作成績報告表。

如前節所言，所有的企業，不論企業規模大或小，不管是製造業或是服務業，也不管是傳統產業或是新興高科技產業，都必須設計一套完善的會計制度來衡量、記錄、蒐集企業各項營運活動資料。

7.4.2 其他 ERP 模組必須與 ERP 財務會計模組連結

ERP 系統強調資料整合與工作流程整合，財務會計模組與 ERP 其他作業模組更是息息相關。我們以一般大型企業所使用的 ERP 系統 SAP R/3 為例來說明 ERP 財會模組與其他 ERP 模組的關係。當物料管理模組 (Materials Management, MM) 因為缺料而向供應商訂購原料，接著當供應商將原料運送入庫，驗收完成之後，ERP 系統即自動記載此交易事件的會計分錄，並

同時記入應付帳款分類帳戶中，留待財會模組來處理有其應付帳款管理等後續作業。

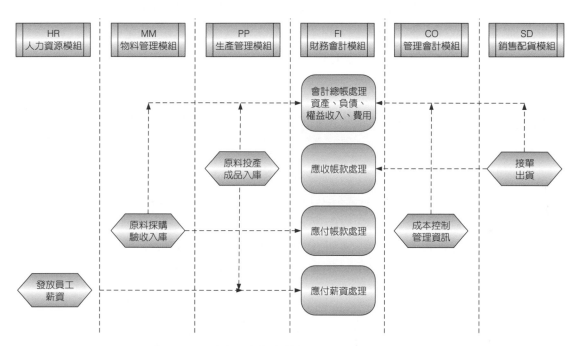

圖 7-7　財務會計模組與其他 ERP 系統模組的關係

　　由圖 7-7 的例子可知，在理想的 ERP 系統的運作中，銷售模組 (Sales and Distribution, SD) 的交貨事件會自動啟動更新應收帳款會計分錄及分類帳戶。事實上，當銷售模組 (SD) 的交貨事件自動啟動更新應收帳款會計分錄及分類帳戶時，存貨管理模組 (Inventory Management, IM) 中的存貨也會因為此一交貨事件而發生成品存貨減少的情況，自然也就應該同時更新財務會計模組中所記載的成品存貨價值。物料管理模組 (Materials Management, MM) 的訂購原物料驗收完成時，事件會自動記載此交易事件的會計分錄於 ERP 系統中的資料庫，並同時記入資料庫之應付帳款分類帳戶中。同樣地，當物料管理模組 (MM) 的驗收入庫事件自動啟動更新應收帳款會計分錄及分類帳戶時，我們可以以圖 7-7 的例子來說明財務會計模組與其他 ERP 系統模組息息相關的關係。

存貨管理模組 (IM) 中的存貨也會因為此一驗收入庫事件而發生原物料存貨增加的情況，自然也就應該同時更新了財務會計流程中所記載的原物料存貨價值。若企業同時採用 ERP 系統的人力資源模組 (Human Resource, HR) 時，則人力資源模組發放員工薪資時，也會自動更新應付薪資會計分錄及其相關分類帳戶，並同時更新薪資費用。

7.5 ERP 財務會計模組與事業分析

一個事業的價值決定於該事業經營實力的大小。企業經理人應定期進行事業分析 (Business Analyses)，以確保其事業模式 (Business Model) 能持續積累經營實力，並為股東及所有利害關係人創造價值。事業模式包含彙總內在經營決策的營運模式與量化外在經營實力的獲利模式。營運模式、經營實力與獲利模式三者組成因素之間存在一對一的對應關係 (One on one Mapping)。

獲利模式隱藏在 ERP 財務會計模組所產出的財務報表之中。忠實表達一個事業的經營績效與財務狀況的財務報表是企業經理人分析企業經營實力的主要資訊來源。7.5.1 小節先介紹「8 十[7]營運模式」與企業經營實力及其量化指標的框架，並說明三者組成要素之間的對應關係。7.5.2 小節應用宏致電子 2017-2021 財務報表[8]作為分析企業經營實力變化的範例。

7.5.1 「8 十營運模式」與「8 十經營實力」

本節介紹 ERP 財務會計模組可即時提供企業經理人分析一個企業的事業模式 (Business Model) 所需要的財務資訊。在快速變化的外部環境，企業要維續其競爭優勢必須定期分析自己的事業模式，並評估事業模式是否還適用在新的外部環境。

---

7 「8 十[®]」註冊商標權屬於大畏創新股份有限公司。為了讓讀者容易閱讀，「8 十[®]」的[®]僅在本處加註，其他部分則略去。

8 參閱 7.2.4 小節宏致電子 2017-2021 財務報表。

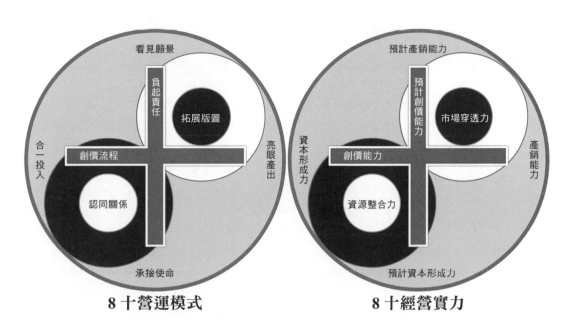

圖 7-8　「8 十事業模式」

資料來源：鄭漢鐔著，《演義孫子兵法的戰略沙盤 - 應用 8 十事業法則 ® 學習企業經營》，
中華 8 十事業模式學會出版，2022 年。

　　實務上，事業模式的定義眾多，其組成要素也各有不同。一個事業模式反映一家公司在一段期間的經營決策與經營實力的大小。8 十事業模式由內在的 8 十營運模式與外在，可量化的 8 十經營實力所組成，如圖 7-8 所示。8 十營運模式反映一個企業在一段期間所有內在經營決策與取捨；而 8 十經營實力是同一期間因內在營運決策所積累的外在競爭力。

　　透過 8 十營運模式與 8 十經營實力的組成要素存在一對一的動態關係。我們可以從 8 十經營實力的量化指標分析現行 8 十營運模式的缺失，並提出改善對策。或從預先規劃的 8 十營運模式，預測未來的 8 十經營實力與 8 十獲利模式。

　　圖 7-8 左邊的 8 十營運模式由兩個轉輪與一個十字所合成的圖像。8 十營運模式的八個組成要素，包括「負起責任」、「承接使命」、「看見願景」、「拓展版圖」、「認同關係」、「創價流程」、「整合投入」、以及「亮眼產出」等八大類的決策。這八大類決策的定義如表 7-2。

表 7-2　8 十營運模式的八大決策名稱與定義

八大決策名稱	八大決策定義
負起責任	設計公司的組織架構、確立決策權限與資源分配，擬定策略、編製預算，以達成使命並實踐願景。
承接使命	公司存在的意義在於為顧客、員工、投資人、通路商、供應商等利害關係人創造合理的價值。
看見願景	看見目標顧客現在和未來將經歷的困難，選擇產品開發的項目、時程，以滿足目標顧客的需求，同時獲得合理的投資報酬。
拓展版圖	面對產品市場的機會與威脅，選擇供貨市場、調整產品定價、廣告促銷，以擴大產品市場的穿透力。
認同關係	建立並強化顧客、通路商、員工、供應商、投資人等利害關係人的互惠關係，以提升資源整合力
創價流程	控制人力配置、原料投產、流程與產線管理的時間與力度，在既定的製造成本水平，創造最大的經濟附加價值。
合一投入	依據生產的時間與規模大小，取得並適當的人力、物力、資訊、科技等資源，並調整資本結構，以提升資本形成力。
亮眼產出	觀察產品市場的需求變化，調節產品庫存的數量和質量，同時維持並配置各產品市場適當的銷售力，以提升產銷能力。

7.5.2 量化企業經營實力的「8 十獲利模式」

圖 7-8 右邊為 8 十經營實力。8 十經營實力由預計預計創價能力、預計資本形成力、預計產銷能力、市場穿透力、資源整合力、創價能力、資本形成力、以及產銷能力等八個經營實力的要素所組成。這八個要素的定義及其量化指標說明如下：

預計創價能力 (Expected Strength of Value Creation)

對映 8 十營運模式的「負起責任」為 8 十經營實力的「預計創價能力」，而預計創價能力的量化指標為預計成本結構 (Expected Cost Structure)。成本結構可依功能別分為成本 (或銷貨成本) 與費用 (包括一般管理費用、行銷費用及研究發展費用)，也可依性質別分為固定成本與變動成本。如下列公式：

$$E(TC_t) = E(FC_t+VC_t) = E(COS_t+OE_t)$$

其中 COS_t 為第 t 期的營業成本，OE_t 為營業費用合計；FC_t 與 VC_t 分別為第 t 期的固定成本與變動成本；TC_t 為第 t 期的總成本。E( ) 為預計的代號。

預計創價能力的量化指標為成本與費用占營業收入的比率，其計算公式如下：

$$E(TC_t/Sales) = E(FC_t/Sales_t + VC_t/Sales_t)$$
$$= E(COS_t/Sales_t + OE_t/Sales_t)$$

其中 $Sales_t$ 為第 t 期的營業收入。成本與費用占營業收入的比率愈低表示企業的創價能力愈高。這裡的價值是指營業收入。

預計資本形成力 (Expected Strength of Capital Formation)

對映 8 十營運模式的「承接使命」為 8 十經營實力的「預計資本形成力」。實務上常用總資產 (Total Assets) 作為資本的衡量方式。令 A_t 為第 t 期的總資產，則它們的的計算公式如下：

$$A_t = CA_t + PPE_t + OOA_t = D_t + E_t$$

其中 CA_t、WC_t、PPE_t 與 OOA_t 分別為第 t 期的流動資產 (Current Assets)、營運資金 (Working Capital)、廠房設備 (Properties, Plants & Equipment) 與其他營運資產 (Other Operating Assets)；D_t 與 E_t 分別為第 t 期的負債 (Interest Bearing Debt) 與股東權益 (Owners' Equity)。

從股東與債權人的觀點，假設公司不對外舉債，也不對外募集權益資金，則經過一個會計期間之後，公司第 t 期的預期資本為期初的資本加上當期的營業淨利，則預期資本也可以用下列兩式表達：

$$E(A_t) = A_{t-1} + E(EBIT_t)$$

其中 $EBIT_t$ (Earnings Before Interest and Taxes) 為第 t 期的營業淨利（或息前稅前盈餘）。$EBIT_t$ 的計算公式如下：

$$EBIT_t = NI_t + I_t + T_t = Sales_t - TC_t + I_t + T_t$$

因此，從股東與債權人的觀點，預計資本形成力的量化指標為總資產報酬率 (Return on Equity, ROA)，其計算公式如下：

$$ROA_t = EBIT_t / TA_t = (EBIT_t / Sales_t) *(Sales_t / TA_t)$$

$$ROE_t = NI_t / E_t$$

其中 ROA_t 為第 t 期的資產報酬率 (Returns on Assets)。

預計產銷能力 (Expected Strength of Production and Selling)

對映 8 十營運模式的「看見願景」為 8 十經營實力的「預計產銷能力」，而預計產銷能力的量化指標為預計營業收入 (Expected Revenues)。假設一家公司有三種主力產品，包括 PA、PB、與 PC。這三種產品銷售到兩大市場，新興市場 (M1) 與發達市場 (M2)。則這家公司第 t 期的預計營業收入的計算公式如下：

$$E(Sales_t) = E(Sales_{PAM1} + Sales_{PAM2} + Sales_{PBM1} + Sales_{PBM2} + Sales_{PCM1} + Sales_{PCM2})$$

市場穿透力 (Strength of Market Penetration)

對映 8 十營運模式的「拓展版圖」為 8 十經營實力的「市場穿透力」，而市場穿透力的量化指標為營收成長率。實務上常用年複合營業收入成長率 (Compound Annual Growth Rate, CAGR) 作為公司成長率的衡量指標。假設公預期在未來 5 年將使用相同的事業模式，且最近一年 (第 0 年) 的營業收入為 S_0，第 5 年的營業收入為 S_5，則第 5 年營業收入的計算公式如下：

$$S_5 = S_0 *(1+CAGR)^5$$

假設第 0 年營業收 S_0 為新台幣 1,000,000 元，CAGR 為 20%，則第 5 年的營業收入為 S_5 為新台幣 1,000,000 元乘上 1.20 的 5 次方，等於新台幣 2,488,320 元。如果未來 5 年的營業收入以定額增加的方式成長，即在未來 5 年每年以 (2,488,320 元 - 1,000,000 元)/5=297,664 元，下表為未來 5 年的營業收入的預測金額與各別年度的年營業收入成長率 (Annual Growth Rate of Sales, AGR)。

表 7-2　預測未來 5 年的營業收入

年	0	1	2	3	4	5
營業收入，$Sales_t$	1,000,000	1,297,664	1,595,328	1,892,992	2,190,656	2,488,320
營收成長率，AGR_t	NA	29.77%	22.94%	18.66%	15.72%	13.59%

資源整合力

對映 8 十營運模式的「認同關係」為 8 十經營實力的「資源整合力」。企業所用的資源都來自其利害關係人，包括顧客、通路商、員工、股東、債權人、供應商。顧客提供訂單，通路商提供銷售平台，員工提供人力資源，股東和債權人提供企業所需的資金。

長期使用的資源是資產，短期內轉化成產品或服務的資源是成本或費用。為了簡化說明，本章採用 ROA 作為資源整合力的量化指標 [9]，而 ROA 可拆解成營業淨利率 (EBIT/Sales) 與資產周轉率 (Sales/A)。其中 EBIT/Sales 可再拆解如下：

$$EBIT/Sales = (Sales-COS-OE)/Sales$$
$$= 1 - COS/Sales - OE/Sales$$

其中 COS 為營業成本，其組成要素包括原料、人工及製造費用；OE 為營業費用，其組成要素包括管理費用、銷售費用及研發費用。上述各項成本及費用是資源的短期應用。企業若能整合愈好的原料、人工和技術，就能在既定的營業收入，以較低的成本或費用創造較高的營業淨利。

另一方面，Sales/A 是資源使用於創造營業收入的長期應用，例如土地、廠房設備、轉投資和無形資產。企業若能整合品質和功能愈好的資產，創造的營業收入愈大。總而言之，愈能獲得上述利害關係人認同的企業，就愈能整合可用於創造營收和獲利的資源。

---

9 資源整合力與資本形成力的量化指標有三種，包括 ROE、ROA、ROIC，參閱本章延伸閱讀。

創價能力 (Strength of Value Creation)

　　對映 8 十營運模式的「創價流程」為 8 十經營實力的「創價能力」，而創價能力的量化指標為成本結構。如前面所述，成本結構可以按功能別分為營業成本與營業費用，前者為企業為提供產品或服務主要活動而發生的成本，例如，製造業在製造產品過程中必須發生的直接原料、直接人工與製造費用；而後者為伴隨主要活動的輔助活動提升效益和效率而發生的費用，包括管理、銷售與研發費用。另外，成本結構也可以按性質別分為固定成本與變動成本。如果按功能別劃分成本結構，則成本結構的計算公式參閱上述預計創價能力的計算公式。

資本形成力 (Strength of Capital Formation)

　　對映 8 十營運模式的合一投入為 8 十經營實力的資本形成力，而資本形成力的量化指標為營業淨利率與資本周轉率。如果以股東權益作為資本的基礎，則資本形成力的量化指標包括股東盈餘分配比率 (NI/EBIT)、財務槓桿 (A/E)、營業淨利率 (EBIT/Sales) 與資產周轉率 (Sales/A)。如果以總資產作為資本的基礎，則資本形成力的量化指標為營業淨利率與資產周轉率。如果以投入資本作為資本的基礎，則資本形成力的量化指標為營業淨利率與投入資本報酬率。

產銷能力 (Strength of Production and Selling)

　　對映 8 十營運模式的亮眼產出為 8 十經營實力的產銷能力，而產銷能力的量化指標為營業收入 (Revenues)。營業收入的來源包括既有產品在既有市場銷售的收入、既有產品在新市場銷售的收入、新產品在既有市場銷售的收入、以及新產品在新市場銷售的收入。其量化指標的計算公式參閱上述預計產銷能力的計算公式。

　　圖 7-9 匯總 7.5.2 小節說明的。8 十經營實力及其量化指標 8 十獲利模式。

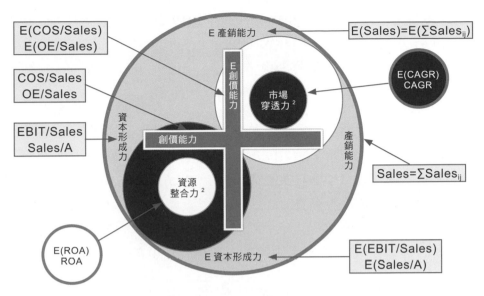

圖 7-9　「8十®經營實力」及其量化指標「8十®獲利模式」
資料來源：鄭漢鐔著，《演義孫子兵法的戰略沙盤 - 應用 8 十事業法則®學習企業經營》，
中華 8 十事業模式學會出版，2022 年。

7.5.3 宏致電子的「8十®獲利模式」

　　本小節將應用 8 十®獲利模式的框架分析 7.2.4 小節宏致電子 2016-2021 期間的財務報表，藉以檢視宏致電子從 2016-2018 週期過度至 2019-2021 週期企業經營實力的變化。

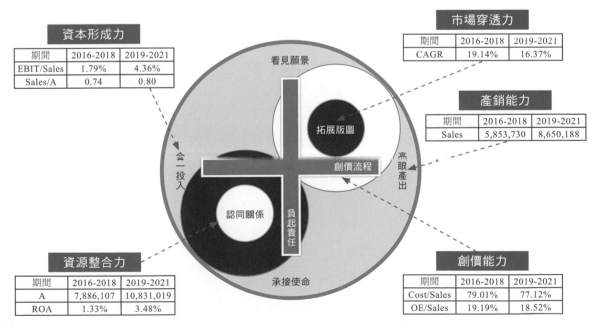

資本形成力

期間	2016-2018	2019-2021
EBIT/Sales	1.79%	4.36%
Sales/A	0.74	0.80

市場穿透力

期間	2016-2018	2019-2021
CAGR	19.14%	16.37%

產銷能力

期間	2016-2018	2019-2021
Sales	5,853,730	8,650,188

資源整合力

期間	2016-2018	2019-2021
A	7,886,107	10,831,019
ROA	1.33%	3.48%

創價能力

期間	2016-2018	2019-2021
Cost/Sales	79.01%	77.12%
OE/Sales	19.19%	18.52%

圖 7-10　宏致電子 2016-2018 vs2019-2021 經營實力比較

　　圖 7-10 顯示宏致電子在 2016-2018 與 2019-2021 這兩個生命週期持續維持強大的市場穿透力，市場穿透力的量化指標 CAGR 分別為 19.14% 與 16.37%。產銷能力的量化指標為營業收入。2019-2021 年平均營業收入為 8,650,188 千元高於 2016-2018 的 5,853,730 千元。

　　創價能力的量化指標為營業成本占比與營業費用占比。宏致電子 2019-2021 營業成本占比與營業費用占比分別為 77.12% 與 18.52%，都小於 2016-2018 營業成本占比與營業費用占比，79.01% 與 19.19%。資本形成力的量化指標為營業淨利率 (EBIT/Sales) 與資產周轉率 (Sales/A)。宏致電子 2019-2021 的營業淨利率與資產周轉率分別為 4.36% 與 0.80，也都大於 2016-2018 的營業淨利率與資產周轉率，2.86% 與 0.74。

　　資源整合力的量化指標為資產報酬率。宏致電子 2019-2021 的資產報酬率為 3.48%，大於 2016-2018 的資產報酬率，1.33%。2019-2021 與 2016-2018 這兩個生命週期的資產規模分別為 10,831,019 千元與 8,886,107 千元。

　　整體而言，宏致電子 2019-2021 所積累的經營實力明顯大於 2016-2018 所積累的經營實力。經營實力是企業投資價值的依託。經營實力愈高，企業投資價值也愈高。投資價值的高低會反映在公司的股票價格。從圖 7-11 為宏致電子 2016/01-2021/04 標準化股價走勢。2019-2021 期間的股價明顯高於 2016-2018 期間的股價 [10]。

---

10 圖 7-11 的股價是除息除權後的股價。標準化股價是以宏致電子 2009 年 5 月底的收盤價格為比較的基礎，宏致電子 2009 年 5 月底的收盤價格標準化為 1。

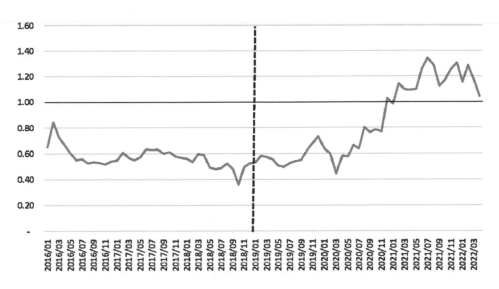

圖 7-11　宏致電子 2016/01-2021/04 標準化股價走勢

7.6 結論

從本章各節的說明，我們可以看到 ERP 財務會計模組可以為企業帶來三大效益：

7.6.1 提昇會計資訊處理的精確度與正確性

會計制度在企業中運作早已行之有年了。早期的作業方式是以人工作業為主，稱之為人工會計系統。在人工會計系統時期，會計資訊的處理主要是由財會人員透過各種型態的紙上作業所完成的。人工作業時期，為求工作效率及工作負擔的均衡，常常將交易憑證累積，或先謄寫在日記簿後，再定時批次將日記簿內的帳務資料過帳到總帳及個別分類帳後，定期進行試算、調整、結帳及編表等工作。只要其中有一項工作延誤，企業內外的資訊使用者就無法得到最即時、最正確的會計資訊。

資料由業務處理人員就源輸入後，財務會計模組再進行後續處理作業，減少會計人員誤解業務專業資訊的錯誤機率，更可以改善因人為疏失或惡意造成的錯誤資訊窘境。

7.6.2　提昇會計資訊處理的即時性

在 1950 年代，獨立作業型態的會計資訊系統便漸漸取代人工會計系統，將企業會計資訊處理納入數位化資料處理的版圖中。然而，獨立作業型態的會計資訊系統並未與企業中其他資訊系統流程整合，因此，同一個企業的經濟交易事件，多是由其他功能性部門處理一次後，再以書面方式通知會計部門人員進行會計流程，不但，延遲了企業整體資訊處理的時效性，更是浪費企業資訊系統輸入資源。

各業務模組的業務作業流程一旦涉及財務會計資料的狀態，便會在該作業事件執行的同時自動啟動更新 ERP 系統資料庫中的分錄及分類帳戶資料，達到資料就源擷取的境界，更可以節省企業工作人力，提昇工作效率。而且，資料一旦記錄在財務會計模組中，資訊的使用者即可隨時依自己需要的範圍及頻率擷取資訊，編制各項報表。

7.6.3　提供企業經營實力相關知識的建構與應用

任何企業的財務表都可以應用 8 十 ® 獲利模式的框架來分析並解讀。經理人必須具備解讀企業獲利模式的能力，透過分析企業獲利模式的變化，經理人可以了解企業營運模式所建立的經營實力是否在增強或在衰退。

此外，ERP 財務模組可以幫助企業準確並記錄並即時處理企業所有的營運決策產生的交易分錄，透過會計處理產生的財務報表。財務報表分析所獲得的獲利模式可以幫助企業經理人掌握當前的經營實力與經營實力的變化，進而擬定改善對策，達成提昇企業競爭力，為企業創造價值的目標。

整合的 ERP 系統可以財務與非財務報表給管理者，作為企業經理人的決策依據。以往，獨立運作型的資訊系統無法幫助企業經理人得知的交易事件對企業經營實力的影響。現在可以透過工作流程整合及資料整合的 ERP 系統匯出的資訊，尤其是 ERP 系統財務會計流程可以將企業的財務狀況與經營績效編製成各式報表，作為企業戰情室的重要資訊來源。

習 題

1.(　　) 下列何者為財務會計作業應付帳款付款處理流程？ (1) 編列付款建議單 (2) 執行付款交易及財會分錄記錄過帳 (3) 列印相關文件及表單

      A. 12　　　　　　　　　　　　　B. 13

      C. 123　　　　　　　　　　　　D. 23

2.(　　) 財會作業流程的階段順序為何？ (1) 確認 (2) 記錄分錄 (3) 過帳 (4) 試算 (5) 調整 (6) 結帳 (7) 編表

      A. 1342567　　　　　　　　　　B. 1243567

      C. 1234567　　　　　　　　　　D. 1452367

3.(　　) 下列哪一個是一般財會作業部份流程順序？ (1) 記錄分錄 (2) 試算 (3) 結帳 (4) 調整 (5) 過帳

      A. 12345　　　　　　　　　　　B. 14523

      C. 15243　　　　　　　　　　　D. 21543

4.(　　) 在財會作業模組中，當公司出貨扣帳完成後，下列哪些功能會被自動執行？ (1) 會計科目中的存貨價值同時減少 (2) 會計科目中的應收帳款同時增加 (3) 應收帳款明細帳同時減少 (4) 成本會計文件同時產生 (5) 原料採購單同時產生

      A. 123　　　　　　　　　　　　B. 124

      C. 245　　　　　　　　　　　　D. 345

5.(　　) 會計時間終了時，將預付保險費帳戶時間流逝而自然轉成保險費用，會計循環中此舉動稱為？

      A. 試算　　　　　　　　　　　　B. 調整

      C. 結帳　　　　　　　　　　　　D. 過帳

6.(　　) 下列何者為 ERP 系統的財務會計作業效益？

A. 提昇會計資訊處理的即時性

B. 提昇會計資訊處理的精確度與正確性

C. 提昇組織整體資訊應用與表達之多元性

D. 以上皆是

7.(　　) 在 ERP 系統中，針對會計總帳管理，下列何者敘述有誤？

A. 會計交易活動會依發生時間先後順序記錄會計總帳科目與明細分類帳科目

B. 所有交易科目需由會計人員輸入

C. 資產、負債及業主權益的會計總帳有期初餘額

D. 收益與費用科目期初餘額為零

8.(　　) 在企業所有投入的資源中，下列何者被稱為企業體系的血液？

A. 人力資源　　　　　　　　B. 技術資源

C. 財務經濟資源　　　　　　D. 以上皆非

9.(　　) 在財會作業模組中，企業訂定會計期間時可以參考？

A. 歷年制度　　　　　　　　B. 營運活動的淡旺季

C. 法規規定　　　　　　　　D. 以上皆是

10.(　　) 下列何者不是 ERP 系統財會模組的主要目的？

A. 提供分析的資訊　　　　　B. 提供正確的資訊

C. 提供即時的資訊　　　　　D. 提供彙總的資訊

11.(　　) 在 ERP 系統財會作業流程中，有關結帳作業，下列何者描述錯誤？

A. 將各項收入及費用會計科目結清

B. 將各項資產及負債會計科目結清

C. 常常在會計期間終了時進行

D. 結帳目的是為了釐清各期績效權責

12.(　　) 在財會作業模組中，下列敘述何者有誤？

A. 銷或模組的交貨事件會自動啟動更新應收帳款會計分類帳戶

B. 人力資源模組發放員工薪資會自動啟動更新應付薪資會計分類帳戶及更新薪資費用

C. 存貨管理模組因交貨事件會自動啟動更新成品存貨價值

D. 物料管理模組的訂購原物料驗收完成時會自動啟動更新應收帳款會計分類帳戶

13.(　　) ERP 銷售模組 (SD) 的交貨事件成立時下列何者為非？

A. 財會模組 (FI) 中的應收帳款會計分錄之更新自動啟動

B. 財會模組 (FI) 中的應付帳款會計分錄之更新自動啟動

C. 存貨管理模組 (IM) 中的存貨會減少

D. 財會模組 (FI) 中的收益總帳科目會增加

14.(　　) 在 ERP 系統財會作業流程中，結帳階段工作的主要目的？

A. 調整會計科目

B. 編製報表

C. 釐清各會計期間的績效權責

D. 以上皆是

15.(　　) 在 ERP 系統中，下列何項是財會作業的特色？

A. 不是必備的業務

B. 以人為方式訂定會計期間

C. 只須符合企業內部管理者需求

D. 為機密內容，不能洩漏給企業以外的人得知

16.(　　)ERP系統中財會作業流程階段裡的過帳階段，主要目的是？

A. 將日記簿的分錄轉記到總帳以及分類帳去

B. 將傳票的內容成立分錄

C. 將不符合現實狀況的資產結構調整

D. 將臨時科目結清

17.(　　)在財會作業模組中，有關企業營運活動下基本資料建立與維護的敘述，下列何者正確？

A. 供應廠商的資料由業務建立

B. 客戶資料由採購人員建立

C. 供應商明細帳的會計科目由採購人員建立

D. 會計科目以及代碼由研發部門建立

18.(　　)在ERP系統中，哪一模組產生的財務報告被視為是ERP系統的成績報告單？

A. 配銷模組　　　　　　　　　　B. 物料管理模組

C. 財會模組　　　　　　　　　　D. 存貨管理模組

19.(　　)在ERP系統財會作業流程中，對於結帳下列敘述何者正確？

A. 將資產、負債等實帳戶科目結清

B. 將收入、費用等虛帳戶科目之本期期末餘額結轉為下期之期初餘額

C. 常常在會計期中時進行

D. 結帳的目的是為了釐清各會計期間的績效權責

20.(　　)財會模組主要處理會計總帳事項、應付帳款處理、應收帳款處理、應付薪資處理，其中應收帳款處理會與哪一模組有直接連動關係？

A. 物料管理模組　　　　　　　　B. 生產管理模組

C. 銷售模組　　　　　　　　　　D. 人力資源模組

21.(　) 當 ERP 系統運作中，配銷模組 (SD) 的銷貨交貨事件會自動啟動更新？

　　A. 應付帳款處理　　　　　　　B. 應付薪資處理

　　C. 應收帳款處理　　　　　　　D. 應付費用處理

22.(　)下列關於資產負債表的敘述，何者不正確？

　　A. 報導企業的內在真實價值

　　B. 報導企業的流動性

　　C. 反應企業的財務結構

　　D. 評估企業的經營績效

23.(　)以下何者非為費用分類的基礎？

　　A. 性質類別　　　　　　　　　B. 時間長短類別

　　C. 功能類別　　　　　　　　　D. 以上皆是

24.(　)IFRS 之下，綜合損益表將不再認列？

　　A. 非常損益及其他綜合損益

　　B. 會計原則變動累積影響數及其他綜合損益

　　C. 非常損益及會計原則變動累積影響數

25.(　)綜合損益之組成要素不包含下列哪一項？

　　A. 財務成本　　　　　　　　　B. 其他綜合損益

　　C. 停業單位損益　　　　　　　D. 非常損益

26.(　)企業衡量公允價值的要件包括？ a. 衡量標的、b. 衡量標的的使用、c. 交易市場、d. 評價技術。

　　A. abc　　　　　　　　　　　B. abd

　　C. bcd　　　　　　　　　　　D. abcd

27.(　　) 依據國際會計準則理事會 (International Accounting Standard Board, IASB) 於 2001 年所採用的財務報表編制及表達之架構，財務報表之目的在提供對於廣大使用者作成經濟決策有用的資訊包括？ a. 與企業財務狀況有關的資訊、b. 與企業績效有關的資訊、c. 與企業財務狀況變動有關的資訊

　　A. b　　　　　　　　　　B. bc

　　C. ac　　　　　　　　　　D. abc

28.(　　) 在 IFRS 規範下，財務會計作業主要的目的在於將企業營運對企業價值創造的狀況忠實地報導給報表使用者。企業價值資訊的揭露重心在於？

　　A. 綜合損益表　　　　　　B. 股東權益變動表

　　C. 資產負債表　　　　　　D. 現金流量表

29.(　　) 下列敘述何者為正確？

　　A. 企業分階段導入 ERP 系統時，財務會計模組必是第一階段名單內的模組

　　B. 財務會計模組能提供診斷企業營運模式健全性的關鍵指標

　　C. 「8 十營運模式」與「8 十經營實力」，垂直線與資源規劃有關，水平線與資源轉化有關

　　D. 以上皆是

30.(　　) 「8 十營運模式」的組成要素中，哪兩個要素最直接回應企業經營空間與時間環境的變化？

　　A. 承接使命與合一投入

　　B. 認同關係與拓展版圖

　　C. 負起責任與創價流程

　　D. 看見願景與亮眼產出

31.(　　　)「8十營運模式」與「8十經營實力」兩個模式的組成要素存在一對一的關係，下列敘述何者為正確？

A. 認同關係 對應 市場穿透力

B. 合一投入 對應 資本形成力

C. 創價流程 對應 產銷能力

D. 亮眼產出 對應 資源整合力

32.(　　　)下列何者為資本形成力量化指標？

A. 營業成本佔營業收入比率

B. 營業費用佔營業收入比率

C. 年複合營收成長率

D. 營業淨利率與資產周轉率

延伸閱讀

實務上常用的資本報酬率包括 ROE、ROA、ROIC 等三種。

從狹義的投資人觀點,股東是公司的唯一投資人,股東權益是公司的唯一資本來源。預計資本形成力的量化指標為股東權益報酬率 (Return on Equity, ROE),其計算公式如下:

$$ROE_t = NI_t / E_t$$

其中 ROE_t、NI_t、E_t 分別為第 t 期的淨利 (Net Income)、股東權益 (Stockholders' Equity)、股東權益報酬率 (Returns on Equity)。

公司公司的年度淨利的計算方式如下:

$$NI_t = Sales_t - TC_t + II_t - FC_t - CI_t - T_t$$

其中 $Sales_t$、TC_t、II_t、FC_t、CI_t、T_t 為分別為第 t 期的營業收入 (Sales)、總成本 (Total Cost)、利息收入 (Interest Income)、財務成本 (Financial Cost)、其他綜合損益 (Comprehensive Income)、所得稅費用 (Income Tax Expenses)。

從營運模式的角度思考,企業應用全部營業資產作為創造營收和獲利的基礎,企業除了運用股東投資的股東權益資本,企業會應用財務槓桿向債權人舉債,作為營業活動與投資活動所需要的資金需求。從廣義的投資人觀點,股東不是公司的唯一投資人,債權人也是提供資金給公司的投資人。因此,股東權益與負債是公司的兩大資本來源。實務上常用總資產 (Total Assets, A) 或投入資本 (Invested Capital, IC) 作為資本的衡量方式。令 A_t 與 IC_t 分別為第 t 期的總資產與投入資本,則它們的的計算公式如下列兩式:

$$A_t = CA_t + PPE_t + OOA_t = DNI_t + D_{It} + E_t$$
$$IC_t = WC_t + PPE_t + OOA_t = DI_t + E_t$$

其中 A_t、CAt、PPE_t 與 OOA_t 分別為第 t 期的總資產、流動資產 (Current Assets, CA)、營運資金 (Working Capital, WC)、廠房設備 (Properties, Plants & Equipment, PPE) 與其他營運資產 (Other Operating Assets, OOA)；DNI_t、DI_t 與 E_t 分別為第 t 期的非付息負債 (Non-Interest Bearing Debt, DNI)、付息負債 (Interest Bearing Debt, DI) 與股東權益 (Owners' Equity)；IC_t、WC_t 為第 t 期的投入資本與營運資金 (Working Capital, WC)。

從股東與債權人的觀點，假設公司不對外舉債，也不對外募集權益資金，則經過一個會計期間之後，公司第 t 期的預期資本為期初的資本加上當期的營業淨利，則預期資本也可以用下列兩式表達：

$$E(A_t) = TA_{t-1} + E(EBIT_t)$$
$$E(IC_t) = IC_{t-1} + E(EBIT_t)$$

其中 **$EBIT_t$**(Earnings Before Interest and Taxes) 為第 t 期的營業淨利 (或息前稅前盈餘)。$EBIT_t$ 的計算公式如下：

$$EBIT_t = NI_t + I_t + T_t = Sales_t - TC_t + I_t + T_t$$

因此，從股東與債權人的觀點，預計資本形成力的量化指標為總資產報酬率 (Return on Equity, ROA) 或投入資本報酬率 (Return on Equity, ROIC)，其計算公式如下：

$$ROICt = EBIT_t / IC_t$$

其中 **ROICt** 為第 t 期的投入資本報酬率 (Returns on Invested Capital)。**ROICt** 可拆解成 $(EBIT_t / Sales_t) *(Sales_t / IC_t)$

$$ROAt - EBIT_t / TA_t$$

其中 **ROAt** 為第 t 期的資產報酬率 (Returns on Assets)。

參考文獻

[1] IASB，《財務報表編製及表達之架構》正體中文版，2001。

[2] IASB，IAS 1《財務報表之表達》正體中文版，2007。

[3] IASB，IFRS 1《首次採用國際財務報導準則》正體中文版，2008。

[4] IASB，IFRS 13 Fair Value Measurement，2011。

[5] 安永聯合會計師事務所，《國際會計準則財務報表範例》，2010。

[6] 香港中國移動 2010 年度年報。

[7] 顧裔芳、范懿文、鄭漢鐔，《會計資訊系統》，三民書局，2001。

[8] 鄭漢鐔，《演義孫子兵法的戰略沙盤 - 應用 8 十事業法則®學習企業經營》，中華 8 十事業模式學會出版，2022 年。

[9] Hall, J. Accounting Information Systems, West Publishing Co., 1995.

[10] Moscove, S. A., Simkin, M. G., & Bagranoff, N. A., Core Concepts of Accounting Information Systems, John Wiley & Sons, Inc., 1997.

[11] SAP R/3 Process-oriented Implementation, Addison Wesley Longman, 1998.

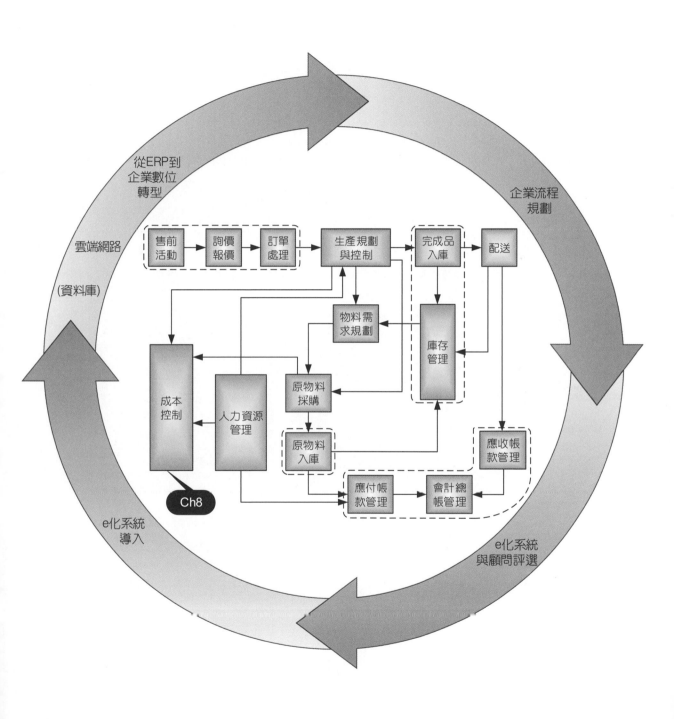

08

成本控制模組

蔡文賢 博士　國立中央大學企業管理學系特聘教授

學習目標

☑ 瞭解管理會計之意義與範圍

☑ 瞭解管理會計探討之課題與ERP模組之關係

☑ 瞭解管理會計提供產品與各種成本標的之成本資訊的方法

☑ 瞭解管理會計提供規劃與控制資訊的方法

☑ 瞭解管理會計提供決策資訊的方法

☑ 瞭解ERP CO模組之性質

☑ 瞭解ERP CO模組之內容及其副模組間之關係

財務會計 (Financial, FI) 模組的最終目的係編製對外發佈之財務報表，而成本控制 (Controlling, CO) 模組則是以內部管理會計的觀點來提供財務資訊。管理會計係提供管理一家公司所需之會計資訊，包括： (1) 產品成本計算 (Product Costing) 之資訊； (2) 規劃與控制 (Planning and Control) 之資訊； (3) 決策 (Decision Making) 之資訊。由於 ERP 系統具有「整合」 (Integration) 與「即時」 (Real Time) 之兩大特性，故在 CO 模組與 ERP 其他模組緊密整合的情況下，將可即時提供各階層管理者所需的管理會計資訊。CO 模組屬於一種觀念性設計，它須依據企業之管理情況與對會計資訊之需求來設計。

CO 模組與 ERP 其他模組不同，它並不在於強調企業交易流程之自動化，而需自 ERP 其他模組取得分析所需的資訊。CO 模組不僅可支援成本管理，亦可提供許多獲利性報導之相關功能。由於這些性質，本章所介紹的 CO 模組與本書其他各章之流程導向的介紹方式，有所不同。本章第一節將介紹管理會計之意義與範圍；第二節簡介管理會計之內容；第三節介紹 ERP CO 模組之性質；第四節介紹 ERP CO 模組之內容。事實上，CO 模組不像 FI 模組，它沒有公認的流程與範圍，每一 ERP 套裝軟體系統亦各有其不同的功能。然而，由於 SAP 公司的系統係現今較為完備之 ERP 系統，故本章將以 SAP 系統來說明 CO 模組之內容與運作。

8.1　管理會計之意義與範圍

會計資訊的使用者可劃分為如下三類：

1. 諸如投資人、金融機構、政府機構等之外部使用者，其使用企業組織所提供之會計資訊來制定有關該企業之決策。

2. 使用會計資訊於短期規劃與控制其例行性作業之內部管理者。

3. 使用會計資訊於非例行性決策 (例如：設備投資、產品訂價、產品是否繼續產銷等決策) 以及公司整體政策與長期計畫之制定的內部管理者。

企業對於外部使用者所提供的會計資訊通常為對外的財務報表，一般包括定期對外發佈之資產負債表、綜合損益表、權益變動表，以及現金流量表等。此為財務會計的任務，它是針對過去已發生之交易事項的實際

收入、費用與成本等貨幣性資料，依據國際財務報導準則 (International Financial Reporting Standards; IFRS) 來進行會計處理，並受法律、命令之限制而按公認形式來編製對外之財務報表，以報導整個企業組織之財務狀況與營業成果。

至於對內部管理者提供會計資訊，則是管理會計的任務。管理會計係針對未來將發生之內部例行性作業與非例行性決策，以及長短期計畫制定有關之貨幣與非貨幣性資料，依據企業自己管理規劃、控制與決策之需要來進行會計資料之彙集、處理與分析，並依據企業自訂的形式來編製對內的會計報告，以報導管理規劃、控制與決策有關之組織某些部分 (如某些產品、某些部門、某些地區等) 或組織整體的情況。所以，管理會計係指「為了協助內部管理者達成組織目標，而對其相關資訊進行辨識、衡量、彙集、分析、編製、解釋與溝通之過程」。

由以上說明可知，管理會計與財務會計有很大的不同，它不像財務會計有著公認的會計處理原則與固定的處理流程，而且管理會計重點在於提供非結構化決策所需的資訊。ERP 對管理會計之助益在於：ERP 可整合所有企業功能之作業與資訊系統，同時亦整合所有企業功能之資料，使資料有一致性，以致於 ERP 可即時提供管理決策有關之資訊。有了 ERP 系統，使得管理會計的一些想法，可獲致實現，譬如：管理人員過去要獲知各營業地區的營業情況，須經過一段資料呈報與彙總的時間才能得知，但在 ERP 系統之協助下，管理人員可在辦公室隨時由系統得知目前各營業地區、各產品、或各行銷通路之銷售量與營收情況，以便即時制定相關決策或決定問題處理方法。

然而，ERP 雖然是整合所有企業功能的資訊系統，但是 ERP 畢竟僅是能即時提供企業內部營運資訊的系統，對於短期例行性作業之規劃與控制，尚可即時提供整合性之決策資訊，但對於非結構化決策部分，則仍有賴於對該企業決策性質有所瞭解的人員來參與 ERP 系統之觀念性設計，並指引企業內部管理者如何來運用 ERP 系統所提供之即時性之整合資訊，以協助管理決策之制定與執行。

另一方面，管理會計資訊也須仰賴成本會計所提供之各種成本標的之成本資訊。成本會計所提供之產品有關的在製品存貨、製成品存貨與銷貨成本等成本資訊，則是製造業財務報表編製之基礎。這些資訊又無一不是

協助內部管理者達成組織目標所需要之資訊。所以，廣義之管理會計亦可包含財務會計與成本會計。然而，一般仍認為管理會計應提供三大類之資訊：(1) 產品 (或服務) 成本計算 (Product Costing) 之資訊；(2) 規劃與控制 (Planning and Control) 之資訊；(3) 決策 (Decision Making) 之資訊。依此一分類，吾人可將管理會計所探討之課題彙總於表 8-1，此表亦以 SAP 系統為例，列出與各管理會計課題有關之 ERP 模組。

表 8-1 所列之管理會計課題，大多與 CO 模組有關，而 CO 模組所處理之成本資料首先由財務會計 (FI) 模組過帳而來，同時亦需其他各模組來提供相關資料，故很多管理會計課題都與很多模組有關，而其相關程度須視個案公司之情況與問題範圍而定。表 8-1 之「有關之 ERP 模組」該欄僅列出與各該管理會計課題有明顯關係之模組。由表 8-1 也可看出，「產品成本計算」之課題大都與 CO 模組有關，而很多與「規劃與控制」與「決策」有關之管理會計課題則與多種 ERP 模組有關，此正顯示管理會計非結構化決策之性質。下一節將簡介表 8-1 所列之各項管理會計課題。

8.2 管理會計之內容

8.2.1 提供產品與各種成本標的之成本資訊

分批、分步與逆溯成本制

表 8-1 所列有關產品成本計算之課題主要係屬於成本會計之範圍。其中，分批、分步與逆溯成本制分別是在訂單式、連續性與及時式 (Just-In-Time; JIT) 等生產型態下適用之成本制度，意即不同的生產型態應使用不同的成本會計制度。然而，不論在哪一種成本會計制度之下，其製造業成本在會計帳戶間流動，均如圖 8-1 所示。製造業的工廠製造成本包括直接材料、直接人工與各項製造費用均與普通帳戶有關。**直接材料** (Direct Material) 係指形成最後製成品一部分的所有材料，通常是最後製成品可看得到的材料，譬如：四個輪胎、一套沙發椅、一片擋風玻璃與一具引擎等都是一輛汽車的直接材料；**直接人工** (Direct Labor) 係指將直接材料轉換為製成品而可直接歸屬於特定產品的人工，意即對產品生產製造有直接貢獻的人工；**製造費用** (Factory Overhead) 係指所有無法直接追溯於特定產品的

表 8-1　管理會計探討之課題與有關之 ERP 模組－以 SAP 系統為例

	管理會計探討之課題	有關之 ERP 模組 *
I.產品成本計算	1. 分批成本制 (Job Costing)	CO
	2. 分步成本制 (Process Costing)	CO
	3. 逆溯成本制 (Backflush Costing)	CO
	4. 作業成本制 (Activity-Based Costing)	ABC (in CO)，MM, PP, SD, HR
	5. 成本分攤 (Cost Allocations)	CO
	6. 成本習性分析 (Cost Behavior Analysis)	CO
	7. 變動（直接）成本法 (Variable Costing)	CO
II.規劃與控制	1. 成本數量利潤分析 (Cost-Volume-Profit Analysis)	CO, MM, PP, SD
	2. 標準成本制 (Standard Costing)	CO
	3. 預算編製 (Budgeting)	CO, FI, MM, PP, SD, HR
	4. 責任會計 (Responsibility Accounting)	CCA (in CO)
	5. 市場區隔報表 (Segment Reporting)	PA (in CO)
	6. 績效衡量 (Performance Measurement)	FI 與 CO（財務性指標）MM, PP, SD（非財務性指標）
	7. 存貨規劃與控制 (Inventory Planning and Control)	CO, MM
	8. 品質成本控制 (Quality Cost Control)	CCA, IOA, ABC (in CO)，QM
III.決策	1. 產品訂價 (Product Pricing)	PCC (in CO)
	2. 內部移轉計價 (Transfer Pricing)	CCA, ABC, PCA (in CO)
	3. 短期決策分析 (Short-term Decision Analysis)	FI, CO, MM, PP, SD, HR
	4. 資本支出決策 (Capital Budgeting)	FI, CO, MM, PP, SD, HR

* 本表所列 ERP 模組係以 SAP 系統為例，其全名及譯名為：

1. CO：Controlling, 成本控制（有著如下的副模組）
   (1) CCA：Cost Center Accounting, 成本中心會計
   (2) IOA：Internal Orders Accounting, 內部訂單會計
   (3) ABC：Activity-Based Costing, 作業成本制
   (4) PCC：Product Cost Controlling, 產品成本控制
   (5) PA：Profitability Analysis, 獲利能力分析
   (6) PCA：Profit Center Accounting, 利潤中心會計
2. FI：Financial Accounting, 財務會計
3. MM：Material Management, 物料管理
4. PP：Production Planning, 生產規劃
5. QM：Quality Management, 品質管理
6. SD：Sales and Distribution, 銷售與配銷
7. HR：Human Resources, 人力資源

製造成本，通常涵蓋直接材料與直接人工之外的工廠所發生的所有製造成本，包括間接材料、間接人工，以及其他間接成本 (如廠房租金、火災保險、工廠固定資產之折舊費用、維護修理費用、電費、廠長薪資費用等)。

就會計帳處理而言，投入生產之直接材料與直接人工可直接追溯於所生產之產品，而計入在製品帳戶。至於製造費用則以預計製造費用分攤率 (稍後介紹) 計算產品生產所應分攤之製造費用，而借記在製品帳戶、貸記已分攤 (配) 製造費用帳戶。此外，實際發生之製造費用則計入製造費用統制帳。所以，製造費用統制帳記錄實際發生之製造費用，而已分攤製造費用帳戶則是記錄以預計製造費用分攤率分攤給產品的製造費用，以示區別。

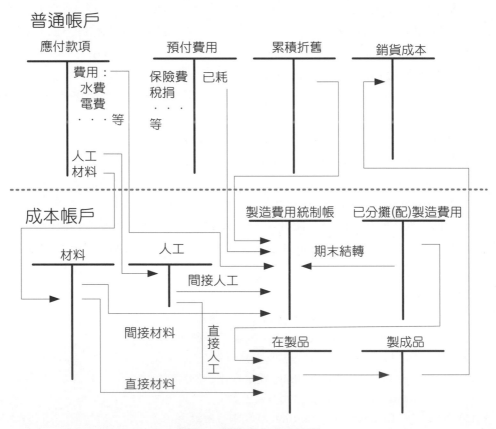

圖 8-1　製造業之成本流程

一旦有產品生產完畢，則經由成本會計制度求得其生產成本金額，而將此金額由在製品帳戶移轉至製成品帳戶。然後，製成品售出時再將其生產成本由製成品帳戶移轉至銷貨成本帳戶。期末時，須將已分攤製造費用帳戶之餘額 (代表已分攤給產品之製造費用) 結轉至製造費用統制帳之貸

方。然後，若製造費用統制帳係借餘，則表示實際發生之製造費用大於已分攤給產品之製造費用，此情況稱為少分攤製造費用。此時，吾人可按某種方法將少算之製造費用分配給在製品、製成品、與銷貨成本。反之，若期末結轉後之製造費用統制帳係貸餘，表示已分攤給產品之製造費用大於實際發生之製造費用，則稱為多分攤製造費用，此時可按某種方法將多算之製造費用自在製品、製成品與銷貨成本扣除。至於製造費用多分攤與少分攤金額之處理，一般合理的作法為：依據在製品、製成品、與銷貨成本帳戶之期末餘額屬於製造費用的金額比例分攤。

在**分批成本制** (Job Costing) 之下，首先以生產訂單或生產批次為成本標的，而以分批成本單來彙集某生產訂單（批次）之所有相關成本，包括直接材料、直接人工與已分攤製造費用，並以生產批號作為分批成本單的編號，而直接材料之領料單與直接人工之計工單，均以生產批號作為過帳至分批成本單的依據。未完工之分批成本單所記載之成本，代表某批未完工之在製品的成本，亦即未完工之分批成本單是在製品總帳的明細帳。當一批產品完工時，吾人由其所屬之分批成本單所記載的成本，得知該批產品之生產成本，而將其金額由在製品帳戶移轉至製成品帳戶。賣出時，再將其成本金額由製成品帳戶移轉至銷貨成本帳戶。

在**分步成本制** (Process Costing) 之下，吾人以生產部門或製程為成本標的而分別為每一部門或製程各設立一個在製品帳戶。平時，依領料單與人工日報表而將各部門或製程所耗用之直接材料與直接人工計入各部門或製程之在製品帳戶，並以預計製造費用分攤率將經過各部門或製程加工之產品應分攤之製造費用計入各部門或製程之在製品帳戶。在一段期間後或會計期末，再以約當產量之觀念來分別計算各部門或製程於該期間之直接材料、直接人工與製造費用的單位成本，並依據實體產品於各部門或製程間的流動情況，將其產品成本於各部門或製程所屬之在製品帳戶間對應地移轉，而逐步地累計產品經過各部門或製程所應計之生產成本。依此方式所得之最後一個部門或製程的單位成本，即為該產品於該期間之單位生產成本，並依其完工單位數而將完工產品之總成本自最後一個部門或製程所屬之在製品帳戶移轉至製成品帳戶。最後，則將已售出之製成品成本自製成品帳戶移轉至銷貨成本帳戶。

　　由圖 8-1 與上述之說明可知，若以 ERP 之模組來說明，則是首先由 FI 模組將成本資料過帳至 CO 模組，經由 CO 模組之產品成本計算，再回饋至 FI 模組。

　　再就 JIT (Just In Time) 生產型態下適用的**逆溯成本制** (Backflush Costing) 而言，因 JIT 將存貨降至最低，故不必對其在製品存貨做詳細的記載與成本計算，而將大部分成本計入銷貨成本，期末時再反推估微量之在製品與製成品存貨之成本。此種估計縱有誤差，但因存貨量極少，故對於財務狀況與經營成果之揭露，並不會有太大的偏差。

成本分攤 (Cost Allocations)

　　成本分攤此一課題主要係指製造費用之分攤。為能即時計算產品成本，通常採用預計製造費用分攤率來將製造費用分攤給所生產之產品。其預計製造費用分攤率的一般計算式為預計製造費用總額除以預計製造費用分攤基礎耗用總量。傳統所採用的分攤基礎包括直接人工小時、直接人工成本、直接材料成本、機器小時、或產品單位數等與產量成比例增加的衡量數字。

　　預計製造費用分攤率的種類如圖 8-2 所示，計有全廠性質製造費用分攤率與部門別製造費用分攤率。就**全廠性質製造費用分攤率**而言，單一分攤率係就下一期間各產品預定之產量下，全廠預計製造費用總額與全廠預計分攤基礎耗用總量來計算；多種分攤率則係就下一期間各產品預定之產量下，全廠預計製造費用總額依性質劃分成幾類，並選用各類製造費用的分攤基礎與估計下一期間之耗用總量，從而可計算多種全廠性質製造費用分攤率。

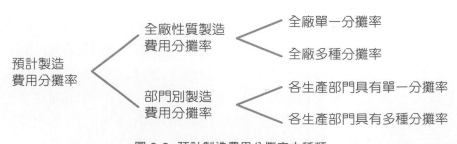

圖 8-2　預計製造費用分攤率之種類

　　部門別製造費用分攤率係就每一生產部門來設立單一或多種製造費用分攤率。其設立步驟係就下一期間各產品預定之產量下的全廠預計製造費用總額，首先辨認各生產部門及服務部門之直接部門製造費用（即可直接歸屬於各部門之製造費用，如部門主管薪資費用、部門使用之機器或設備之折舊費用等）。其次將間接部門製造費用（即全廠性質製造費用，如廠房租金、廠長薪資等）按適當基礎分攤於各生產及服務部門。再其次，在考慮或不考慮服務部門相互服務的情況下，按適當的分攤基礎而將服務部門之成本最終分攤於各生產部門。此時，下一期間全廠預計製造費用總額即已全部歸屬於各生產部門，然後就下一期間各生產部門之此預計製造費用金額與各生產部門選定之分攤基礎預計耗用總量，來計算單一或多種預計部門別製造費用分攤率。

作業成本制 (Activity-Based Costing, ABC)

　　傳統成本會計採用直接人工來分攤製造費用之方法，在直接人工所佔生產成本比例逐漸降低而製造費用所佔比例逐漸提高之現代製造環境下，容易對產品成本計算造成極大扭曲，進而導致不利之決策。有鑑於此，Cooper 與 Kaplan 乃於 1980 年代中期由實務個案研究而發展出**作業成本制** (Activity-Based Costing, ABC)，並經由教學個案與期刊論文之傳播，使此新成本制度在短短數年內，由觀念宣導進展至實際應用執行階段，而廣為美國企業所採用，並引起世界各國企業之注意與採用。ABC 已推廣應用於各種企業功能，並廣泛應用於各行各業，包括製造業、服務業、非營利機構與政府單位等。此外，ABC 配合各種管理技術之應用，而使其由一個成本會計系統演變為一個成本管理系統，即以 ABC 所產生之作業暨成本資訊來輔助管理，而稱為**作業成本管理** (Activity-Based Cost Management [ABCM] 或 Activity-Based Management [ABM])。

　　ABC 模式所包含之兩構面為：**成本分派構面** (Cost Assignment View) 與**流程構面** (Process View)（參見圖 8-3）。成本分派構面係採兩階段成本追溯流程，首先按各項作業耗用之**資源** (Resources) 多寡而將資源成本追溯於各項作業 (Activities)，再依各項成本標的 (Cost Objects) 耗用之作業量多寡而將作業成本追溯於各項成本標的（如個別產品、產品線、顧客、行銷通路、行銷地區等），以便依據管理者不同的資訊需要而計算出各種成本標的之精確成本。ABC 以**資源動因** (Resource Drivers) 來衡量各作業之資源耗

用量，而以**作業動因** (Activity drivers) 來衡量各成本標的之作業耗用量。成本分派構面所得之成本資訊通常用於輔助下列決策之制定：訂價、產品組合、自製或外購，以及產品設計等決策。

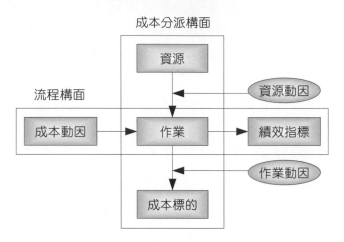

圖 8-3　兩構面之 ABC 模式

　　第二個構面為流程構面，其強調應先將公司營運劃分成一些流程 (Process)，如開發新產品、訂單處理、退貨處理等流程，每一流程係由一系列達到某特定目的之作業所組成，且經常是跨部門的。吾人可經由**流程價值分析** (Process Value Analysis)，將組成每一流程之所有作業逐一區分為有附加價值或無附加價值作業，對於無附加價值作業應減少其負荷量甚或消除，並可由其作業成本之**柏拉圖分析** (Pareto Analysis) 來找出作業改善之優先順序。對於每一項作業，可經由**成本動因** (Cost Drivers) 分析來找出造成該作業負荷量大小之決定因素，並可訂定該項作業之**績效指標** (Performance Measures)，以供衡量該項作業之執行績效。所以，經由績效指標衡量、流程價值分析與柏拉圖分析，可找出作業改善的有效方向與優先順序，再經由減少或消除欲改善之作業的成本動因，方能真正達到作業改善與降低成本之目的。如此之流程改善，又可稱為企業流程再造 (Business Process Re-engineering, BPR)。

　　對於製造費用之分攤而言，採用全廠性質製造費用分攤率、部門別製造費用分攤率、以及作業成本制之比較，如圖 8-4 所示。

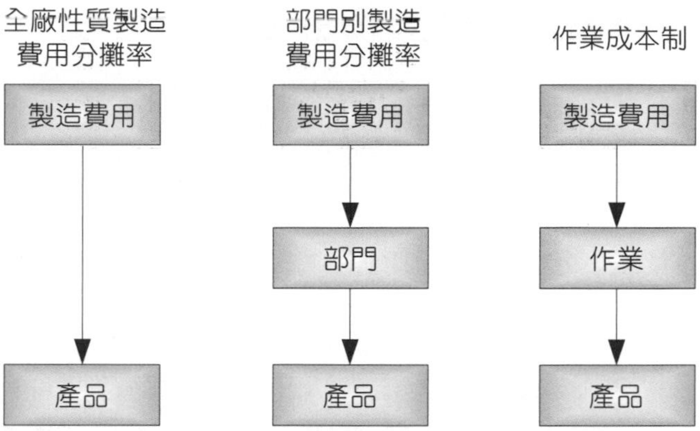

圖 8-4　製造費用之各種分攤法之比較

成本習性分析 (Cost Behavior Analysis)

在許多管理決策上，須將所有成本項目劃歸為變動成本、固定成本與半變動成本，而半變動成本項目，則須用**成本習性分析方法**（如帳戶分析法、工程法、高低點法、散布圖法與迴歸分析法等）將其固定成本與變動成本分離出來，才能正確計算在各產量下之總成本。

變動（直接）成本法 (Variable Costing)

傳統成本法將直接材料、直接人工與製造費用（包括變動及固定製造費用）視為產品成本。傳統成本法又稱為**歸納成本法** (Absorption Costing) 或**全部成本法** (Full Costing)。在傳統成本法之下，由於將固定製造費用分攤給產品且可能有產銷不平衡等因素，以致於相同銷貨收入的月份可能算出不同的利潤。為解決此一問題，有人倡議使用變動（直接）成本法 (Variable/Direct Costing)，其僅將變動生產成本（包括直接人工、直接材料與變動製造費用）視為產品成本，而固定製造費用則視為期間成本。**變動成本法**可編製邊際貢獻式損益表，以便對於短期決策分析有所助益。然而，對外財務報表不允許採用變動成本法。

8.2.2 提供規劃與控制之資訊

先前的表 8-1 已列出可提供例行性作業之規劃與控制資訊的八種管理會計課題，茲簡介如後：

成本數量利潤分析 (Cost-Valume-Profit Analysis, CVP 分析)

成本數量利潤分析係探討變動成本、固定成本、產銷量、售價及銷售組合對利潤所發生的影響。CVP 分析可用以求算達到**損益兩平點** (Break-Even Point) 或某目標利潤之銷售量或銷售金額，並分析變動成本、固定成本、售價及銷售組合之變動，對於損益兩平點及利潤發生之影響。

標準成本制 (Standard Costing)

標準成本制係以科學方法預計在良好工作效率下產品生產所應發生的成本。吾人須定期比較實際成本與標準成本，以算出成本之差異，並依例外管理原則，就較重大的差異成本，分析其差異發生的原因，以便及時採取修正行動。吾人所訂定之標準成本係以每單位的生產成本來表達，其中包括每單位產品之標準直接材料用量與價格、標準直接人工工時與工資率、以及標準預計製造費用分攤率與分攤基礎耗用量。對於每一項標準均可進行差異分析，以分析其差異發生的原因，並決定欲採取之修正行動及其責任歸屬，以達成本控制的目的。

預算編製 (Budgeting)

企業營業計畫以財務方式表達即為預算，而預算可用標準成本來編製，以縮短預算編製時間。預算可作為未來營業控制之依據，稱為預算控制。至於企業年度整體預算，則首先依據市場需求預測與企業之市場占有率來進行銷貨預測，並據以編製銷貨預算。在考慮期末存貨量之需要後，可編製生產預算，再進而編製直接材料進貨預算，直接人工預算與製造費用預算。另由銷貨預算、資本支出預算，以及其他與現金流入流出有關之預算，可編製現金預算。企業年度整體預算最終將編製預計綜合損益表、預計資產負債表，以及預計現金流量表。

責任會計 (Responsibility Accounting)

　　責任會計係針對企業組織圖上之每一方格所代表之主管可控制之收入或成本，編製責任會計報告，以便表達該主管可控制之收入或成本的預計值 (標準值) 與實際值，並列示其差異值與差異可能原因，以供該主管隨即據以進行修正行動，以達到成本 (收入) 控制的目的。責任會計雖然可顯示主管之成本責任所在，但其最終目的仍在於成本控制。

市場區隔報表 (Segmented Reporting)

　　市場區隔報表係以各種區隔變數 (如產品項目、銷售地區、顧客類別等) 來劃分市場，而以邊際貢獻式損益表來表達各市場區隔之獲利性 (Profitability)，以提供管理者決策上之攸關資料。就短期決策而言，固定成本通常代表著產能成本，是短期內無法改變的成本，故短期決策可用邊際貢獻來取代淨利的概念。所謂單位邊際貢獻，係指一單位產品售價扣除其變動成本 (包括變動製造成本與變動銷管費用) 後之剩餘，亦即銷售一單位產品後可用以對回收固定成本做出貢獻的金額。若售出之所有產品所產生之邊際貢獻總額大於總固定成本，則有利潤產生。反之，則有損失產生。在短期決策上，獲利性之比較，適於以邊際貢獻大小來比較。然而，就長期而言，企業營運仍須回收固定成本才算真正有獲利，故不宜以邊際貢獻大小來衡量獲利性大小。

績效衡量 (Performance Measurement)

　　對於企業整體或企業各部門之績效，可用不同績效指標來衡量。成本中心係對成本發生負有控制責任的部門，其績效係以是否符合所設定的預計成本標準來衡量，而以成本績效報告來表達。利潤中心係對成本及收入負責的單位，其績效係以邊際貢獻式損益表來表達，以評估其銷售及成本目標是否達成。投資中心係對成本及收入負有控制責任，且對投資資金負有控制責任之單位，其績效係以邊際貢獻式損益表來表達，另亦可使用**投資報酬率** (Return on Investment, ROI)、**剩餘利益** (Residual Income, RI) 或**經濟附加價值** (Economic Value Added, EVA) 來評估投資資金是否產生足夠的報酬。以上所述均屬於財務性績效衡量，然而近年來，管理會計界非常注重**平衡計分卡** (Balance Scorecard) 之應用，其係依據**財務** (Financial)、**顧客** (Customer)、**企業內部流程** (Internal Business Process) 與**學習與成長**

(Learning and Growth) 四個構面發展出績效指標，同時強調財務性及非財務性之績效衡量指標，以便將企業策略得以具體行動化，俾創造企業之競爭優勢。企業實際衡量之績效指標值須與企業過去指標值比較，或與企業設定的目標值比較，或與做得最好的企業作比較，以判別其績效之優劣。至於與做得最好的企業作比較，則稱之為**標竿制度** (Benchmarking)。

存貨規劃與控制 (Inventory Planning and Control)

有些管理會計書籍會將存貨規劃與控制納入範圍，其係指探尋適當的存貨策略，以便在各種情況下，能即時訂購適當數量的貨品，以符合營業活動的需要，而使存貨總相關成本為最低。通常是在考慮安全存量、購料前置時間等因素下，決定訂購點與經濟訂購量。然而，在 JIT 之生產型態下，則對存貨要求更精密的控制，以使材料或零件在需要時才及時送達，某工作站加工之產品在下一工作站需要時才及時完工，而且在顧客需要時才及時生產完畢而出貨，如此即可將材料、在製品與製成品存貨降為最低 (理想情況為零存貨)。在 ERP 系統中，CO 模組可提供存貨成本資料，而實際規劃與控制則由**物料管理** (Material Management, MM) 模組來支援。

品質成本控制 (Quality Cost Control)

品質成本通常以如下四種成本類別來加以衡量 (1) **預防成本** (Prevention Costs)，係指為預防不良品產生所作之努力而耗用之成本，包括品質工程、品質訓練、品質規劃、品管圈活動所耗用之成本；(2) **評鑑成本** (Appraisal Costs)，係指為確定產品是否符合規格要求所耗用之成本，例如進料檢驗、在製品檢驗、製成品檢驗、儀器矯**正與維護等；(3) 內部失敗成本** (Internal Failure Costs)，係指交貨給顧客前發現不良品而所作之補救工作所耗用之成本，如廢料、重作、再檢驗、設計變更等；(4) **外部失敗成本** (External Failure Costs)，係指交貨給顧客後由顧客發現不良品而所作之補救工作所耗用之成本，如因品質不良而發生之退貨及折讓、售後保證維修、抱怨處理、賠償、喪失再銷售機會、商譽損失等，後兩者是較難計算而須估計的。一般的經驗是提高預防成本將可降低評鑑成本、內部失敗與外部失敗成本，其中僅有預防成本是有附加價值的成本。經由品質成本的衡量，將可據以決定品質改善的方向與優先順序。就 SAP 系統而言，上

述之品質成本相關的成本可能存在於 CO 模組之**成本中心** (Cost Centers, 在 CCA 副模組內)、內部訂單會計 (Internal Orders Accounting, 在 IOA 副模組內) 或流程 / 作業 (Processes / Activities, 在 ABC 副模組內)。此外，與品質成本有關之 SAP 模組尚有品質管理 (Quality Management, QM) 模組。

8.2.3 提供決策之資訊

產品訂價 (Product Pricing)

除了訂價目標與策略考量外，CO 模組可提供產品生產成本，以供訂價參考。就短期觀點而言，對於要求降價之特殊訂單，在有閒置產能的情況下，特殊訂單之總收入在回收總變動成本 (包括變動製造成本與變動銷管費用) 後仍有剩餘即可，即總邊際貢獻為正。所以，CO 模組應設計成可判別成本項目之成本習性，才能提供上述之決策資訊。

內部移轉計價 (Transfer Pricing)

當我們要將企業內部每一部門均視為利潤中心，則企業內部各部門間發生產品或勞務移轉時，即有內部移轉計價之問題。其移轉價格有根據成本來訂定，有根據市價來訂定，亦有經由議定而來的。就根據成本來訂定移轉價格方面，又可按所考慮的成本係實際成本或標準成本，以及所考慮的成本係全部成本或變動成本而有不同的訂定方式，而 CO 模組則可提供其相關之成本資訊。

短期決策分析 (Short-term Decision Analysis

此部分通常係指非例行性之短期決策分析，譬如某一要求降價之特殊訂單應否接受、設備是否要換新、零件自製或外購、某種產品要增產或減產或停產、某中間產品要逕行出售或繼續加工等決策。管理者會碰到的短期決策問題有千百種，其所需之資訊各不相同，所以其所需之決策資訊可能來自 ERP 的其他各個模組。如稍前所述，就短期決策而言，可用邊際貢獻來作為各種方案獲利性比較之基礎，譬如：若目前仍有閒置產能，在不影響現有顧客亦要求降價的情況下，則某一要求降價之特殊訂單能產生正的邊際貢獻即可接受，而不必分攤固定成本給它。

資本支出決策 (Capital Budgeting)

資本支出決策通常指較大金額的投資，所牽涉的時間較長，其決策錯誤對企業影響極深。在進行此類分析時，最好要考慮貨幣的時間價值，並著重現金流量以及現金流入流出的時間。其所用的經濟評估方法有**會計報酬率法** (Accounting Rate of Return Method)、**還本期間法** (Payback Period Method)、**內部報酬率法** (Internal Rate of Return Method)，以及**淨現值法** (Net Present Value Method)；只有後兩種評估方法有考慮貨幣的時間價值。它所需資料亦可能來自 ERP 各相關模組，有些資料還須用估計的；它是非例行性且非結構化的決策，ERP 應是僅能提供決策所需之輔助資訊。

8.3　ERP CO 模組之特質

為了瞭解 CO 模組之性質，首先須瞭解一般對 CO 模組誤解之處：

▣ CO 模組不僅僅是成本管理而已：

許多人誤以為 CO 模組就代表成本管理之功能。確實，CO 模組可支援成本管理，但不僅限於成本管理。CO 模組還含有許多獲利性報導之相關功能。

▣ CO 模組並不聚焦於交易自動化或企業流程自動化：

ERP 系統的其他模組主要聚焦於企業流程與交易資料過帳之自動化與執行。CO 模組更注意於提供具有向下追查至實際交易過帳資料的資訊彙總功能，以提供適切的審計軌跡 (Audit Trail)。

基本上，CO 模組所著重之處與其建置之方法，係與 ERP 之其他模組有很大的不同，而 CO 模組的正確內容可描述如下：

▣ CO 模組是一種觀念性的設計：

最初的觀念性設計形成了 CO 模組的主幹。因此，CO 模組必須設計成具有彈性，以便能持續支援變動中的組織。許多企業組織最初建置 CO 模組均略嫌簡化，而不知為了分析之用途（而不僅是收集費用資料）最終須再花用更多工作量來改善 CO 模組。

▣ **CO 模組可用於比較分析：**

比較分析 (Comparative Analysis) 是將許多不同的標的 (Objects) 以一共同基準來作比較。最明顯的例子係將許多標的轉換為相同的貨幣單位。CO 模組可用於比較許多不同標的，此所謂不同標的可能為材料 (Materials)、市場區隔 (Market Segments)、事件 (Events)、成本中心 (Cost Centers) 與流程 (Processes) 等。

▣ **CO 模組可用以提供邊際貢獻與邊際毛利之報導：**

CO 模組包含一些可報導邊際貢獻與邊際毛利的報導工具，可針對多變數 (向度) 之市場區隔來報導。

▣ **CO 模組具有廣泛之產能管理的功能：**

CO 模組經由其所提供之動因 (Drivers) 種類以及其他 ERP 模組 (尤其是生產規劃 [Production Planning, PP] 模組) 之緊密結合而能支援完整的產能管理。其主要是來自於將流程 (Processes) 與其所耗用的資源之關係連結起來。

▣ **CO 模組可支援成本管理：**

CO 模組可用以支援企業之許多先進成本管理哲學，如作業成本管理 (Activity-Based Cost Management)、平衡計分卡 (Balanced Scorecard) 與標竿制度 (Benchmarking) 等。

▣ **CO 模組具有成本管控與績效偵測之功能：**

一旦已定義與規劃其結構，則成本管控與績效偵測可針對實際值與其差異值 (Variances) 來進行。這些差異值並非集中注意於預計 / 實際間之差異，而應注重目標 / 實際值間的差異，其強調在實際產量之下應有的成本。

▣ **CO 模組提供修正行動之機會：**

一旦實際成本已取得而在與標準成本比較後，若有重大差異，即可進行修正行動。既然 ERP 係即時抓取交易資料，則修正行動亦可即時進行。

綜合以上所述可知，CO 模組是一種觀念性設計，其係基於廣泛之產能管理而支援有關邊際貢獻與邊際毛利之比較分析，並能支援成本管控與績效偵測，進而即時採取修正行動以支援變動中之組織。

CO 模組為了提供上述之機能，須與其他核心模組緊密地整合，圖 8-5 係展示此一整合關係。單一圖形並無法清楚描述 CO 模組與其他模組之所有整合點。圖 8-5 僅是一個簡化的 SAP CO 模組例子。既然 CO 模組是大部分費用、收入與分攤額的發送者與 (或) 接收者，其與其他模組的數以千計的整合點應該要非常清楚。為了容納所有這些整合點，CO 模組被劃分為幾個不同分析領域的副模組。這些領域涵蓋了與組織、事件、流程 / 作業、產品、與市場有關的分析，而每一個分析領域則對應於一個副模組。

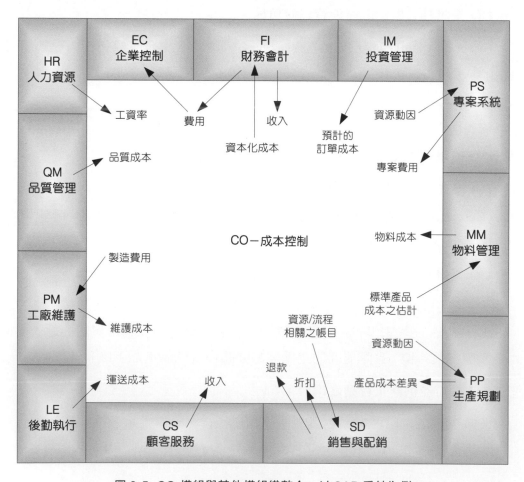

圖 8-5　CO 模組與其他模織整合－以 SAP 系統為例

　　圖 8-6 展示構成 CO 模組的副模組。如圖 8-6 所示，自各模組收集到資訊 (參見圖 8-5) 可分別匯入如下五個副模組：

1. **成本中心會計** (Cost Center Accounting, CCA)

2. **內部訂單會計** (Internal Orders Accounting, IOA)

3. **作業成本制** (Activity-Based Costing, ABC)

4. **產品成本控制** (Product Cost Controlling, PCC)

5. **獲利能力分析** (Profitability Analysis, PA)

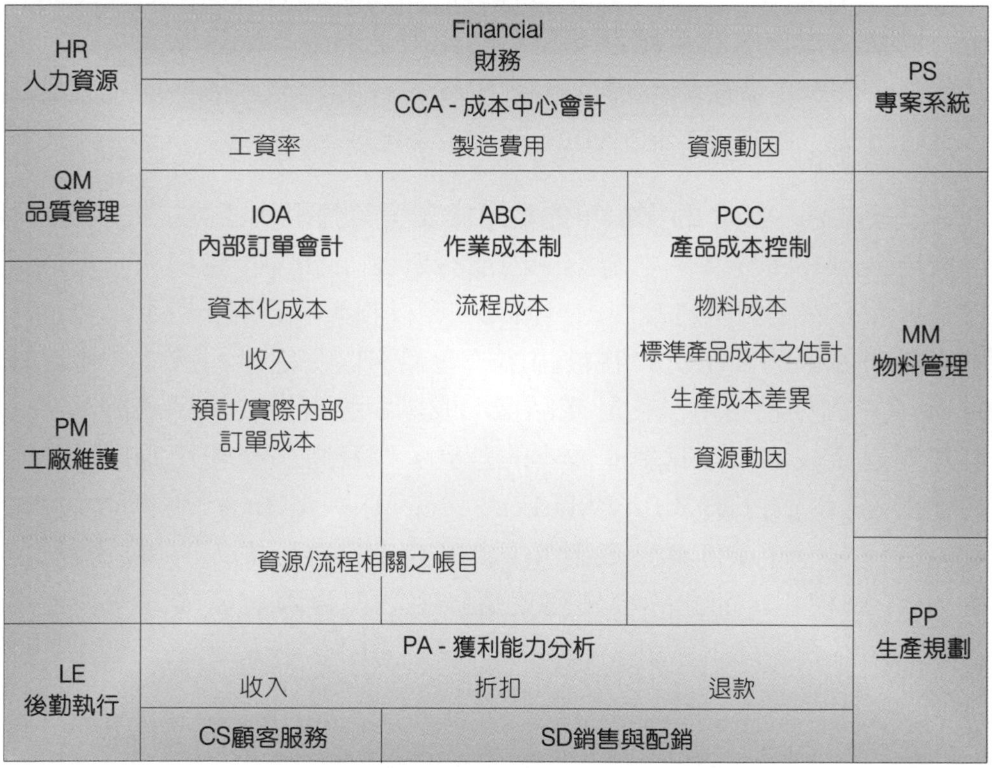

HR 人力資源	Financial 財務			PS 專案系統
	CCA - 成本中心會計			
QM 品質管理	工資率	製造費用	資源動因	
	IOA 內部訂單會計	ABC 作業成本制	PCC 產品成本控制	
	資本化成本	流程成本	物料成本	MM 物料管理
PM 工廠維護	收入		標準產品成本之估計	
	預計/實際內部訂單成本		生產成本差異	
			資源動因	
	資源/流程相關之帳目			PP 生產規劃
LE 後勤執行	PA - 獲利能力分析			
	收入	折扣	退款	
	CS顧客服務	SD銷售與配銷		

圖 8-6　CO 模組之構成－以 SAP 系統為例

8.4 ERP CO 模組之內容－以 SAP 系統為例

　　FI 模組的最終目的係編製對外發佈之財務報表，而 CO 模組則是以內部管理會計的觀點來提供財務資訊。為了支持此一會計觀點，SAP CO 模組之下主要又劃分為五個副模組： (1) **成本中心會計** (Cost Center Accounting, CCA)； (2) **作業成本制** (Activity-Based Costing, ABC)； (3) **內部訂單會計** (Internal Orders Accounting, IOA)； (4) **產品成本控制** (Product Cost Controlling, PCC)； (5) **獲利能力分析** (Profitability Analysis, PA)。成本中心會計 (CCA) 副模組係為了提供責任會計所需資訊而自部門之觀點來報導一組織的費用支出，亦可用以支援部門費用之規劃、預算編制、控制與分攤。此外，許多企業組織也想以流程 (Process) 觀點來報導該組織之費用支出，此時可使用作業成本制 (ABC) 副模組來達成。

　　在一組織內，成本的支出可能是用於支援某些事件活動或與製造費用／間接費用 (overhead) 有關之專案。內部訂單會計 (IOA) 副模組可用以針對與這些事件有關之費用進行規劃、偵測、資料收集與分攤。就製造業而言，成本中心所彙集的費用資料將被歸屬於產品，以決定產品成本。產品成本控制 (PCC) 副模組可用以估計產品標準成本、將製造費用歸屬於產品、收集實際的生產成本、計算生產成本的差異，以及將生產費用歸屬於適當的獲利性市場區隔 (Profitability Market Segment)。所有的費用標的（如成本中心、流程、事件或專案、產品等）會將其成本再分攤或歸屬於獲利能力分析 (PA) 副模組，而此副模組可用邊際毛利與邊際貢獻方式來產生各市場區隔之損益表。以下係以 SAP 為例而針對 ERP CO 模組之五個主要副模組，作進一步之說明。

8.4.1 成本中心會計

　　成本控制 (Controlling) 模組的核心副模組為**成本中心會計** (Cost Center Accounting, CCA)，此副模組可依組織觀點來劃分費用。其主要焦點為支援責任會計，所分析的對象係代表責任區域的成本中心 (Cost Centers)。成本中心會計 (CCA) 副模組可回答如下之問題：

- ☑ 何種資源被消耗於何處？

- ☑ 哪些為資源的動因？

- ☑ 這些資源被運用於何處？

- ☑ 哪些成本差異是由哪些資源產生的？

　　為了支援這些分析，吾人須將成本中心的費用群集分類；定義產出量；執行規劃；收集實際資料；歸屬、分派或分攤其成本；計算目標成本；以及產生報表。一個成本中心 (Cost Center) 係一個組織單位，通常擁有實體位置而存在一段較長的時間 (長於一年)，它代表著成本發生的責任區域，譬如圖 8-7 之薪資 (Payroll)、訓練 (Training)、福利 (Benefit) 部門。整個組織的成本中心被群集成一個層級樹 (Hierarchical Tree)，稱為**成本中心標準層級** (Standard Cost Center hierarchical)。成本中心標準層級係包含代表整個組織之一個或多個公司的成本中心而不受其企業個體之法律限制。在標準層級的成本中心之上的每一階層稱為一個**成本中心群組** (Cost Center Group)，又稱為一個**結點** (Node)。在圖 8-7 中，成本中心群組 HR 係由**薪資、福利、訓練**等代表三項人力資源費用的成本中心所組成；另一成本中心群組 PROD 係由**生產 #1、生產線 #2、物料管理**等代表三個有實體單位的成本中心所組成。此兩成本中心群組形成編號為 1000 的成本中心標準層級 (按：為簡化範例，圖 8-7 的成本中心標準層級僅由兩個成本中心群組組成)。吾人可依成本中心群組建立另一層級結構，以便彈性地滿足有關分攤與資訊報導之需求。譬如：將多個公司之人力資源有關的成本中心聚集成一層級結構，以便用以決定集團企業整體之人力資源費用。

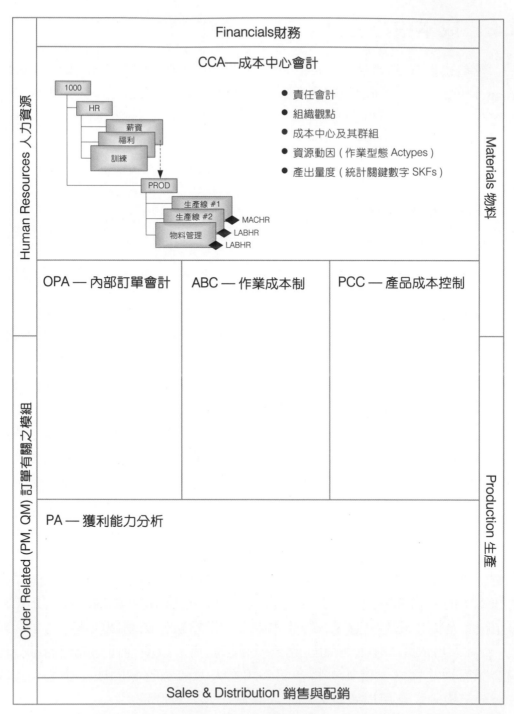

〔註〕1. 虛線箭頭代表成本歸屬、分派與分攤的流向,圖 8-8 ~ 圖 8-11 的用法亦同。

2. 符號◆代表該成本中心的作業型態。

圖 8-7 CO 模組觀念性設計中之 CCA 副模組

　　成本中心通常是主要成本的收集者，其費用發生於該處並經由財務交易而追溯至適當標的。成本控制模組以**成本元素** (Cost Elements) 來代表所發生之費用，其成本元素可劃分為**主要成本元素** (Primary Cost Elements) 或**次要成本元素** (Secondary Cost Elements)。主要成本元素係由 FI 模組過帳來的而通常反映實際的現金流量，譬如：會計科目代碼為 430000 的薪資費用，代碼為 430162 的水費，以及代碼為 400000 的材料。這些成本經由費率 (Charge-out) 或內部移轉計價 (Transfer Pricing) 方法而歸屬於成本中心。次要成本元素係 CO 模組特有而 FI 模組所沒有的成本項目。次要成本元素並不用於對外報導且不經由財務交易流程而直接過帳，故其並不存在於會計科目表 (Chart of Accounts)。次要成本元素的範例如會計科目代碼為 900000 的公司製造費用 (Corporate Overhead) 或代碼為 901000 的設施分攤 (Facilities Allocation)。既然 CO 模組也有類似總分類帳 (G／L) 的借貸式帳簿，所以其動因 (Drivers) 在過帳時也使用次要成本元素，諸如代碼為 920000 的人工小時 (Labor Hours)。

　　一旦主要費用過帳至成本中心，這些費用會被歸屬、分派或分攤至其他成本中心或成本標的 (Cost Objects)。存在於 CO 模組的其他成本標的包括代表著顧客 (Customers)、產品 (Products) 與事業部門 (Divisions) 的流程 (Processes)、製造費用工單 (Overhead Orders) 與市場區隔 (Market Segments)。此外，亦有一些其他模組的成本標的，諸如生產規劃 (PP) 模組的生產工單 (Production Order)、銷售與配銷 (SD) 模組的銷貨訂單 (Sales Orders)、工廠維護 (PM) 模組的工廠維護工單 (Plant Maintenance Orders)，以及專案系統 (PS) 模組的專案 (Projects)。為了分攤這些費用，吾人將使用**資源動因** (Resource Drivers) [SAP 稱為作業型態 (Activity Type, Actype)] 或**統計量** (Statistic) [SAP 稱為統計關鍵數字 (Statistic Key Figure, SKF)]。這些作業型態 (Actype) 與統計關鍵數字 (SKF) 被用作效率量度 (Efficiency Measures)，並為成本流程之基礎。一個作業型態可用以代表成本中心之一個成本庫的動因 (Drivers)，即傳統成本會計所謂之分攤基礎 (在圖 8-7 中，以符號◆來代表其成本中心的作業型態)。代表產能有關之動因的作業型態有平方呎、機器小時、人工小時或 CPU 時間。這些動因有著能量限制，且其與發生於成本中心之費用增減有著直接之因果關係。依據費用與其動因間的關係可建立一項費率 (Rate)，並用以計算該費率之固定與比例變動的部分。

以下範例係說明用以分派成本的作業型態的使用。假設成本中心**生產線 #1** 提供生產所需之機器小時。所以，作業型態**機器小時** (MACHR) 可代表其動因且設定該年度的能量為 2400 小時。與此動因有關的成本中心費用包括固定折舊費用、自另一成本中心分派過來的固定預防維護小時、變動的電費等。這些費用總和除以 2400 機器小時，即得一費率，譬如：$10 / 機器小時，其中 $7 為固定部分、而 $3 為比例變動部分。統計關鍵數字 (SKF) 是一個不用計算費率且不必與成本中心費用有關的統計量，譬如：員工人數、採購訂單數等。

為了支援成本流程之運作，CCA 副模組提供許多歸屬、分派與分攤成本的方法。作業型態可直接歸屬於任一成本標的，譬如成本中心生產線 #1 可將 100 個機器小時歸屬於一個生產工單。分派 (Assignment) 係基於直接關係來決定的，譬如：生產上每耗用一個機器小時 (MACHR) 即需一個千瓦小時 (KWH) 的電力。作業型態與統計關鍵數字兩者均可用於成本分攤 (Allocation)，譬如吾人可用員工人數來將薪資成本分攤至成本中心。又如吾人可用過帳至每一成本中心的作業型態數量**維護小時數**來分攤成本中心**維護規劃**的費用。圖 8-7 展示 CCA 副模組在 CO 模組中的結構。

8.4.2 內部訂單會計

內部訂單會計 (Internal Orders Accounting, IOA) 係用以分析組織發生之事件 (Events) 或製造費用（間接費用）專案 (Overhead Projects)。IOA 可用以針對製造費用工單 (Overhead orders) 來定義、規劃、編製預算、控制、收集實際成本、分攤與報導，而此製造費用工單又稱為**內部訂單** (Internal Orders)。一個內部訂單代表一個事件 (Event，如一個聖誕派對) 或一個小專案 (Small Project，如不需由生產或專案模組提供完整的生產排程、產能管理與控制等機能的資訊科技專案)。內部訂單係用以代表組織中無數的事件 (Events)、專案 (Projects) 或工作 (Jobs)。它通常比成本中心有著較短的壽命，並不永久佔用實體空間，且可能沒有須對它負責的單一團體。內部訂單可用以支援的分析項目為：

☑ 此事件（專案）之規劃與預算編製所需之資源為何？

☑ 內部訂單之各個階段已發生哪些成本？

☑ 此事件所產生之利潤為何？

　　為了支援這些分析項目，費用與收入被群集於內部訂單中。個別之內部訂單可群集成**內部訂單群組** (Internal Order Groups)，而此群組將用作**集群分攤** (Group Allocations) 之分攤額接收者。譬如圖 8-8 之內部訂單群組 HR 係由代表兩個訓練課程之內部訂單 T100 與 T200 所組，而內部訂單群組 IT 係由兩個 IT 專案之內部訂單 IT10 與 IT20 所組成。此兩內部訂單群組形成編號為 1000 的內部訂單層級。就像成本中心一樣，內部訂單是成本收集者而其成本可直接自其他模組過帳而來。內部訂單也可將成本過帳到其他模組，以便將資源有關成本分派至銷售訂單 (Sales Orders)，或是將建造中之資產資本化而將成本過帳至**資產管理** (Asset Management) 副模組。內部訂單可針對發生在成本中心內的事件，提供更詳細的資訊。譬如：假如不需要**工廠維護** (Plant Maintenance) 此一較大的模組功能，則可用一個稱為「維護」之成本中心的內部訂單來代表每一次之維護請求。成本中心 IT 可用內部訂單來代表每一個 IT 專案，諸如個人電腦的維護修理或軟體的開發請求。所發生之成本可過帳至成本中心，然後再移轉至內部訂單，或以一個 G/L 過帳方式而直接過帳至內部訂單，或過帳至兩種成本標的。成本中心的管理者可看到該成本中心之整體成本，而內部訂單則提供更詳細的分析。

　　內部訂單亦可作為與成本中心無關之事件的分析。譬如：內部訂單可用以代表一產品的生命週期。此外，內部訂單亦可用於產生收入的事件或專案。內部訂單之承認收入係不同於成本中心，因為成本中心通常不會有收入。內部訂單在生產工單之控制能力方面，係比成本中心更有控制能力。除了成本分派能力以外，內部訂單比成本中心有更多的功能。內部訂單僅按比例、固定金額、或約當數來將成本分攤至任何其他成本標的。譬如：成本中心**訓練** (Training) 提供生產工作人員有關內部訂單之使用的訓練課程。如圖 8-8 所示，T200 此一內部訂單係用以彙集有關此訓練課程之成本，其係以出席聽課人數為約當數而將成本分攤至生產有關之成本中心。圖 8-8 係 CO 模組之觀念性設計加入 IOA 副模組後的情況。

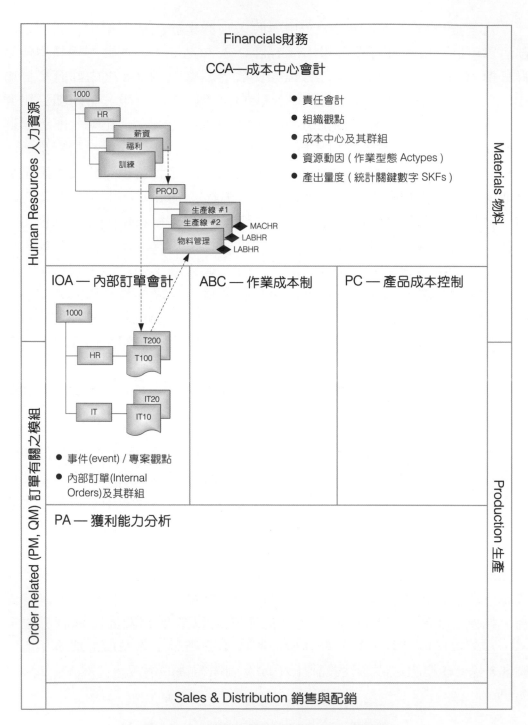

圖 8-8 CO 模組之觀念性設計的 IOA 副模組

8.4.3 作業成本制

　　成本中心會計 (CCA) 副模組強調成本之資源觀點而提供有關費用之組織觀點。再者，成本中心會計 (CCA) 副模組讓系統使用者可評估資源使用是否最佳化。然而，此副模組並沒有告訴我們這些資源用於執行哪些作業，因此它也無法用以尋找企業流程再造與作業改善之機會所在。此一流程觀點可由 CO 模組之**作業成本制** (Activity-Based Costing, ABC) 副模組來提供 (註：SAP 的中文畫面譯為「以作業為基礎之成本計算」)。SAP 系統有兩種型式之 ABC。第一種為**平行性 ABC** (Parallel ABC)，其係 SAP 系統最初的 ABC 功能。平行性 ABC 之功能就像是獨立運作的 ABC 系統而支援一種非整合式的模式分析。平行性 ABC 與成本中心共享一些關鍵資料而接收所有過帳的費用。然後，吾人需定義 ABC 模式並加以執行。然而，其資料流動僅用於作結果之分析，而非將這些結果資料應用於 CO 模組之其他副模組。所以平行性 ABC 並非提供整合性的功能。第二種 SAP ABC 之型式是**作業性 ABC** (Operational ABC)，其係完全整合於整體 SAP 系統，意即其產生之資料亦供 CO 模組之其他副模組使用。ABC 副模組可用於解答如下述之問題：

- ☑ 流程成本 (Process Cost) 為何？

- ☑ 執行某一流程需要哪些資源？

- ☑ 是哪些成本標的 (如產品、顧客、訂單與專案等) 在耗用流程 (作業)？

- ☑ 為什麼不同的組織單位所執行的同一流程會耗用不同的成本金額？

　　為了支援上述之分析，SAP 使用**流程** (Processes) 此一成本標的。在 SAP ABC 副模組所稱之**流程** (Processes) 代表著傳統 ABC 所稱之**最低層的作業** (Lowest-level Activity) 與**總合作業** (Aggregate Activity Level)。譬如：在 SAP ABC 之中，**管理物料**此一流程包括**接收原物料**、**檢驗原物料**與**發放原物料**等作業。

- ■ 註：SAP 的中文畫面，Process 是翻譯為「流程」，而 Activity 則翻譯為「作業」。

　　ABC 副模組係架構成如 CCA 副模組之結構，而以**流程**為其成本標的。相關的流程可組織成一個標準的流程層級 (Standard Process Hierarchy) 或一個群組 (Group)。流程群組可用以聚集一些流程以代表一個總合層級。譬如：圖 8-9 之流程群組 BP1 係由有相關性之**雇用**與**審查**兩個流程所組成，而流程群組 BP2 係由有相關性之**檢驗**與**退貨處理**兩個流程所組成。此兩流程群組形成編號為 1000 的流程層級。流程的成本係經由**流程動因** (Process Driver) 或統計量 (Statistic) 來衡量與分派。吾人亦可在流程主檔記錄添加欄位，以供進一步之分析。這些非強制性的資訊性欄位可自不同的觀點來提供有關流程之資料。譬如：流程主檔記錄的一些欄位代表執行該流程的組織單位，如公司代碼 (Company Code)、業務範圍 (Business Area)、銷售部門 (Sales Division) 或工廠 (Plant)。吾人可建立一些屬性 (Attribute) 欄位以便將流程作不同的分類，譬如：外在有附加價值的、內部有附加價值的、流程成本是固定、變動、或半變動性質、以及其他屬性的欄位。此外，亦可添加一些使用者定義之欄位，以提供其他分析所需之資訊。

　　既然 CO 模組係緊密地與其他 SAP 模組整合，所以，ABC 模式可能影響其他 SAP 模組或被其他 SAP 模組所影響。SAP 可讓費用直接由 FI 模組過帳至某一流程，亦可自 CCA 副模組之成本中心或 IOA 副模組之內部訂單將成本過帳至某一流程，而流程可將其成本分派或分攤至任一成本標的。

　　如圖 8-9 所示，**雇用新員工** (Hire New Employee) 此一流程係以此期間新員工雇用數作為分攤基礎，而將流程成本分攤至生產 (PROD) 之成本中心。此種自流程至成本中心之成本流動情況，係傳統 ABC 系統所沒有的功能。再者，**審查** (Review) 此一流程的成本可分攤至**訓練** (Training) 之內部訂單 T100 (此係有關如何檢驗製成品之訓練課程)。內部訂單 T100 可將其成本分派至檢驗 (Inspect) 此一流程，而此**檢驗**流程被另一流程**退貨處理** (Handle Returns) 所耗用。此種流程成本分派能力顯然是現今 ABC 最強的功能。圖 8-9 係 CO 模組之觀念性設計加入 ABC 副模組後的情況。雖然此例對某些組織而言，顯得有些複雜，但它是可被設計成小而有彈性的。

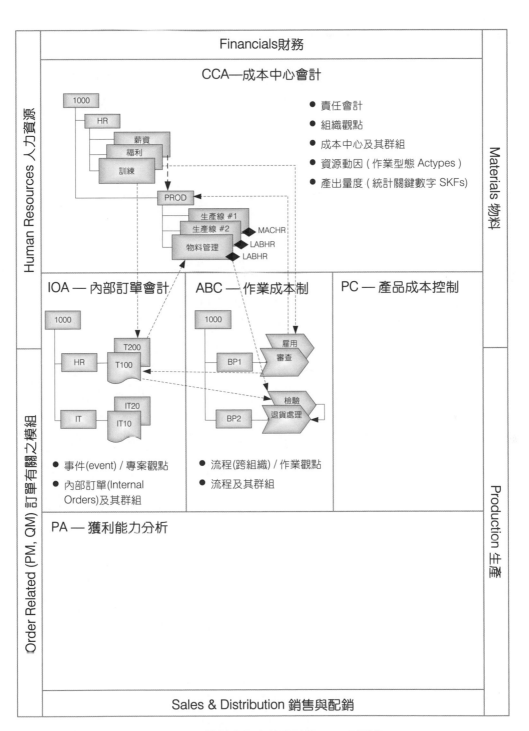

圖 8-9　CO 模組之觀念性設計的 ABC 副模組

8.4.4 產品成本控制

　　產品成本控制 (Product Cost Controlling, PCC) 副模組可提供資訊以分析預計與實際的產品成本與生產成本。此副模組的目的係支援如下之分析項目：

　　▣ 甚麼服務／產品招致成本的發生？

　　▣ 在給定的產量之下，其成本將為多少？

　　▣ 生產之產品成本差異及差異的原因為何？

　　▣ 在製品之成本為多少？

　　這些問題的分析須依據產品 (服務) 之預計成本以及生產的實際成本來進行。**產品成本控制** (PCC) 副模組與**物料管理** (MM) 模組緊密地結合，以便更新標準成本之估計值，並與生產模組整合以便計算實際之生產成本與差異。在 PCC 副模組內，將會計算材料或服務之標準成本的估計值，並更新物料主檔之成本資料。此物料主檔之標準成本的估計值可用於存貨評價。生產成本的收集器彙集生產之預計與實際成本。**產品成本控制** (PCC) 副模組將據以計算在製品成本，以及決定成本差異與其原因。一旦生產完畢，PCC 副模組可將生產成本分派至適當的市場區隔。

　　產品成本控制 (PCC) 副模組通常是其他 CO 副模組之成本的接收者，意即其他 CO 副模組可能將成本分派給 PCC 副模組。譬如：**成本中心會計** (CCA) 之資源動因 (作業型態 Actypes) 被分派至用以生產產品／服務之生產方法。諸如人工小時，設置小時 (Setup Hour)、機器小時與千瓦小時等之作業型態為生產接收者所耗用。又如，若有需要，內部訂單成本可分派至生產接收者。在規劃上，**流程** (Processes) 係與標準成本估計值整合，而在實際生產成本計算上，流程係整合於生產接收者。如圖 8-10 所示，每一製成品 Material 1000 必須執行**檢驗** (Inspect) 流程。在計算標準成本估計值時，產品成本須包含一個檢驗流程。如果**生產工單 #1** 生產 100 單位的製成品，則在實際分派成本時，必須將 100 個**檢驗**流程過帳至該生產工單。圖 8-10 係 CO 模組之觀念性設計加入 PCC 副模組後的情況。

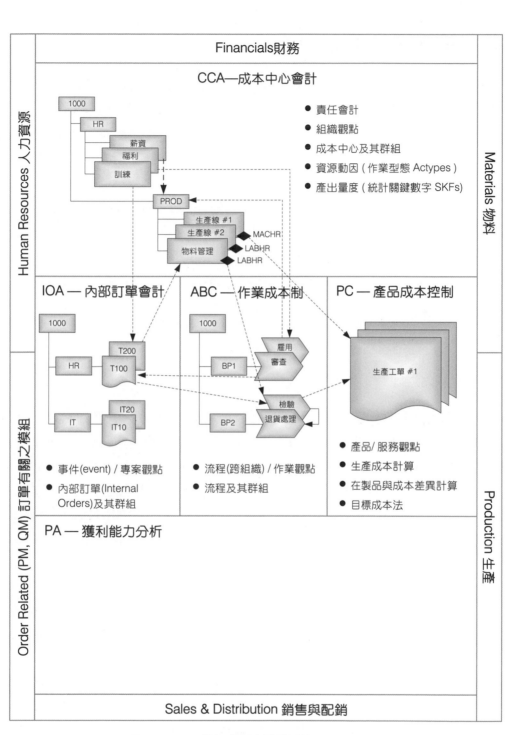

圖 8-10　CO 模組之觀念性設計的 PCC 副模組

8.4.5 獲利能力分析

　　獲利能力分析 (Profitability Analysis, PA) 副模組係 CO 模組最終的成本標的，且是 SAP 系統主要的獲利性報導工具。獲利能力分析可設計成使用兩種基本分析模式的一種或兩種：即**費用帳戶為基礎的** (Account Based) 模式或**成本法為基礎的** (Costing Based) 模式。當使用費用帳戶為基礎的 PA 副模組時，損益報導的成本部分係以費用帳戶別來表達。當使用成本法為基礎的 PA 副模組時，損益報導的成本部分係以企業功能別來表達，如製造、銷售、管理、與 R&D 等成本。在任一情況下，所有製造費用在每一期末最終將歸屬於 PA 副模組，以便提供按市場區隔所編製之損益表。 獲利能力分析 (PA) 副模組通常可支援下列之分析項目：

- ☑ 哪一個顧客、產品、地區是最有利的？

- ☑ 哪些流程係用以支援某特定之市場區隔？

- ☑ 產品 X 之邊際成本為何？

　　這些分析係就市場區隔而作的。這些市場區隔係使用者定義的，且通常包含產品（服務）、產品（服務）的屬性、顧客、配銷通路、銷售地區等區隔變數。**獲利能力分析** (PA) 副模組可接收來自其他 SAP 模組或其他 CO 副模組之分派與分攤數額。譬如：財務會計 (FI) 模組對於一次交易之顧客有關之費用直接過帳至屬於該顧客特性之市場區隔，又如銷售與配銷 (SD) 模組係將有關銷售活動之費用與收入（如收入、折扣與退款等）過帳至 PA 副模組。CCA 副模組之成本中心可直接將成本分派至任一個 PA 市場區隔，譬如將成本中心之人工成本直接計入或將訓練費用依據收入額比例分攤至所有部門。又如 IOA 副模組之內部訂單 IT10 代表 SAP 系統升級之專案，它可每期將其成本按比例分派給每一公司。ABC 副模組之流程 (Processes) 可按動因 (Drivers) 收集而將流程成本分攤至某一個市場區隔。如果動因就是流程 (Processes) 本身，則將流程成本直接計入其相關之市場區隔。如果動因是以一個價值欄位來收集，譬如：**退貨件數**，則**退貨處理** (Handle Returns) 此流程之成本將被分攤至各市場區隔。PCC 副模組使用生產工單交易來計算差異，然後，這些差異在標準成本系統之下將被分派到 PA 副模組。如果使用的是實際成本系統，則整個生產成本將被分派到 PA 副模組。圖 8-11 係 CO 模組之觀念性設計加上 PA 副模組後之情況。

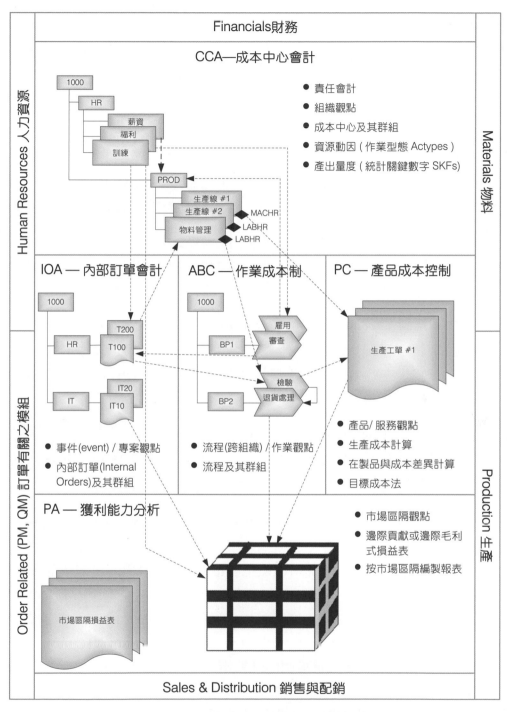

圖 8-11 CO 模組之觀念性設計的 PA 副模組

8.4.6 綜合介紹

SPA CO 模組主要由以下之五個副模組組成：

1. **成本中心會計 (Cost Center Accounting, CCA)**：係為了提供責任會計所需資訊而自部門之觀點來報導一組織的費用支出。

2. **內部訂單會計 (Internal Order Accounting, IOA)**：成本的支出可能是用於支援某些事件活動或與製造費用 / 間接費用 (overhead) 有關之專案，IOA 副模組可用以針對與這些事件有關之費用進行規劃、偵測、資料收集與分攤。

3. **作業成本制 (Activity-Based Costing, ABC)**：係以流程 (Process) 觀點來報導該組織之費用支出，並可用以尋找企業流程再造與作業改造之機會所在。

4. **產品成本控制 (Product Cost Controlling, PCC)**：係用以估計產品標準成本、將製造費用歸屬於產品、收集實際的生產成本、計算生產的成本差異、以及將生產費用歸屬於適當的獲利性市場區隔 (Profitability Market Segment)。

5. **獲利能力分析 (Profitability Analysis, PA)**：所有的費用標的 (如成本中心、流程、事件或專案、產品等) 會將其成本在分攤或歸屬於 PA 副模組，而此副模組可用邊際毛利與邊際貢獻式來產生各市場區隔之損益表。

圖 8-11 係簡單又不失完整地表達 CO 模組之各個副模組間之資料交互往來的關係，同時亦表達 CO 模組與其他模組間有資料往來的關係。其中，CCA 副模組係以成本中心 (Cost Centers) 為成本標的，三個成本中心**薪資、福利**與**訓練**組成一個成本中心群組 HR，而三個成本中心**物料管理、生產線 #1** 與**生產線 #2** 組成一個成本中心群組 PROD。IOA 副模組係以事件 (Events) 或專案 (Projects) 為成本標的，兩個內部訂單 T100 與 T200 組成一個內部訂單群組 HR，而兩個內部訂單 IT10 與 IT20 組成一個內部訂單群組 IT。ABC 副模組係以流程 (Processes) 為成本標的，兩個流程雇用與審核組成一個流程群組 BP1，而兩個流程**檢驗**與**退貨處理**組成另一個流程群組 BP2。

　　此外，PCC 副模組係以生產工單 (Production Order) 為成本標的，而 PA 副模組則以市場區隔 (Market Segments) 為成本標的。圖 8-11 中之成本中心層級、內部訂單層級、以及流程層級將有助於各項成本標的成本的歸屬與彙總。SAP 系統係一個緊密整合之企業資源規劃 (ERP) 與控制之應用系統。它主要係用以抓取、偵測、控制與報導日常商業交易，並產生文件。SAP 系統擁有廣泛的跨企業功能之能力。本節僅以 SAP 系統為例而大略介紹 CO 模組的構成及其能力。

習　題

1.(　　) 有關製造費用成本之處理,期末需將已分攤製造費用帳戶之餘額結轉至製造費用統制帳之貸方,此時若該統制帳為借餘,代表製造費用少分攤,應將少分攤之製造費用分配給 (1) 在製品 (2) 製成品 (3) 直接材料 (4) 銷貨成本?

　　A. 123　　　　　　　　　　　　B. 234

　　C. 124　　　　　　　　　　　　D. 1234

2.(　　) 有關產品成本之計算,下列敘述何者有誤?

　　A. 若實際製造費用大於已分攤製造費用稱為多分攤製造費用

　　B. 在製品帳戶記載以預計分攤率計算出的已分攤製造費用

　　C. 實際發生之製造費用記錄於製造費用統制帳科目

　　D. 多分攤製造費用可自在製品、製成品與銷貨成本扣除

3.(　　) 針對 ABC (Activity Based Costing) 模式,下列敘述何者有誤?

　　A. ABC 模式包含三個構面

　　B. 依作業成本制 (ABC) 所衍生管理方法稱為作業成本管理

　　C. 用柏拉圖分析找出作業改善的優先順序

　　D. 用流程價值分析 (Process Value Analysis) 區分有附加價值或無附加價值作業

4.(　　) 下列有關製造業產品成本計算之敘述,何者是不正確的?

　　A. 製造費用統制帳戶記載的是以預計製造費用分攤率分攤給產品的製造費用

　　B. 間接材料成本屬於製造費用的一部分

　　C. 在製品存貨帳戶記載的是未完工之在製品的應計成本

　　D. 製成品售出時,應將其生產成本由製成品帳戶移轉至銷貨成本帳戶

5.(　　) 下列有關成本控制工具之敘述中，何者是不正確的？

　　A. 在標準成本制之下，對於任何成本差異項目，無論金額大小，均應進行差異原因分析

　　B. 預算可用標準成本來編製，以縮短預算編製時間

　　C. 責任會計雖可顯示主管之成本責任所在，但其最終目的仍在於成本控制

　　D. 經由品質成本的衡量，將可據以決定品質改善的方向與優先順序

6.(　　) 成本控制 (CO) 模組是以內部管理會計的觀點來提供財務資訊，在管理會計技術中，下列何者不是成本控制的直接工具？

　　A. 品質成本控制　　　　　　　　B. 責任會計

　　C. 成本習性分析　　　　　　　　D. 標準成本制

7.(　　) 下列有關製造費用分攤之敘述，何者是正確的？ (1) 製造費用通常採用預計製造費用分攤率，以便即時計算產品成本 (2) 全廠性質之預計製造費用分攤率可有一種或多種分攤率 (3) 部門別預計製造費用分攤率僅適用於分步成本制 (4) 全廠性質之預計製造費用分攤率適用於分批與分步成本制

　　A. 12　　　　　　　　　　　　　B. 123

　　C. 124　　　　　　　　　　　　D. 1234

8.(　　) 下列有關管理會計技術之敘述，何者是不正確的？

　　A. 變動成本法 (Variable Costing) 僅將變動生產成本視為產品成本

　　B. 作業成本制 (Activity-Based Costing) 可用於計算作業成本與各種成本標的之成本，但對作業改善並無助益

　　C. 平衡計分卡 (Balanced Scorecard) 同時強調財務性及非財務性之績效衡量指標

　　D. 資本支出決策 (Capital Budgeting) 通常牽涉的時間較長，故應考慮貨幣的時間價值

9.(   ) 下列有關成本制度之敘述,何者是不正確的?

    A. 不同的生產型態,應使用不同的成本制度

    B. 分批成本制係以生產功能部門為成本累計的標的

    C. 分批成本制適用於訂單式生產型態

    D. 分步成本制適用於連續性生產型態

10.(   ) 有關產品成本之計算,分批成本制較適合下列何種生產方式?

    A. 連續式生產   B. 流程式生產

    C. 訂單式生產   D. 及時式 (JIT) 生產

11.(   ) 有關生產成本以分步成本制計算時,下列何者為生產成本累計之標的?

    A. 生產訂單   B. 生產部門或製程

    C. 公司整體   D. 以上皆是

12.(   ) ERP 系統中,以組織內部管理會計觀點來提供財務資訊的是?

    A. 財務會計模組   B. 存貨管理模組

    C. 成本控制模組   D. 生產規劃模組

13.(   ) 在管理會計技術中,以科學方法預計在良好工作效率下生產所應有之成本的方法稱為?

    A. 分批成本制   B. 責任會計制

    C. 逆溯成本制   D. 標準成本制

14.(   ) 成本控制 (CO) 模組是以內部管理會計的觀點來提供財務資訊,下列何者對管理會計之描述是不正確的?

    A. 管理會計通常是針對組織整體來進行分析

    B. 管理會計不須遵守一般公認會計原則

    C. 管理會計是對組織內部管理者提供管理決策攸關之會計資訊

    D. 管理會計提供貨幣與非貨幣性資料

15.(　　) 下列哪一副模組係為了提供責任會計所需資訊而自部門之觀點來報導一組織的費用支出？

A. 作業成本制 (Activity-Based Costing)

B. 成本中心會計 (Cost Center Accounting)

C. 內部訂單會計 (Internal Orders Accounting)

D. 產品成本控制 (Product Cost Controlling)

16.(　　) 為了正確計算在各產量下之產品總成本，應使用下列哪種管理會計技術，以便將半變動成本中之固定成本與變動成本分離出來？

A. 變動成本法　　　　　　　　B. 作業成本制

C. 成本習性分析　　　　　　　D. 成本數量利潤分析

17.(　　) 在成本控制 (CO) 模組中，請問下列有關作業成本制 (Activity-Based Costing; ABC) 的敘述，何者是不正確的？

A. ABC 僅適用於製造業

B. ABC 原係用於改善傳統以直接人工分攤製造費用之缺點

C. 成本分派構面係以兩階段步驟來計算成本標的之精確成本

D. 流程構面係用以進行作業 / 流程改善

18.(　　) 下列有關 ERP 的 CO 模組之副模組的敘述，何者是不正確的？

A. 成本中心會計 (Cost Center Accounting) 副模組以成本中心為成本標的

B. 內部訂單會計 (Internal Orders Accounting) 副模組以事件或專案為成本標的

C. 獲利能力分析 (Profitability Analysis) 副模組以部門 (Departments) 為成本標的

D. 作業成本制 (Activity-Based Costing) 副模組以流程 (Processes) 為成本標的

19.(　　) 在管理會計技術中，下列何者不是平衡計分卡 (Balanced Scorecard) 的績效衡量構面？

　　　A. 成本 (Cost)

　　　B. 財務 (Financial)

　　　C. 顧客 (Customer)

　　　D. 企業內部流程 (Internal Business Process)

20.(　　) 在管理會計之績效衡量技術中，企業實際衡量之績效指標若與做得最好的企業作比較，以判別其績效之優劣，此管理會計技術稱為？

　　　A. 平衡計分卡 (Balanced Scorecard)

　　　B. 標竿制度 (Benchmarking)

　　　C. 經濟附加價值法 (Economic-Value-Added Method)

　　　D. 非財務績效衡量法 (Nonfinancial Performance Measurement)

21.(　　) 在管理會計技術中，可用於分析變動成本、固定成本、售價及銷售組合之變動，對於利潤之影響的分析方法為？

　　　A. 成本效益分析 (Cost-Benefit Analysis)

　　　B. 成本習性分析 (Cost Behavior Analysis)

　　　C. 邊際貢獻分析 (Contribution Margin Analysis)

　　　D. 成本數量利潤分析 (Cost-Volume-Profit Analysis)

22.(　　) 下列哪一成本控制 (CO) 的副模組係以流程 (Process) 觀點來報導該組織之費用支出，並可用以尋找企業流程再造之機會所在？

　　　A. 成本中心會計 (Cost Center Accounting)

　　　B. 作業成本制 (Activity-Based Costing)

　　　C. 內部訂單會計 (Internal Orders Accounting)

　　　D. 產品成本控制 (Product Cost Controlling)

23.(　　) 在管理會計技術中，下列哪一種計算成本方式，可編製邊際貢獻式損益表，以提供短期決策分析？

A. 歸納成本法　　　　　　　B. 完全成本法

C. 固定成本法　　　　　　　D. 變動成本法

24.(　　) 在成本控制 (CO) 模組中，下列哪一副模組與物料管理 (MM) 模組緊密結合，以產生新標準成本估計值，並與生產模組整合以計算實際生產成本與差異？

A. 產品成本控制 (PCC)

B. 成本中心會計 (CCA)

C. 作業成本制 (ABC)

D. 獲利能力分析 (PA)

25.(　　) 在管理會計技術之變動成本法下，下列何者不屬於產品成本？

A. 變動製造費用　　　　　　B. 固定製造費用

C. 直接人工　　　　　　　　D. 直接材料

26.(　　) 現代製造環境下，由 Cooper 與 Kaplan 兩位學者於 1980 年代中期發展出以什麼基礎來分攤製造費用，而可避免扭曲產品成本計算的制度？

A. 直接人工　　　　　　　　B. 直接材料

C. 部門　　　　　　　　　　D. 作業

27.(　　) 在管理會計技術中，有關產品成本之計算，下列何者為實際發生之製造費用時應計入的帳戶？

A. 直接費用　　　　　　　　B. 製造費用統制帳

C. 在製品　　　　　　　　　D. 已分攤製造費用

28.(   ) 下列對作業成本制 (Activity Based Costing, ABC) 產生原因的敘述，何者正確？

  A. 製造費用佔製造成本的比例大幅上升

  B. 傳統成本會計的費用分攤方式容易造成成本計算的極大扭曲

  C. 直接人工佔製造成本的比例大幅下降

  D. 以上皆是

29.(   ) 在管理會計技術之品質成本包括哪些成本類別？ (1) 預防成本 (2) 評鑑成本 (3) 內部失敗成本 (4) 外部失敗成本 (5) 消費者流失成本

  A. 1234   B. 2345

  C. 12345   D. 345

30.(   ) 在管理會計技術中，何者是依據財務、顧客、企業內部流程、學習與成長四個構面發展出績效指標，同時強調財務性與非財務性之績效衡量指標？

  A. 平衡計分卡   B. 企業價值報告

  C. 程序價值分析   D. 柏拉圖分析

31.(   ) 在管理會計技術中，請問品質成本通常以何者來衡量？ (1) 預防成本 (2) 評鑑成本 (3) 內部失敗成本 (4) 外部失敗成本

  A. 123   B. 134

  C. 124   D. 1234

參考文獻

[1] 中央大學 ERP 中心 (2000)，ERP 企業資源規劃 (上)，財團法人資訊工業策進會，台北，民國 89 年 6 月初版

[2] 中央大學 ERP 中心 (2000)，ERP 企業資源規劃 (下)，財團法人資訊工業策進會，台北，民國 89 年 7 月初版

[3] 李宏健 (1999)，現代管理會計，第十版，作者自行出版，台北，民國 88 年 10 月。

[4] 蔡文賢 (1995)，作業成本制與管理 (ABC/ABCM) 之國內外發展概況，第七屆中華民國管理教育研討會論文集，台南，民國 84 年 11 月 3-4 日，頁 393-400。

[5] 蔡文賢 (2000)，企業資源規劃 (ERP) 系統對會計之影響，海峽兩岸信息 (資訊) 技術研討會論文集，南京，民國 89 年 10 月 30 日 - 11 月 1 日，頁 1-10。

[6] 蔡文賢 (2002)，在 ERP 架構下之 ABC 系統的建構研究，行政院國科會第 39 屆輔助科學與技術人員國外短期研究報告書，民國 91 年 4 月 9 日。

[7] 謝明宏譯，SAP 革命 (日本 ERP 研究會著，日本能率協會出版)，迪茂國際出版公司，台北，2000 年 4 月出版。

[8] Garrison, Ray H., Noreen, Eric W., Brewer, Peter C., Cheng, Nam S., and Yuen, Katherine C.K. (2012) , Managerial Accounting: An Asian Perspectives, McGraw-Hill/Irwin, Printed in Singapore.

[9] Horngren, Charles T., Sundem, Gary L., Schatzberg, Jeff, and Burgstahler, Dave (2013) , Introduction to Management Accounting, 16th ed., Prentice-Hall, Inc., Upper Saddle River, New Jersey.

[10] Rockefeller, Ben W. (1998) , Using SAP R/3 FI - Beyond Business Process Reengineering, John Wiley & Sons, Inc., New York, New York.

[11] Sedgley, Dawn J. and Jackiw, Christopher F. (2001) , The 123s of ABC in SAP - Using SAP R/3 to Support Activity-Based Costing, John Wiley & Sons, Inc., New York, New York.

[12] Tsai, Wen-Hsien, Chen, Der Chao, Lee, Ya-Fen, Lin, Sin-Jin, Chang, Yao-Chung, Lee, Hsiu-Li (2013), "Evolution of ERP Systems Implementation in Taiwan- Four Surveys in Ten Years," Journal of e-Business (電子商務學報), Vol.15, No.2, pp.159-194.

[13] Turney, Peter B.B. (2005) , COMMON CENTS - The ABC Performance Breakthrough, How to succeed with activity-based costing, Cost Technology, Hillsboro, Oregon.

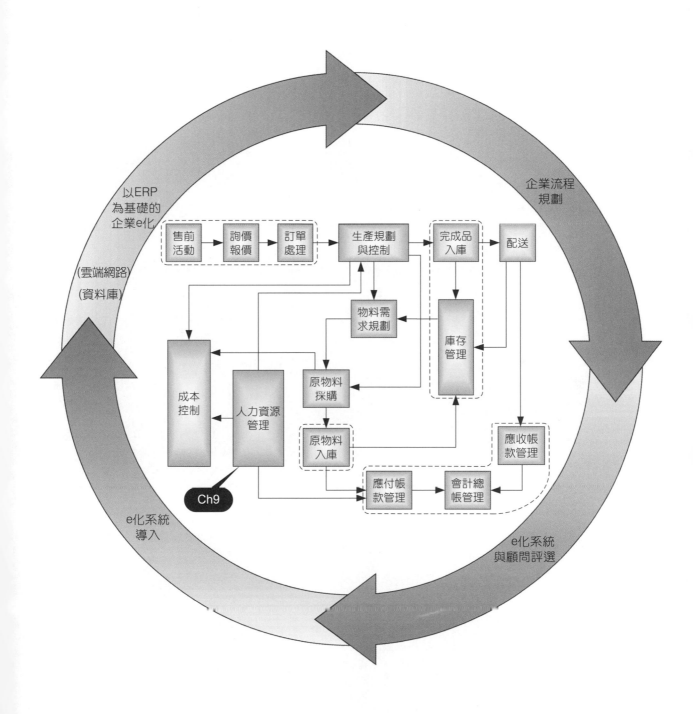

09

人力資源模組

鄭晉昌 博士　國立中央大學人力資源管理研究所教授

林文政 博士　國立中央大學人力資源管理研究所副教授

學習目標

☑ 了解人力資源管理的基本功能 (如組織及職務設計、招募與甄選、任用管理、考勤管理、績效管理、訓練、員工協助、薪資與福利管理、勞資關係與勞工法規、組織發展等)

☑ 認識人力資源流程再造的意義及其步驟

☑ 以招募與訓練兩功能為例,學習人力資源流程再造的內涵與實務

　　人力資源是企業資源規劃系統中的一個子模組，由於各個國家法令上的許多要求與限制，以及企業間人力資源管理功能及作業流程上的設計落差很大，所以人力資源模組客制化的需求較其他的模組為多。相對於企業資源規劃系統中的幾個主要的模組，如物料管理、生產管理及財務管理，人力資源模組較為獨立，與其他模組**資料交易** (Data Transaction) 的機會相對較少。所以，人力資源模組的導入時間通常較其他的模組為晚，也較傾向獨立考量。然而，晚近企業愈來愈重視企業內部人力資源的有效運用與人力資本的累積，提高其對於 "人" 與 "組織" 管理品質的要求，人力資源模組的導入正可以滿足這個迫切的需求。

9.1　人力資源管理的基本功能

　　一套企業資源規劃系統中之人力資源管理模組通常涵蓋組織及職務設計、招募與甄選、任用管理、考勤管理、績效管理、訓練與發展、薪資與福利管理、員工協助與勞資關係等功能。人力資源管理的基本功能簡述如下：

組織及職務設計

　　組織及職務設計，是人力資源管理功能中，屬於組織面與策略面較深之功能項目，在組織設計方面，人力資源管理包括企業的組織架構之規劃、設計與變革，以及使用人力供需模型，計算在該組織架構下應有的人力分配。而在職務設計方面，人力資源管理則包括透過工作分析制定工作說明書與工作規範，以及設定工作職掌間之層屬與合作關係等職責。人力資源管理在此功能的目的，主要是協助企業訂定合理的組織架構與人力需求，以強化企業的競爭優勢。

招募與甄選

　　招募與甄選是屬於人力資源管理各項功能的先遣功能，與後續相關人力資源管理功能，有高度關聯性；招募與甄選功能若能有效發揮，而且能甄選到「最佳」或「最適當」的人才，則人力資源管理其他功能通常便能事半功倍。招募是指企業運用各項媒介 (如網路、報紙、雜誌、公司內部廣告等) 以招攬、募集與吸引具備資格的職位申請者。這些活動包括搜尋

與取得足夠數目的申請者，以便組織遴選適當應徵者來填補其職缺需求的過程。其目的包括：

- ☑ 以最有效率的方法吸引更多具備資格的申請者
- ☑ 協助增加甄選的成功機率
- ☑ 評估各種招募方式的有效性

招募的方式分為**公司外部招募**與**公司內部招募**兩類。至於甄選則是透過各項選才工具（如智力、性格、專業、體能測驗等），針對應徵者進行適當測試與面談，以挑選員工的流程。

任用管理

任用管理是指企業如何依據員工個人之技能、知識、能力、興趣、人格等特質，適才適所地配置在適當職位上而言。這其中包括新進人員的工作或部門安排，以及現有人力的調動、升遷、降職，以及離職員工的處理等。任用管理的目的在於使企業能依員工之優劣勢，使人力資源有效地安置與移動。

考勤管理

考勤管理即是針對員工出缺勤、休假、工作時程與輪班等，進行時間的規劃與管理，例如出缺勤記錄、休假管理、工作時程及輪班制度規劃。考勤管理的主要目的是要透過時間上的管理，有效地安排生產與服務的作業流程，使其不致於產生生產與服務的作業延宕或中斷等，而降低企業的競爭力。

績效管理

績效管理是企業針對組織、部門（或團隊）、個人，透過績效管理的工具，進行績效考評的流程。績效管理包括**工作績效面的目標管理**與**工作行為面的職能管理**兩部分。其中，目標管理包含績效目標的設定、目標修改、目標追蹤與目標檢定等幾項流程。目標管理的目的在於針對組織、部門（或團隊）與個人的工作績效進行目標追蹤與檢核。至於職能是指員工為達成傑出工作績效，以及符合企業策略與競爭優勢所需的知識、技術、能力、態度與動機等。因此，職能管理包含職能評鑑量表設計、職能辭典設定、

與三百六十度職能評鑑回饋等項目。職能管理的目的是在於針對員工個人所需知識、技術、能力、態度與動機等，進行規劃、設計、評鑑與回饋，以改善員工與組織之績效。

訓練

訓練的目的是使員工透過訓練活動，學習與工作相關的知識、技能與必要的行為，並將這些學習的結果運用到工作上。員工訓練可以被用來：

- 增加員工目前的工作技能以擴增其工作職責；以及

- 增加升遷、橫向調動與轉任的機會

其功能包括訓練需求評估、課程規劃、課程設計、訓練執行、訓練移轉的確保、以及訓練成效評估等工作項目。

員工發展

員工發展主要是指透過較正規化的教育、工作經驗與師徒關係，來幫助員工對未來進行生涯規劃的制度。員工發展與訓練最大的不同在於員工發展通常著重於未來，而訓練則是著重於現在或較長期工作上所需之技能，此外員工發展通常屬自願的，而訓練通常屬組織要求的。其功能包括職涯發展、接班人計畫、師徒制與職能評鑑等。

薪資與福利管理

薪資管理是合理化釐定、維持及發展薪資制度的一種行政作業，其主要目的是決定員工的薪酬，激勵員工的工作績效，進而發揮人力應用的最大效益。其主要目的包括：

- 吸引組織所需要的人才；

- 穩定高績效的員工；

- 激勵員工以增進其工作績效；以及

- 增進組織績效

　　薪資管理的功能包括工作評價、薪資結構設計、薪資調查、調薪、績效薪資設計、技能薪資設計、福利管理、獎金及股票管理、退休金管理、薪資發放行政、薪資預算行政、薪資溝通行政與成效評估行政等項目。

員工協助

　　員工協助是指企業透過各項措施如員工諮商、壓力管理、員工健康及職業安全監控、員工異常行為管理等，來協助員工改善其工作生活品質生理與心理健康等之制度。

勞資關係與勞工法規

　　勞資關係與勞工法規之功能，主要是在透過工會與各項勞動法令，來解決勞資之間可能的衝突與爭議，或者提供員工在相關法令規範下應有的保障。這項功能的內涵包括：團體協商、工時、基本薪資、福利、休假、解雇、安全衛生等項目之確保與執行。

組織發展

　　組織發展是企業為因應內外在環境變化所進行的各種監測與調控的過程，企業通常透過變革管理與組織發展措施 (如團隊、工作設計、工作滿意調查、組織承諾調查、組織氣候調查)，來達成企業發展的目的。

　　以上各個人力資源子功能間資料交易 (data transaction) 的結果，所產生的人力資源管理資訊，如圖 9-1 所示。

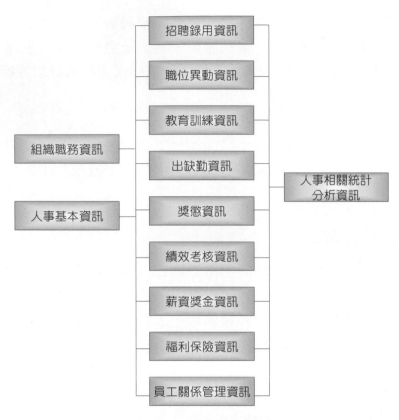

圖 9-1　人力資源管理資訊

9.2　人力資源再造－功能再造 vs. 流程再造

在探討人力資源再造之前，我們必須了解企業**再造** (Reengineering) 的定義。根據學者 Michael Hammer，企業再造的定義為運用資訊科技之技術，徹底的對現存的企業流程重新思考及再設計，以求對目前的績效產生巨幅改進。一般說來，人力資源再造可以分為**巨觀再造** (Macro-Reengineering) 及**微觀再造** (Micro-Reengineering) 兩個層面。巨觀再造指的是檢視人力資源管理工作是否必須維持 (或刪除)、重新設計或以外包方式完成，而微觀再造指的是結合人力資源專業工作者之能力及資訊科技，來重新設計人力資源作業流程，使人力資源部門專業人員能在第一時間內針對組織內部成員提供全盤的服務，並有效借助資訊科技以改善其工作之品質及生產力。由上面這個定義來看，人力資源再造指的是重新思考企業內部之人力資源相關作業流程，檢視其是否必須維持 (或刪除)、重新設計

或以委外的形式來完成，並運用資訊科技結合工作者本身的能力，有效改善企業內人力資源相關作業的品質及生產力。一般而言，人力資源作業非常繁複，各作業流程的資料相互串接。吾人可依作業流程的主要內容，歸類至四大功能面向，如表 9-1 所示。

表 9-1　主要人力資源作業流程清單

任用管理	訓練管理	差勤、獎懲及績效管理	薪酬、福利與保險管理
1. 招募規劃作業 2. 遴選面試作業 3. 任用作業 4. 新人輔導作業 5. 新任敘薪作業 6. 調動申請作業 7. 晉升申請作業 8. 留停暨復職申請作業 9. 員工外派管理作業 10. 員工職離管理作業	1. 年度訓練需求規劃作業 2. 內訓課程開辦作業 3. 外部訓練申請作業 4. 內部講師培育與管理作業 5. 導師遴選與管理作業 6. 導師實施作業	1. 員工獎懲作業 2. 員工申訴管理作業 3. 新進人員試用期滿考核作業 4. 員工績效考核作業 5. 加班申請作業 6. 請假申請作業 7. 出差申請作業 8. 銷假申請作業	1. 薪資調整作業 2. 薪資發放作業 3. 獎金發放作業 4. 年終獎金規劃作業 5. 年終獎金發放作業 6. 年度薪獎所得稅及扣繳憑單作業 7. 員工一般福利作業 8. 員工保險作業 9. 員工退休金作業

對從事人力資源專業工作者來說，人力資源再造有著**自動化** (Automation)、**外包** (Outsourcing)、**整合** (Integration)、**分權** (Decentralization)、**人事縮減** (Destaffing) 及**重新定義專業角色**及**職能** (Competencies) 的意涵。人力資源管理 e 化後，企業內大部分的人力資源作業流程將會由**電腦及互動式語音回應系統** (Interactive Voice-Response Systems) 所取代，由系統自動化處理例行性的業務。甚至有的企業考慮到本身的需要，將人力資源管理 e 化的業務外包 (諸如招募管理、員工福利行政及薪資發放等功能的業務外包)，以達到成本效益的目的。同時，藉由資訊科技，許多人力資源功能可以有效的整合，提供更具**個人化的服務** (Personalized Service)。再造也意味著人力資源服務不再由人力資源部門一肩扛，而可以由部門主管及員工以自助服務的方式來完成。集中式的服務模式轉變以分權方式進行。當然，自動化與外包的結果將造成人力資源人事的縮減。經由再造，人力資源專業角色將會轉變，由行政執行者的角色轉變為企業經營之諮詢者、顧問與策略夥伴。

　　從人力資源實務的角度來看，少有企業會全盤的將現有人力資源制度或作業流程推翻，而從無到有地重新建立起新的制度或作業流程。大部分的企業多會採取**企業流程改善** (Business Process Improvement, BPI) 的角度，進行小規模或小幅度人力資源制度面或作業流程的修改。如此可避免妨礙企業目前正常的經營運作，同時也可以避免組織內因大幅改革而產生不必要的政治行為與鬥爭。

　　人力資源再造／改善的結果將會對組織內的部門經理人與員工產生幾項好處：

- ☑ 人力資源服務回應的時間縮短

- ☑ 人力資源服務將不受地域的限制

- ☑ 人力資源服務更符合個人化的需求

- ☑ 人力資源服務更具人性化

- ☑ 人力資源服務的品質將獲得保證

　　要言之，人力資源流程再造／改善的結果，不但提升人力資源作業的品質與效率，強化人力資源專業人員的專業形象，更能獲取組織內部門主管及員工的信賴與尊敬。

　　值得注意的是人力資源再造／改善是流程取向，而不是功能取向。功能取向的人力資源再造／改善傾向自**由上而下管理的觀點** (Top-Down Management View)，將企業各項人力資源的作業功能朝向專精複雜化的方式設計。流程取向的人力資源再造／改善則完全自**客戶服務的角度** (Customer Service Perspective) 來思考人力資源管理作業的流程，儘量簡化作業的內容，以達到客戶服務的最佳績效。相較之下，功能取向的人力資源再造／改善將導致企業內部人力資源業務以集權管理、分層稽控、組織分工及工作簡單化方式來處理。但集權管理與分層稽控的結果，往往造成業務處理時間加長。另外一方面，組織分工與工作簡單化的結果，也容易造成業務協調上的瓶頸與困難。所以功能取向的人力資源再造／改善並無法有效節省完成業務所需之時間及成本，促成組織之人力資源管理績效。

　　相較之下，流程取向的人力資源再造／改善則傾向以員工賦能、單一業務窗口及工作整合化的業務處理方向來設計。員工賦能則是讓部門經理人與企業員工自行掌控部分人力資源之工作，其結果可以節省企業人力資源部門的業務量。單一業務窗口及工作整合化的結果可以減少企業內部協調的成本及時間，可以提昇人力資源業務的效率。配合人力資源 e 化，流程取向的人力資源再造／改善將可急速的提昇組織人力資源管理之績效。

9.3　招募管理與訓練管理的流程再造實例說明

　　如前節所述，人力資源流程再造／改善是企業流程再造／改善的一部分，其概念與方法論都與企業流程再造／改善相似，而其差別在於前者特別強調組織設計、工作分析與設計、績效評估等人力資源相關議題，關於企業流程再造／改善部分，讀者可自行參閱第二章。

　　基本上，人力資源流程再造／改善涵蓋以下十二個步驟：

步驟	內容
一	確認亟須再造／改善的人力資源作業流程
二	召集及組織人力資源部門及相關部門工作人員參與流程再造
三	運用流程圖技術，呈現工作流程中所有發生的工作事件
四	運用工作成本管理技術計算流程中每一個工作事件所需之花費
五	檢視流程中的每一工作事件，進行價值分析，同時腦力激盪其他替代方案
六	重新繪製新的工作流程，並計算流程中每一個工作事件所需之花費
七	比較新的流程與舊的流程間之差異，並詳細計算新流程所節省的成本與時間
八	測試新的作業流程
九	導入新的作業流程
十	持續的追蹤、評估及記錄新作業流程所帶來的好處
十一	持續與步驟四中就流程的價值分析結果做比較，並公開揭櫫新流程所帶來的成本
十二	獎勵那些持續投入新作業流程的員工

　　為了讓讀者對於上述的人力資源流程再造，有一個比較清楚的概念，在此將以企業招募流程與訓練管理流程為例，說明人力資源流程再造的方法。

9.3.1 招募流程再造

　　招募的主要目的是替企業引進人才，健全的招募管理有助於企業引進一流的人才，提昇日後企業的競爭力。A公司是一家高科技廠商，從事光電產品的研發與製造，由於公司業務擴增迅速，人資部門每年都會舉辦招募的活動。該公司人力資源部門在招募過程中通常會有一系列的相關行動：

- 準備職務出缺需求單
- 確認該職務的任用資格
- 內部公告職缺；（員工遞送履歷表）
- 審閱員工履歷表
- 擬定面試名單
- 進行面試
- 外部公告職缺
- 透過各項媒體發出訊息；（求職者遞送履歷表）
- 審閱外部應徵者履歷表
- 擬定面試名單進行面試
- 決定最後人選並提供工作

　　上述的招募活動可以運用流程圖表示出來。如圖9-2所示，案例A公司各部門每年會定期的提出部門的用人需求，呈報給人力資源部門，請求人力資源部門協助找到適合的人員，填補該項職缺。人力資源單位負責招募的人力資源專員則按照公司既定的程序來找人。首先，他會根據各部門提出的職缺需求單，查閱工作說明書，定義該職缺候選人所需的資格及工作職能。接著，人力資源專員必須要自財務部門處了解該職缺所需要招募的人員是否在公司的年度用人預算編制內。如果是在年度用人預算編制內，則可以正式開始招募的作業。

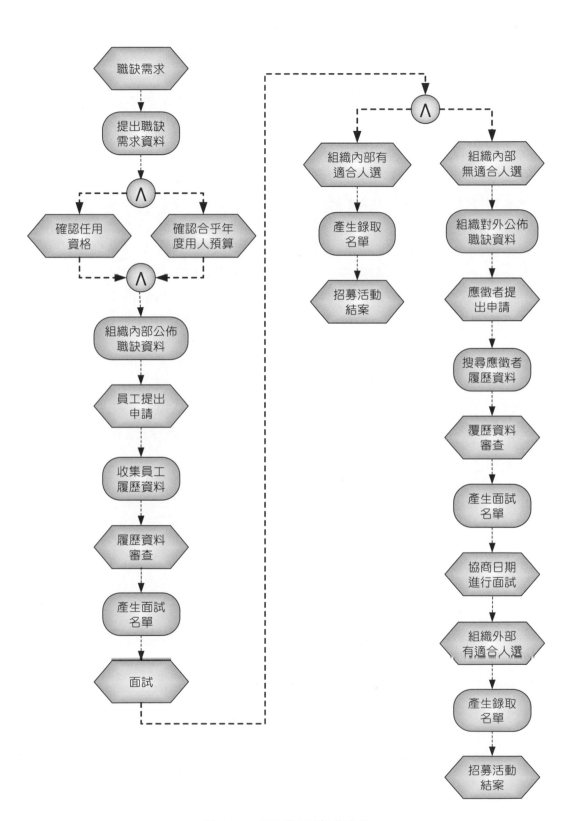

圖 9-2　A 公司原先的招募流程

　　然後，按照公司的規定，必須先透過內部求才的方式，找尋適合的人選。於是人資單位先在公司內部公告職缺，希望有興趣的員工來申請。這時候公司內部會有一些員工投遞履歷表來應徵。公司的人力資源單位會在一定的時間內收集到應徵工作者的履歷表。職缺公告的時間結束後，開始審閱這些履歷表，並決定參與面試人員的名單。經過一連串的面試，如果內部招募的結果，可以找到適合的候選人，則招募活動結束，否則人力資源單位會向外尋求合適人選。公司透過各種不同的媒體 (包括報紙、網站、廣播電視媒體等) 來對外公開尋求人才。這時候，有興趣的應徵者會向公司投遞履歷表。在公告時間內收集一定數目的求職履歷後，人力資源單位開始審閱履歷表，決定面談的人選名單，約定時間進行面談。如果找到合適的人選，公司方面則會提供工作之機會。如果，該名應徵者接受公司的錄用條件，則人力資源部門開始簽請上級單位錄用這名應徵者。如果面試結果仍找不到合適的人選，則須繼續運用外部尋才的管道，持續找人。

　　假如公司對於目前招募的方式，感到不滿意，希望藉助資訊科技來提昇招募的效率，委由 A 公司的人力資源單位負責進行流程再造的工作。專案團隊一開始即思考資訊科技在整個流程可扮演的角色及傳統招募流程中每一個工作事件的價值。經由幾次密集的討論後，該團隊獲致以下結論：

- 使用電子表單及公告取代所有紙本為主的表單及公告，包括職缺需求單、應徵求職表單、錄用簽准單等
- 運用工作流程軟體來協助管控簽核作業
- 建立公司內部所有職務的工作說明書及員工個人職能的電子資料庫
- 運用企業入口網站公告職缺
- 建立公司對外的招募網站及運用外部人力銀行網站，公佈職缺

　　修正再造後的招募流程，包括幾項主要活動：

- 填寫線上職缺需求單
- 運用線上工作說明書確認工作候選人之資格及職能需求
- 運用企業網路進入員工個人職能資料庫選取候選人
- 運用企業網路進入應徵者資料庫選取候選人
- 決定面試名單

⊡ 進行面試

⊡ 決定最後人選並提供工作

　　再造後的工作流程如圖 9-3 所示。首先，人力資源單位會針對各部門所提出的職缺，登錄在線上之職缺需求單上。接著，人力資源單位會上線查閱公司的財務管理系統，了解是否所需招募的員額是在該年度用人預算編制內。如果該職缺屬於年度的用人規劃，則在進一步利用公司內部的網站公告職缺由員工上線點閱提出申請，並運用員工技能資料庫找尋適合的人選。如果有適合的候選人，緊接著是安排面試甄選。如果公司內部無法找到適合的人選，則透過公司的對外網站公告職缺及運用外部人力銀行網站或其他管道，收集及尋求適合的人選，一直到找到適合的人選為止。

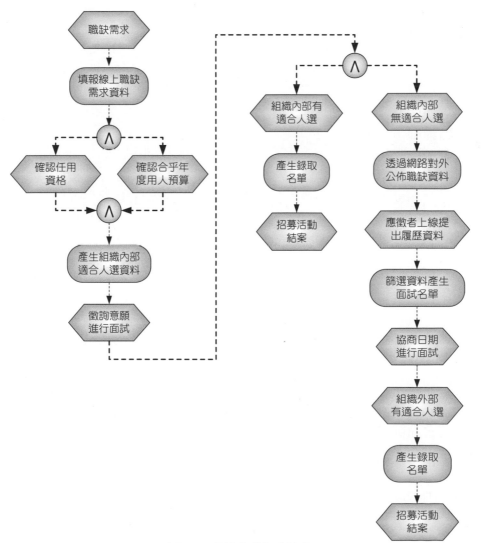

圖 9-3　再造後的招募流程

流程經過再造後，原先許多不必要的步驟被刪除及藉著線上表單及技能資料庫，可以減少許多紙上作業所帶來的不便。

9.3.2 訓練流程再造

B 公司是一家國際商業銀行，為了提昇銀行行員執行工作所需知識、技術與能力，該公司人力資源部門在執行員工訓練工作時，有一連串的工作流程，這些工作流程包括以下幾項功能或活動：

- 訓練需求調查

- 訓練需求分析

- 年度訓練計劃核可

- 公佈訓練計劃

- 提出訓練請求

- 安排訓練課程

- 聘請講師

- 準備上課教材

- 公告訓練課程

- 訓練實施前準備

- 訓練報告

- 通知受訓者

- 進行訓練

- 課後訓練評估

- 主管評核訓練成效

- 繳交書面訓練心得報告

- 人數統計與費用評估及結算

- 追蹤訓練成效

若將上述的訓練活動以流程圖表示，則如圖 9-4 所示。

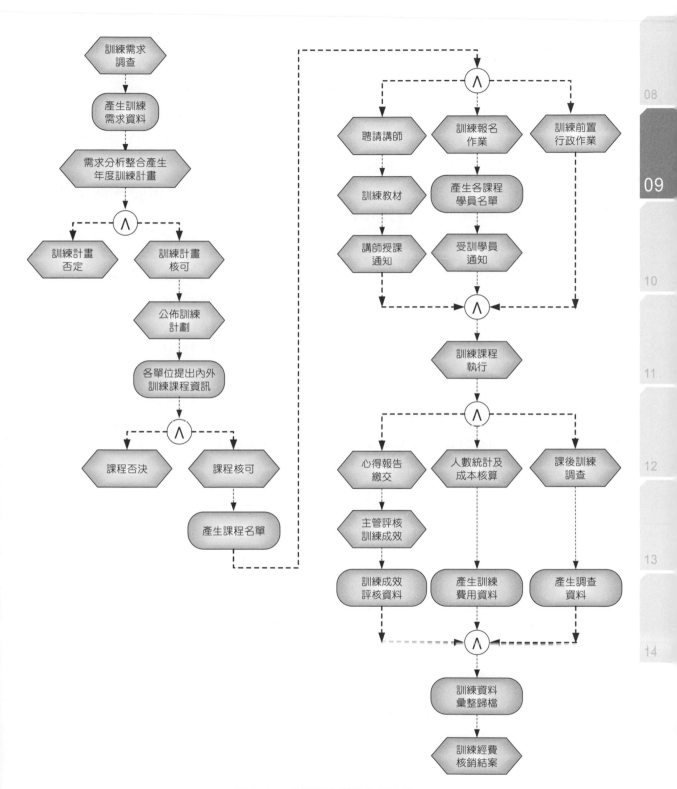

圖 9-4　B 公司原先訓練作業流程

　　B 公司每年都必須進行年度訓練需求調查，因此要將訓練需求調查表發給各分行填寫，在由人力資源部門將該訓練需求調查表彙整，然後進行訓練需求分析。進行訓練需求分析時，公司特別針對現況、工作任務和人員素質三大類，來檢討與分析各單位所提出的課程需求，是否符合公司在組織目標上的需求？為了提高工作績效，員工必須學習什麼？員工為達成理想的工作績效，在知識、技術與能力上是否需要訓練？人力資源部門依據系統化的需求分析後，即可將具有優先性的訓練課程編製成年度訓練計劃，並將該年度計劃交由經營主管核可，一旦核可後，即公佈該年度的訓練計劃(包括年度預算、實施進度表與受訓人員名單)。

　　接著，各分行員工隨即可依公布的訓練計劃提出訓練申請，人力資源部門可依內訓與外訓的分類，來核定個別的訓練課程。一旦核定後，即可公告該項訓練課程，並同時接受員工報名，此外亦會針對訓練課程依內聘講師或外聘講師的專長，與外部企管顧問公司或內部講師洽談課程內容與講義型式等。在課程正式執行前，人力資源部門會進行訓練前置作業，如安排與佈置場地、安排餐點、準備視聽教材與教具、準備教材講義、準備各種表單(如課程訓練記錄表、學員意見調查表等)、準備茶水、製作歡迎海報等。此外亦要同時對講師發出正式授課通知以及對受訓人員發出上課通知。一旦訓練課程正式實施，人力資源部門承辦負責人會要求受訓人員於課程記錄表上簽到，並分發學員意見調查表及心得報告表，而在訓練時程內，承辦人員會全程督課。

　　一旦課程結束，人力資源部門會進行課後訓練調查評估，並進行受訓人數統計以及訓練費用評估，此外，人力資源部門亦會要求各分行主管監督要求受訓人員繳交課後心得報告，並依需要針對受訓人員進行態度和行為的課後成效評估。最後人力資源部門在將上述的各項評估資料以及受訓人員基本資料及上課記錄，建檔在電腦資料庫裡。為了做下一年度的訓練需求分析，人力資源部門會作後續追蹤評估，並作出改善計劃以利下一年度訓練計劃的執行。

　　然而公司對於現有的訓練作業流程感到不滿意，希望透過人力資源資訊系統的建立，來提高訓練作業流程的效率。但在建立人力資源系統之前，必須針對現有的人力資源流程進行檢討，並進行流程再造的動作，為了配合新資訊科技的運用，以及為了達到節省作業時間與人工成本的原則下，新作業流程做了以下增修的原則：

▣ 進行線上訓練需求調查

▣ 運用工作流程軟體協助管控簽核作業

▣ 以電子表單及公告取代所有紙本為主的表單及公告，如訓練計劃、訓練課程、授課通知、受訓通知

▣ 線上繳交心得報告，並運用企業網路作訓練心得分享與交換

▣ 進行線上課後訓練調查以及課後訓練成效評估

修正再造後的訓練作業流程，如圖 9-5 所示。

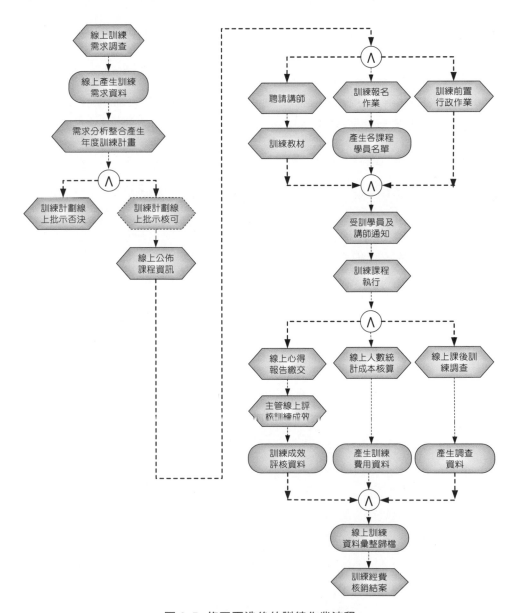

圖 9-5　修正再造後的訓練作業流程

這其中包括以下幾項主要活動：

- 填寫線上訓練需求調查表
- 運用線上訓練需求矩陣整合出年度訓練計劃
- 進行線上教材編製與教案設計
- 線上訓練課程公告
- 線上申請、審核與通知
- 訓練設備、場地與出缺勤管理
- 線上課後調查與評鑑
- 訓練成本分析

而以上經流程再造後的幾個訓練作業流程，轉化成訓練資訊系統，該訓練系統包括以下十個子系統：

- 需求評估系統（選修、必修課程、訓練需求矩陣）
- 訓練管理系統（課程公告、選修、必修、已修、未修）
- 訓練實施系統（申請、查核許可、通知、查詢、取消、延訓）
- 訓練評鑑系統（課程、講師評鑑、心得報告）
- 圖書資料管理系統
- 知識分享系統
- 訓練成效表單系統（最熱門、冷門課程、每人成本、每門成本、部門成本）
- 新進員工技能檢定系統
- 績效考核技能強化系統（個人考核成績、應訓課程）
- 電子佈告與溝通系統 (Q&A、相關網站連結、最新消息、管理辦法、HR 承辦人窗口)

9.3.3　流程再造之評估

流程再造通常可經由降低成本與提高生產力以增加組織的效益，這些效益可分為以下幾類：

生產力提升的效益

- 減少毫無或低附加價值的產品和服務

- 改善品質及減少前置作業時間

- 透過線上作業、工作流程軟體、資料庫運用等方式以減少作業流程時間

外包所產生的成本降低效益

經由流程再造，可將組織不專精的作業或屬低附加價值 / 高勞動成本的作業，外包給專業機構以降低成本，如高級管理人才外包給獵人頭公司、人才招募外包給人力銀行，或將一些不涉及企業文化或企業價值觀的一般訓練管理流程外包給專責訓練單位或管理顧問公司。

其他節餘效益

如紙張成本、郵件遞送成本、影印、電腦列印等成本的節餘。

人力資源資訊系統使用的效益

- 減少重複輸入的資料。

- 經由人力資源資訊系統 (Human Resource Information System, HRIS)、管理者及員工可以自行核定資料、確認資料正確性及透過系統的標準作業流程，可減少爭議及後續的調解。

- 減少由於資料輸入錯誤或延遲而導致生產力降低及重做的可能性。

9.4 自助式服務與人力資源作業流程再造

　　除了**工作流程系統** (Workflow System) 在人力資源作業流程再造及 e 化管理的專案中最常被列入考量外，自助式服務的機制也是被列為最重要的選項之一。前述兩個人力資源作業流程再造例子裡，職缺申請人自己填寫線上履歷表及員工自行線上申請訓練課程皆屬於自助服務的活動。為甚麼在 HR 作業流程再造及 e 化管理特別重視員工自助服務？主要有幾個管理上的目的。首先，人力資源作業流程 e 化的目的之一，就是要提升作業品質及效率，因此**流程改善** (Process Improvement) 是自助服務的首要目的。由於許多人事基本資料的持有者為員工本身，如果每一位員工的人事基本資料皆由人力資源作業人員代勞處理，那麼處理資料的時間不但冗長，而且容易發生錯誤。

　　第二，自助服務可以確保**資料品質** (Data Quality)。因為員工的人事基本資料異動頻率高，HR 人員不容易即時掌握，例如員工個人住址的異動或個人婚姻狀況的變化，及家庭成員人數的消長對勞健保費用的影響等會隨著時間而改變。如果這些資料由員工個人自行來負責管理，不但可以減輕人力資源單位工作人員的負擔，同時人力資源作業人員也可以即時掌握最新及正確的人事資料。

　　第三，員工自助服務另一個管理上的意義就是**員工賦能** (Employee Empowerment)。自助服務可以讓員工對組織中屬於個人人事相關之事務擁有自主權及享有**掌控感** (Sense of Control)。就拿上述教育訓練作業流程為例，如果讓員工自行進行線上申請所欲學習的課程，而不是由上司直接指派參與訓練，可以讓員工擁有一份可以掌握個人學習成長機會的自主權。另外，現今許多組織員工的素質愈來愈高，組織階層也朝向扁平化發展，透過自助服務的機制不但可以讓員工感受到個人對組織事務有參與感，同時也讓組織分權 (Decentralized) 概念得以落實。就以線上自選式福利來說，許多先進的企業就容許員工就公司所提供的多樣福利商品，自行設計組合個人所想要的福利項目。透過員工參與可以提高員工對組織的滿意度，增加組織留才的籌碼。

　　第四，員工自助服務可直接及間接地提升人力資源管理的**策略價值** (Strategic Value)。就直接面而言，員工自動服務可以減輕人力資源專業人

員的行政事務面的工作負荷，讓 HR 專業人員可以騰出更多的時間，從事高附加價值 (Value-Added) 的服務，例如：員工關係管理及員工生涯管理等高附加價值的服務。就間接面而言，許多組織可以藉由 e 化的助力，經常推動各種人資方面的專案活動。如果行政事務面的事務皆能由員工自助處理完成，那麼組織就不必多僱用處理人力資源行政事務的人員，而轉向僱用更具專業及具策略性質的 HR 人員，這些人員在組織中可推動更具策略意義的專案活動，協助組織發展，諸如企業文化的塑造、組織變革創新及人才發展政策的推動執行等，讓人力資源管理提昇至組織策略管理的層級。

自助式服務作業流程的設計可以分為員工端與經理人端自助服務兩種，皆可透過**人力資源入口網頁** (HR Portal) 來協助完成。在管理上，這兩種自助服務在內容層次上仍有差異，所要達到人力資源作業流程再造的目的也不同。

9.4.1　員工端自助服務 (Employee Self-service)

員工端的自助服務除了前述所談及的管理目的外，人事基本資料的整合可以直接落實在員工個人層次。員工自助服務的內容可以包括：

- 員工個人資料的更新；
- 人力資源政策及事務上的溝通；
- 福利服務；
- 工作派任；
- 透過電子表單進行各種 HR 相關活動之申請 (如教育訓練、差勤等)；
- 員工建議。

上述這些繁瑣的事務的完成如果部分能夠在員工端完成，可以大量地降低人力資源部門的工作量。由於許多企業已將人力資源部門由行政管理單位的角色轉型為服務單位，員工基本上已被視為**內部客戶** (Internal Customers) 來看待。自助式服務可以讓員工親身體驗並感受到組織所提供的服務，透過個人的參與及選擇，可以提升其自主感與工作滿意度，達到人力資源單位轉型成為服務單位的目的。

9.4.2　經理人端自助服務 (Manager Self-service)

經理人端的自助服務在前述所談及的管理目的中，是最具提升 HR 組織策略價值的一項流程再造的活動。企業整體人力資源績效的發揮是人力資源單位與部門及事業單位經理人協同合作的結果。人力資源單位制定人力資源相關政策及各項作業流程，部門及事業單位經理人透過對於所轄團隊人事資料的掌握，進行各種人才管理與發展的相關活動。經理人端的自助服務就是希望能夠全面提供部門及事業單位經理足夠的人事資訊來協助經理人有效的進行團隊及組織的人力資源管理。

經理人端的自動服務功能可以包括：

▣ 薪資決策

經理人可以規劃及分配員工績效獎金，建議員工年度調薪等。

▣ 績效管理

經理人可以協助員工建立個人年度績效目標，進行績效考核，提供績效改善計劃及訓練發展機會，檢視所轄團隊成員的各年度的績效資料等。

▣ 招募及甄選

經理人可提出年度用人需求，檢視應徵者各項甄選成績，面談時程的安排等。

▣ 考勤管理

經理人可以查閱所轄團隊成員出缺勤的狀況，以及分析出缺勤的狀況與員工生產力間之關係等。

▣ 訓練發展

經理人可以隨時查閱所轄團隊成員的各年度教育訓練的資料，聯結企業各項職能發展計劃協助有潛力的員工持續發展。

當然，企業經理人同樣的與員工為人力資源單位組織內部的客戶。所不同的是，部門及事業單位經理人也必須負起所轄團隊或整個組織的人才管理與發展之規劃與執行。透過經理人自助式服務的機制，經理人可以取得足夠的資訊，與人力資源單位並肩作戰，來協助組織進行人才資源的管理，得以讓組織持續發展。

9.5 人力資源模組與 ERP 系統其他模組間之聯繫

在 ERP 系統中，人力資源模組相對之下是比較獨立運作的模組，但是人力資源模組仍會產生許多資料透過其他模組來完成組織所賦予的任務。首先就費用的部分來講，企業組織的許多人力資源活動會牽涉到預算與經費核銷的問題。舉例來說，企業每年皆會有用人預算的編列，也就是員工薪資；或者是年度教育訓練經費的編列，這些都牽涉到費用預算與經費核銷，因此人力資源模組與財會模組聯結。當這些活動的費用支出後，系統就會將費用名目及數字拋轉登錄至**總帳** (General Ledger)，以為後續處理。

另外企業可能會導入獨立的專案管理系統或 ERP 系統的專案管理子模組，專案管理通常會牽涉到人員的派任與調動，以及員工參與專案工作時間的安排。因此必須與人力資源模組中的考勤子模組相聯結。最常見的例子就是營建管理業的 ERP 系統。一般說來，一家營建管理商同時會有許多建案在進行，同時也會與許多工程承包商合作，這時候專案管理就變得十分的重要，除了各項專案進度的掌控外，就是參與各專案人員的調動。由於各項專業人員 (例如：各細項之土木工程、機電工程、管線工程的專業工程人員) 皆可能在同一時段參與不同的專案，因此人員調動就會變得很頻繁。所以 HR 模組中的考勤系統就必須配合專案管理系統的運作，必須提供相關人事資料 (例如：專案人員的類別、專長及專案經驗)，以便專案管理系統安排參與各項專案工程項目的時程。另外，績效管理子系統亦會與專案管理系統連結，個別成員參與各項專案在既定時段內目標達成狀況等相關資料，將會帶入至績效管理子系統，以便進行**目標管理** (Management by Objectives, MBO)。

如上述，人力資源模組需要與 ERP 系統中其他模組的資料相串連。以 SAP 系統為例，HR 模組就需要與 FI 及 PS 模組串連資料。當然本節僅舉一些常見的例子，至於是不是人力資源模組要與其他的模組進行資料上的串連，完全應視當前企業管理上的需求，以及未來企業在管理上的一些創新想法。

習　題

1.(　　) 人力資源再造／改善的結果將會對組織內的部門經理人及員工產生
哪幾項好處？(1) 將受地域的限制 (2) 回應的時間縮短 (3) 更符合個
人化的需求 (4) 更將人性化 (5) 人力資源服務的品質將獲得保證

  A. 1234   B. 2345

  C. 1235   D. 12345

2.(　　) 在人力資源管理中，人力資源再造／改善是下列何者取向？

  A. 功能取向   B. 流程取向

  C. 組織取向   D. 性質取向

3.(　　) 人力資源流程再造對傳統訓練作業流程轉化成訓練資訊系統，以下
哪些系統為該訓練系統所應具之功能 (1) 需求評估 (2) 訓練管理 (3)
績效考核技能強化 (4) 電子佈告與溝通？

  A. 123   B. 234

  C. 134   D. 1234

4.(　　) 流程取向的人力資源再造，傾向將人力資源作業朝向？

  A. 分層稽控   B. 軟體複雜化的設計

  C. 單一業務窗口   D. 集權式管理

5.(　　) 在人力資源管理中，請問減少毫無或低附加價值的產品或服務為何
種流程再造之效益？

  A. 成本降低效益   B. 生產力提升的效益

  C. 人力資源系統使用效益   D. 其他節餘效益

6.(　　) 在人力資源管理中，請問何者是透過較正規化的教育、工作經驗與師徒關係，來幫助員工對未來進行生涯規劃的制度？

  A. 教育訓練　　　　　　　　B. 員工發展

  C. 員工諮商　　　　　　　　D. 員工健康

7.(　　) 請問流程取向的人力資源再造傾向將人力資源朝向何種業務處理方向來設計？

  A. 增加業務窗口　　　　　　B. 員工賦能

  C. 工作簡單化　　　　　　　D. 集權管理

8.(　　) 在人力資源管理中，請問哪一個作業非任用管理的功能？

  A. 績效調薪　　　　　　　　B. 招募人才

  C. 僱用安置　　　　　　　　D. 離職管理

9.(　　) 請問以下有關人力資源再造中，功能再造與流程再造的描述何者正確 (1) 功能取向的人力資源再造可以減少企業內部業務協調的成本 (2) 功能取向的人力資源再造會導致人力資源業務以工作簡單化的方式來處理 (3) 流程取向的人力資源再造可以節省企業人力資源部門的業務量 (4) 流程取向的人力資源再造可以提升組織人力資源管理之績效？

  A. 234　　　　　　　　　　B. 12

  C. 1234　　　　　　　　　D. 134

10.(　　) 對於從事人力資源專業工作者而言，人力資源再造有何種意涵？ (1) 自動化 (2) 外包 (3) 整合 (4) 集權 (5) 人事縮減 (6) 重新定義專業角色及職能

  A. 12356　　　　　　　　　B. 123456

  C. 1256　　　　　　　　　D. 23456

11.(　) 在人力資源管理中，流程再造通常可經由降低成本與提高生產力以增加組織的效益，以下何者為正面效益？ (1) 生產力提升 (2) 外包所產生的成本降低效益 (3) 提高資金流動效益 (4) 人力資源資訊系統使用的效益

A. 124　　　　　　　　　　　B. 123

C. 234　　　　　　　　　　　D. 134

12.(　) 對於人力資源模組的特性哪些是正確？ (1) 會受到不同國家法令的要求與限制之影響 (2) 客制化的需求較多 (3) 每家公司的人資管理功能及作業流程的設計落差大 (4) 模組較不獨立 (5) 與其他模組資料互動多

A. 1234　　　　　　　　　　B. 123

C. 234　　　　　　　　　　　D. 2345

13.(　) 在 HR 作業流程再造及 e 化管理特別重視員工自助服務，下列哪一項不是員工自助服務的目的？

A. 流程改善　　　　　　　　B. 確保資料品質

C. 降低成本　　　　　　　　D. 員工賦能

14.(　) 下列有關流程取向以及功能取向的人力資源再造 / 改善之敘述何者錯誤？

A. 流程取向不注重員工賦能與單一業務窗口

B. 功能取向注重集權管理與分層稽控

C. 功能取向無法促成組織 HR 管理之績效

D. 流程取向可提昇組織 HR 管理之績效

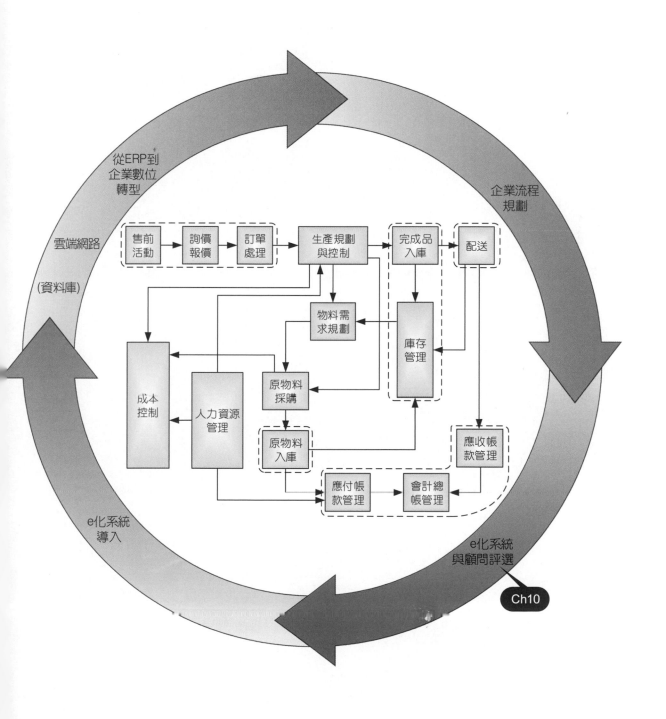

10

系統評選

張緯良 博士 世新大學資訊管理系副教授

學習目標

☑ 瞭解如何評選一套適合企業本身需要的企業資源規劃 (ERP) 系統，以及評估時應考慮的因素，例如：ERP系統功能與價格、供應商系統建置與維護的能力，以及供應商本身的長期競爭與生存能力。

☑ 瞭解如何去評選ERP系統的功能，包括該考慮系統功能的完整性、功能的強度和系統的彈性三個層面，以符合企業本身的資訊需求。

☑ 瞭解ERP系統導入成本包含了：系統軟硬體成本、建置成本，以及其他各種可能的隱藏成本等三個部分，以及如何避免導入專案時間延宕或成本增加。

　　ERP 系統可以提升企業運作的效率、整合營運所需的資訊，進而提高企業競爭力，這已是一個業界的共識。但是 ERP 系統價格昂貴，導入顧問費用更是所費不貲，如何在眾多 ERP 產品中以合理成本挑選出符合企業所需功能的 ERP 系統及 ERP 供應商，是本章所要探討的。本章第一小節討論系統評選考量因素之概念，第二小節探討如何就 ERP 系統功能及價格來評選，第三小節就系統建置費用及後續維護成本加以闡述，第四小節探討如何評選具有長期競爭力的 ERP 供應商，最後一節則提供實務經營管理觀點上的評選考量。

10.1　系統評選考慮因素

　　企業導入企業資源規劃 (ERP) 系統的主要決策之一是要導入那一套 ERP 系統？亦即系統評選的問題，2014 年台灣的 ERP 系統供應商約有 51 家 (包含本土廠商和外商)，提供了使用者豐富的選擇，也增加了評選過程的挑戰性。

　　ERP 系統本質上應視為一項長期性資本投資計畫，一般長期性投資經常利用**投資報酬率** (Return on Investment，簡稱 ROI) 來作為評估的標準，在傳統的資訊系統導入過程中也有人用**成本效益** (Cost-Benefit) 分析作為評選資訊系統的基礎。但投資金額或成本可以概略估計 (也只能概略估計，無法精確計算)，系統所產生的報酬和效益卻很難以金額來估計，所以不管用投資報酬率或成本效益分析都有困難。

　　例如，我們經常聽到導入 ERP 系統之後，資訊整合性提高了、可以更快的取得最新的資訊、管理者的決策速度增加了、結帳時間縮短了，但要將這些效益化為貨幣價值，並與投資金額作比較卻並不容易。而且在導入之前對效益的評估大多為假設情況，實際結果是否如預期也很難說，即使參考以往案例，但個案之間差異很大，難以全然比照。真正的效益恐怕必須在事後取得實際資料，並和事前 (導入 ERP 系統之前) 作比較，才可以獲得具說服力的結論。要在評選階段便以估計值為評選 ERP 系統的基礎，其風險是很大的。

在實務上評選資訊系統時，大多以**功能／價格**比來作為替代性的評選基礎。亦即對不同的 ERP 系統，以企業所投入的成本（以系統獲得的價格來計算）和所得到的功能相對優劣來進行比較，以作為評選 ERP 系統的基礎，這種作法類似政府採購法中的「**最有利標**」模式。而對功能／價格比的評選基礎，必須以企業的需求為前提，亦即評估供應商所提供的 ERP 系統能否滿足企業的作業需求，以及需要花多少錢來滿足這些需求。

在功能方面，首先思考的是功能的完整性（是否完整的具備了企業所需要的功能）以及功能的強度（各功能有周延與細緻程度），另依系統本身所提供的彈性，以及當功能不足時要客製化開發是否容易，都是應該納入功能評比的項目。

在成本方面，一般估算時將 ERP 系統的成本分為三個部分：系統軟體成本、硬體成本和顧問費用，三者合為『系統建置成本』，另外還有其他一些無形成本的支出，例如企業內部配合的人力，以及因導入系統而耽誤正常營運作業的成本等。

除了初期的系統採購成本之外，系統建置時程和建置期間的額外費用（主要指客製化成本），以及建置完成之後的維護服務費用，也同樣是系統評選的重要考慮因素。

如果不將 ERP 系統的取得視為一次性的採購行為，而視為建立長期夥伴關係的起點，另外還有一個更重要的因素須加以考量，那便是供應商**本身的條件**。亦即系統供應商是否有足夠的生存與成長力，成為一個可以長期合作的經營夥伴，避免在過度競爭的情況下所選擇的供應商退出市場，使辛苦建置的 ERP 系統成為無人照料的孤兒，也是評選供應商時的一個重要考慮。

以下便以功能／價格、系統建置與維護和供應商本身條件三個因素說明如下。其中建置成本分為兩個部分，一個是**標準建置成本**，指模組選擇與調教 (Tuning) 及參數設定，將在功能／價格比中討論；另一個是**客製化成本**，則在 10.3 建置與維護因素小節中討論。

10.2 功能 / 價格比

如果以投資報酬率或成本效益比來作為評選的基礎時，通常會要求投資報酬率為正 (**報酬大於投資**) 或成本效益比大於一 (效益大於成本) 作為判斷是否要導入 ERP 系統的基礎。而功能價格比通常是在決定要導入 ERP 之後，在兩家以上的系統評比時，比較哪一家供應商的系統能以較低的價格提供較佳的功能。以下分別以功能和價格來說明。

10.2.1 系統功能

在選擇任何產品時，是否能滿足使用者的需求，自然是評選的首要關鍵，評選 ERP 系統亦不例外。在系統功能面，須考慮功能的完整性和功能強度，另外系統彈性也是一個重要的考慮因素。

功能完整性

一個 ERP 系統應該包含哪些功能才算完整？依據**美國作業管理協會 (原 APICS)** 對 ERP 所下的定義：ERP 是一個**會計導向**的資訊系統，用來確認和規劃為了接受、製造、運送和結算客戶訂單所需的整個企業資源；IDC 則指**出一個 ERP 系統至少應該包含了會計、存貨管理、訂單處理、採購管理、生產計畫與執行等功能**，或許能代表 ERP 系統所應包含的功能模組。

另外從企業營運的角度來看，一個 ERP 產品至少應該將企業的整個產銷循環包含在內，亦即 APICS 所宣稱的從接單到出貨收款的整個循環。整個產銷循環是從接受顧客訂單開始，如果是自有品牌的業者，則會依據交貨時程順序排列所需要的產品種類和數量稱為**主需求排程** (Master Demand Schedule，MDS)。需求需要經過對關鍵性料品和產能的檢驗，排出可以執行的**主生產排程** (Master Production Schedule, MPS)。然後經過物料需求規劃 (Material Requirement Planning, MRP) 展算對原材料的需求，並訂出預定的生產排程。原物料需求配合生產排程，便可以產生採購的需求，考慮企業的存貨政策之後發出採購訂單，原物料收料入庫，同時支付貨款。

另一方面，依據預定的生產排程，檢視原物料獲得情況和當時的生產線產能利用情形，發出製造命令，進入**在製品管理** (Work in Process, WIP) 的

程序。一旦完工入庫後，便可通知業務代表準備出貨。完成包裝檢驗、運輸工具與路線的安排，並準備好出貨相關的文件，便可以出貨給客戶了。最後將貨款收回，登錄相關的會計作業，便完成了一個產銷循環。

如果是買賣業，則相對較簡單，沒有生產規劃與製造這兩個部份；服務業更單純，由訂單到出貨 (提供服務) 到收款即完成了整個循環，最後再進入會計總帳。一個企業的產銷循環摘要示意圖如圖 10-1 所示。

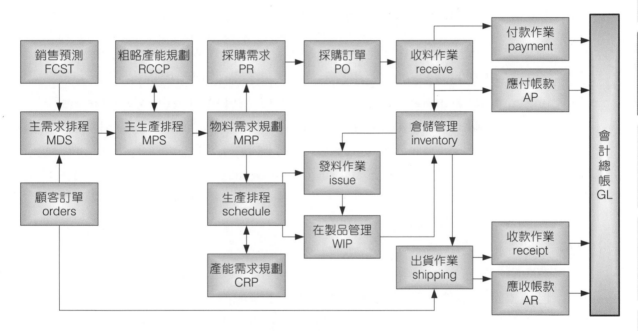

圖 10-1　產銷循環示意圖

在這個產銷循環過程中包含了**訂單管理** (Order Management)、**生產規劃** (Production Planning)、**採購作業** (Purchasing)、**存貨管理** (Inventory)、**製造** (在製品管理 Work-in-Process, WIP)、**應付帳款** (Accounts Payable) 與**應收帳款** (Accounts Receivable) 以及**會計總帳** (General Ledger)。這些被定義為 ERP 的基本模組，也即至少要有這些模組，才可以被視為一個 ERP 系統。

但作為一個涵蓋企業所有資源為目標的系統，僅只這些是還不夠的。另外還需要一些輔助性的功能模組配合，才能完整的支援企業的產、銷、人、發、財五大功能。在銷售商品前，必須定義產品的內容與結構，這是由**工程模組** (Engineering) 所提供的**物料清單** (Bill of Material, BOM) 來負責；為了支援產銷作業，以及結算成本，必須要有**人力資源管理模組**

(Human Resource)；為了處理帳務並產生各種財務報表，必須要有**財務會計模組** (Financial Accounting)；最後為了結算成本計算盈虧，以及作為爾後產品訂價的參考，以及提供企業決策相關的資訊，還有一個很重要的**管理會計模組** (Management Accounting)。除了這些之外，大多數的 ERP 系統還提供了品質管理的模組 (Quality Management)，而且還會和 ISO-9000 品質保證制度加以整合，提供所需要的資訊。但需要強調的是，一個 ERP 系統到底應該提供那些功能模組才算完整，完全視企業的需求而定，例如：在買賣業中生產管理模組可能便不是那麼重要。

近年來大多數的 ERP 供應商逐漸朝第二代 ERP 系統 (ERP II) 發展，則除了這些 ERP 的核心功能模組之外，還具備有**先進規劃與排程** (Advance Planning and Scheduling, APS)、**供應鏈管理** (Supply Chain Management, SCM)、**顧客關係管理** (Customer Relationship Management, CRM)、**知識管理** (Knowledge Management, KM)、**商業智慧** (Business Intelligence, BI)、**產品生命週期管理** (Product Life-Cycle Management, PLM) 等模組，以提供企業更完善的資訊應用架構，來支援企業和經營夥伴之間的**協同作業** (Collaborative Operation)。

功能強度

但是單單有這些系統可能還不足以稱為完整，還要看每一個模組所提供的功能內容是否能滿足企業經營上各種多樣化的需求。例如：在生產計畫模組是否提供了間斷式生產 (Discrete)、重複性生產 (Repetitive)、連續流程生產 (Process flow)、專案式生產 (Project) 等不同的生產方式；以及是否能提供主需求排程和主生產排程的功能、是否能支援緊急抽（插）單、多生產線（多工廠）排程、委外加工等；在工程模組中的產品結構方面是否能支援不同的物料清單維護與管理（製造 BOM、工程 BOM、模組 BOM、虛擬 BOM、替代料、版本控制、設計變更等）；在物料管理模組方面是否能提供物料需求規劃展算、即時生產系統 (Just in Time，簡稱 JIT)、批量管控、批號、序號管理、多廠多倉、倉別／庫別／儲位別的管理、物料調撥、ABC 分類管理、定期盤點、永續盤存等功能；在成本模組方面是否支援了不同的成本計算方法（標準成本、實際成本、作業成本制等）。換言之，需要對每一個模組的功能作進一步檢視，才足以判斷系統功能的完整性。

進一步細究，還不是有沒有這些功能的問題，而是能處理到多深入、多細緻的問題。以訂單管理為例 (這是一個所有系統供應商都有提供的模組)，是否包含了一次性採購與長期合約、現貨與賒銷、信用額度查詢、數量折扣、一次訂單分批交貨、併單處理、銷貨折讓、銷貨退回、樣品、贈品的處理等。ERP 系統是如何處理這些問題的，是否能滿足企業的現行作業，甚至基於系統供應商多年的經驗所累積的最佳實務範例 (Best Practices)，可以做得比企業現行作業更為精確細緻，也是在評選系統時所應該關注的。這些功能及其內容，可參考本書其他章節。

另外一個考慮是這些功能的整合性，亦即各模組之間的銜接與連繫是否完整。簡單的說，各上游的功能模組 (例如：接受客戶訂單) 是否能順利的轉給下游的功能模組 (例如：生產計畫)，下游功能模組是否可以直接利用上游功能模組所轉來的資料，而無須重複輸入。有沒有勾稽的功能可以檢查上下游功能模組間的資料是否一致，在發現不一致時，是否可以追溯到問題的源頭，並提供處理方法或工具等。

此外，基於內部控制與**外部稽核** (Outside Auditing，指會計師與稅捐單位的稽核) 的需求，大多數的公開發行與上市上櫃公司都希望藉由 ERP 系統做好金融監督管理委員會證券期貨局所規範的內部稽核與內部控制八大循環 (如下表)。ERP 系統是否具備相關的能力，也成為某些企業考慮的因素之一。

表 10-1　證期會規範的內部稽核與內部控制八大循環

項目	名稱
1	銷售與收款循環
2	採購與付款循環
3	生產循環
4	薪資循環
5	固定資產循環
6	融資循環
7	投資循環
8	研發循環

總結而言，ERP 系統的複雜性並不是簡單的宣傳文件上的文字描述所能涵蓋的，每一家企業必須依據本身的實際需求，仔細檢視評估 ERP 系統供應商所能提供的功能內容、其完整性與細緻程度、各功能模組間的整合程度，以及 ERP 與其他系統（例如：企業舊有系統 (Legacy System)、銷售點 (POS) 資訊系統、自動化倉儲處理系統 (Automatic Warehousing Management System)、電腦輔助設計／電腦輔助製造 [CAD/CAM] 等）的整合性，來作為評選 ERP 系統的基礎。這也是為什麼評選 ERP 系統的過程一定要強調使用者的參與，並取得高階主管的支持，同時需要投入大量的人力和時間，才能走穩導入 ERP 系統的第一步，選擇到一個適合企業本身需求的系統。

系統彈性

ERP 系統本質上是一個套裝軟體，一般套裝軟體的最大限制，便是彈性較低，只能依據系統供應商所提供的功能與流程來運作，而不像專案開發軟體一般，可以量身訂作的方式來滿足企業的特定需求。

即使 ERP 系統能夠滿足企業現行作業需求，企業的運作環境也不是一成不變的，系統所具備的擴充與調整方面的彈性，是否可以滿足企業不同的作業需求，以及未來的成長性，也是一個重要的考量。系統彈性可以在兩個方面展現，一個是透過**模組選擇**與**參數設定**來調校 ERP 系統的功能，以滿足企業需求的程度；另一個是以**開發客製化** (Customization) 程式來滿足企業需求的難易程度。

ERP 是由許多功能性模組所構成，一般而言，ERP 系統供應商大多在各功能模組下提供不同的作業選項，以滿足不同的作業型態需求，例如：不同的生產方式、不同的訂單處理流程、不同的成本計算方式等。另外在各模組之下，還有許多參數的設定，以適應各種情況需求，例如：會計科目編號、料件屬性、個人工作範圍與資料存取權限、折舊計算方式等。另外還有最重要的系統提供報表種類的多寡，或者 ERP 系統供應商是否提供報表產生器 (Report Generator) 等企業可以自行設定報表內容與格式的工具，這些功能彈性和工具的完備與易用性，都是評選 ERP 系統的考慮因素。

系統在功能面的彈性，除了以模組選擇和參數設定來調整系統的功能之外，最主要的便是以客製化來製作企業所需要的特殊作業程序。一般而

言，一個標準的 ERP 系統大約能滿足各式企業七到八成的作業需求，針對特殊情況難免會有客製化開發部分模組的需求。尤其台灣的中小企業，一向以彈性作為競爭力的核心，其與 ERP 所強調的嚴謹性不完全相容，因而會有許多客製程式的需求，客製化的能力和成本，也成為評選系統時重要的考慮因素。

客製化依賴的是 ERP 系統供應商的系統開發工具，或所提供的客製化工具。大型的 ERP 供應商喜歡建立自己的開發工具，例如 SAP 的 ABAP 程式語言或 Oracle 的 Developer 2000，有些 ERP 供應商則會採用標準的系統開發工具，例如：鼎新電腦的 TIPTOP 系統早期便是以 Informix 為基礎來開發的 (新一代的 TIPTOP 改以 Genero 來開發)。一般而言，專屬的開發工具不僅成本較高，人才取得也較不容易，採用開放標準的工具至少人才較易獲得，也較不會受到供應商本身興衰起伏的影響。

除了功能彈性之外，還有一個**規模彈性** (Scalability)，亦即 ERP 系統能支援多大規模的組織作業。有些 ERP 系統適合大型組織管理、有些系統適合中小企業營運，也有些供應商會宣稱系統本身的規模彈性可以支撐不同規模的企業運作。企業在評選時如能配合企業的願景加以考量，就可以避免企業在快速成長時面臨更換系統的壓力。

除了功能要能滿足企業的需求之外，使用者友善性 (User Friendly) 也經常是一個被企業納入考慮的因素。因為如果系統太複雜、操作介面不易使用，會影響到使用者的接受度和學習成本，當然相較之下還是以系統功能為優先考量。

10.2.2　系統成本

以功能價格比作為評選的基礎，除了系統功能之外，另一個要考慮的因素便是**系統取得成本**了。一個 ERP 系統的最初取得成本，大致上包含了三個項目：**硬體設備成本、軟體系統成本，以及建置顧問費用**，另外還有一些看不到的隱藏成本，說明如下。

系統獲得成本

大多數的 ERP 採購合約內容都包含了硬體設備、軟體使用費和建置費用三個部分，國外的調查指出這三者的關係大約是 1：2：4，本土 ERP 供

應商的建置費用 (顧問費) 則要低許多,但每一個個案會因為購買標的、合約談判情境以及公司策略等的不同,而有所出入。

　　硬體設備包含了作為主機的伺服器系統、作為終端設備的個人電腦、各種網路設備、備援裝置及其他周邊設備 (印表機、掃描器、額外的儲存空間等),如果要自行建置機房,那還要一筆另外的費用,使用設備的數量、等級決定了其成本的高低。設備的等級價差非常大,例如:國外大廠HP、IBM 的伺服器等級電腦較為昂貴,相對的國產伺服器較為便宜。這方面的需求主要是配合軟體作業的需要,通常 ERP 的供應商和建置顧問會配合軟體的需求來搭配硬體組合,和軟體及顧問費一併報價。

　　ERP 系統軟體成本,一般上可以分為**作業系統、應用系統**和**資料庫管理**系統三大部份,如果還有其他的開發工具費用,也需要一併納入考慮。應用系統指的是 ERP 系統本身,其計價方式各家供應商不一,但大致上是以固定基礎價格加上**使用者授權費** (User License Fee) 來計算的。例如:系統使用的基本費用,再加使用者授權費用乘以使用者人數,便是系統的成本。有些系統供應商會依模組別報價、有些會有最低授權費的規定,各家ERP 供應商有各自的計費方式。

　　本土系統和國際大廠的價格在這方面有非常大的差異,這種差異有時甚至會影響到了是否要將國外供應商系統納入評選範圍的考量。通常國外知名大廠的系統授權成本高於本土業在有一定的程度,價格也成為本土業者競爭的主要手段之一,當然市場也以中小企業為主要目標。

　　但近年來由於競爭激烈,加上國內金字塔頂端的高科技大廠導入的比例已漸趨飽和,使競爭指向中小企業,國際大廠也順勢推出了低價位的產品,使取得成本大幅降低。另外微軟 (Microsoft) 也在 2002 年開始經由購併跨入 ERP 的領域,並以中小企業為主要目標市場,讓國內的企業有了更多的選擇,也讓本土的 ERP 供應商面臨更大的挑戰。

　　成本中占最大比例的還是顧問費用,一般而言,如果導入國外 ERP 系統,顧問費都占總成本的一半以上。顧問費還可以進一步劃分為標準建置和客製化兩個部分。標準建置的工作包含前一節所提到的需求分析、系統設計、模組選擇與調校、參數設定等工作,如果這些仍無法滿足企業需求時,可能還要做客製化的系統開發,而產生另一筆支出。標準建置費用比

較有一定的標準，且大多有前例可循，但客製化的費用，彈性甚大，要視企業的需求以及與建置顧問公司互動的情形而定。

硬體設備成本、軟體系統成本、顧問費三者的合計，組成了系統的原始取得總成本，通常由 ERP 供應商或顧問公司整合報價，並和客戶簽定系統建置合約。

其他無形成本

在 ERP 的導入成本中，除了軟體、硬體、建置費用之外，公司還有一些無形的支出，使 ERP 的實際成本更高，其中最主要的便是人力的投入。在系統建置期間，企業所需投入的人力除了資訊部門的資訊專業人員之外，還需要各部門**關鍵使用者** (Key User) 的配合。這些雖然可能不會造成企業的直接額外支出，但專案期間影響到原有業務的處理，其所犧牲的生產力同樣是有成本的。許多企業沒有估計這方面的需求，結果不是造成專案的延誤，便是為了專案的順利進行，另外增聘額外的人員，造成實質的成本支出。而這些成本通常並沒有納入最初的考慮，很容易使 ERP 系統建置的成本超出預算。

此外還有許多的隱藏費用不容亦事先掌握。例如：訓練成本，通常 ERP 系統的導入都會附帶有資訊專業人員和使用者的訓練。雖然 ERP 供應商或承包的顧問公司會在專案費用內含若干時數的教育訓練，但所提出的估計都是最基本的需求，人數和時數都有限，如果有超過的部分也是要另外付費的。

人事成本中可能還有一個**人事流動的成本**，大多數的企業在導入 ERP 過程中或多或少都經歷過人員的流動。人員流動主要是由於 ERP 導入工作的壓力過大，除了例行工作不能棄之不顧外，導入過程中對新系統的學習與了解、討論需求時的反覆繁瑣、對規格與程序的爭議，都是需要付出許多心力來處理的，經常加班更是不可避免的。而且 ERP 的導入背負了大眾的關注和高階主管的期望，在重大成本支出下責任也變得相對較高，萬一專案可能無法準時上線，關鍵使用者或資訊人員便會因為受不了壓力而造成了高的流動率。

　　人才的流動免不了會增加招募甄選的成本，而新加入者要重新訓練，也使原來的訓練費用不敷使用，需要增加預算，更嚴重的是很可能影響到 ERP 導入的進度，當然也就直接影響到了 ERP 導入的成本。

　　在硬體成本方面，一般顧問在提建議案時通常是用最低規格來估計的，也就是「至少」需要幾台伺服器、幾台個人電腦、幾顆 CPU、多大的記憶體系統才能運作。因而不難想像在這種最低標準下，一旦正式運作時，在多人同時上線作業的情況下其效率如何，企業經常會在上線時立刻就面臨要擴充硬體的壓力，當然也是一筆額外的成本。

圖 10-2　ERP 導入評選架構圖

　　前面所提到的建置成本指的是沒有客製化情況下 (ERP 供應商稱之為標準建置) 的費用，如果要客製化開發系統，另外還有客製化的成本。如果簽定售後服務維護合約，還要增加維護的成本，這兩項將在下一節系統建置與維護因素中加以說明。

10.3　系統建置與維護因素

　　除了系統本身的功能是否完整與充足之外，影響系統效益甚或成敗的另一個關鍵因素是系統建置的過程。一般而言系統建置頗為耗時，早年稍具規模的系統建置時程大致上約需要 18 個月左右，有些系統規模龐大、設定複雜，費時較久，有些系統較簡單則可以快速建置。但國內外的調查一致的顯示了時程延誤、超過成本的情況經常發生。而且建置過程對企業的正常作業也會形成干擾，因此建置時程長短、是否能有效的掌握到上線時間，也成為在評選系統時應該加以考慮的因素。

　　在系統上線後，為維持系統的正常運作，系統必須加以維護，而且維護成本的累積其投入可能不下於系統獲得成本，也是應該一併納入考慮的。

10.3.1　建置時程

　　不同供應商的 ERP 系統所需要的導入時間不同，這不但影響到系統導入的成本，還會影響到企業的正常運作。因而在評選 ERP 系統時，大多會將建置時間因素納入考量。對建置時間的考量之一是導入總時程，另一個是延誤的問題。據國外調查資料顯示，大型系統建置案不能及時完成的比率高達八成以上，對台灣企業所做的調查大致上延誤的比率也在五成左右，顯然按預定時程完成導入是有一定困難度的。

　　建置時間有可以分為兩個部分，一個是**標準建置所需的時間**，另一個是**開發客製化系統所需的時間**。所謂標準建置指的是依供應商所提供的標準，顧問人員將系統軟硬體安裝在使用者的設備上，其中除了基本的安裝動作 (包含作業平台、資料庫、應用系統及網路管理等的安裝) 之外，還有模組選擇、參數設定、基本資料定義、組織結構、會計期間、帳本開立等作業，這些稱之標準建置。如果企業的需求透過模組選擇和參數設定仍無法滿足時，就會有客製化的需求，這部分不但要消耗時間，同時也要另外收費的。

　　在評選過程中，通常會請建置顧問估計建置系統所需要的總時間，企業必須評估顧問公司所提出的時間，企業是否能夠承受。它表示了企業最後接收到一個可以支援企業作業的資訊系統的時程，也表示了公司所需承

受的混亂的**下限**。稱其為下限，一則建置延誤是經常發生的，再則也因為開始上線之後混亂仍會持續一陣子，才會穩定。

除了顧問公司所提出的建置時程估計，企業還需要收集額外的資訊，以估計系統建置延誤的可能性以及延誤的時間範圍，作為評估或決策的基礎。但時程的延誤主要是受到顧問公司，而非系統供應商的影響。因此評估時可以將顧問公司和系統供應商分開考慮，亦即對相同的供應商或系統可以考慮不同的顧問公司。當然國內本土的 ERP 供應商大多是由本身的顧問來提供建置的服務，則二者合而為一。近年來有部分企業在吸收經驗並培養自有人才之後，採用自行建置的方式來導入系統，則時程因素就會掌握在企業本身的手中。

10.3.2　建置成本

系統導入總成本中包含了建置的成本，亦即付給顧問的費用，而且占總成本的比例不低，經常達到一半以上。建置成本包含兩個部分，一個部分是系統的模組選擇與調校、參數設定和基本資料的定義，以將系統調整成和企業的作業模式及流程相互配合 (即標準建置的部分)，另一個是當企業有特殊需求，所提供的系統無法滿足時所需要的客製化程式。

一般而言，客製化的成本都不低，尤其對採用特殊或自建開發工具的 ERP 系統供應商，例如：德商思愛普公司 (SAP) 或美商甲骨文 (Oracle)，由於人才供應商相對有限，使客製化的成本變得更高，早期經常有一支報表程式報價高達 100,000 元 (新台幣) 以上的情形。有經驗的人會建議儘量避免客製化，以降低導入成本，善用 ERP 系統內建的最佳實務範例，同時避免系統升級時的困擾。但當企業真有特殊需要 (例如：緊急插單、遠期支票管理、統一發票等國外沒有的功能)，以及和舊有系統 (Legacy System) 之間的介面或資料轉檔程式等，則仍難免會有客製化的需要。

因此企業在評選 ERP 系統及顧問公司時，應該向顧問公司明確的表達需求，並了解 ERP 系統可提供的功能有哪些？哪些是現有系統無法提供而需要客製化的？以及客製化的成本是多少？當然在這個階段對於需求只是一般性的描述，而未進行詳細的分析與設計，對於客製化成本的設計，就有賴顧問公司的能力和經驗了。基於爭取合約的立場，顧問公司偏向對客製化成本採取保守的估計，真有需要時再追加預算，因此建議企業對顧問

公司所提出的預算，甚至簽定合約的金額，都應持保留的態度，而預做更充分的準備，以應付不時之需。

10.3.3　系統維護因素

ERP 系統的選購，不宜被視為一次性的採購行為，因為一套 ERP 系統企業大多會使到七年以上才會更換，期間當系統運作遭遇問題，或供應商有新版本推出時，都需要系統供應商提供持續的服務，因此對供應商的售後服務能力和技術發展能力，都必須納入評選 ERP 系統的重要因素。

一般而言，企業所需要的售後服務包含了問題分析與解決、新增**修補程式** (Patch)、持續的教育訓練、版本更新與升級等，有些供應商還提供了**使用者社群** (User's Club) 等的意見與心得分享機制。理論上這些服務會因為提供服務的時效性和服務方式不同 (到府服務、電話客服中心、網站自助式服務) 而有不同的**服務合約等級** (Service Level Agreement) 與收費標準。但目前各大 ERP 供應商都以訂定一個統一的標準來收取維護費用。大多數系統供應商也希望能夠和客戶簽下維護合約，因為對系統供應商而言，這是一筆持續而穩定的收入來源。

但這些服務的提供和系統供應商的服務能量有很大關係，如果供應商的服務能量不足，則會影響到其服務的品質。國際大廠的 ERP 系統供應商大多依賴其全球佈局的實力，建立起一週七天每天 24 小時 (7/24) 的全天候服務體系，但當服務熱線轉到國外時，提供全方位語言的服務能力上難免不足。因而國際大廠大多會在本地結合策略夥伴，以擴充系統建置和售後服務的能量。

本土供應商雖然有在地貼近服務的優勢，也沒有語言隔閡的問題，但本土 ERP 系統供應商規模一般不如國際大廠，也限制了其所能提供服務的能力，有些本土供應商便積極發展出可一週七天每天 24 小時的網站自助式服務，來彌補規模的劣勢。企業在選購 ERP 系統時，應對供應商的服務能量做深入的評估，以免鉅額購置的系統因服務支援不足而陷入困境。

最後還有一個**系統維護成本**，是許多企業在事先沒有估計到的，而且按照一般的行情，維護合約大約占原始授權費用的 10% 到 25%，也是一筆不小的支出。有許多企業反應，花費了大把的銀子和人力，系統才上線，

系統的效益還沒有呈現、還沒有享受到系統所帶來的利益，就要開始付維護費了，經常受到高階主管的質疑。而且以平均一年 15% 來計算，使用期間所累積的費用也相當的可觀。

10.4　供應商長期競爭力

如果不將 ERP 系統的選購視為一次性的採購行為，則表示了其應該被視為一個建立長期經營夥伴關係的行為，因為一套 ERP 系統大約會使用七年以上才會更換，期間當系統運作遭到問題，或供應商有新版本推出時，都需要系統供應商提供持續的服務，因此對供應商的長期生存與競爭能力，也必須納入評選 ERP 系統的考量。國內一些早期頗具知名度的 ERP 供應商，在競爭壓力下退出市場者所在多有，留下許多已建置的系統沒有人繼續照料，形成所謂的孤兒系統，為免這種情況發生，ERP 供應商的長期競爭力也成為系統評時的一個重要因素。

10.4.1　技術發展能力

資訊科技的發展一日千里，如果 ERP 系統供應商的能力無法跟上資訊科技發展的潮流，不但限制了企業對最新科技的採用，同時更可能影響到供應商本身的競爭與生存能力。

早年個人電腦作業系統由 MS-DOS 轉為 Windows（由文字介面轉為圖形介面）之際，便有許多供應商無法即時推出新作業系統下的解決方案，而使本身陷於困境，甚至有許多供應商無法順利過度到新的技術平台，而被市場淘汰。近年來由主從架構演變到三層式、多層式架構，以及由**準網路應用** (Web-Enable) 到**完全網路應用** (Web Base)，甚至雲端解決方案，也再次考驗了供應商的技術能力。

和技術能力相關的還包含供應商對外界環境需求回應的能力，例如：早期外商剛進入台灣市場時，一些國內獨特的作業，包含統一發票、保稅倉庫、遠期支票等的需求，幾乎都無法滿足。加上台灣的團隊人力有限，如果將這些需求傳回國外母公司開發，再帶回台灣測試、驗證、修改，將耗費許多時間。而近年來勞保新制、可攜式退休金、二代健保費用處理的變化等，也需要系統供應商的快速回應能力。

ERP 供應商的技術發展能力，受到組織規模和人力素質的影響。通常規模越大的企業，越有能力提供充分的資源來支持研究發展的工作，使公司的技術能力維持在一定的水準之上。另外，研發人才的素質也影響了技術能力的水準，早年許多 ERP 供應商都是因為有少數幾位核心的研發人才，或他們所率領的研發團隊而打下一片江山。如今技術變更頻仍的時代，僅靠少數核心人才已很難長期維持競爭優勢於不墜，如何強化本身的研發能力，或與外界機構建立合作的機制，以確保對最新資訊科技發展的掌握，企業的研發策略變得更為重要。

10.4.2 企業規模

技術能力固然和企業規模有關，企業規模影響的卻不只限於技術能力。產品開發能力、銷售能力、服務能力等都和企業規模有關，基本上一個企業的長期競爭和生存能力，都會受到企業規模的影響。

面對市場與競爭環境的變動，企業如果有足夠的資源比較容易支撐與生存。在 2000 年之後，台灣的 ERP 產業成長發生瓶頸，有許多財力不足的 ERP 供應商被迫退出市場，如果企業不幸選擇這些供應商，則所購買的系統變成無人照顧的孤兒，後續的發展與維護都成問題。

公司的資本額與員工人數通常是企業規模的重要指標，以此為標準國內本土 ERP 供應商與外商相比幾乎很難抗衡。國外大廠許多資本額數十億美金，員工人數逾萬人，不論在系統開發實力與售前售後服務能力，都是國內本土 ERP 供應商所難比擬的，也成為長期發展的隱憂。當然就在地的規模而言，本土廠商就不一定全然居於劣勢。

規模不足除了產品研發實力受到考驗之外，服務能量也成為隱憂。服務能量不足的供應商，在為企業提供建置服務的時候會產生問題，人力不足會拉長導入時間，雖然理論上公司的顧問能量 (人數) 會形成接案數的限制因素，但沒有一家公司會因為人力不足而推掉案子不接。當公司接案量大於公司的顧問人力時，服務品質難免會下降，甚至延誤導入時程。

何況除了建置服務之外，售後服務的問題解決、維護與教育訓練，也都是勞力密集的工作，人力不足也會影響到服務的水準。國際大廠的典型作法是採取垂直分工，將系統建置服務外包給合作夥伴，可以有效的擴充

服務能量，保有較大的接案彈性。本土品牌建置服務的利潤不高，缺乏吸引合作夥伴的誘因，在這方面的問題就比較大。當然本土公司強調售後服務是存在有區域的規模優勢，在台灣，國外的大廠的規模就不見得較本土廠商更能發揮。

另外服務能量還涉及跨地域的支援，有一些 ERP 供應商的主要據點在台北，則對全省有營業或生產據點的企業如何支援，應詳加了解。而對一些國際性的企業，或近年來流行的兩岸三地佈局，更考驗了 ERP 供應商的支援能力。這方面的能力顯然國際 ERP 供應商有較大的優勢，但近年來本土 ERP 供應商也紛紛進軍中國大陸，以提供對台商外移時的服務，並進而爭取大陸當地的客戶，逐漸展現出成效，而擁有一席之地。

企業規模的維持與成長，經營者的財務實力非常重要，ERP 供應商如果背後有集團支持，不但可以有較多的財務支應，也有助於客戶的取得與業務的開發，相對之下站在較有利的競爭地位。但公司的資源如果完全來自股東的投資，而無法從經營中獲取利潤來壯大自己，資源總有耗盡的時刻，因而企業的獲利能力更重要，是支撐企業永續生存與發展的重要支柱。在競爭激烈的環境下，如何維持企業的獲利能力，ERP 供應商的市場定位和競爭策略相對就相當重要了。

10.4.3　市場定位與競爭策略

台灣的 ERP 市場經過這些年來的發展，已經進入成熟期，成熟期的特徵便是經營者眾，競爭激烈，而市場又面臨飽和，使得各家的經營非常困難。如何在其中找到有利的產品定位，發展出有效的經營策略，形成了對 ERP 供應商的考驗，通過市場考驗的業者，便得以生存甚至勝出，也才可以有機會對企業提供長期的服務。

在市場定位上，有些 ERP 供應商以大型企業為主要目標市場、有些以中小企業為主要目標市場，也有些企業推出不同的產品線來服務不同規模的企業，另外還有些供應商宣稱所提供的產品可以同時滿足不同規模企業的需求。另外也有以產業別為目標市場的區隔方式，例如：有些著重在製造業、有些著重在流通業，也有部分供應商針對不同的市場區隔推出不同的產品，以提出更能契合企業作業需求的產品與服務，爭取特定市場內的競爭優勢，也有些獲致不錯的成果。

鑒於大多數台灣本土 ERP 供應商的規模有限，如何善用企業本身的資源，形成獨特的核心競爭力，或取得與外界機構的合作，形成互補或資源共享，都考驗了 ERP 供應商的智慧與能力。例如形成產業分工體系、建立垂直或水平合作關係、進行合作或策略聯盟甚至合併，或者進入中國大陸市場，並積極尋求亞洲以及全球化的機會，使企業有更廣闊的成長與發展空間。

企業評選 ERP 系統時應該將這些因素也納入考慮，以避免選到一個在市場上缺乏長期競爭力的供應商，隨市場的起伏興衰，而將鉅資購進的 ERP 系統置於乏人照顧的風險，陷企業於困難的處境。

10.5　系統評選之管理實務

系統評選時，最怕的是所選購的 ERP 產品供應商退出市場而造成孤兒系統，即使功能再好、價格再優惠，爾後的維護與服務乏人照顧，也會讓企業陷入困境。以上先介紹台灣 ERP 產業的興衰起伏，以說明市場變動的情況，再說明近來來影響 ERP 供應商生存能力的最大威脅國際財務報導準則。

10.5.1　台灣 ERP 產業發展

一般認為台灣 ERP 產業的發展緣起於 1997 年世界級的 ERP 龍頭老大德國思愛普 (SAP) 公司在台灣成立分公司，帶動了 ERP 的風潮。國內各大資訊服務業者紛紛開始轉型，加入 ERP 的行列。國內有系統的第一次 ERP 產業調查在 2003 年，當時統計約有 50 家 ERP 供應商。2005 年出版的 EERP 產業透視則搜尋到國內有 80 家 ERP 供應商，可視為 ERP 產業的鼎盛時期。但隨著台灣經濟發展的變動，ERP 產業也呈現了起落興衰，許多早期著名 ERP 供應商已退出了市場，也不時有新加入者出現。在中華 ERP 學會委託世新大學調查出版的 2014 台灣 ERP 產業報告中，指出 2014 年仍在市場上活躍的 ERP 供應商，包含本土與外商總計有 51 家業者提供 ERP 產品與服務。

其中 2003 年到 2007 年，可以說是 ERP 產業變化最劇烈的期間，例如早年本土業者前三大鼎新、普揚與漢康均今非昔比，鼎新雖仍在市場活

躍，但就股權結構而言已屬外資；普揚退出市場將產品轉給啟台；漢康轉型作電子零件，ERP 業務由漢門接替。外資在台重量級業者 PeopleSoft 及 J.D. Edward 先後併入 Oracle；Intentia、MAPICS、SSA 等都已退出市場；Baan 和 QAD 在的台代理權幾經易手，IFS 三番兩次進出台灣；另一軟體大廠 Microsoft 在 2002 年購買兩家 ERP 業者進入產業，到 2006 年正式現身台灣。而中國大陸重量級 ERP 業者用友與金蝶則在 2011 年隨台商回流潮進入台灣市場。一般認為，經過產業競爭洗禮，能生存下來的業者必有其條件。而受制於市場規模與產業生態，也不易再有新競爭者加入，使市場呈現出平穩的現象。

另外一個值得一提的是在本土業者名單的鼎新電腦。鼎新長期以來居台灣本土 ERP 供應商龍頭老大的位置，並被認為是少數有實力與外商國際 ERP 業者相抗衡的本土業者之一。但為了爭取中國大陸的廣大市場，以打下國際化的基礎，2007 年以管理者股權併購的方式，從台灣股票市場下市，引進國際資本，目前以中國大陸業者神洲數碼握有 30% 股權為單一最大股東。從資本額的角度，已屬外商。但從 ERP 系統開發的角度，鼎新所提供的各項 ERP 產品都是土生土長、依照本土企業需求所開發出來的系統，而不同於其他國際大廠的系統為外來產品，進入台灣後尚需經過本土化的調整。國內工商業主管機關經濟部也將其視為：國外資本、本土化產品的 ERP 供應商，在大多數場合仍將鼎新列為本土廠商。相關資料可參關世新大學資訊管理系 ERP 實驗室網站 (www.erp.shu.edu.tw)。

10.5.2　IFRS 趨勢下的 ERP 發展

為了與國際接軌，行政院金融管理委員會推動以國際財務報導準則 (IFRS) 來編製企業的財務報表。IFRS 和傳統編製報表依據的一般通用會計準則 (ROC GAAP) 的最大差別是以原則基礎 (Principle Base) 取代了傳統的規則基礎 (Rule Base)，以追求企業的真實價值 (Fair Value)。

所謂的原則基礎，是指企業可以在合理的範圍內選擇最能反應企業真實價值的計帳方法。例如對資產價值的評估，在 ROC GAAP 的規定下必須採用成本法，以原始取得成本減去累積折舊，而且折舊方法和比例也都是由法令規定的，以一致的硬性規定來處理使用、保管、維護情況不同的資產，很難反應資產的真實價值。在 IFRS 的規則下，企業可以採用其他在會計制

度上被允許的方法來對資產進行評價，以追求更合理的價值判斷。另外如收入認列部份，也需要配合企業經營模式和實務，作更彈性的認列，不再是單純的以收入和支出的實際發生點為唯一的判斷基礎。其他還有如客戶忠誠度計畫、員工福利等，都有更為複雜的價值認定與記帳方式的判斷。

採用原則基礎，在對資產價值給予企業判斷的空間，也強調了增加了企業的專業責任。而 ERP 系統作為企業財務報表產出的主要工具，也需要配合 IFRS 來加以調整。傳統本土 ERP 系統大多依據 ROC GAAP 的規則將系統記帳與計算方式寫入系統中，但面臨 IFRS 的原則基礎，則顯然需要更大的彈性來因應企業的判斷，而不再是以一套規則走遍天下適用所有的企業。

為了因應這種因會計報告準則的變動，對相同的作業需要採用不同的會計作業與記帳方式，ERP 系統所提供的彈性變成更為重要。除了設計本身便能以模組選擇和參數設定來容納更多不同的作業模式與情境之外，系統的架構和客製化開發工具，也成為滿足 IFRS 需求的積極條件。

重點摘要

▣ 由於投資報酬率和成本效益比都有其限制，企業資源規劃 (ERP) 系統評選的主要方法為功能 / 價格比。

▣ ERP 系統的功能應該考慮系統功能的完整性、功能的強度和系統的彈性三個層面。

▣ ERP 系統的導入成本包含了三個元素：系統硬體成本、軟體成本和建置成本，以及其他各種可能的隱藏成本。建置成本有可分為一般建置成本和客製化系統開發的成本。

▣ 除了功能價格比之外，評選 ERP 系統時還應該考慮供應商系統建置與維護的能力，以及供應商本身的長期競爭與生存能力。

▣ 系統建置與維護因素包含了建置時程、建置成本，以及供應商的系統維護能力與成本。

▣ 供應商的長期競爭力則應該考慮其技術發展能力、企業的規模，以及市場定位和競爭策略。能夠通過競爭考驗長期生存的供應商，才可能是企業良好的合作夥伴。

習 題

1.(　　) 下列何者不屬於導入 ERP 系統時的其他無形成本？

    A. 使用者額外的教育訓練

    B. 客製化費用

    C. 因導入 ERP 所造成的正常工作延誤

    D. 人事流動費用

2.(　　) 從系統功能完整性的角度來看，一個 ERP 產品至少應該包含企業的？

    A. 八大循環　　　　　　　　B. 產銷循環

    C. 融資循環　　　　　　　　D. 兩岸三地功能

3.(　　) 作為一個企業所有資源為目標的資訊系統，一個完整的 ERP 系統應該包含哪些功能？

    A. 生產管理、銷售管理、人力資源、研究發展、財務管理

    B. 接單、生產、排程、出貨、收款

    C. 經濟、統計、會計、作業研究

    D. 物料管理、生產排程、品質管理

4.(　　) 台灣中小企業以彈性作為競爭力的核心，一般而言 ERP 系統和台灣企業需求的配合情形？

    A. 可以完美的配合　　　　　　B. 可以大部分配合

    C. 可以有限度的配合並客製化　D. 完全無法配合

5.(　　) 一般而言就 ERP 系統功能面來看，其彈性主要可來自於？

    A. 功能模組選擇　　　　　　　B. 系統參數設定

    C. 客製化程式　　　　　　　　D. 以上皆可，視情況在其中作選擇

6.(　　) 導入 ERP 系統時容易引發人才流動的原因包含？

    A. 工作負荷增加　　　　　　　B. 系統成敗壓力太大

    C. 有經驗的人才受到挖角　　　D. 以上皆是

7.(　　) 對 ERP 系統的獲得成本的描述何者不正確？

    A. 由供應商報價，相當確定

    B. 由需求改變而使價格常產生變動

    C. 因需求不確定使估計困難

    D. 含許多隱藏成本，難以精確估計

8.(　　) 一般而言，對於 ERP 系統所謂的整合性主要是指？

    A. 跨功能模組之間的資料交換與分享

    B. 跨組織之間的資料交換與分享

    C. 和企業舊有系統間的資料交換與分享

    D. 和 ERP 供應商之間的資料交換與分享

9.(　　) 在系統評選時將 ERP 供應商本身的競爭力列為評選條件之一主要是基於？

    A. 怕買到不適合的系統

    B. 追求最佳的成本效益

    C. 將 ERP 供應商視為一個長期合作的夥伴

    D. 以上皆是

10.(　　) ERP 系統供應商的規模會影響到 (1) 技術開發能力 (2) 售後服務能力 (3) 合約談判能力 (4) 長期生存能力，下列何者較為正確？

    A. 123   B. 124

    C. 134   D. 234

11.(　　) ERP 系統導入時，針對建置系統而給付給顧問的費用相當龐大，以下何者並不包含給予顧問的費用中呢？

    A. 配合企業客製化程式   B. 購置硬體設備

    C. 參數的設定   D. 基本資料的定義

12.(　　) 若您是國內某大零售商要選擇 ERP 系統時，以下哪一個 ERP 系統提供的組合較適合貴公司呢？

    A. 提供接單、出貨及收款功能的 ERP

    B. 提供接單、採購、存貨、出貨及收付款功能的 ERP

    C. 提供接單、採購、存貨、出貨、收付款及生產製造排程功能的 ERP

    D. 提供接單、存貨、出貨及收款功能的 ERP

13.(　　) 就 ERP 系統的功能面考量，應該包含哪些構面？

    A. 系統彈性   B. 功能的完整性

    C. 功能的強度   D. 以上皆是

14.(　　) 系統導入成本中占總成本比例最高的通常是？

    A. 軟體費用   B. 顧問費用

    C. 硬體費用   D. 訓練費用

15.(　) 製造業之產銷循環過程包含 (1) 採購 (2) 生產 (3) 訂單 (4) 出貨 (5) 收款，其正確順序應該為？

　　　A. 12345　　　　　　　　B. 32145

　　　C. 14235　　　　　　　　D. 31245

16.(　) 一般就系統成本而言，ERP 系統標準建置工作包含下列哪些選項 (1) 需求分析 (2) 系統設計 (3) 模組選擇與調校 (4) 參數設定 (5) 客製化程式？

　　　A. 12　　　　　　　　　B. 1245

　　　C. 1234　　　　　　　　D. 123345

17.(　) 下列有關 ERP 系統的敘述何者正確？

　　　A. ERP 系統選購不宜視為一次性採購

　　　B. 為了增加 ERP 系統導入成功機率、應採用快速導入

　　　C. 為了增加 ERP 系統彈性應該大量客製化

　　　D. 以上皆是

18.(　) 企業在評選 ERP 系統時需考慮下列系統的哪些彈性，以期滿足企業的作業需求？ (1) 功能彈性 (2) 設定彈性 (3) 規模彈性 (4) 費用彈性

　　　A. 12　　　　　　　　　B. 13

　　　C. 23　　　　　　　　　D. 14

19.(　) 下列何者不屬於 ERP 系統的核心功能模組？

　　　A. 存貨管理　　　　　　　B. 訂貨管理

　　　C. 應收帳款　　　　　　　D. 商業智慧 (Business Intelligence)

20.(　) 對於是否要導入 ERP 系統的判斷基礎，下列敘述何者錯誤？

　　　A. 以投資報酬率 (ROI) 評選時，必須要求大於零

　　　B. 以成本效益比 (Cost-Benefit) 評選時，必須要求大於零

　　　C. 以功能價格比評選時，必須要求選擇以較低的價格提供較佳的功能的方案

　　　D. 選擇報酬大於投資的評選或選擇效益大於成本的評選

21.(　　)以功能價格比作為 ERP 系統評選的基礎時，則下列敘述何者正確？

A. A 公司所提供的 ERP 系統之功能 5 個單位，價格為 5 個單位，B 公司所提供的 ERP 系統之功能 5 個單位，價格為 3 個單位，則 A 公司所提供的 ERP 系統較優

B. A 公司所提供的 ERP 系統之功能 5 個單位，價格為 5 個單位，B 公司所提供的 ERP 系統之功能 5 個單位，價格為 3 個單位，則 B 公司所提供的 ERP 系統較優

C. A 公司所提供的 ERP 系統之功能 5 個單位，價格為 5 個單位，B 公司所提供的 ERP 系統之功能 5 個單位，價格為 4 個單位，則 A 與 B 兩家公司所提供的 ERP 系統一樣優良

D. 以上皆正確

22.(　　)買賣業循環與製造業之產銷循環過程不同，請根據下列選項，選出正確的買賣業循環順序？ (1) 採購 (2) 生產規劃 (3) 訂單 (4) 出貨 (5) 收款 (6) 存貨 (7) 製造

A. 13567　　　　　　　　　　B. 2347

C. 12467　　　　　　　　　　D. 31645

23.(　　)實務上在進行評選 ERP 系統時較為合理可行的評選方法為？

A. 投資報酬率　　　　　　　B. 成本效益比

C. 功能 / 價格比　　　　　　D. 淨現值法

24.(　　)對於 ERP 系統的獲得成本中，其變動最大、較不易掌握的部分是哪一個？

A. 系統軟體本　　　　　　　B. 硬體成本

C. 建置顧問費用　　　　　　D. 其他無形成本

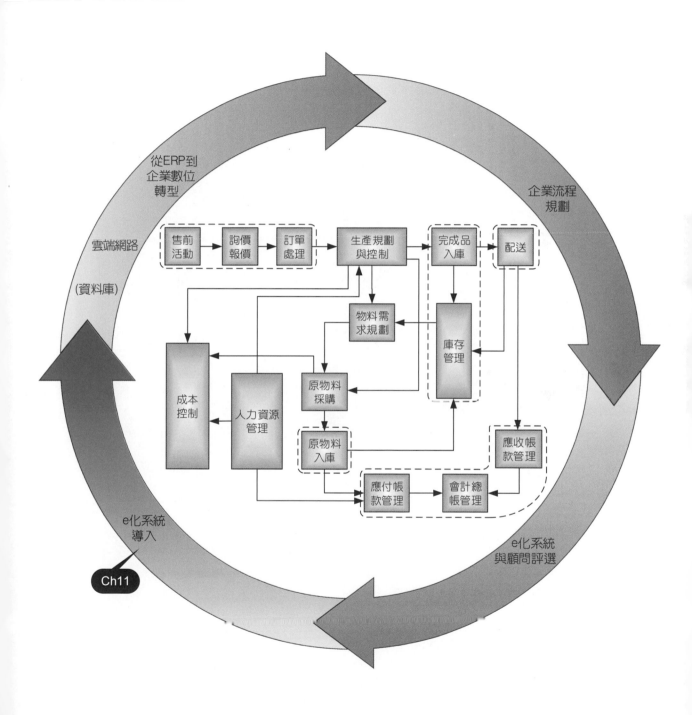

系統導入

許秉瑜博士　國立中央大學管理學院院長
　　　　　　國立中央大學企業管理學系教授

丁冰和博士　國立暨南國際大學觀光休閒與餐旅管理學系教授

鍾震耀博士　中華企業資源規劃學會資深專案經理
　　　　　　東吳大學巨量資料管理學院兼任助理教授

學習目標

☑ 認識ERP導入的方法論

☑ 認識ERP導入策略

☑ 認識ERP專案控管觀念

☑ 認識ERP專案風險管理觀念

☑ 認識ERP專案變革管理觀念

11.1 簡介

不管使用何種 ERP 系統，如欲產生成效，都須有細心規劃與切實執行的導入方法論。本章以簡短的篇幅，參照業界的主要方法論，簡介 ERP 導入的主要步驟。

根據 [17]，企業對 ERP 導入專案的態度可分為兩類：將此專案視為**資訊科技** (Information Technology；IT) 性質專案或將此專案視為 Business 性質專案。前者視 ERP 導入和以往 IT 產品導入一樣，僅是一種幫助企業作業 e 化、提升工作效率的 IT 工具，未從企業策略角度、資訊策略思考 ERP 系統的定位及可達成的延伸效益，僅希望以最節省人力與物力建置完成專案為目標。此類企業視 ERP 導入專案為一般軟硬體採購專案，因此只由 IT 部門主導，其他業務單位極少參與。如果視 ERP 導入為 Business 性質專案，則企業會規劃經由此專案欲達成的營運目標，並依此目標，訂定成果指標、導入策略、規劃人力資源、企業流程調整等。此時參與計劃的人力就會有很多非 IT 部門的人員加入，而費用是否便宜也不見得成為重要因素。因此，企業必須清楚導入 ERP 的真正目的是什麼？是為了配合經營策略全球佈局、建立企業 e 化的基礎、強化接單能力、提升整體競爭力、強化企業流程效率 ... 等經營面、策略面的考量嗎？抑或只是作業平台升級取代現行系統這種技術升級呢？有了清楚的目標之後，才能規劃後續步驟，也才能衡量預期成效是否出現。

本章則從 Business 的面向介紹 ERP 的導入方法。2006 年中央大學管理學院根據民國 91 年中華徵信所資料庫對台灣前 5000 大企業發出 4300 份問卷，回收有效問卷 620 份，有效問卷回收率為 14.4%，有效回收問卷回答有導入 ERP 系統的企業 371 家，顯示出台灣企業導入 ERP 的原因及有導入的模組如表 11-1 及表 11-2 [14]。

表 11-1　台灣企業導入 ERP 的原因

說明	家數	百分比
改善資訊的正確性與即時性	301	81.1%
降低企業營運成本，提昇企業營運效率	257	69.3%
提昇企業快速回應之能力	223	60.1%
整合各企業功能之資訊系統	207	55.8%
即時監控企業的營運狀況	205	55.3%
進行企業流程再造	182	49.1%
強化組織的資訊基礎建設	174	46.9%
改善管理決策制定之品質	160	43.1%
有助於公司整體策略之推動	154	41.5%
因應企業業務成長或轉型需求	141	38.0%
提高顧客滿意度	96	25.9%
提昇企業的形象	89	24.0%
有助於公司全球業務之推動	79	21.3%
有助於公司的上市上櫃	75	20.2%
提高組織彈性	66	17.8%
解決 Y2K 的問題	32	8.6%
上下游廠商的要求	28	7.5%
同業已導入類似系統	16	4.3%
其他	13	3.5%
有效樣本數	371	

表 11-2　台灣企業導入 ERP 的模組分布比率

說明	家數	百分比
財務會計	229	92.0%
採購管理	213	85.5%
銷售與配銷	184	73.9%
物料管理	183	73.5%
固定資產管理	162	65.1%
生產管理	160	64.3%
企業管控 (管理會計)	100	40.2%
人力資源	96	38.6%
品質管理	70	28.1%
產品研發	40	16.1%
融資管理	24	9.6%
其他	15	6.0%
投資管理	11	4.4%
有效樣本數	249	

　　不同的軟體公司與顧問公司會有不同的導入生命週期。而一個典型的 ERP 系統導入案基本上會經過如圖 11-1 所示的幾個階段，包含專案準備、企業藍圖規劃、系統建置、系統上線規劃、系統上線。[1]

圖 11-1　ERP 系統導入流程圖

---

1 圖 11-1 ERP 系統導入流程圖，而專案準備階段前另有初始評估階段，而系統上線後有持續改善階段。

以下針對每一個階段進行概略說明：

⊡ 初始評估

本階段針對企業未來發展策略，評估公司是否導入 ERP 系統，並估計預期成效。同時根據所需 ERP 系統選擇軟體與硬體供應商以及顧問團隊。

⊡ 專案準備

這個階段是整個專案最基礎的工作，主要任務在於訂定專案範圍 (Scope)、組織專案團隊、分配組織資源、溝通與建立觀念、建立技術環境以及規劃細部的工作進度與時程。

⊡ 企業藍圖規劃

這個階段的工作主要是針對未來企業的組織與流程和 ERP 系統的軟體流程進行映對 (Mapping) 並確認的工作，一般又可包括確認未來營運模式與組織架構、規劃設計並確認未來作業流程 (To-Be PROCESSES)、完成系統基本功能架構設計、確認外掛程式 (Add-On) 的需求與時程以及執行企業藍圖確認研討會等任務。

⊡ 系統建置

這個階段針對未來企業的組織與流程設計出 ERP 系統的雛型，並針對企業個別需求進行系統客製化 (Customization)、報表格式開發與確認，以及建立轉檔程式（包含輸出入介面程式）與所設計出的程式之使用權限的授權。

⊡ 系統上線規劃

這個階段的主要任務是完成將 ERP 系統交給第一線的使用者的準備工作，包括 ERP 系統整合測試及品質測試、資料從舊系統 (Legacy Systems) 轉到新系統、撰寫一般使用者教材 (User Guide) 以及對一般使用者之上線前準備與教育訓練。

⊡ 系統上線

這個階段主要是由第一線的使用者接管系統，並可能進行小幅度的微調。此階段也可能需要來自內部或顧問公司的後續支援。

▣ **持續改善**

ERP 系統成功上線後，企業的流程還是會因經營環境變化而改變，因此 ERP 系統設定與程式還是需要跟著因應。值得一提的是，已有企業將 ERP 上線視為企業 e 化平台的建立，以此作為流程持續改善的基礎。

另外，在整個 ERP 專案導入過程當中，同時必須做好專案控置與變革管理的工作，以下簡要說明：

▣ **專案控制**

整個 ERP 導入專案執行需要照著工作進度進行，並隨時測量 ERP 導入專案偏離進度的程度，並提出解決的辦法以兼顧時程、資源與專案品質。

▣ **變革管理**

在整個 ERP 專案導入的過程當中，ERP 系統的使用者面臨了組織、工作流程及資訊系統的轉變所帶來的不安，甚至產生抗拒 (例如：公司折讓單的開立工作過去是以人工使用 Excel 軟體撈資料比對後開立，現今轉變成在 ERP 系統中只須一個按鈕功能就可完成)，如何讓使用者面對改變時從知道、接受到願意改變是一門重要課題。近來，有些顧問公司更以**變革促動**代替**變革管理**，有化被動為主動的味道，可見其不可避免性。

11.2　初始評估

初始評估階段為 ERP 系統導入前，企業評估為何須使用 ERP 系統與預估導入後效果與成本的階段。並非所有企業皆適合導入套裝的 ERP 軟體，Dell 公司就在評估後決定自行開發系統以符合其彈性需求。如確定要導入 ERP 系統，在此階段仍須評估與選擇軟體與顧問公司。如選擇國產軟體，則通常顧問也是由軟體公司提供。不過，在國內也有一些企業選擇自行導入 ERP 而未借重顧問的幫助，此方法雖然最省經費，而導入的流程亦會最符合企業需求，但需注意企業員工是否具有足夠相關的專業知識，否則可能增加導入的風險。

另一個在初始階段時常碰到的問題是企業是否應進行企業流程再造 (Business Process Reengineering, BPR)，相當多的實務案例與學術論文皆在

此多所著墨。目前得到的大部分結論為 ERP 導入專案不適宜與企業流程再造同時一起執行。因為兩個專案都相當龐大且需相當多人力投入，同時執行易造成人力資源的吃緊。另外兩個專案都牽涉到相當多員工，會使變革管理更加不易。最後，企業流程再造會使組織產生變革與重整，而 ERP 專案進行很重要的一部分就是企業組織與流程的確認，任何相關的調整都會使 ERP 的企業藍圖規劃倒回原點，因此 ERP 導入過程中的流程調整應只是小部分的調整，使其符合軟體流程需求，而非大規模的組織調整。如於初始階段發現企業流程須大規模改造，則較合理作法為延後 ERP 導入專案進行，而先專心將企業流程再造專案完成。

另一個有趣的相關問題為何時是導入 ERP 的適當時機。理論上應在企業內外經營環境相當穩定的階段，且企業不是很忙的時間導入。因為經營環境的改變常導致組織與流程的調整，若此時導入 ERP 系統，常會造成原來的 ERP 規劃與現實不符而使得導入 ERP 後效益不彰。最好能在企業不忙的時期導入，原因是導入的過程需要耗費大量的時間與人力，而能在會議上做承諾的人員多為企業中的重要幹部，因此需要重要幹部們時間能配合時導入較好。再者，參與導入專案的各事業單位的種子人員最好能全職投入，而其日常工作則須有其他人員代勞。而且 ERP 系統的使用者牽涉到企業中各單位的人員，因此需要大規模的教育訓練時間。凡此種種，都說明公司應在企業營運的淡季中從事 ERP 導入的工作較為適宜。

11.3 導入策略

通常 ERP 導入的策略約略可分為三種：逐步式 (Step by Step)、大躍進式 (Big-Bang) 及複製式 (Roll-Out)。逐步式指的是導入系統模組時，部分模組完成上線後，再導入另一部分模組，屬於漸進式的方式；大躍進式指的是導入系統模組時，所有模組一起上線，一次完成；複製式指的是在多據點導入時，先以一個據點建立系統，再將此經驗複製到其他據點。每個企業導入時，很可能因為企業組織架構、對變革的態度及生產特性的不同而做出不同的決定，每種策略有它的優點及缺點，本節就針對這三種策略進行討論。

11.3.1 逐步式 (Step by Step)

　　逐步式的導入策略主要是針對部分的模組先行導入，模組上線後，再導入另一部分模組。這樣的好處在於降低導入的風險，缺點在於整個專案會需要較長的時間才能完成，且暫時建立的系統介面程式也需要耗費時間與成本。而這些暫時的介面程式對整個專案的最後品質並不一定有幫助。同時，在接受這些的策略前，必須建立整體企業流程概念，以免在導入後面的模組時還得調整前面已導入完成模組的流程而產生困難，以下針對其優點與缺點進行討論：

優點

- 降低組織及資源協調與控制的複雜度；

- 所需的人力資源較少；

- 專案的品質隨專案成員技術及知識的持續累積而增加；

- 前一個模組成功上線的經驗，可以不斷的累積到下一個部分模組；

- 變革過程較為平順，使用者有比較多的時間去接受與自我調整；

- 整個導入的過程，成本一直以平順的花費，不會有過度集中在某些階段的情況。

缺點

- 整個專案導入的時間將耗費較長；

- 不斷的調整暫時性客製化系統介面程式以維護新模組及舊模組的銜接，將耗費不少成本與時間；

- 專案的成員可能因為時間的拉長而減低衝勁與動機以及熱忱；

- 無法一次看見整合的好處；

- 隨時可能因為新的知識進來，導致重新設計新的企業流程；

- 每上線一個模組就須撰寫一個該模組與仍使用的舊系統間資料傳遞介面程式，而這些舊系統可能在其他模組導入後就淘汰了。這些程式的投資最後都浪費了。

11.3.2 大躍進式 (Big-Bang)

大躍進式的導入策略就是用全新的 ERP 系統取代現行使用的系統，對整個組織結構的調整與適應而言，這些的方法最單純也最快。但整個測試階段須加強測試，以檢視企業流程和 ERP 系統的軟體流程吻合性，以下針對其優、缺點進行討論：

優點

- ☑ 可縮短整個專案的時間；

- ☑ 整合後的功效可馬上顯現；

- ☑ 專案成員的衝勁與動機比較高。

缺點

- ☑ 在短期內就需要投入龐大資源，尤其是財務及人力資源；

- ☑ 所有員工同時都處於高度壓力的狀態；

- ☑ 需要高階管理人員緊密的參與及對問題的快速回應；

- ☑ 須進行大量的教育訓練與組織的變革管理。

以上兩種方式各有其優缺點，在台灣地區何種方式較受企業界青睞？根據中央大學所做的調查顯示，使用大躍進式導入的企業較多，而其滿意度也較使用逐步式的高 [1]。但詳細的原因仍須進一步調查。

11.3.3 複製式 (Roll-Out)

複製式的方法通常用在有多據點的企業，先在一個據點 (可能是分公司或分廠等) 建立完整系統後，再依據經驗將標準版複製與導入其他據點。在每據點執行策略仍可用逐步式或大躍進式進行，其優缺點除了有以上兩種導入策略的優缺點外，尚包括以下幾個特點：

優點

- ☑ 專案成員可以從前面的據點所建立的導入過程中學到經驗，以應用到後續的據點。相當多的大企業以此方式逐漸培養員工，而最後由自己員工完全主導 ERP 導入專案；

　　▣ 相較於所有據點同時導入 ERP 系統，所需資源較少，所以成本較低；

　　▣ 因為主要問題已在首要據點建立時解決了，可以降低風險；

　　▣ 據點和據點之間將可增加彼此的了解。

缺點

　　▣ 可能會忽略各據點特有的流程；

　　▣ 若考慮每個據點的獨特運作方式，可能使完整系統的建置變得相當複雜；

　　▣ 導入時間較長，暴露的環境風險較高；

　　▣ 專案人員長時間的離開原工作環境，增加未來 ERP 導入專案完成後歸建的風險。

11.4　專案準備

　　專案準備階段是 ERP 導入專案生命週期中非常重要的步驟，主要任務是為整個專案訂定明確範圍、所需人員與時間，與評估企業可能遇到的困難，並準備因應方案。如果先期沒有準備好，很可能導致整個 ERP 導入專案產生不必要的延遲、績效不彰、權責不明，最後可能導致企業員工不知為何而戰。一般而言，專案準備應包括以下幾點：

　　▣ 進行高階主管訪談

　　▣ 專案規劃 (含專案範圍與目標、人力與物力資源的分配等)

　　▣ 建立專案組織

　　▣ 安裝開發與測試環境

　　▣ 專案小組人員教育訓練

　　▣ 評估 IT 需求

11.4.1　高階主管訪談

　　專案準備可由對高階主管的訪談做起，以確定導入方向是否配合企業需要。對高階主管訪談的主要用意有二，一是了解高階主管的策略思考，以

利進行企業藍圖規劃時，能規劃出高層所需的企業流程與 ERP 系統的軟體流程功能。二是對預期的導入過程與結果做意見的溝通與交換。對高階主管的訪談通常可分為三方面的訪談，分別為策略面、運作面與績效管理面。策略面著重在組織未來幾年內公司的方向和目標。運作面著重在現行企業流程 (As-Is Processes) 運作是否有困難性及對資訊科技的期望。績效管理面著重在公司經營指標的衡量與管理。

11.4.2 專案規劃

專案範圍規劃應包括導入專案願景的釐清、導入策略的制定與專案內單元或模組確認。所有模組都應該建立清楚的願景，讓企業內所有的人員知道，以作為專案執行時及執行後努力的目標。每一模組的願景應落實成清楚可衡量的目標以助於專案團隊有清楚的焦點。並據以作為專案成功與否的依據。所以訂定專案的目標應該具備以下幾點特性：

☑ 清楚

☑ 簡單易懂

☑ 可測量性

☑ 可控制性

☑ 可用以評估成本效益

☑ 可實現但又有挑戰性

整體專案的目標訂定，通常是由**督導委員會** (Steering Committee) 來訂定，每一個細部的模組目標則由各模組的成員 (很可能是產品線的經理) 來訂定。且細部的目標還須經各模組協商與確認以避免不一致或遺漏的狀況產生。雖然在目標訂定的過程相當耗時與繁瑣，但是若能訂得確實，可以凝聚專案團隊共識並確認規劃目標與企業願景是否結合。同時為能獲得模組使用單位主管的支持與重視，所訂出來的目標應由相關業務主管簽名以示負責。某些企業甚至會將目標是否順利達成視為主管考評的重要項目，譬如財務方面的目標就由會計單位或財務單位主管認可，同時表明願全力配合達到目標。表 11-3 為一細部專案目標範例，表中包括模組名稱、目標、衡量方法及每年預期節省的金額。

表 11-3　細部專案目標範例

模組名稱	目標	衡量方法	預期節省金額 / 每年
銷售及配送	1. 確保在客戶諮詢之後的兩小時之內回應	隨機檢查地區銷售單位及其客戶	
	2. 確定對顧客回應的正確性	同上	
	3. 例行性銷售流程的精簡	可每年節省 $40,000	$40,000
	4. 需求與備料間的平衡	可每年節省 $60,000	$60,000
財務	5. 平均付款時間減少 5 天	未付款時間從 75 天降至 70 天	
生產規劃 / 物料管理	6. 降低訂單計劃至生產時間 50%	工作日由 10 天降至 5 天	
	7. 降低庫存 40%	節省 $580,000	$580,000
整體	8. 增加員工生產力	可減少員工 8 人 8*500,000=4,000,000	$4,000,000
	預估每年節省總成本		$4,680,000

　　專案人力的需求規劃須與系統的導入策略及持續改善的方法配合。以大躍進式導入系統，所需人力會比以逐步式方式導入在短時間內投入更多人力。除此之外，如企業以複製式方法導入多據點時，還應考慮是否所有據點都要由顧問導入，還是只在第一個據點聘用顧問，其他據點要自行導入。如為後者，則於第一個據點投入的人力會更比大躍進式在單一據點導入系統的人力多，因為有一部分人力須被訓練成顧問，並會被派遣到其他據點而離開原有工作崗位。另外，如果導入後的持續改善，包括系統模組的開發與參數設定 … 等都完全要自行負責，則還需派遣多位人員學習系統的架構與外掛程式撰寫方式。

11.4.3　建立專案組織

　　專案組織的建立，主要是為了能夠建立一個權責相符的單位，並能迅速且有效的解決與協調系統導入時所發生問題。專案組織是一任務編組的臨時性組織，為了確保這樣的組織是有效率、具創造性、能快速反應，最好能獨立於原來企業組織，且專案組織能夠儘量扁平化。一般而言，建議分成督導委員會、專案管理組及專案小組三個層級。督導委員會的領導人為督導委員會主席，專案管理小組的領導人為專案經理 (Project Manager, PM)，專案小組的領導人為小組負責人，請參考圖 11-2。

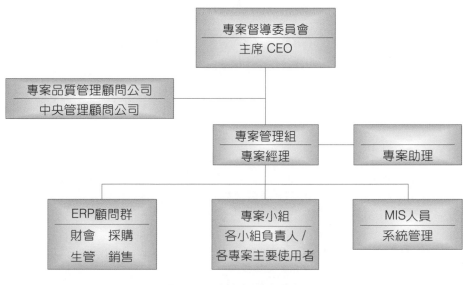

圖 11-2 專案組織建議圖

督導委員會

督導委員會的工作及權責

督導委員會為系統導入時的督導、管理與決策單位，委員會的成員應包括高階主管（如董事長、執行長或總經理等）及專案相關單位主管，以確保其權威性，並有足夠資源作快速決策。督導委員會的工作及權責如下：

- 督導專案導入的目標達成與否
- 管理專案導入的決策
- 專案相關重要議題的快速決策
- 確保資源的可用性
- 來自專案小組重要提案的核可權
- 對專案經理的支持

督導委員會的人力規劃

一般而言，督導委員會的成員並不需要全職參與，但也絕不是去開會做個橡皮圖章就足夠。如果成員能積極的參與，有助於決策品質的提昇。以下針對督導委員會成員、督導委員會主席的角色扮演及進行討論：

- 從很多的經驗顯示，督導委員會的成員其經驗及其權威性是比較重要的，最好是由企業的高階主管來擔任。

- 督導委員會主席，在整個專案導入的過程當中，督導委員會主席扮演著舉足輕重的角色，足以影響整個專案的成敗，所以督導委員會主席通常具有以下特質：

  - 為確保委員會的權威性，並能領導委員會，最好是由董事長、執行長或總經理等擔任。

  - 為委員會的成員所尊敬，並接受他的領導。

  - 能經常參與並全力支援。

  - 能和專案經理緊密的合作並有例行性的會議，作為和委員會溝通之用。

專案管理組

專案管理組的工作及權責

主要的任務在於管理專案的進度與品質，負責小組之間的協調與溝通。譬如，財會模組 (FI)、銷售及配送模組 (SD)、生產規劃與控制模組 (PP) 各專案小組間權責不清或流程爭議的協調與溝通。專案管理組的成員可來自各專案小組，可以是各小組的主要經理人或小組主要負責人等，其工作及權責如下：

- 專案的導入

- 溝通、協調及控制所有的專案進度與品質

- 對有關功能性的議題進行評估與決策

專案管理組的人力規劃

專案管理組負責人為專案經理，視專案大小可有多位幕僚協助。從很多專案導入的經驗顯示，專案經理必須是全職參與，負責專案的進度與品質控管及與各專案小組間的協調，以下針對專案經理、專案管理組成員的角色扮演及進行討論：

▣ 專案管理組成員：專案經理與各模組 (如配銷、生管、人力資源等) 的負責人，例如銷售與配銷 (SD)、生產規劃與控制 (PP)、人力資源管理 (HR) 的負責人。

▣ 專案經理：在整個專案的導入當中，負責所有專案導入的宣導、規劃、組織、管理、協調與控制。以下幾個技巧對專案經理而言，相當有幫助：

■ 了解專案、企業及整體環境。

■ 穩定的情緒管理，因為工作的本身具有高度的壓力。

■ 正面的人際關係，能有好的溝通技巧能力及公平的處理與協調事務。

■ 為企業所接納與信任，有助於專案的宣導與辯護。

■ 清楚了解組織的影響力，清楚了解正式及非正式組織間權力與政治間的運作，有助於影響力的建立。

■ 善於利用非正式的聯誼 (例如下班後公司的社團活動)，偶爾利用辦公室或工廠談談系統的未來遠景，有助於系統的導入與控制。

■ 習慣於沒有掌聲的環境，不必對別人的 "謝謝" 有所期待，視 "孤獨" 為理所當然。但最好有 "諮詢" 的對象，例如外界的顧問協助等，以免自己背負過重的壓力。

專案小組

專案小組的工作及權責

專案小組即為推動各個模組的小組，通常除了組員外，會有小組的領導人和來自顧問公司的顧問，其工作及權責如下：

▣ 致力於解決企業目前及未來的流程

▣ 對專案管理組提供支援

▣ 建構及客製化系統

▣ 對使用者提供支援及教育訓練

▣ 測試新系統

▣ 收集正確資料以便輸入新系統中

<u>專案小組的人力規劃</u>

從一些導入的專案的報告顯示，每一個專案小組的成員中最好能有一位是全職參與的員工。如果每一個專案小組的成員都是兼職參與，通常一般的員工會將其原先的工作擺在第一順位，ERP系統導入的相關的工作會擺在第二順位，而導致無人專心注意模組內的議題解決，並可能影響既定的完工時程。同時由於工作量的過份加重，容易導致小組成員士氣低落，甚至離職。以下針對小組領導人、小組成員及顧問的角色扮演及時間分配進行說明：

- **小組領導人**：從很多的案例發現，通常以ERP系統各應用模組使用單位的經理作為小組領導人會是比較理想的，這樣可以確保ERP系統未來真的是為該單位所使用。領導人每週約使用20%～40%的時間處理ERP系統導入相關的工作。

- **專案小組成員**：專案小組成員通常是對於該模組企業流程有相當的認識，並能學習電腦知識者。成員數量則須視專案的複雜性及可用的人力資源來決定，但是在以不影響系統導入的前提之下，僅可能的減少成員的數量。專案小組成員每週必須使用20%～100%的時間處理ERP系統導入相關的工作。

- **顧問**：顧問的工作主要是提供經驗，協助專案的規劃、系統建置、客製化、上線規劃及小組成員教育訓練。

在召集適當人才後，就應成立專案辦公室。專案辦公室扮演著導入情報資訊交換與處理中心，也象徵高階主管的決心。辦公室應有獨立的空間與設備，甚至有專職人員。辦公室通常包含一般的通訊設備，如電腦、網路、電話、傳真機、印表機及電子郵件等；其他如會議室、會議桌、白板、投影機及單槍等，辦公室的人員可能是兼職、專職、外聘或內調的顧問…等，待專案結束後，才歸建回原單位。

11.4.4　安裝開發與測試環境

ERP之類的系統因與企業日常運作息息相關，因此在很多企業中屬於不可停頓(Mission Critical)的系統。因此這類系統的任何設定調整參數與外掛程式的開發都不應該在正式運作的系統上直接進行，以避免系統及企

業運作因錯誤而停頓。因此，很多 ERP 軟體供應商建議客戶安裝三套 ERP 系統，分別為開發使用、測試使用、正式上線使用的運作系統。

開發使用的系統為所有參數設定與外掛程式開發所使用的 ERP 系統，此機器可只含少數測試資料。因為使用者少，資料量也少，所以此系統為三套設備配備最小的。當參數設定與程式撰寫完成後，就可將其移到測試使用的 ERP 系統中。測試使用的 ERP 系統通常含有一部分真實的歷史資料，以便測試新流程在企業中可否正常操作。由於含有歷史資料及可用的系統建置，測試系統也常作為教育訓練使用。因為測試使用的 ERP 系統的資料量與使用人數都較開發使用的 ERP 系統多，所以通常配備會較開發使用的 ERP 系統先進。如測試通過，就可將參數設定與程式再移到上線後正式運作的 ERP 系統上。而安裝開發與測試 ERP 系統因常須調整某些網路設定，所以本節以安裝開發與測試環境稱之。在此階段安裝這些作業環境，除了讓 IT 人員有時間調整企業網路環境外，主要目的是作為專案小組成員的訓練，使其了解未來 ERP 系統的功能與畫面。此簡單 ERP 系統亦可用於比對企業實際運作的流程，作為提供企業流程討論的根據。

11.4.5 專案小組成員訓練

由於整個企業組織的人員可能相當龐大，不太可能同時對所有的使用者進行教育訓練，所以一般而言，先針對參與專案的使用者進行教育訓練，使其可以參與流程討論並在日後擔任種子教師的角色，而後再訓練其他員工。在整個教育訓練的過程當中，對專案人員的教育訓練是非常重要的一環。足以影響整個專案導入的成敗。

訓練的工作大約可分成三方面：系統功能 (即軟體流程)、企業流程及專案管理方面的教育訓練。系統功能方面教育訓練的重點在於教導系統功能。企業流程方面的教育訓練的重點在於教導最新的經營管理以符合新軟體的流程及控制程序。而專案管理方面的教育訓練重點在於教導專案管理技巧，以便能在專案中執行應履行的義務。

專案小組成員的訓練應達到何種程度，是一個因企業而異的問題。大部分企業只進行幾天的教育訓練，使其有基本認識就開始進行下階段的專案步驟。但某些企業因特殊考量會將訓練時數增長，以確保專案小組成員有足夠知識。例如：某企業預期顧問對其行業相當不熟悉，因此可能無法

提出良好的企業流程藍圖，而為能使 ERP 系統上線後確實可用，此企業將其專案小組成員送至 ERP 軟體公司學習顧問級的軟體操作知識，以便當顧問未能提供適當建議時，專案小組成員仍可提出可行的企業流程藍圖。

11.4.6　評估 IT 需求

ERP 系統為多層式主從架構 (N-Tier Client / Server) 的軟體，因此對網路頻寬與資料庫的穩定有很高的需求。IT 部門須評估企業的網路環境是否可配合 ERP 系統的規劃，以及原來的資料庫系統是否符合需求。例如：某企業規劃只在台灣安裝一套 ERP 系統，全球各據點的運作皆透過網路與此系統連結。IT 部門即須評估此系統每個畫面傳送的資料量乘以其各據點每分鐘需要的畫面量，即可算出其對網路頻寬的需求。估計頻寬同時，也要檢討網路安全議題，以避免駭客攻擊與病毒感染。ERP 系統通常會產生較一般系統大量的資料，因此資料庫評估方面通常須了解配備是否夠大，是否可供正式運作 ERP 系統使用。IT 環境如有任何問題，就應趁此時進行調整或升級，以便系統能準時上線。

11.5　企業藍圖規劃

系統導入的第二個階段稱為企業藍圖 (Business Blueprint) 規劃，由於多數公司有時間的壓力，所以大多直接思考未來的運作模式，不談現行的模式。所以本階段主要是根據專案準備階段所得的資料為企業訂定未來企業組織架構與流程，在這個階段所需要釐清的權責事項與可能發生的爭論與討論最常須督導委員會的仲裁。這個階段的主要任務有以下幾點：

- ☑ 確認未來營運模式與組織架構
- ☑ 規劃並設計未來作業流程 (To-Be Processes)
- ☑ 完成系統基本功能架構討論
- ☑ 確認外掛程式需求及時程
- ☑ 執行企業藍圖確認研討會

11.5.1　確認未來營運模式與組織架構

　　每一個 ERP 系統都有其對組織架構的假設，因此導入系統時，也是對組織微調的一個時機。例如：某 ERP 軟體對業務單位組織的階層假設為四層，而企業現有的業務階層為五層，就可考慮是否取消一個階層。每個模組未來的組織架構通常由專案負責人、小組成員、系統主要使用者以及顧問開會討論出一個雛型。再將這樣的結論彙整到專案管理小組進行討論，因為專案管理小組具有跨模組協調的功能，最後再由督導委員會定案。這樣協調過程冗長且繁瑣，須有清楚的頭腦和耐心去處理。此時管理顧問所扮演的角色十分重要，顧問如具有豐富的產業經驗，就能提供客觀的流程利弊得失分析，加上顧問因為已經對高階主管進行過訪談，了解高階主管的策略思考，所以在作業執行面時，能做好引導的角色。

11.5.2　規劃並設計未來作業流程

　　在確定未來的營運模式與組織架構後，緊接著就是規劃出作業流程的細節，通常由專案負責人、小組成員、主要使用者以及顧問一起開會，一方面要考慮企業流程的合理性，另一方面要考慮 ERP 系統的搭配能力。通常在未來作業流程確定後，就進行系統功能確定的工作，以確保企業未來作業流程和 ERP 系統功能的配合性，並挑出不能配合的流程及其對應的模組，通常系統功能如有 80% 符合作業流程，20% 待調整就已經算不錯了。另外，作業流程和系統功能不搭配時有以下幾種解決方法：

- ☑ 從 ERP 系統標準功能中再尋找一次。

- ☑ 是不是有快速解決方法？如果是 ERP 系統沒有的欄位，可否用其他欄位代替？

- ☑ 在企業作業流程和 ERP 系統功能間取得妥協，找出折衷的方法。

- ☑ 撰寫外掛程式。

- ☑ 直接修改 ERP 系統程式。

　　其中最後一種方法應極力避免，因為可能導致客戶公司的 ERP 系統未來無法升級。一般而言，通常會將企業作業流程和 ERP 系統功能不符的地方及其解決之道條列成清單，並記載其優先順序，以便進行特別的管控。

然後將未定案的企業未來作業流程圖彙整後到專案管理小組進行討論，最後再由督導委員會定案。

　　企業流程確認後，應對督導委員會成員進行一次短期訓練。其重點不在於企業流程的細節，而在於策略性思考及企業未來願景的擘劃，但仍應對 ERP 系統基本流程有相當的了解。藉由專案負責人及顧問對各個專案說明與討論對企業未來願景的影響，作為成功導入的基礎。這樣的訓練可讓由高階主管組成的督導委員會了解整個 ERP 系統的約略功能、複雜性及其可帶來的效益，以便獲得充分的支持。

11.5.3　確認外掛程式需求及時程

　　如果採購現成的 ERP 套裝軟體，難免出現和公司運作企業流程有不符合的地方，若前節提到的解決方法中，前三種方法仍無法解決時，通常需要做外掛程式處理，但也有部分原因是人類習慣模式所造成的，以下是幾個常見的外掛類型：

- ☐ 螢幕輸出入介面
- ☐ 輸入表單格式
- ☐ 輸出報表格式
- ☐ 線上處理的溝通介面
- ☐ 資料轉檔
- ☐ 和其他系統做資料交換

　　根據 [15]，外掛程式數量的多寡與 ERP 導入專案時程的延誤程度有直接的關係，因此企業應盡量檢討撰寫外掛程式的必要性，切記，不要因為惰於改變或對 ERP 系統不充分了解而濫加外掛程式。

11.5.4　執行企業藍圖確認研討會

　　執行企業藍圖確認研討會的主要目的是想讓企業流程藍圖經由所有參與人員 (包含督導委員會、專案管理小組及主要使用者等) 進行全方位的確認。通常會把企業未來營運模式、組織架構、未來作業流程、外掛程式彙總及未來預期績效在這個研討會中提出說明。這些主題發表人最好是使用

者本身，因為這些運作最後終將由使用者掌控，而非顧問群。確認後的規劃，將作為第三階段 ERP 系統建置 (或稱設計與開發) 的基礎。

11.6　系統建置

系統導入的第三個階段稱為**系統建置**，這個階段主要目的是根據第二階段所確定的未來企業組織及作業流程，建立 ERP 系統。此階段同時應該客製化出符合企業需求的 ERP 系統，即 ERP 系統中的作業流程、輸出入畫面、表單及報表都要能配合企業需求。這個階段的主要工作有以下幾點：

- ▣ 建立授權架構
- ▣ 設定系統參數
- ▣ 撰寫外掛程式
- ▣ 執行系統測試
- ▣ 系統資料轉檔準備與測試
- ▣ 建置正式系統環境
- ▣ 一般使用者教材開發

11.6.1　建立授權

ERP 是一個整合的系統，它提供企業營運所需大量的資訊，所以一方面它必須是可靠的，即所有資料的輸入或改變必須受到管控：另一方面也必須對資料的存取設定授權，以防機密資料外洩，因此必須建立授權的機制。對於每一個模組進行授權是相當費時且複雜的，通常由經理或專案負責人對其成員進行授權，再由系統管理人員完成 ERP 系統設定。由於考慮資訊安全的原因，通常只能由系統管理人員負責 ERP 系統的設定。

11.6.2　執行系統測試

ERP 系統的外掛程式開發與 ERP 系統參數設定的進行可依照一般軟體工程的方法進行。系統參數設定與外掛程式完成後，為了確保系統運作的順暢、資料及流程的正確性，系統需要進行完整測試。對使用單位而言，

最主要的測試為整合測試。整合測試由專案負責人、主要使用者、小組成員以及顧問依據其經驗，經由腦力激盪假設可能發生的各種狀況與情境，交由小組成員寫成測試的案例 (Test Case)，並請使用者進行測試，以及撰寫測試報告文件。一般而言，系統測試可分成以下幾種：

- **安裝測試**：依據專案進行步驟，依序建立開發、測試與實際上線等系統，並確認功能正常。

- **單元測試**：設定系統單元模組的所需的參數，建立測試資料，以確認系統模組功能正常運作。

- **功能測試**：依跨模組方式進行參數設定，建立測試資料，以確認上線後的環境能正常運作。

- **整合測試**：根據模擬的運作流程進行測試，包括跨功能與跨模組的測試，以確保系統能依據要求運作。

- **外掛測試**：所有外掛的程式，也必須做單元、功能及整合測試，以確保外掛功能可以正常運作。

由於人力資源有限，系統測試有問題時，應設定好嚴重程度的等級，已排定優先次序調派人力解決問題，例如可區分成三個等級，重大的 (Critical)、主要的 (Major)、次要的 (Minor) 問題。

11.6.3　資料轉檔準備與測試

由於舊系統中仍存放著企業歷年的營運資料，而新、舊系統的規格與介面可能是不相容的，所以舊系統上的資料必須經由轉檔的工作，才能為新系統所使用。但由於轉檔的工作資料量龐大 (尤其是歷史越悠久的公司)，加上企業資源規劃檔案的欄位通常很多 (例如 SAP 的原物料主檔的欄位就有四百多個欄位)。而且資料轉檔後的資料上須使用者進一步確認，所以相當費時。因此這個階段應先做簡單的轉檔測試與完整的轉檔規劃，以避免上線時，因時間不足，產生窘態。

轉檔的工作通常是需要撰寫並執行外掛程式才能完成，而且要對轉檔工作安排時程計劃及製作標準的操作手冊。一般企業通常利用週末進行轉檔，以防止資料轉檔中有新資料的加入。在大部分的實務案例中，轉檔的

工作主要由企業中 MIS 部門負責，因為 MIS 部門應對企業中的待轉檔資料格式有最深的了解。

11.6.4　建立正式運作環境

此時可將未來要正式運作的 ERP 系統架設起來，以便未來上線使用。

11.6.5　一般使用者教材開發

在系統設計與開發末段，各模組中小組成員應對系統已相當熟悉。此時，顧問通常會輔導他們撰寫訓練一般使用者的教材。因為一般系統業者所提供的教材是標準制式的，而企業的流程經過參數設定與外掛程式的客製化加強後，操作畫面與順序未必與標準教材一致，所以需要各小組成員撰寫出符合使用者的訓練教材。而教材的撰寫也可確定各小組成員對系統已相當的了解，能在下一階段訓練所有使用者，以及勝任日後的系統維護工作。

11.7　系統上線規劃

系統導入的第四個階段稱為**系統上線規劃**，為上線前的暖身工作。主要工作是預先規劃如何從測試環境轉移到上線環境，並使一般使用者能熟悉 ERP 系統的操作及作業流程。主要任務有以下幾點：

- ▣ 研擬系統上線計劃
- ▣ 將功能由測試環境移轉到正式環境
- ▣ 執行資料轉換
- ▣ 安裝一般使用者作業環境
- ▣ 進行一般使用者教育訓練
- ▣ 建立**上線支援站** (Hot Desk)

11.7.1　研擬系統上線計劃

由於 ERP 系統相當龐大，所以各模組系統上線的順序與時程必須事先經過計劃並排定。而且模組上線前，相關的檔案資料要先轉換上線，否則該模組會產生錯誤。例如：要將財務會計模組系統上線，會計科目、會計主檔、物料主檔以及其他相關主檔要先轉進來，而且初始庫存量資料也要先設定，財務會計模組系統才能運作。而且轉資料有時也有一定的順序，因為沒有前一個檔案的資料，可能沒辦法產生下一個檔案的資料，所以研擬系統上線計劃是一個相當重要的工作。一旦系統上線計劃公告後，所有主要使用者、終端使用者、系統管理者以及顧問都須全力配合，並預先準備資料。另外，如果時間許可的話，每個模組還可選定在特定時間上線，以確保流程的順暢。例如：財會以及成本控制模組可以選在會計年度的開始日以確保會計平衡；銷售與配銷模組以及物料模組可選在訂單量較少的時候進行，以避免誤單或誤差的情況發生。

11.7.2　將功能由測試環境移轉到正式環境

在這時間點，由於 ERP 系統已經做適度的參數設定與客製化，已非原先的標準 ERP 系統，這些調整功能全都需要轉到正式的環境來，以免 ERP 系統不能正常運作。

11.7.3　執行資料轉換

資料轉換在整個系統導入過程是相當重要的，如果發生錯誤，往後所執行的系統都會發生錯誤。由於資料轉換的工作相當費時，所以在前一個階段－**系統建置**時，就已經在為資料的轉換做準備，甚至部分已開始運作。資料轉換的工作通常會放在較高的優先順序，以免影響後面運作的作業流程。通常這些要轉換的資料都是已經被充分測試過的資料，有些企業會將轉換的工作放在週末或深夜，以免影響白天的作業。但由於資料量龐大，如果轉換的工作持續三天三夜，也不需覺得奇怪。

11.7.4　安裝一般使用者作業環境

在目前仍有很多 ERP 系統屬於三層式主從架構，因此需要在使用者端安裝 ERP 系統的前端軟體才能從使用者的電腦連上 ERP 伺服器。在前面幾

個階段，前端軟體都只安裝在專案小組成員的電腦上。現在系統即將上線，當然都要在一般使用者的電腦中裝上前端軟體。

如果企業所採購的 ERP 系統已採用多層式的主從架構，則使用者即可用常見的瀏覽器連到 ERP 伺服器，而不須於使用者電腦上安裝任何特殊前端軟體來連到 ERP 伺服器。

11.7.5　一般使用者的教育訓練

在系統啟動之前，首先必須訓練使用者學會使用 ERP 系統，但光了解 ERP 系統的功能及流程是不夠的，尚且需要告知流程與程序的理論背景，方有助於 ERP 系統的學習與建立，並使系統的效能發揮到最大。但訓練的時間不宜太早，否則容易忘掉，畢竟使用者對原來的工作還是比較熟悉，容易把原先的工作當成第一要務，而忽略新系統（即 ERP 系統）的使用。現在已為使用者安裝終端使用者作業環境，離上線的時間很短，這個時候來做使用者的教育訓練剛剛好。這個時候所用的訓練教材，就是各模組小組成員所撰寫的訓練教材，並由各模組小組成員擔任主要的教育訓練工作。因為 ERP 系統上線後，顧問就會撤走，此時如操作有問題，一般使用者只能向各模組小組成員尋求協助，因此由各模組小組成員進行訓練可使溝通更為順暢。

至於訓練的方法可以靈活運用，例如舉辦操作 ERP 系統熟悉度的比賽、抽檢或其他獎勵方法，以了解其熟練程度，並提出因應的對策。很多企業甚至會將員工的考績與訓練後測驗的結果來設定連動關係，以鼓勵員工認真學習。

但根據作者與多位專業顧問的訪談發現，教育訓練中最常請假的為高階主管，導致主管並不了解 ERP 系統上線後所能提供的新資訊，而仍沿用無 ERP 系統前的決策模式，在某種程度上浪費了新系統所能提供的即時整合資訊的功效。

11.7.6　建立上線支援站

無論事前的教育訓練如何的完備與上線規劃如很縝密，上線前幾天都會出現很多意外狀況。上線支援站 (Hot Desk) 的最主要目的是當系統上線

發生問題時，或使用者有操作困難時的提供協助管道。事實上系統可能發生的問題不單是技術面，也可能是管理及作業流程面，通常剛上線時問題最多，必須運作一陣子以後，ERP 系統才會穩定下來。

ERP 系統支援站的組成通常由專案負責人、小組成員、系統管理人員及管理顧問所組成，待 ERP 系統上線且運作順利後，此一小組將會縮編且轉為公司內部的常設組織，以支援後續之系統維護及改善工作。

一般遇到問題時，通常會有一定的通報與處理程序，約略可以分成以下三級支援：

- 第一線支援，由各專案的小組成員負責，解決 ERP 系統管理、使用者操作及相關作業等問題。

- 第二線支援，由專案負責人 / 外界專案顧問負責解決 ERP 系統參數設定及外掛程式錯誤等問題。

- 第三線支援，由提供 ERP 系統的業者負責，如某些軟體供應商的 24 小時的線上服務機制。

11.8　系統上線及後續支援

ERP 系統導入的最後一個階段稱為**系統上線及後續支援**，在這個階段使用者將接管 ERP 系統，並長期使用。同時，專案小組會針對整個系統做微調的工作以確保系統確實可用，以下幾點是上線的配合事項：

- 選擇適當的 ERP 系統轉換方式

- 按照上線規劃輸入資料、並核對資料正確性

- 協助使用者熟悉 ERP 系統

11.8.1　選擇適當的系統轉換方法

任何資訊系統上線與舊系統的汰換通常有兩種方式，亦即**平行運作** (Parallel Run) 與**立即轉換** (Cut Over)。平行運作強調新舊系統與新的企業流程併行作業一至兩個月，確保新系統資料正確可用。立即轉換則強調轉換時間一到，舊系統馬上下線，企業只使用新系統運作。

因各有優缺點，因此兩種方法都有擁護者。平行運作的優點在於風險較小，如果新系統或新企業流程有問題，企業還有舊系統可用。其缺點則為耗費人力，通常所需人力為原來的 2.5 倍到 3 倍人力。除了因兩套系統都需要輸入資料外，更須花費很多人力檢討新舊系統輸出資料的差異，以確保新系統資料正確。但很多的差異並非來自資料輸入錯誤，而是新舊系統資料歸類不同，譬如會計科目的差異，成本計算方式的不同等，為了追蹤這些差異，常花費使用者更多的時間，因此容易導致員工怨聲載道。而立即轉換的優點在於人力的節省，因為使用者只須將資料輸入一套系統中，但其缺點在於風險較高，如系統發生嚴重錯誤，可能導致企業營運異常。

11.8.2　按照上線規劃輸入資料並核對資料正確性

資料正確是所有 ERP 系統的基本需求，例如初始庫存量資料與會計的應收帳款、應付帳款等資料有錯，則系統後續的運作就會與現實營運狀況格格不入。因此很多企業會在專案進行過程中花很多時間驗證資料的正確性，例如為了庫存資料進行徹底地盤點，同時確認是否與財務會計模組的財務數據一致，如果資料不正確或不一致，嚴重時可導致系統上線後再下線。為使系統的初始資料能夠正確，資料須按照上線規劃中的順序，按部就班輸入系統中。譬如業務部門須輸入接獲的訂單後，生產部門才能輸入相關工單、製令與請購單等。同時為能使輸入資料真實反應現況，各單位須照規劃，陸續停止實體運作，而將停止運作後的狀況輸入 ERP 系統中。當各單位資料輸入完畢，才能再按照規劃順序陸續恢復運作。而資料輸入完成，系統開始上線後，仍須不斷檢驗其正確性，以確保系統運作無誤。

11.8.3　協助使用者熟悉系統

新系統 (ERP 系統) 上線所改變常常不只新舊系統的畫面，還有所附帶的新企業流程與管理機制。因此上線時的混亂可想而知。此時須上下一心，力求協助使用者熟悉系統。如系統真有錯誤發生，就須儘快應變，改正錯誤或想出其他運作方法。在台灣就曾有企業經營者為展現上線決心，下令如果上線時 ERP 內的資料不能反應實際營運狀況就不得出貨，要求全體員工將系統調到正確為止。

　　如果 ERP 系統上線運作後，各項報表的產出數據都如預期般正確，顧問就可以逐漸撤出，而將後續的運作維護轉交與參與計劃的主要使用者。整個專案結尾時，可辦個專案總結及上線成功的研討會 (Workshop)，一方面是將導入之過去與未來做個檢討，一方面則是一種軟性或溫馨的訴求，以安慰導入過程的辛勞。

11.9 持續改善

　　專案結束後其實是企業使用 ERP 系統的起點，從此將會有很多專案計畫，逐步調整 ERP 系統的軟體流程。因為企業流程會隨企業營運的環境變化而改變，而當企業流程須改變時，ERP 系統就須跟著調整來因應。另外未來企業會將 ERP 系統與其他企業 e 化軟體整合，例如：將其 ERP 系統與供應鏈管理、客戶關係管理、商業智慧等系統相連結，因此，導入計畫的結束應只是企業 e 化的起點。

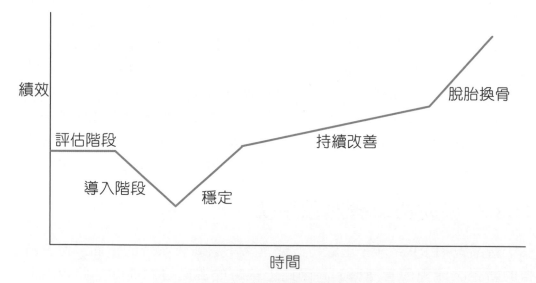

圖 11-3　ERP 導入績效與時間關係圖 (註)

註：圖 11-3 為 Ross 於 1999 年在 IT Pro 發表有關於導入後的可能績效與時間圖，圖中顯示 ERP 導入期間可能造成績效降低，上線後一段時間應能回復到穩定，但如果有好的績效，還須持續改善流程與系統。而當努力到一定程度時，才可達到企業績效大幅提升的脫胎換骨境界。

11.10　專案控管

在整個企業資源規劃導入的過程中，專案控管是一項貫穿所有階段的重要工作，此工作的成效將直接影響專案的成敗。

11.10.1　專案控管週期

一般專案的控管理論可參考 [5]。而 ERP 導入一般將控管步驟分為訂定目標、離差測量、修正與檢討以及學習提昇四個階段，請參考圖 11-4。

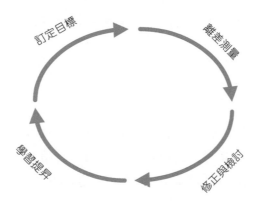

圖 11-4　專案控管週期

訂定目標

可分成專案的整體目標及每一個階段的子目標，比較詳細的子目標可定義在相關階段內，以便在每個導入階段可以給予回饋。

離差測量

在整個專案導入的生命週期中持續地對專案進行觀察與測量。要學會善用各種管控的工具，例如：常用的導入排程計劃、定期開會及各種分析報告等都是很好的輔助工具。通常離差的測量可以有多個項目，常見的有以下幾點：

- 專案進度

- 人力資源

- 耗費時間

另外有些變數是無法測量的，但它對整個專案的導入有極大的影響，例如：士氣、溝通品質及衝突。

修正與檢討

在每個導入階段，如目標和測量結果有誤差時，就要進行檢討與修正。但這本來就是一件不容易的事，尤其在現代大多數的企業都有時間的壓力，難得停下來思考。因此有時得借重顧問提出警告與解決之道，並將結論送交到督導委員會審議。

學習與提昇

如果常常偏離目標，落入沒有效率效果的場景中，就須加強學習，提昇專業。

11.10.2　風險管理

因為 ERP 導入案通常耗費龐大的人力、物力與時間，如果失敗將對公司造成很大的影響，因此專案管理中應含有合理的風險控管。風險控管的精神在於是先評估潛在的風險並找出可能的應對措施。

風險管理並不能解決所有問題，但至少它在面對可能的威脅時，提出一套預防與回應的機制。風險管理通常可分成風險管理規劃、風險訂定、風險分析、風險回應計劃、風險監控與風險檢討等步驟，如圖 11-5：

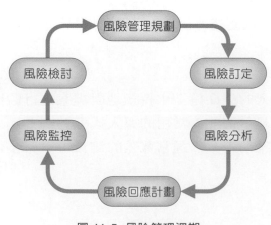

圖 11-5　風險管理週期

風險訂定

確認出專案可能面臨的風險是這個階段的工作，但因一個人的能力與經驗有限，通常會利用以下幾種方法來協助思考：

- ☑ 腦力激盪
- ☑ 詢問專家學者
- ☑ 搜尋過往的資料
- ☑ 參考其他案例

風險分析及風險因應計劃

確認可能發生的風險因子後，就可分析其發生的可能性及如果風險發生後對專案的影響。每一個風險因子發生的可能性與其影響程度，可以使用一個區間來表示。譬如表 11-4 中，發生的可能性與影響程度為 3 個區間，3 代表數值最大的區間，而 1 代表數值最小的區間。在確定每個風險因子的發生可能性與影響程度數值後，可將此兩數值相乘。相乘後的值愈大表示此風險因子愈須加以注意。

對計算的結果加以分類，排定優先等級及其因應的方法，參見表 11-4，隨著專案的進行，風險因子發生的可能性會有所變動，表中的發生改變的機會欄位即為對此改變的預估，如何因應此風險因子則記錄在因應方法欄位中。專案執行應嚴謹地控管風險，並應對影響程度大的風險因子制定應變方法，以避免該風險發生時，專案團隊無法因應。

由於每家企業本身的特性不同，所遇到的障礙也不同，根據 SAP 在 1998 年整理全球曾經導入的 186 個專案資料顯示，影響專案成功的前 10 大障礙如下：

1. 使用者的技能與教育訓練
2. 企業本身的技術能力
3. 系統主要功能合用的程度
4. 組織的抗拒
5. 舊系統介面

6. 使用者改變的範圍

7. 客製化的程度

8. 專案大小

9. 專案進行中人員的離職

10.預算是否足夠

表 11-4　風險評估分析

風險因子	發生改變的機會	發生的可能性	因應方法	影響程度
1. 人員離職	不變	3	增加薪水、準備接替人選、增加成就感	3
2. 不適任的專案成員	持續增加	2	報請督導委員會增加人力、延後時程	3
3. 專案成員知識和能力不足	持續下降	2	保留詳細的文件、內／外受訓、求助顧問	3
4. 不好的外界顧問	不變	3	撤換、培養內部顧問、加速軟體、知識轉移	2
5. 使用者的接受能力	持續下降	2	資訊分享、教育訓練個別手冊、上線輔導	2
6. 時程延宕	持續增加	2	增加資源、將特定功能擱下	2
7. 系統功能不符所需	持續增加	2	盡量修改流程配合系統	3
8. 超出預算	持續下降	1	預備金、修正預算	3
9. 內部爭論	持續下降	1	溝通、訊息提供、督導委員會裁決	3
10.硬體失靈	不變	1	備份、異地備援	3
11.軟體失靈	不變	1	備份、與軟體供應商簽訂維護合約	3
12.專案團隊溝通不良	持續增加	1	面對面溝通、會議記錄傳遞至所有相關成員、設置專案網站	1

　　另外，分析台灣區 249 家導入 ERP 的企業，其過程曾遇到的問題如表 11-5：

表 11-5　台灣企業導入 ERP 可能遇到的問題

說明	家數	百分比
使用單位未能明確說明其需求	120	48.2%
組織成員不了解 ERP 之功能	97	39.0%
使用者沒有使用類似系統的經驗	85	34.1%
落後專案所規劃的進度	81	32.5%
ERP 系統流程與公司業務流程差異大	77	30.9%
使用者不了解使用 ERP 系統的利益與價值	76	30.5%
組織成員尚未準備號利用 ERP 來協助工作	75	30.1%
高階主管無暇參與	75	30.1%
系統不符需求，需外掛程式解決	74	29.7%
遭受人員抗拒	74	29.7%
顧問不了解公司業務程序	73	29.3%
IT 人員不足	67	26.9%
員工資訊素養不足	66	26.5%
ERP 導入時程過長，無法看到立即效益	59	23.7%
使用單位無暇參與	56	22.5%
公司政策和流程沒有隨著 ERP 導入而更改	54	21.7%
缺乏跨功能知識的專案團隊	48	19.3%
未能配合 ERP 導入而進行組織變革	47	18.9%
顧問經驗不足	47	18.9%
使用者對系統期望不高	46	18.5%
由於工作的再設計，員工對工作感到不安	46	18.5%
系統的導入會讓員工害怕權力的移轉	37	14.9%
經營環境變遷快速	29	11.6%
IT 人員素質無法配合 ERP 導入	28	11.2%
組織未能建立一個正式的溝通機制	26	10.4%
與其他應用系統整合困難	26	10.4%
ERP 專案所設定之使命與目標不明確	24	9.6%
縮減原規劃導入之模組或功能	22	8.8%
供應商技術能力不足	22	8.8%
組織未能持續與員工進行變革溝通，增加變革認同	21	8.4%
預算不敷使用	18	7.2%
其他	9	3.6%
因其他應用系統整合困難	9	3.6%
有效樣本數	249	

風險監控與檢討

　　定期的開會與檢討，並把可能發生的風險預先告知督導委員會，每次開會可排在特定的時間針對這些風險因子進行意見的討論與交換，透過集思廣益，降低風險。風險檢討從**風險的訂定**，**風險的發生**，**到風險的因應和當初訂的風險分析的離差情形**做一個檢討，有的風險因子可能要加上去，有的可能要去掉，有的風險發生機會可能要調高，有的要調降，經由定期的監控與檢討，就能修正這些資料。

11.11　變革管理

　　除了計畫控管外，另一個貫穿 ERP 導入計畫的重要事項為變革管理。由於員工已習慣於舊系統的運作，面對新系統的引進，難免感到不安，甚至恐懼。通常員工最常見的反應就是抗拒，如何減少員工的抗拒，讓全體企業齊心度過這改變就是變革管理重要的任務。近來某些管理顧問公司更將這議題改為**變革促動**，有一種化被動為主動的意味，可見它是一個不可避免的工作。通常面對改變時有一部分持負面態度的人，會有某種程度的抗拒，也許剛開始是從震驚、不相信、憤怒、協商、沮喪、了解直到接受。從被動到主動 (參考圖 11-6)，這個時間要經歷多久不一定，牽涉到個人的特質與企業及顧問處理的方法 (通常會希望以活潑一點的方式來誘導)。

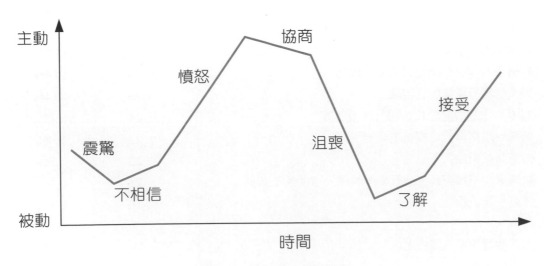

圖 11-6　對改變持有的態度

對於這些面對改變持負面態度的人，通常的原因有下列幾種：

- 害怕失去對原先資料擁有的權利
- 害怕失敗
- 想像自己可能被新系統綁住，而失去原先和社會的連結。
- 安於現狀，懶得對 "改變" 給予回應。
- 害怕整個結構的改變
- 其他個人或商業上的考量

面對這些人，通常會以下列幾種方式處理：

- 溝通：從各種角度接近這些員工，鼓勵並討論他們的困難
- 教育與訓練：企業可專門針對這些員工進行教育與訓練，克服他們的困難。
- 提供資訊：利用各種方法提供並解釋目前流程，以降低了解的困難度。
- 工作調整：使其工作與新系統無關。
- 解雇：這是個最下下策的方式，但也不能因極少的人數的人的頑劣拒絕，而妨礙公司的前進。

變革管理是一門很複雜的學問，如上只舉出很簡單的準則，但實際的執行牽涉到很多的計畫說明與教育訓練，因此有時可委託與專業顧問公司處理。

11.12　成功關鍵因素

本章說明一個大型 ERP 導入案所會經歷的階段與伴隨的應注意事項，但並未提到在每一階段如何做而一定可以有成功的導入案。目前已有很多研究著了解成功專案的特色 [William]，以下舉出成功關鍵因素可供參考：

- **管理階層對專案的參與和支持**：高階主管應扮演著積極的角色，加入督導委員會，充分授權並能做出快速而正確的決策。部門經理也應參與專案小組，並視其為自己所有，提供自己的技術與經驗，為專案提供最好的支援。

▣ **專案成員間的互信**：導入的過程所面臨的變革與挑戰是相當大的，面臨困難時唯有大家一心，互信互持，才能把事情做好。

▣ **簡單、清楚而且可測量的目標**：好的目標有助於大家持續不斷對目標聚焦，而且隨時可測量離差情形，以利進一步的控制。

▣ **強而有效的專案管理**：受到充分授權並能有效率的管理專案，就有比較多的成功機會。

▣ **清楚又簡單的專案組織**：專案組織儘量要朝扁平化且是一個權責相符的方向來設計，並以能達到快速而有效的決策為目的。

▣ **高素質的專案成員**：專案導入的工作相當的複雜，因此需要具有高潛能的人來參與，才可能達到快速又高品質的系統導入。

▣ **專職的專案成員**：專案主要成員最好是專職參與，因為若是兼職的話，對原先業務較為熟悉，所以很容易把原先的工作當成主要工作，而專案導入的工作當成第二要務，整個專案的進度就很難掌控。

▣ **公開又誠實的資訊政策**：專案的導入會直接影響到員工的工作，唯有透過公開又誠實的資訊政策，員工才會為自己找到定位，並建立自信。

▣ **確實規劃資料轉換**：由於舊系統資料量的龐大及其介面和新系統的不相容，轉換後的資料尚須做確認的工作，所以轉換的工作是相當費時的，事先準備的功夫相當重要。

▣ **"未來"的概念作為專案導入的指引**：當未來的組織、流程、程序與方法充分地被討論後，可以減少對目前狀況客製化的冗長爭論。

▣ **好的顧問面對複雜的導入**：有經驗的顧問可增加導入的品質與縮短導入時間。

▣ **良好的專案導入方法**：顧問公司或軟體公司如能提供良好的導入方法論，表示該企業已有相當標準化的專案導入方法，導入的成果較有一定品質。

- **有效的變革管理**：ERP 之類的大型專案牽涉到很多員工必須改變操作電腦習慣或工作項目，因此引起情緒反彈在所難免。如希望能贏得大多數員工的支持，就須有良好的變革管理。

- **落實教育訓練**：對使用者的訓練如果不能落實，將導致上線後狀況混亂與人員對新系統（即 ERP 系統）的排斥。因此教育訓練的落實對 ERP 系統的接受度有很重要的影響。

- **控制外掛程式數目**：如果專案目標為準時上線，則控制外掛程式數目是很好的方法。因為外掛程式開發可能帶來錯誤，而錯誤會導致上線時間延誤。

- **整合需求簡單**：企業導入 ERP 系統後，仍會有部分就有的系統繼續運作（例如零售業的 POS 系統，或者製造業的現場製造系統）。如欲將資訊整合，須將 ERP 系統與這些舊系統整合，而整合的需求愈複雜就愈容易出錯。

- **確實的系統測試**：因為 ERP 系統的流程通常為跨部門與跨模組，因此須經由完整的測試才能減少流程錯誤的機會。

11.13 結論

有些企業因導入 ERP 而大幅提升，甚至開發了新客源。但是在美國也有企業因為導入 ERP 失敗而破產，例如全美國第四大藥品配銷商 FoxMeyer 公司於 1996 年因導入 ERP 失敗損失慘重而宣告倒閉破產。因此系統導入的詳細規劃與確實執行是一個系統能否發揮效用的重要關鍵，本章短短的篇幅不足以說明方法論中所有事項，因此僅就一般大型 ERP 導入案的過程與應注意事項作一說明。如導入的為簡單的 ERP 系統，可參酌減少各項的複雜度，但應如何減少才能保持品質與時效，就有待更進一步的研究。

習　題

1.(　　) ERP 系統導入過程中，專案控管的風險因子訂定可以透過下列哪些方法去做 (1) 由專案負責人負責認定 (2) 由系統導入團隊進行腦力激盪 (3) 詢問專家學者 (4) 參考其他案例？

    A. 123　　　　　　　　　　　　B. 234

    C. 124　　　　　　　　　　　　D. 134

2.(　　) ERP 系統導入專案中，對於變革持負面態度的人，通常處理的方式為下列哪一選項 (1) 工作調整 (2) 溝通 (3) 教育與訓練 (4) 解僱？

    A. 234　　　　　　　　　　　　B. 134

    C. 1234　　　　　　　　　　　D. 123

3.(　　) 對於 IT 性質的 ERP 導入專案態度而言，下列何者正確？

    A. 以最節省人力與物力建置完成專案為目標

    B. 須訂定成果指標

    C. 注重企業流程調整

    D. 訂定合適的導入策略

4.(　　) ERP 的導入過程，使用者面臨組織及系統的轉換，難免帶來內心的不安，什麼樣的管理技巧有助於專案的進行？

    A. 變革管理　　　　　　　　　B. 企業藍圖規劃

    C. 系統上線的規劃　　　　　　D. 風險管理

5.(　　) ERP 系統導入流程中，建立轉檔程式應該在以下哪一階段？

    A. 系統上線規劃　　　　　　　B. 專案準備

    C. 企業藍圖規劃　　　　　　　D. 系統建置

6.(　　) ERP 系統導入流程中，成立專案組織應該在以下哪一階段？

    A. 系統上線　　　　　　　　　B. 系統建置

    C. 專案準備　　　　　　　　　D. 企業藍圖規劃

7.(　　) 在 ERP 系統導入時，對專案經理人所應具備的條件，下列何者為非？

    A. 穩定的情緒　　　　　　　　　B. 程式撰寫能力要強

    C. 正面的人際關係　　　　　　　D. 習慣於沒有掌聲的環境

8.(　　) 根據 William 的研究，下列何者非為 ERP 系統導入成功關鍵因素之一？

    A. 企業的大小　　　　　　　　　B. 合適的顧問

    C. 高階主管的支持　　　　　　　D. 強而有效的專案管理

9.(　　) 下列對 ERP 系統導入的描述，何者為非？

    A. ERP 系統導入的績效通常都可立即顯現

    B. ERP 系統導入可能導致流程調整

    C. ERP 系統導入需要用專案管理的角度來看待

    D. 變革管理也是 ERP 系統導入時應注意的一環

10.(　　) 對於 Business 性質的 ERP 導入專案態度而言，下列何者為非？

    A. 須訂定欲達成的營運目標

    B. 以最節省人力與物力建置完成專案為目標

    C. 訂定合適的導入策略

    D. 注重企業流程調整

11.(　　) ERP 系統導入流程中，在哪一個階段中評選 ERP 系統軟硬體供應商及顧問？

    A. 專案準備　　　　　　　　　　B. 系統建置

    C. 系統上線　　　　　　　　　　D. 初始評估

12.(　　) 在 ERP 系統導入專案的哪一個階段決定客製化的系統需求？

    A. 初始評估　　　　　　　　　　B. 專案準備

    C. 企業藍圖規劃　　　　　　　　D. 系統建置

13.(　　) 根據 SAP (1998) 在全球導入 ERP 系統的經驗顯示,下列何者非為 ERP 系統導入障礙?

A. 太多客製化程式　　　　　B. 使用者教育訓練不足

C. 專案進行當中人員的離職　　D. 高階主管參與太多

14.(　　) 在 ERP 系統導入時,對於資訊系統上線與舊系統的轉換方式,下列敘述何者為非?

A. 平行運作 (Parallel Run) 強調新舊系統與流程並行一至兩個月

B. 立即轉換 (Cut Over) 的缺點是人力的浪費

C. 平行運作 (Parallel Run) 的優點在於風險較小

D. 立即轉換 (Cut Over) 的好處是使用者只須將資料輸入一套系統中

15.(　　) 為了降低導入風險,可以選擇哪一種導入策略?

A. 大躍進式的 (Big Bang)　　　B. 成本導向 (Cost Oriented)

C. 逐步式的 (Step by Step)　　　D. 複製式的 (Roll Out)

16.(　　) 從 Ross (1999) 對於 ERP 導入績效與各階段的描述而言,下列何者正確?

A. 系統上線後企業績效會立即提升至過去水準

B. 企業要從 ERP 系統獲得績效需要在持續改善系統與流程

C. 系統上線企業後就能獲得營運績效

D. 系統導入期間對企業經營績效沒有影響

17.(　　) ERP 系統導入時,對於資料轉檔或轉換而言,下列敘述何者為非?

A. 可能需撰寫轉檔程式

B. 通常由 MIS 部門負責

C. 舊系統資料越多,轉檔所需時間越多

D. 最好於上班時間進行,以便隨時監測

18.(　　)在 ERP 系統導入中，對於上線支援站 (Hot Desk) 的建立的描述而言，下列何者為非？

    A. 第一線支援，由各專案的小組成員負責

    B. 系統完成後，不須為常設組織

    C. 第二線支援，由專案負責人 / 外界專案顧問負責

    D. 第三線支援，由提供系統的業者負責

19.(　　)企業對 ERP 導入專案的態度，視為何種性質較易達成企業的營運目標？

    A. IT 性質專案　　　　　　　B. Marketing 性質專案

    C. Business 性質專案　　　　D. 以上皆非

20.(　　)因導入 ERP 系統而建立之專案組織，一般而言建議分哪三個層級？
(1) 督導委員會 (2) 專案管理組 (3) 專案小組 (4) 使用者小組

    A. 124　　　　　　　　　　B. 134

    C. 123　　　　　　　　　　D. 234

21.(　　)在 ERP 系統導入中，專案控管週期的順序是 (1) 訂定目標 (2) 離差測量 (3) 檢討與修正 (4) 學習提昇？

    A. 1234　　　　　　　　　　B. 1324

    C. 1423　　　　　　　　　　D. 4123

22.(　　)ERP 系統導入過程中，對一般使用者的教育訓練教材由誰來撰寫較為適合？

    A. 導入顧問　　　　　　　　B. 公司的 MIS 人員

    C. 部門主管　　　　　　　　D. 各模組小組成員

23.(　　)企業導入 ERP 系統時，對高階主管的訪談可以分為哪三方面 (1) 策略面 (2) 稽核面 (3) 運作面 (4) 績效管理面？

    A. 123　　　　　　　　　　B. 124

    C. 134　　　　　　　　　　D. 234

24.(　　)有關 ERP 導入的階段中,下列何者為初始評估的主要任務?

A. 評估需不需要做 ERP

B. 評估是否須導入 ERP 系統並估計預期成效

C. 評估未來的企業營運藍圖是否符合所需

D. 評估系統上線的資料轉檔與準備狀況

25.(　　)針對企業個別需求對系統進行客製化開發與確認,此為 ERP 系統導入的哪一個階段?

A. 企業藍圖規劃　　　　　　B. 系統建置

C. 系統上線規劃　　　　　　D. 系統上線

26.(　　)在 ERP 系統中,針對一小部分相關的模組先行導入,完成後再導入另一小部分模組,這個導入策略是?

A. 大躍進式　　　　　　　　B. 複製式

C. 逐步式　　　　　　　　　D. 分批制

27.(　　)企業導入 ERP 系統的階段順序為 (1) 企業藍圖規劃 (2) 專案準備 (3) 系統上線規劃 (4) 系統建置 (5) 系統上線?

A. 12345　　　　　　　　　B. 21345

C. 21435　　　　　　　　　D. 12435

28.(　　)在 ERP 系統導入中,請問整個測試階段須加強測試,以檢視企業流程和系統的吻合性的是何種導入策略?

A. 逐步式的 (Step by Step)　　B. 複製式的 (Roll-Out)

C. 大躍進式 (Big-Bang)　　　D. 成本導向 (Cost Oriented)

29.(　　)請問何者為 ERP 系統上線發生問題時或使用者有操作問題時之協助管道?

A. 工作站　　　　　　　　　B. 工作中心

C. 上線支援站　　　　　　　D. 訓練中心

30.(　　) ERP 系統導入流程中，整個專案執行階段需要照著工作進度進行，並隨時測量偏離進度的程度同時提出解決的辦法以兼顧時程稱為？

　　A. 專案控制　　　　　　　　　B. 變革管理

　　C. 持續改善　　　　　　　　　D. 專案準備

31.(　　) 請問整個 ERP 系統導入的過程中，成本一直以平順的花費，不會有過度集中在某個階段的情況是何種導入策略？

　　A. 逐步式的 (Step by Step)　　B. 複製式的 (Roll-Out)

　　C. 大躍進式的 (Big-Bang)　　D. 成本導向 (Cost Oriented)

32.(　　) 在 ERP 系統導入中，下列對於 ERP 導入階段的描述，何者為非？

　　A. 在企業藍圖規劃階段所需要釐清的權責事項與其所可能發生的爭論與討論常須督導委員會的仲裁

　　B. 在初始評估階段須建立專案組織，最好能獨立於原來的組織

　　C. 在專案準備階段可由高階主管的訪談做起

　　D. 在初始評估階段須評估與選擇適合的軟體與顧問公司

33.(　　) 請問下列何者在 ERP 系統導入時，對初始評估階段的描述不正確？

　　A. 初始評估階段為導入前，企業評估為何需使用 ERP 系統及預估導入後效果與成本階段

　　B. 在此階段仍須評估與選擇軟體與顧問公司

　　C. 此階段會遇到的問題為何時為導入 ERP 的時機，對於導入的時機理論上應在企業內外經營環境相當穩定的階段

　　D. 此階段會遇到的另一個問題為企業是否應進行企業再造，大部分的結論為 ERP 導入案應與企業再造一起執行

34.(　　) 在 ERP 系統導入專案中需耗費龐大的人力、物力與時間，如失敗將對公司有很大的影響，因此整個 ERP 導入的專案管理中應該含有合理的風險 (Risk) 控管，而每一個風險因子的評估方式通常會 (風險因子的發生可能性) (風險因子發生的影響程度) 結果來進行分析，假設 NED 公司再導入 ERP 系統專案中有兩個風險因子 X 與 Y，X 與 Y 兩個風險因子發生的可能性區間值分別為 3 與 2，X 與 Y 兩個風險因子的影響程度區間值皆為 3，下列選項何者正確？

A. Y 風險因子比 X 風險因子更須加以注意

B. X 風險因子比 Y 風險因子更須加以注意

C. (風險因子的發生可能性) (風險因子發生的影響程度) 結果越大，表示該風險因子如果發生後對 ERP 導入專案的影響越小

D. 隨著 ERP 導入專案的進行，風險因子發生的可能性不會有所變動

35.(　　) 為了節省 ERP 導入專案時程，對於作業流程和系統功能不能搭配時，下列哪些方法能解決此一問題 (1) 更換作業系統軟體 (2) 直接修改系統的程式 (3) 外掛程式 (4) 從系統的標準功能中再尋一次？

A. 23　　　　　　　　　　　　B. 14

C. 234　　　　　　　　　　　D. 1234

36.(　　) 下列何者不屬於 ERP 導入流程中專案準備階段的工作

A. 選擇顧問公司　　　　　　　B. 訂定專案範圍

C. 組織專案團隊　　　　　　　D. 建立技術環境

37.(　　) 建議企業最好能在不忙的時期導入 ERP 系統的原因，下列何者為非？

A. 導入的流程調整需要相當多的會議決定

B. 參與導入的各部門種子人員最好能全職投入導入案

C. 須在會議上做出承諾多為高階或重要幹部，因此須在重要幹部們時間能配合時執行

D. 全體員工都要接受 ERP 的教育訓練

參考文獻

[1] 李泰霖、許秉瑜、何應欽、國內 ERP 成效大體檢，資訊與電腦，8-14頁，253 期，8 月 2001。

[2] Norbert Welti, Successful SAP R/3 Implementation, Addison Wesley 1999.

[3] Joy Ghosh, SAP Project Management, McGraw-Hill, 2000.

[4] Gerhard Keller and Thomas Teufel, SAP R/3 Process-Oriented. STAGE Implementation, Addison Wesley 1998.

[5] PMI Standard, A Guide to the Project Management Body of Knowledge: 2000 Edition, Project Management Institute, 2000.

[6] A. N. Parr, G. Shanks, A Taxonomy of ERP Implementation Approach, Proceeding of the 33rd Hawaii International Conference on system sciences 2000.

[7] http://www.bpic.co.uk/chedklst.htm, A plan to implementation or improve your use of and ERP systems for manufacturing companies, BPIC.

[8] http://houns54.clearlake.ibm.com/solutions/erp/erppub.nsf/detailcontacts/ ERP_Lifecycle_circle? OpenDocument, Enterprise lifecycle IBM.

[9] http://www.ensyncsolutions.com, Erp lifecycle, eNsync.

[10] Kuldeep Kumar and Jos van Hillegersberg, ERP Experiences and Evolution? Communications of the ACM, vol.43. No.4, pp23-26,2000.

[11] Jeanne W. Ross, Surprising Facts About Implementing ERP, IT Pro, July/ August pp.65-68, 1999.

[12] Christopher P. Holland and Ben Light, A cirtical Success Factors Model for ERP Implementation, IEEE Software, May/June, pp.30-36, 1999.

[13] Herb Krasner, Ensuring E-Business Success by Learning from ERP Failures, IT Pro March/April, pp.37-41, 2000.

[14] 蔡文賢、簡世文、許秉瑜、范懿文、鄭明松、呂俊德，台灣地區企業導入 ERP 系統的管理議題之實證調查，中華企業資源規劃學會 2004 年 ERP 學術與實務研討會，p379-389, 2004.

[15] 黃成豪，The Study of How Enterprise Resource Planning Implementation Phase Affecting Corporate Financial Performance, 國立中央大學工業管理碩士論文，2004。

[16] Thomas, H. Davenport, Mission Critical: Realizing the Promise of Enterprise Systems, Harvard Business School Press, 2000.

[17] M. Al-Mashari,, A. Al-Mudimigh and M. Zairi, Enterprise resource planning: A taxonomy of critical factors, European Journal of Operational Research, vol. 146, pp.352-364, 2003.

[18] J. Esteves, and J. Pastor, Towards the unification of critical success factors for ERP implementations, 10th Annual BIT Conference, Manchester, UK, November, pp.44, 2000.

[19] G. Gable, M. Rosemann, and W. Sedera, Critical success factors of process modeling for enterprise systems, in Proceedings of the 7th Americas Conference on Information Systems, pp. 1128-1130, 2001.

[20] J. Kuang, L-S Lau, and F-H Nah, Critical factors for successful implementation of enterprise systems, Business Process Management Journal, vol. 7, no. 3, 285-296, 2001.

[21] V.A. Mabert, A. Soni,, and M.A. Venkataramanan, Enterprise resource planning: Managing the implementation process, European Journal of Operational Research, vol. 146, pp. 302-314, 2003.

[22] J. McCredie and D. Updegrove, Enterprise System Implementations: Lessons from the Trenches, CAUSE/EFFECT, vol. 22, no. 4, pp. 1-10, 1999.

[23] A. Parr, G. Shanks, and P. Darke, Identification of necessary factors for successful implementation of ERP systems, in New Information Technologies in Organizational Processes, Ngwenyama, O., Introna, L.D., Myers, M.D. and DeCross, J. (ed.) , Kluwer Academic Publishers, Boston, pp. 99-119, 1999.

[24] T.M. Somer, and K. Nelson, The impact of critical success factors across the stages of enterprise resource planning implementations, in Proceedings of the 34th Hawaii International Conference on System Sciences, 2001.

[25] M. Sumner, Critical Success Factors in Enterprise Wide Information Management Systems Projects, in Proceedings of the 5th Americas Conference on Information System, pp. 297-303, 1999.

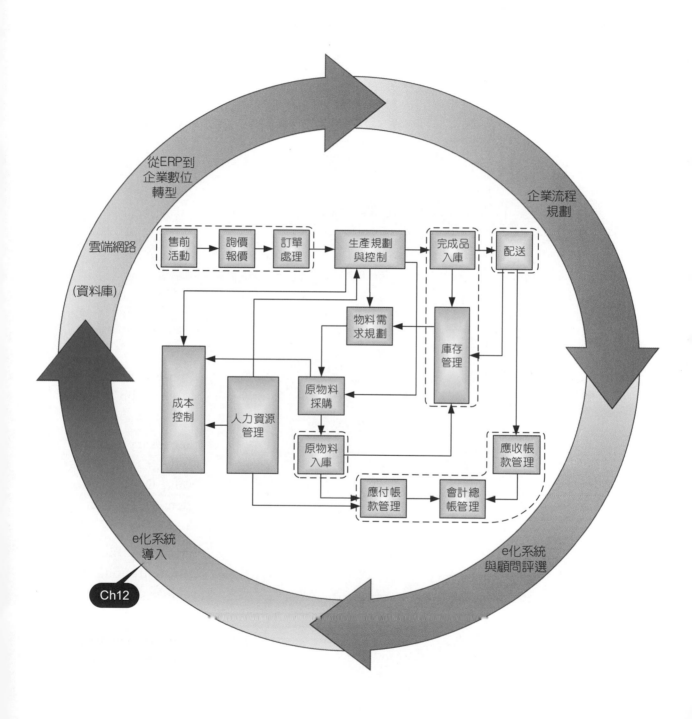

從ERP到
企業數位
轉型

企業流程
規劃

雲端網路

(資料庫)

e化系統
導入

e化系統
與顧問評選

Ch12

售前
活動 → 詢價
報價 → 訂單
處理 → 生產規劃
與控制 → 完成品
入庫 → 配送

物料需
求規劃

庫存
管理

成本
控制

人力資源
管理

原物料
採購

原物料
入庫

應收帳
款管理

應付帳
款管理 → 會計總
帳管理

系統導入的兩個案例

何靖遠博士　國立中央大學資訊管理學系副教授

學習目標

- ☑ 瞭解企業導入企業資源規劃 (ERP) 系統的動機和目的
- ☑ 描述ERP系統導入前的準備工作
- ☑ 瞭解ERP系統導入專案中的成員及角色
- ☑ 描述ERP系統導入過程中專案管理的重點工作
- ☑ 瞭解企業在導入ERP系統時的調適過程
- ☑ 瞭解導入ERP和企業流程再造之間的關係
- ☑ 瞭解ERP系統導入的關鍵成功因素

摘要

　　本章將介紹兩家知名的企業導入 ERP 系統的作法和經驗。由於兩家公司的行業特性不同，一家公司為半導體業，另一家公司則為資訊電子業，前者之製程複雜，而後者的物料規劃管理挑戰性高。藉著這兩個導入案例的相同和相異之處，我們將會發現在 ERP 導入的策略作法上也會有異同之處，所帶給企業的衝擊和挑戰也有其獨特性。根據 Teltumbde (2000) [14] 的引述，超過 90% 的大型專案是以預算超支、專案時程逾時收場，因此存在著失敗案例多過成功案例的一般性說法。本章採用學者 Markus 等 (2000) 的企業級系統生命週期的觀點，根據個案資料說明 ERP 導入個案在**專案績效、作業績效、和經營績效**三方面的表現。這一章我們將透過兩家知名企業導入 ERP 系統的實際案例，來描述企業使用單位代表和資訊部門在導入顧問的協助下如何進行 ERP 系統的設計，並將 ERP 打造成企業資訊骨幹的過程。包括如何進行企業資訊規劃、軟體和導入顧問的選擇、企業流程再造，以及負責整個 ERP 導入的專案組織架構。經過系統整合的努力，導入企業完成了訂單管理的自動化，使得**訂單達交** (Order Fulfillment) 的時間得以大幅縮短，組織的生產規劃和**允諾可用量** (Available to Promise, ATP) 的確認都能在很短的時間內完成，大幅增加企業快速回應客戶要求所需的彈性。

　　個案資料主要來自於訪談兩家個案公司專案中的主要成員，包括**旺宏電子股份有限公司**的資深主管、經理和使用者，以及**廣達電腦**的協理和資訊部門同仁，並參酌兩家公司的相關次級資料整理而成。各位將會發現，企業流程再造和 ERP 系統的導入都是計畫的組織變革，也是影響組織績效的關鍵，ERP 軟體的**最佳實務範例** (Best Practices) 則是組織作業流程改造的重要參考；此外，高階主管的支持、專案經理的管理技巧、溝通協調和使用者的教育訓練都會影響導入過程中問題解決的方法和使用者對系統的接受程度。導入過程中由各單位的**關鍵使用者** (Key Users) 所組成的流程小組，以及其他任務小組所組成的專案團隊，主導系統的設計和使用方式，資料、流程和系統的整合使得組織在客戶導向的核心企業流程中產生非常顯著的績效。相信旺宏電子和廣達電腦的經驗在實務上可以成為其他企業導入 ERP 時非常有價值的參考。

12.1 個案一：旺宏電子股份有限公司

12.1.1 公司簡介

旺宏電子股份有限公司是一家積體電路研發、製造、測試及銷售專業廠商。總公司座落於新竹科學園區，擁有兩座晶圓廠，以及一座現代化專業 IC 測試工廠。主要的產品包括**光罩唯讀記憶體** (Mask ROM)，**可消除可程式唯獨記憶體** (Erasable & Programmable ROM, EPROM) 和**快閃記憶體** (FLASH) 等，是廣泛應用於各類資訊、通訊、消費性電子等電子產品，如個人電腦、文書處理機、呼叫器、行動電話，雷射印表機、電視遊樂卡匣等的非揮發性記憶體 IC。

旺宏電子管理階層從開始就以「創新、品質、效率」做為公司經營的基本方針，並深信品質是全公司每一個人的責任。公司由管理階層組成品質管理委員會，訓練單位持續執行全**公司品質管制** (Company Wide Quality Control, CWQC) 訓練，生產線上人員則進行**品管圈** (Quality Control Circle, QCC) 活動，所有的努力都是為了要落實**全面品質管理** (Total Quality Management, TQM) 的理念。該公司極為重視人力品質的提昇，目前大專以上人力約佔全公司人數 60% 以上，擁有這批高素質人才，也是旺宏電子未來整體競爭力的最佳保證。

旺宏電子於 1995 年，開始實施一項名為**公司整合系統** (Corporate Integration System, CIS) 的計畫。CIS 計畫主要分為三個階段。第一階段為企業資訊規劃和企業流程再造；第二階段為建立整個企業的資訊骨幹及 ERP 的導入；第三階段為在 ERP 上的加值整合架構之建立，亦即提供企業在決策層次的輔助系統。CIS 計畫的各個階段如圖 12-1 所示。

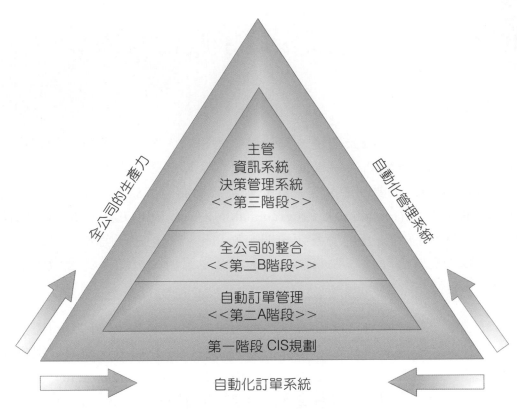

圖 12-1 旺宏電子 CIS 計畫的階段架構
資料來源：旺宏電子提供

　　C 主管在提到計畫的緣由時說：「我們每五年作一次策略規劃，當時旺宏在公司定位上的共識，就是要做一流的服務供應商，不只光有技術而已，所以這個架構必須靠整個 IT 系統和流程的配合，故開始了 CIS 的計劃。」[7]

　　旺宏電子希望透過企業流程的改造，將不合理、無效率的流程找出來，而以 ERP 來將這些流程作一良好的整合，使金流、物流、資訊流都能快速而正確地進行，以提升企業競爭力、降低成本。因此旺宏電子希望透過 ERP 提供一個整合的資訊骨幹，將企業內各子公司、部門、工廠及海外據點的資訊加以整合，達到降低存貨、增加顧客滿意度的目標，並能符合公司未來發展的需求。

以退貨處理的流程來說，「收到一個退貨時，客戶服務的窗口現在變成是平行的流程，將資訊直接傳遞給**晶圓廠 (Fab)**、品保和財務，有些規則和政策也訂得更為友善，不用等一關核驗通過才到下一關。而且以前寄貨的地址，和退貨地址是不一樣的，對客戶來說很不方便。所以我們當時就馬上改變，將兩者變成同一個地址，這是一個很簡單的改變，可是對客戶來說，就簡化成一個單一的服務窗口。所以組織上和程序上都有所改變。」(C 主管)

[7]「（企業流程再造）的目的可分成量化和非量化來講：量化的目的之一是訂單達成率達到 98%，也就是提高客戶滿意度；另一個是減少存貨 30%，亦即降低成本。非量化的目的，是要在未來 5-7 年間，管理與科技平台能夠符合使用需求。」(A 經理)

旺宏電子原來的資訊系統雖然尚能滿足目前大部分需求，但因為其為 Novell 網路、DOS 環境下用 Clipper 所寫，整體的整合性雖然尚可，但是遇到要調整組織或是有新的分公司成立時，就必須要改寫許多程式，費時且容易出錯，故引進 ERP 軟體來代替舊有系統。

「主要是要取代舊有系統，能夠滿足未來擴充的需求，增強 total business control，當公司擴張或變革時，資訊系統可以很快速的調整以因應新的組織需求。」(B 專員)

整個專案的導入團隊基本上是由高階主管組成的指導委員會、使用單位的代表、核心專案團隊和顧問公司所組成。旺宏電子**自動化訂單管理 (Automated Order Management, AOM)** 的專案組織圖如圖 12-2 所示。高層的實際參與不僅具有宣示作用，更可作為流程改造時衝突的潤滑劑及裁示者，而各部門須派出熟悉部門流程的代表，負責進行跨部門的協商。在此旺宏電子將每一個流程、子專案的擁有者，都歸屬於相關的部門，使得專案的推動更加有效。

「公司的作法是每一個部門都有一個代表，作為部門和 MIS 的溝通介面，而每個 Project 的 owner，並不是 MIS 部門，而是**使用者部門**，這些會促使使用者花更多心力在專案上。」(A 經理)

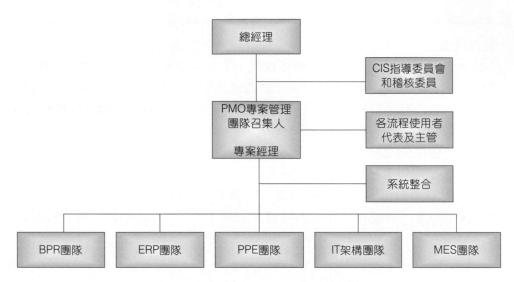

圖 12-2 旺宏電子 AOM 的專案組織圖
資料來源：旺宏電子提供

12.1.2　旺宏電子階段性導入 ERP 的過程

第一階段

前期準備及規劃

　　在這個時期，旺宏電子對 CIS 系統高層次的功能及資源加以規劃，以及對各部門作業流程加以評估並列出其主要功能，並選擇其 CIS 系統的顧問，以及選擇 ERP 系統的軟體，最後訂出其導入的步驟流程及時間。

顧問公司的選擇

　　旺宏電子當初在選擇顧問公司時，找了 A、B、C 三家顧問公司，三家經過激烈的競爭後，旺宏電子選擇了 A 顧問公司。主要的評估標準是以整體的規劃來做一選擇，看其是否能在規劃的期間提供一套方法論，清楚地告訴旺宏電子，要完成目標應該如何進行。因此，旺宏電子和 A 顧問公司一起工作了半年，完成了 CIS 系統的規劃。

> 「CIS 第一階段比較重視規劃能力，A 顧問公司在這方面有相當好的口碑，且要評估顧問公司所派給我門的顧問是否經驗豐富，A 顧問公司提給我們的顧問中，有一位相當有經驗的博士。」（A 經理）

ERP 軟體的選擇

　　旺宏電子在選擇 ERP 軟體時，先對 4~5 家的 ERP 軟體進行評估，主要是聽 A 顧問公司的建議，旺宏電子再根據本身的企業範圍及目標，把每一個流程所需的功能列出來，做一個確認表，把各軟體符合本身需求的部分列出來；另外，高階主管的主觀判斷也是影響採用 A 軟體的因素，因為當時全世界的半導體大部份都用 A 軟體為其 ERP 系統的軟體，像是德州儀器 (TI)、IBM、Intel 等都是，故高階主管會偏好使用 A 軟體。因此，旺宏電子綜合主客觀的考慮因素之後，最後選擇了 A 軟體當作建置 ERP 系統的軟體。

> 「A 軟體整合性佳、功能強，大部分半導體廠商都選用此軟體，大家會採用也表示本軟體必定適合這個行業，在同業使用的口碑還不錯，另外總經理也覺得 A 軟體比較適合公司。」(A 經理)

> 「B 軟體在評估階段時產品不成熟，而 A 軟體已經相當成熟，且其開放性高，後端的平台及資料庫可以隨時換掉，資料庫上有一層 view，將邏輯資料庫和實體資料庫作一良好的整合。以功能而言，A 軟體確實比較強。」(C 專員)

ERP 軟體顧問公司的選擇

　　在選擇 ERP 軟體顧問時，亦考慮過幾家知名的顧問公司，最後選擇 M 顧問公司，主要考量是 M 公司為國際性公司，不會有毀約的危險，且其在全球各地有豐富的人力資源，可以作為後援；另一個主要的原因是 M 公司的業界經驗豐富，其本身的半導體公司是半導體業的巨頭之一，在世界各地共有九個分公司，且都是使用 A 的 ERP 軟體和它的舊系統來運作，因此，選擇 M 公司為顧問後，旺宏電子只要跟著 M 公司的經驗及腳步來做就好了，而且 M 公司的資源很廣泛，除了可以學習它的 IT 技術外，在進行 BPR 時，旺宏電子也可以學習到 M 公司的成功實務作法。

> 「因為旺宏電子是半導體業，A 顧問公司對 A 軟體並無相關經驗，而 M 公司本身就有半導體事業，其對導入 A 軟體在半導體業有經驗，且其派來的顧問相當優秀，另一方面 M 公司海外的顧問亦可以支援。」(A 經理)

企業資源與運作流程規劃

本階段主要由前述旺宏電子的導入團隊配合 M 公司的顧問，依據顧問的最佳典範、公司的企業流程、A 軟體的企業流程參考模式，共同決定整個導入的流程。以下分別就**企業流程再造** (Business Process Reengineering, BPR) 以及工作團隊的配置兩部分來描述。

1. 企業流程再造 (BPR)

BPR 主要有三階段。一開始由顧問和旺宏電子人員針對現行的作業流程，進行評估，由於 M 公司在半導體業的經驗豐富，所以旺宏電子在這一部分會參考 M 公司的最佳實務範例，來進行其內部重要流程的改造。

有了 M 公司豐富經驗的借鏡，旺宏電子審視其內部現行的流程，重新定義重要**核心流程** (Core Process) 的範圍，以精簡為原則，省去那些不必要的流程，並且列出各核心流程的願景，這個願景是根據各廠長、處長對於旺宏電子未來的策略與走向，本廠或本部門因應的一項計畫，然後再請 M 公司顧問評估此一流程在 A 軟體實作的可行性，將未來可行性低的流程再重新設計。

> **「目前模組的流程，主要是根據公司現行流程、M 公司顧問提供的半導體最佳流程，以及 A 軟體 Model，三者融合而成。」**（A 經理）

一直重複這樣的程序，直到每一個重要流程都重新規劃過為止，此為**「概念性設計」** (Concept Design) 的觀念，旺宏電子訂出六大主要的核心流程，即**訂單管理** (Order Management)、**訂單達交** (Order Fulfillment)、**生產規劃** (Production Planning, PP)、**採購管理** (Procurement Management)、**退貨處理與售後服務** (Return & After-sale Service, R&A)，以及**財務管理** (Finance Management)。在概念性設計階段告一段落時，會規劃出一張**「事件驅動流程鏈」** (Event-driven Process Chain, EPC)，以方便日後在 A 軟體系統上的實踐。

根據上述六大核心流程的概念性設計，M 公司顧問群與旺宏電子人員再將這些核心流程加以細分，即**「細部設計」**，把核心流程的子流程以及子流程輸出輸入的部分定義出來，這時，會順便做一些雛型，也就是 A 軟

體中的**參數設定** (Configuration)，做完參數設定，事件驅動流程鏈會變成「**企業交易描述**」 **(Business Transaction Script)**，此為細部設計階段中一項重要的文件。

2. 工作團隊的配置 (Team Allocation)

旺宏電子在進行 BPR 的設計流程時，主要是由導入團隊下的 BPR team 和 ERP team 來主持，由 BPR term 負責聯絡各廠區、各部門的代表，包括廠處長和組員一人，來和 ERP term 中 M 公司顧問 MIS 人員，共同來規劃流程的改造。由將來要執行這個流程的人，來當 **BPR 範圍界定和概念性設計階段的主導**，旺宏電子將每一個流程的所有者，**歸為使用部門**，由其主導該部分的專案，至於在 BPR 後半階段，即**細部設計時**，**再由 IT 部門的人員來主導**，以建構出一個確實可行的系統。

第二階段

自動化訂單管理 (Automated Order Management, AOM)

經過前一個階段 BPR 的流程改造後，旺宏電子以直接與客戶有關係的訂單系統，作為所有欲導入部分的先行系統，此部分牽涉到訂單管理、產能規劃與控制、製造、財務。以下就各個部分，加以說明。

- **訂單部分**：旺宏電子在面對大環境市場需求的快速變化，多樣化的接單，以及交貨期短的多重壓力下，經由 M 公司顧問的建議，決議公司於 ERP 規劃，先由訂單管理這一部分進行實作試驗。預期做到海外的銷售代表可以直接透過網路下單，且可經由**電子資料交換** (Electronic Data Interchange, EDI) 的方式，將各地的訂單資料，傳回旺宏電子本部，以利進行下一階段－產能的規劃與控制，確實做好產銷協調的動作。

- **生產規劃**：接單後，再來就是要進行產能規劃的部分，確定存貨是否足以供應所需？生產的方式是要自行生產，或是交由外包商來生產？若要自產的話，會牽扯到原料採購的部分，但如果要由外包商來接這張訂單，其間代工到什麼程度，或是彼此如何溝通、協調、搭配等等，都是這一階段實施的重點。旺宏電子在生產規劃 (Production Planning, PP) 這部分，並沒有使用 A 軟體所提供的生產規劃模組，主因在於 A 軟體的 PP Module 是以無限產能的概念為主，而旺宏電子本身在這一方面則是以有限產能的概

念運作，面對著這兩種極端不同的差異，再加上半導體業產品的特殊性質，例如：以在製品出售，或是產品間可互相替代的特性，再為產能規劃增添許多變數。為此，旺宏電子選擇了 M 公司在這一方面的解決方式，利用 M 公司開發的一種**生產規劃引擎** (Production Planning Engine, PPE) 軟體，來滿足這一方面的需求。

☑ **產能控制**：做好生產規劃後，就可以準備開始生產製造；但在正式製造前，會先承諾這張訂單的客戶，何時可以交單；另外是一些例外情形的處理，如原料供應商供貨突然短缺時，旺宏電子所要採取的應變措施等等。做好了這些事，才能安穩地進入生產製造的階段。

☑ **製造部分**：在這一部分，與舊有系統 (MRP, MRPII) 的連結，是設計考量的重點，至於在運作流程上，新系統與舊系統並無多大的改變，主要是旺宏電子以製造業起家，剛成立時即以製造部分為核心，那時候花了相當多的心力在製造規劃上，所以現在在 A 軟體的實作部分，就較少改變原來的營運流程。

☑ **財務部分**：包括一些應收應付帳款、總帳部分，另外再加上財務預算方面，都是在這個部分施行的重點。

1999 年 6 月為止，旺宏電子上線的情況，正處於自動化訂單管理階段，其中以六大核心流程的角度來看，已上線的部分有訂單達交、退貨處理與售後服務、採購部分，以及財務部分、生產規劃部分和訂單管理部分。

全公司的整合 (Company-wide Integration)

全公司的整合，加上銷售 / 行銷 / R&D 部分。未來在這一部分，除繼續整合各個主系統、子系統；再來就是如何透過一些銷售的活動，來了解市場上的產品趨勢，進而做到預測需求的部分。

第三階段

當 ERP 軟體為骨幹架好之後，旺宏電子考慮導入**主管資訊系統** (Executive Information System, EIS) 和**決策支援系統** (Decision support System, DSS)，使企業資源整合能達到更大的效益，從營業作業面提升到決策面，使整個企業的資訊的附加價值更高。目前旺宏電子繼續從流程的觀

點，進一步整合公司現有的各種軟體，包括 ERP 軟體、PPE 軟體和電子商務的軟體等，這是旺宏電子在第三階段所努力的重點。

12.1.3　旺宏電子 CIS 的成效

旺宏電子進行 CIS 計畫，已經在作業和經營績效方面展現了具體的成效。例如：過去處理客戶抱怨的週期時間不容易掌控，在實施 CIS 並導入 ERP 軟體後，抱怨處理的週期時間可以有效控制在 3~5 天內完成，這是從客戶觀點出發所實現的具體利益。

旺宏電子導入各種數位管理工具後的成效還包括：需要整合訂單、庫存和產能各項資訊才能完成的生產規劃，過去需要 15 天的時間，現在只要數小時就能完成。從客戶下單到確認可以接單的時間，也從過去的 3 天大幅縮短到幾分鐘內就能回覆客戶。以光罩唯讀記憶體產品來說，從接單到交貨的平均時間從三年前的 17~24 天，減少到目前的 12~14 天 [4]。

12.2　個案二：廣達電腦股份有限公司

12.2.1　公司簡介

廣達電腦成立於民國 77 年，資本額為新台幣三千萬元，到民國 85 年時成為國內第一大的筆記型電腦公司，民國 90 年資本額成長到新台幣 208.25 億元，營業收入達 1,123.1 億元，躍居成為全球第一大筆記型電腦製造廠。2002 年廣達電腦創造了 1,422 億元的營收，為全國第四大民營製造業及全球第一大筆記型電腦製造廠，並獲得 Global Finance (2002.11) 的肯定，獲選為電腦硬體類的 BEST COMPANIES in Asia。2003 年廣達電腦的資本額成長到 274.6 億元（第三季），年營業收入更達到 2,922 億元的高峰 [9]，直逼 3,000 億元大關，穩居筆記型電腦世界第一的寶座。在近幾年的發展過程中，全世界知名品牌的筆記型電腦陸續成為廣達電腦的客戶，從一開始的 IBM、戴爾 (Dell) 到蘋果 (Apple) 等，以及新近加入的日本的 SONY、NEC 和國內的宏碁 (Acer)，廣達已經成為筆記型電腦專業設計代工的最佳選擇。

在產品研究開發方面，廣達除了在筆記型電腦的領域中維持穩定的成長，在產業中保持領先的地位，更延伸其產品線跨足伺服器、液晶顯示器、網路及通訊等領域，積極展開產業整合佈局。同時廣達也致力於提升資訊產品的水準，研究開發多項資訊及無線通訊技術，例如：電子通訊、數位式傳輸、視訊會議、多媒體播放設備及資訊家電等。

在企業經營管理方面，廣達集團的長期發展策略是以「廣達研發園區」為中心，整合全球科技資源，以確保台灣的技術優勢成為研發設計及生產高附加價值產品之據點；以台灣為中心，延伸美洲、歐洲及亞洲分廠、建構以台灣為主軸的全球運籌中心、建立全球製造、銷售的強大競爭能力。隨著 2002 年 8 月生產 TFT-LCD 的廣輝電子及生產薄型光碟機的廣明光電上市、上櫃，廣達垂直整合的效益逐漸實現，集團化的形式逐漸成形，逐步達成廣達多角化經營、多元化目標，實現產品創新和嚴格的成本控制之經營策略。

廣達電腦董事長林百里先生的願景是：廣達電腦從一家最有效率的筆記型電腦、企業用電腦的製造工廠，轉型成為**創新設計製造商** (Innovative Design Manufacturer, IDM)，主動積極地設計製造出一系列符合市場需要又有特色的新產品，交由客戶去銷售，本身不建立品牌，將製造商角色，從原廠**委託製造代工** (Original Equipment Manufacturer, OEM)、**委託設計製造** (Original Design Manufacturer, ODM)，升級至創新設計製造。廣達電腦以「**台灣直送**」 (Taiwan Direct Ship, TDS) 的能力而聞名，更朝「**全球直送**」 (Global Direct Ship, GDS) 的 102 目標 (百分之百的貨在兩天內出貨) 做整體性規劃，除已在歐美成立維修據點外，並分別在德國和美國的田納西州規劃成立組裝、物流中心，朝全球運籌和供應鏈管理的目標邁進，達到快速直送、準時交貨的目的以更貼近客戶需求，達到雙贏的目的 [10]。

12.2.2 ERP 導入專案

廣達的 SAP 系統是在 1999 年 1 月 4 日正式上線。在此之前，廣達的資訊系統建置在 Fox-based 的 DOS 環境上，而且應用程式的開發也是採用委外的方式。由於業務的成長速度與日俱增，廣達於民國 86 年下半年重整資訊部門，將原來的組織擴編為資訊部。此時舊有的系統已無法因應業務的需求。以 MRP 為例，一週只能執行一次，Fox-based 的系統無法提供即

時的資料，成了生產流程的瓶頸。另一個加速廣達決定汰換舊系統的原因即是所有企業都面臨的世紀末大敵 — Y2K 問題 [6]。從表 12-1 可以看出在 1999 年之前，廣達的營業額每年幾乎是以兩倍的速度在成長。廣達的總經理梁次震及資深副總經理黃建堂是主導此 ERP 專案的推手，除了平台與系統廠商的評估等重要決定外，黃資深副總也深切了解資訊部主管將是系統導入的靈魂人物，於是他於民國 87 年中邀請了當時任職於 IBM 且具有 SAP 導入經驗的方天戟先生擔任資訊部資深經理 [6]，同時也擔任廣達 ERP 專案的專案經理，負責 SAP 的導入工作。

表 12-1　廣達電腦 84~95 年度的營業收入淨額和營業毛利 (單位：新台幣百萬元)

年度	95	94	93	92	91	90	89	88	87	86	85	84
營業收入淨額	461,524	403,104	330,027	292,288	142,245	112,313	82,764	75,307	51,902	34,943	17,482	8,764
營業毛利	21,362	23,829	22,476	17,266	12,476	14,291	9,520	10,352	9,752	5,909	2,028	880

註：92~95 年營業收入淨額和營業毛利來自廣達 92~95 年的年報 [9]。

廣達電腦選擇的 ERP 專案導入顧問是源訊 (Origin) 科技。為了確保專案的順利進行，廣達也極力爭取國外資訊顧問的支援，並獲得顧問公司承諾全力配合。在系統架構方面，廣達考慮到整個系統環境使用和維護的便利性，以及成本的考量，採用了當時大規模企業較少採用的**微軟的架構**，包括作業系統採用微軟的 Windows NT，資料庫管理系統則採用微軟的 SQL Server。為此，廣達特別向美國微軟公司爭取了充分的技術支援。方協理談到：「IBM、HP 都是廣達的客戶，各自有其 UNIX 系統的版本，廣達若採用 UNIX 系統，版本的選擇就會面臨兩難。如果採用異質的系統架構，將來在整個系統的維護和 MIS 人員召募上都比較困難。加上 UNIX 系統的授權費遠比微軟來得昂貴，這些都是廣達在決定系統架構時所考慮的因素。」

12.2.3　ERP 專案團隊

廣達電腦的 ERP 專案的範圍包括生產運籌 (Logistics) 方面的**物料管理** (Material Management, MM)、**生產規劃** (Production Planning, PP)、**配銷** (Sales & Distribution, SD) 和**品質管理** (Quality Management, QM)

等模組，以及財務會計方面的**財務會計** (Finance, FI)、**資產管理** (Assets Management, AM)、**資金管理** (TR) 和**成本控管** (Controlling, CO) 等模組。所以廣達電腦的 ERP 專案組織團隊就是以 SAP 的功能模組作為分工架構，如圖 12-3 所示。除了技術小組是由 MIS 人員和顧問組成外，其餘每一個功能模組的成員均包括**顧問、MIS 人員和各部門的使用者代表**，也就是一般所謂的關鍵使用者 (Key Users)。部門代表的條件是甚麼呢？為了能充分掌握使用者的資訊需求，部門代表必須是熟悉該部門作業並且學習能力強、善於溝通的人來擔任。「找出這個部門最忙碌的人出來專職擔任就對了。」部門代表在專案進行過程中需要投入教育訓練、經常開會、溝通協調，在各部門還要扮演教練的角色，也要兼顧部分原來的業務，角色既吃力又吃重，「關鍵使用者」絕非浪得虛名。

12.2.4 ERP 導入方法

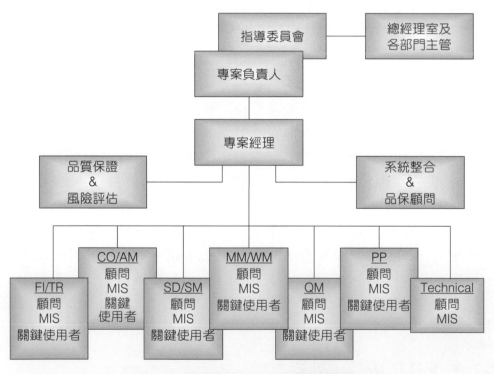

圖 12-3　廣達電腦的 ERP 專案組織圖 [3]

　　與旺宏的 CIS 計畫精神一致，廣達也有整個企業的**公司整合系統** (Corporate Integrations System, CIS) 的規劃，目的在運用 ERP 整合各個功能部門間的企業內流程，以及上下游往來廠商間的企業間流程，並以 ERP

為基礎來整合相關的其他資訊系統。廣達電腦導入系統的特別之處在於廣達電腦沒有在導入 ERP 前進行企業流程再造 (BPR)。「**廣達在 ERP 上線四個月以後才進行 BPR。**」縱有很多文獻和成功的實務案例強調，先進行 BPR 再導入 ERP 的重要性，但從廣達的成功經驗看來這並不是導入 ERP 時唯一的選擇。ERP 導入和 BPR 孰先孰後，誠如學者 [13] 所說，是一個沒有定論的爭議。**廣達導入 SAP 採用 "ASAP" 的方法。**圖 12-4 為廣達導入 SAP R/3 的階段和時程。**該導入期從 1998 年 5 月 4 日到 1999 年 1 月 4 日系統上線，共歷時八個月。**

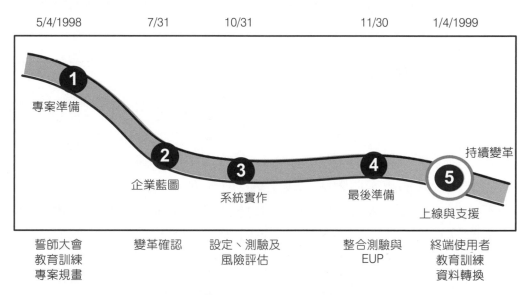

圖 12-4　廣達導入 SAP R/3 的階段和時程 [3]

各階段的主要工作項目如後。第一階段的**專案準備** (Project Preparation) 包括**誓師大會** (Kick Off)、**教育訓練** (Training) 和**專案規劃** (Planning)。在專案開始以前，方協理深切了解 ERP 專案與 BPR 專案的差異，二者的目標也不相同，因此主張廣達的「專案是 ERP 專案，而非 BPR 專案」，並據以擬定嚴謹而明確的專案目標。在開始執行專案規劃時，讓公司全體員工了解在導入 ERP 系統之後對大家會帶來的利益，並在組織內部推行各種激勵的動作。第二階段的**企業藍圖** (Business Blueprint) 要進行業務流程分析以及變革的確認。由於廣達進行的是 ERP 專案而非 BPR 專案，對於任何關於組織是否改變的議題均不予考慮。第三階段的**系統實作** (Realization) 開始進行**參數設定** (Configuration) 和測試，以及風險評估。在 ERP 導入專案的最後一個月，方協理邀請所有的主管參加風險評估會

議，由執行團隊報告並讓主管們發問。經主管的指點之後，方協理將所發現專案的高風險之處，記錄下來並極力尋求解決之道。方協理強調一個專案能不能上線，並不是高風險或低風險的多寡，而是決定於高風險問題是否全數被克服。第四階段的**最後準備** (Final Preparation) 要進行整合測試以及建立終端使用者資料，準備上線。ERP 專案在最後一週準備上線時，上線計畫的各個工作細項要以小時來排，並不斷的檢查，這樣才能確實掌握上線的時間。完成上線前的準備當然要驗收應交付的項目，鑑定是否在可接受的範圍內，並撰寫上線突發狀況的應變計畫 [3]。在第五階段的**上線及支援** (Go live and Support)，要進行資料轉換以及終端使用者教育訓練，並正式上線使用。

12.2.5　導入成效

在**專案績效**方面，廣達 ERP 專案團隊的組成，是以公司內資訊部門人員和使用單位主管與代表為核心，由導入經驗豐富的方協理擔任專案總經理，使得整個專案在目標和範圍明確、溝通協調和資源配置良好的情況下，在所預定八個月的專案期限內完成上線，並且專案實際的導入花費僅一億三千萬，也遠低於原來所預估的導入成本一億八千萬。由此可見專案管理對專案成效的重要性，在國內外眾多 ERP 導入的案例中，廣達電腦絕對是一個非常成功的案例。

在作業績效的降低成本方面，為了因應激烈的產業競爭環境，廣達電腦利用 SAP 系統與客戶及廠商建立資訊，及時掌握材料庫存狀況及未來需求量，以 Just In Time 之功效，達到降低存貨管理成本、減少呆滯存貨跌價損失之目標。從廣達電腦 91 年財報中所揭露五年財務分析資料顯示，其經營能力中的存貨週轉率（次）從 87 年到 91 年分別為 17.66、16.79、12.80、13.03、13.36 等，92 年到 3 月 31 日止，也已經達到 5.12 次 [10]。可以推論廣達在接單量屢創新高的過程中，存貨週轉率仍然不斷地在改善當中。方協理透露廣達目前正在努力的目標是將 **982 的出貨至 End-user 能力 (百分之九十八的貨在兩天內出貨)** 提升到 102，也就是要達到「百分之百的貨要在兩天內出貨」；全球直接出貨的同時，也要追求全球零庫存的目標。

　　在經營績效的滿足客戶需求方面，廣達電腦已經在美國加州、荷蘭的阿姆斯特丹以及德國的奧古斯堡，成立了組裝及售後服務據點。藉由 SAP 等資訊系統，提供客戶即時的交貨與技術支援；並完成「全球直送」的商務革命。透過廣達完整供應鏈的整合，客戶直接在網路下單，廣達電腦可以在兩天之內出貨，而客戶在五天之內便可收到產品。此一快速交貨的市場優勢，加上在海外設維修據點提供快速之售後服務，使廣達在高附加價值的服務下，客源能維持穩定成長，使市場佔有率亦能維持成長態勢。

12.3　ERP 導入的議題

　　DeSanctis 和 Poole [11] **提出調適性結構行動理論** (Adaptive Structuration Theory, AST) 作為研究使用資訊科技所帶來各式各樣不同的組織變革時的架構。**結構行動** (Structuration) 這個由 Structure 和 Action 合成的字是英國社會學家 Anthony Giddens (1979) [12] 所提出，用來描述貫穿時空的社會關係建構的過程，DeSanctis 等 MIS 學者則應用其理論於組織和資訊科技間的互動。AST 的中心觀念 － 結構行動和選用 (Appropriation) － 提供了一個動態的圖形來描述使用者在工作實務中導入先進資訊科技的過程。在此我們**將導入 ERP 視為一種規劃的組織變革，其過程也是組織和資訊科技間的一種社會互動**。因此，AST 提供了探討 ERP 導入相關議題的一個描述架構。

　　從調適性結構行動理論的觀點，我們將影響企業導入 ERP 和 ERP 績效的因素加以分類，如圖 12-5 所示。導入前影響 ERP 的選用和組織互動之因素分成三個方面，分別是來自 ERP 本身的因素，包括軟體和導入顧問的選擇；組織因素包含高階主管的支持、使用者在專案中扮演的角色、是否進行企業流程再造，以及在產業供應鏈中交易伙伴的影響等；使用者特性方面包括使用者的資訊素養、教育訓練，以及接受和配合程度等。在導入專案執行過程中，會受到專案團隊中的溝通協調、專案成員和管理者的承諾履行、是否客製化以解決套裝軟體與企業需求之間的落差，以及專案成員的異動等因素所影響；過程中也會逐步建立系統的使用文件，不同階段專案團隊的組成也會更動；隨著系統的導入，會建立新的作業程序標準、改變組織部門的權責劃分，甚至產生新的組織結構；導入後的階段則希望實

現 ERP 系統的組織績效，包括提升經營效率、降低營運成本，以及提高客戶滿意等。

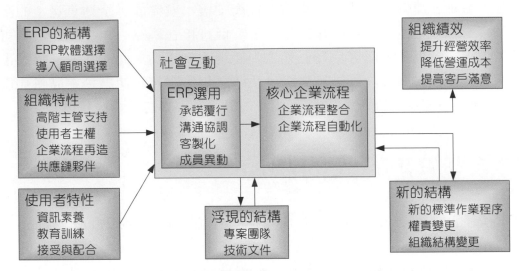

圖 12-5　調適性結構行動理論的 ERP 導入因素架構 [1]

　　本節將分成三個小節來討論適配的問題、企業流程再造等導入因素，以及與 ERP 專案管理相關的 ERP 導入的關鍵成功因素。

12.3.1　適配的問題

　　「適配」 (Fit) 指的是 ERP 系統流程與所支援的企業流程之間一致的程度。適配度高，則組織和 ERP 系統之間彼此所需的調適就小，否則彼此調適的程度就會很大。基本上，組織和資訊科技間的互動是雙向的。組織的特性會影響資訊科技的選擇和設計；資訊科技的特性也會影響組織的人、工作和流程。經典的組織變革理論如 Leavitt (1960) 的鑽石模型仍然適合用來了解 ERP 的導入，其所強調之技術的導入會引起組織的變革，所以組織的結構、工作和人都要同時調整，才能使組織和技術間能夠彼此調適配合；換言之，這也就是組織成功導入技術或 ERP 的必要條件。

　　ERP 是相當複雜的套裝軟體，雖然具有一定的彈性供導入企業透過參數的設定，使系統流程與所支援的企業流程一致，但二者之間會有差距乃屬不可避免的情形，也就是 ERP 導入中最廣泛被討論的一個議題 － **不適配 (Misfit)**。導入的企業面對這種不適用的處理作法可以在下列備選方案中做選擇，各種作法帶來的組織變革程度不同，其中以變更組織的作業

程序以配合軟體的新功能，其組織變革程度最高，進行 ERP 軟體的客製化所產生的組織變革程度最低。中間的作法尚包括系統功能將就著用，不做任何修改、或者做一個繞道措施、或者開發**外掛** (Add-on) 程式。我們也可以從**社會技術的觀點** (Socio-Technical Approach) 來了解此一現象，亦即資訊系統要達到最佳的績效需要組織和技術彼此調適，達到令人滿意的**適配**為止。在 ERP 導入的過程中，**組織配合 ERP 所做的調適就是組織進行 BPR 的過程，而 ERP 配合組織所做的調適就是對軟體進行的客製化 (Customization)**，如圖 12-6 所示。前者會產生組織抗拒的風險，而後者會增加導入的時間和成本，以及後續維護升級的困難，需要管理者審慎地進行風險評估，並做好變革的管理。

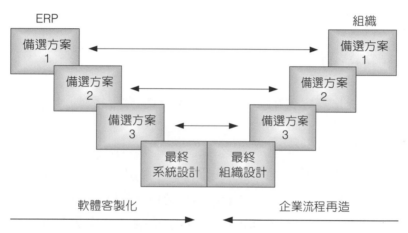

圖 12-6　ERP 導入過程的社會技術觀點 [2, P.160]

12.3.2　企業流程再造的問題

在 ERP 導入議題中，企業流程再造 (BPR) 指的是企業為了導入 ERP 軟體採用所提供的最佳實務範例 (Best Practices) 而改變現行企業流程的做法。我們將 BPR 的議題分成四種狀況來討論。其一，導入企業可能毋須進行 BPR，例如：沒有舊系統包袱的新創企業，一切以 ERP 系統內建的最佳實務範例為準則。另外三種狀況都要進行 BPR，差別在於進行時機的不同。其中一種是 BPR 在 **ERP 的導入之前進行，如旺宏**的例子；也有可能 **BPR 在 ERP 導入之後進行，如廣達**的例子；當然也有在 ERP 導入的過程中同時進行 BPR 的作法，但此法並不推薦，因為同時進行兩種專案會增加困難度與風險。雖然 SAP 所推出的「加速 SAP」(Accelerated SAP, ASAP) 導入方法 [SAP Info, 1998] 在 ASAP 的第二階段，也就是企業藍圖階段，專

案小組要完成的工作包括了解公司的營運特性和**現行** (As-is) 流程，進而根據公司願景，並參考系統所提供各種產業的樣版流程，設計公司**未來的** (To-be) 企業流程，並完成企業流程計畫書，但此時的流程與組織調整是最小幅度的，目的在使系統與企業流程能整合運作，而非全盤改變企業原本流程。

對於導入企業來說，不論是 BPR 或導入 ERP 都是一種組織變革，都會帶給企業相當大的衝擊。尤其 ERP 的導入往往牽連到企業中多數的部門和使用者，其影響的幅度或深度都非一般資訊系統可以比擬，如何成功地進行這兩項重要的組織變革是專案經理人最大的挑戰，也攸關企業能否實現持續成長並獲利等重要的組織績效。方協理在廣達的 CIS 專案中就不曾將此「一石二鳥」之計列入考慮。

12.3.3 ERP 導入的專案管理

根據學者 Koh 等之 **ERP 系統生命週期四階段模式** [13]，以及陳翔雲 [8] 等依據該模式所做個案研究之發現，我們可以歸納出一個企業要能成功地導入 ERP 並實現其組織績效，必須確實掌握各階段成功的必要條件，並列為專案管理的重點工作 [2]。**ERP 系統生命週期四階段分別是方案許可 (Chartering) 階段、專案執行 (Project) 階段、調整整頓 (ShakeDown) 階段，以及維運升級 (Onward and Upward) 階段**。其中第二和第三階段即以系統上線的時間點做為分割，我們介紹四階段模式中前兩個階段－方案許可和專案執行，專案管理的重點工作如後。

方案許可階段的重點管理工作，在於參與決策的各級主管對 ERP 系統要有正確的認知與適當的瞭解。在取得高階主管的支持與承諾之後，先要建立清楚的企業願景，並將此願景與全公司上下協調溝通，進而籌組適當的專案團隊成員，並選擇合適的 ERP 系統和導入顧問，建立員工接受與配合變革的意願 [2]。

完成專案的規劃和準備工作即進入專案執行階段。管理者在導入軟體之前要確實釐清所有的企業流程，包括**現行** (As-is) 與**未來的** (To-be) 企業流程，專案團隊中資深的各部門代表與導入顧問充分配合並溝通協調，運用適當的專案管理方法和工具，共同擬定適當的導入策略，並建立積極且合理的專案排程。系統流程與未來企業流程不一致時，專案團隊要在企

業流程調整與客製化的選擇中仔細評估對組織與專案的影響，務使組織與 ERP 系統彼此之間能有最佳的調適。充分的員工教育訓練是使員工接受與配合一切組織與系統改變的最佳手段。其中高階主管持續的支持與承諾仍然是專案團隊在面對困難和挑戰時最重要的支持力量 [2]。以下針對本章的導入案例整理出專案管理的要點。

專案目標應與企業目標一致

一般部門多多少少都會有本位主義存在，因為每個部門都有其原來的運作方式，若是流程有所更動，雖然對公司整體來說會比較有效率，但是可能相關單位的權責劃分也跟著改變，使部門喪失某項權力，或是需要多做某些程序，增加作業的複雜度，因此在進行企業流程再造時，都會遇到阻力。然而若是部門主管彼此有共識，以企業目標為考量，則改造的作業推行起來就會較為容易，因此整個專案的目標設定很重要。以旺宏電子來講，其有明確的企業願景，並設定企業目標，依此來訂定企業策略，而 ERP 的導入，正是為達成企業目標而實行的手段，部門主管和員工清楚地知道，最後所要達成的效果是什麼，也知道新系統和新流程會為企業帶來哪些好處，所以阻力就比較小。

廣達電腦清楚地將自己定位在筆記型電腦的專業設計代工，企業願景是要建構以台灣為主軸的全球運籌中心，建立一個在亞洲、美洲和歐洲各主要區域經濟體系製造和銷售的全球化企業。導入 ERP 不僅是系統的汰舊換新，更是為了支援企業快速成長，並與全球大客戶的產銷體系接軌。專案目標專注在 ERP 的成功導入，BPR 在系統穩定運作後再展開，更是一個務實而成功的導入策略。

人員的培訓與教育訓練

在公司面臨一項重大變革時，充分的宣導、溝通與訓練是必要的，以變革的三階段來看，**解凍階段**需要營造變革的氣氛，此時公司大力宣導，與員工充分溝通；而在**變革階段**需要更多的溝通和對 IT 或是流程觀念的訓練；在**再凍階段**，需要予以充分的教育訓練，以使員工能夠運用新的系統去達成組織目標。而 MIS 人員的培訓是導入前和導入後都相同重要的課題，尤其是目前 ERP 軟體人員欠缺，必須做好培訓，而使用單位也必須培

養「種子教官」，成為使用單位的教育訓練人員，如此方能使新系統順暢運行。

　　廣達的專案管理特別強調專案成員的分類與資源配置。實際作法是將公司所分派來支援參與專案的人進行分類：哪些人是有能力參與也願意配合的？哪些是有能力參與但卻持有成見、配合度低的？哪些人可以培養其能力？哪些人又是完全不適合參與專案？並依所屬類型分別派予適當的工作和教育訓練。此步驟主要原因在於通常專案過於龐大，而且專案管理者可能同時間負責的專案不只一個，卻必須控制整個專案的進度。再者，公司方面並沒有明令規定專案人員須對專案管理者所分派之任務負責；為避免造成資源的浪費，並確保專案進度順利進行，對於人員的分類並分派適當的工作是非常重要的工作 [3]。

由使用單位主導專案

　　「使用者主導」 (user ownership) 就是指使用單位代表對於專案主動積極負責的一種表現。強調使用者在專案中所肩負的責任已經成為許多 ERP 導入成功案例所標榜的一個關鍵成功因素。**使用者參與** (User Participation) 和**使用者涉入** (User Involvement) 對於資訊系統的成功或使用者滿意有顯著的關係，是 MIS 學術上有充分實務印證的主張。使用者主導的表現不但包括實際行動的參與，也包括對系統重要性與個人相關性的心理認知。無疑地，使用者在專案中所扮演的角色相當程度地決定於公司的管理階層對 ERP 系統特性的認知，以及專案經理在專案管理方法上的作為，其重要性不容忽略。

　　傳統上公司在推行資訊專案時，經常是由 MIS 部門主導整個專案的過程，而使用者單位通常是在被動的地位，通常都是向資訊部門提出需求的角色，「我要什麼」，而不是「怎樣做最好」。但是旺宏電子的例子，給我們一個思考的機會。旺宏電子每個子專案的所有者，都是相關的單位，而非資訊部門，他們希望使用者單位把專案看做是份內的工作，成敗要由自己負擔大部份的責任，此時使用者單位會積極的去完成這項專案，主動與資訊單位溝通，將使專案的推動更加容易。

　　廣達的專案管理非常強調關鍵使用者 (Key Users) 的重要性。方協理打趣地表示部門裡最忙的就是專案最需要的人才。把部門最忙的人拉進專

案小組，那他原本的工作該怎麼辦呢？在廣達組成專案小組時獲得董事長林百里先生的大力支持，指示專案人員無後顧之憂的投入專案。這點也說明了高階主管的支持對專案會產生非常正面的影響 [3]。

顧問公司的選擇與影響

顧問公司的選擇，攸關專案的成敗，旺宏電子在規劃階段和導入 ERP 階段選的顧問公司是不一樣的。在選擇顧問公司時，其考量有三：一為該公司的規模，是否有海外的人力可以支援？二是顧問公司專長的 ERP 為何？是否具備相關產業的導入經驗？三為顧問公司所選派來參與本專案的顧問，他的經驗和能力是否足以擔當此任務？可以作為選擇顧問公司的參考。

顧問不僅在導入的方法論上、流程的設計上、在參數的設定上，甚至在客製化的程式，都有著相當大的影響，而且在對 MIS 人員的教育訓練上，也有不小的影響。外部顧問的經驗和領域知識都會影響到互動的過程。

> 「以顧問來看，整體還算可以，專案初期多是外國顧問，大都是跟高層接觸，後來有亞洲地區如新加坡的華裔顧問，再後來才有本土顧問。本土顧問因為語言一樣，所以跟公司人員的互動最佳。以程式人員來看，大多是學校剛畢業的新鮮人，稍嫌經驗不足，所以軟體品質的 QC 可能不大夠，但是好的顧問會監督程式人員，達到一定的水準。」(C 專員)

顧問的流動率，對專案也會有相當的影響。

> 「專案顧問及程式人員流動相當大，但專案經理並無更動，對專案的進行有一定的影響，因為新人進來後需要一段時間適應。」(C 專員)

由此得知，顧問的經驗、領域相關知識以及顧問的流動性，對整個導入及使用的過程，有著顯著的影響。

方協理強調「**顧問不是無所不知**」（"Consultant is not God."）。顧問可能剛從 SAP 公司受訓完，並沒有豐富的導入經驗，不會做系統分析和

系統設計，產業的 know how 也沒有 key user 來得清楚。廣達在 96 年導入時，國內找不到任何一個有工廠經驗的 SAP 顧問，所以，不能因花錢請顧問來，就要他做好所有的事情 [3]。

12.3.4 ERP 導入的關鍵成功因素

無論國內外的企業在導入 ERP 時都面臨相當多的問題，要實現導入 ERP 的效益，提昇組織績效，這是每一個導入企業和導入顧問共同的期望。**根據學者 Markus 等 (2000) 的企業級系統生命週期的觀點，衡量企業級系統成功至少應該包括三方面的度量 (metrics)：(1) 專案績效，包括時程、預算和功能範圍；(2) 早期作業績效，包括人工成本、訂單達交的時間、未回覆客戶電話、出貨錯誤、和庫存水準等；(3) 長期經營績效，包括投資報酬、定性目標的達成，例如一站式服務、更佳的管理決策等。**個案資料顯示，廣達電腦的導入案例圓滿達成其專案績效，從存貨週轉來看其作業績效也十分顯著，從營收和毛利來看其經營績效也令人驚艷。旺宏電子的導入案例也在作業績效上有相當亮眼的表現。究竟企業在導入 ERP 過程中，哪些因素會影響 ERP 導入的成敗呢？以下從組織、供應商 / 導入顧問、軟體等三個方面加以說明 [4]。

組織因素

- 高階主管的支持程度和決心。

- 該專案是否有經驗豐富的專案經理，專案成員是否適當？

- 對專案的認知和期望。建立使用者及專案管理者對專案的共識，並確認專案的目標與要求是非常重要的。方協理表示，對於使用者所提出要求完成的時點，有經驗的專案管理者應在一合理的區間內儘量地拖延，目的在於使時間較於彈性，以應對各式各樣的突發狀況（例如：程式撰寫者生病缺席），進而將專案成功的機率最大化。方協理也一再強調「凡事都要做成記錄」（"Everything is on document."），每次開會所達成的共識都必須有記錄的文件，確保專案的前後一致 [3]。

- **BPR 的問題**。是否進行 BPR？何時進行較佳？旺宏所考慮的 ERP 系統中，A 軟體設計的理念是希望企業的流程可以參考 A 軟體所提供的 Best Practice 的模式，而 B 軟體卻是主張由其系統來適應企業的流程。不管採

用哪一種 ERP 系統，企業都需要將流程做合理的改良。至於 BRP 和 ERP 的導入孰先孰後，則須視實際情況而定，然而二者均會帶來重大的組織變革則是必要的認知。

- **人才及訓練問題**。由於 ERP 專業人員相當缺乏，企業需花大筆金錢投入對人才的培養，但是一旦培養好了，人才的流動問題就浮現出來。而對一般使用者，企業亦需花相當多的金錢及時間來教育使用者。

- **變革的管理**。企業在導入 ERP 過程中，首當其衝的是資訊部門人員的工作負擔更重，並且需有跨部門人員所組成的團隊來協調，而組織的架構亦可能會改變。然而根組織中大部分人員有關的，是工作方式的改變，這必然會造成各種抗拒，產生專案實施的困難。

- **成本效益問題**。由於 ERP 專案花費龐大，動輒上億元，且陸續的教育訓練、顧問諮商、軟體改版等費用，更是驚人。企業是否能在決定導入時，就能估計出實際的花費，避免後來一再追加預算，讓 ERP 專案變成一個「錢坑」。另一方面，專案將帶來各種有形和無形的效益也要事先評估，並儘可能建立可衡量的標準，以減少無法回收資訊科技投資所產生的疑慮。

供應商因素

- 對供應商的依賴是指對供應商所提供產品、技術支援、經驗和教育訓練等仰賴的程度。依賴供應商的程度愈高，供應商的導入經驗、投入人力是否專職、供應商的投入程度和口碑等，對專案每階段的工作影響愈大。

- 由於 ERP 的導入，需要顧問來幫忙，故顧問的選擇是成敗的關鍵之一。美國 Gartner 顧問公司曾指出，選擇顧問的四個絆腳石：**時間、成本、資訊的找尋**，以及**缺乏結構化**的過程，這些因素使得要選擇好的顧問是一件相當困難的事。

ERP 軟體的特性

- ERP 是一個既龐大、又複雜的系統，幾乎沒有一個人能對特定的 ERP 軟體完全瞭解，大部分的人都只能瞭解部分的模組。

- **時間問題**。方協理指出一個導入專案的完成非常耗時，短則半年，長則兩年還不能結案，而在客戶的觀念裡，導入的時間越短越能降低公司成本及

風險，故雙方對建置時間的認知將是專案成功的一大考驗。理想的專案規模是專案執行計畫不要超過十二個月 [3]，而 SAP 提出的 ASAP ERP 導入的方法亦強調如何加速完成專案。

▫ **軟體改版問題**：一個軟體可能因錯誤更正或功能增加和提升等原因而有新的版本，ERP 軟體也不例外。而一旦改版時，企業是否要再花錢買新的版本，新版的導入問題，人員的再教育，會直接影響系統在組織裡的生命週期。

廣達電腦方協理依其豐富的實務經驗所強調的五點 ERP 專案關鍵的成功因素是：

1. **顧問、Key User 及 MIS 人員的團隊合作，缺一不可；**

2. **最高階主管的大力支持；**

3. **以完善的方法論作為專案的導入指引；**

4. **專案管理者有豐富專案管理經驗與技巧；** 以及

5. **遵循 ERP 系統的企業流程標準** [3]。

綜上所言，企業在做導入 ERP 的決策之前，首先要認清企業的問題出在哪裡，是不是 ERP 所能夠解決。在決策過程中也需要衡量企業本身的狀況，仔細評估 ERP 將帶來的總成本與效益，同時更要慎選 ERP 軟體及其供應商，以創造成功導入 ERP 的有利條件。一旦決定導入，急功近利是非常不切實際的想法，上下的共識是導入成功的必要條件。

旺宏電子和廣達電腦的 ERP 導入均為其公司整體 CIS 計畫的一環，縝密的事前規劃加上嚴謹的實施管理，專案團隊的努力使 ERP 系統充分發揮了整合企業資源的功能，為運用資訊科技厚植企業競爭能力做了最好的註解。

習　題

1.(　　) ERP 系統導入的專案團隊組成包括 (1) 使用者代表 (2) 高階主管組成的指導委員會 (3) 專案經理 (4) 終端使用者 (5) 導入顧問？

    A. 123　　　　　　　　　　　B. 1234

    C. 1235　　　　　　　　　　D. 12345

2.(　　) 用以解決系統流程和組織流程間差異的做法包括？

    A. 軟體客製化　　　　　　　B. 開發外掛程式

    C. 企業流程再造　　　　　　D. 以上皆是

3.(　　) 下列何者不是使用單位代表應具備之條件？

    A, 熟悉部門作業　　　　　　B. 學習能力強

    C. 善於溝通　　　　　　　　D. 以上皆非

4.(　　) ERP 導入後階段希望實現的組織績效包括下列何者？

    A. 提升經營效率　　　　　　B. 降低營運成本

    C. 提高客戶滿意　　　　　　D. 以上皆是

5.(　　) 下列何者是指參與 ERP 導入專案團隊的各使用單位代表？

    A. End Users　　　　　　　B. Key Users

    C. MIS 人員　　　　　　　　D. 以上皆非

6.(　　) 在廣達電腦 ERP 系統導入個案中，廣達導入 SAP 的方法為？

    A. ASAP　　　　　　　　　B. Fast SAP

    C. 量身訂製　　　　　　　　D. 以上皆非

7.(　　) 在 ERP 導入的專案管理中，關於使用者主導 (User Ownership) 下列
何者不正確？

    A. 使用者參與很重要　　　　　　B. 使用者涉入很重要

    C. 高階主管支持很重要　　　　　　D. 以上皆非

8.(　　) 從實際的 ERP 入案例看來，BPR 和 ERP 的導入先後次序為何？

    A. BPR 在先　　　　　　　　　　B. BPR 在後

    C. 二者同時　　　　　　　　　　D. 以上皆是

9.(　　) 根據調適性結構行動理論，ERP 軟體和導入顧問的選擇是屬於影響
ERP 與組織互動的哪一種結構來源？

    A. 使用者特性　　　　　　　　　　B. ERP 的結構特性

    C. 組織特性　　　　　　　　　　D. 以上皆非

10.(　　) 請問研究資訊科技和組織之間互動及其影響的理論架構為何？

    A. 調適性結構行動理論 (AdaptiveStucturation Theory)

    B. 資源依賴理論 (Resource Dependence Theory)

    C. 科技接受模式 (Technology Acceptance Model)

    D. 計畫行為理論 (Theory of Planned Behavior)

11.(　　) 請問在 Koh 提出的 ERP 系統生命週期中，充分的教育訓練使員工接
受與配合一切組織與系統的改變為哪個階段的工作？

    A. 專案執行　　　　　　　　　　B. 調整整頓

    C. 方案許可　　　　　　　　　　D. 維運升級

12.(　　) 請問在 Koh 提出的 ERP 系統生命週期中，專案執行與調整整頓以何
者作為分割？

    A. 系統設計與開發　　　　　　　　B. 系統上線

    C. 系統測試　　　　　　　　　　D. 資料轉檔

13.(　　)請問在調適性結構行動理論的 ERP 導入因素架構中，使用者主導是屬於何種特性？

A. 組織特性　　　　　　　　B. 核心企業流程

C. 使用者特性　　　　　　　D. 組織績效

14.(　　)下列何者所產生的組織變革程度最高？

A. 開發外掛程式

B. 變更組織的作業程序以配合軟體的新功能

C. 變更部分作業程序

D. 進行 ERP 軟體的客製化

15.(　　)下列有關適配 (Fit) 的描述，何者正確？ (1) 適配度高，則組織和 ERP 系統之間彼此所需的調適程度就小 (2) 不適配時的可能處理作法為變更組織的作業程序以配合軟體的新功能 (3) 不適配時的可能處理作法為進行 ERP 軟體的客製化 (4) 不適配時可能的中間處理作法為開發外掛程式

A. 1234　　　　　　　　　B. 123

C. 134　　　　　　　　　　D. 234

16.(　　)請問下列有關 BPR 與 ERP 的描述，何者正確？ (1) 將 BPR 議題分為四種狀況來討論，沒有舊系統包袱的新創企業，可能毋須進行 BPR (2) 另外三種狀況都要進行 BPR，只是時機不同 (3) SAP 所建議的 BPR 方法是 ASAP (4) 對企業來說，不論是 BPR 或導入 ERP 都是一種組織變革

A. 134　　　　　　　　　　B. 1234

C. 234　　　　　　　　　　D. 124

17.(　　) Gartner 顧問公司曾指出，選擇顧問的絆腳石為何？ (1) 時間 (2) 成本 (3) 資訊的找尋 (4) 缺乏結構化的過程

A. 134   B. 1234

C. 234   D. 124

18.(　　) 專案管理的重點工作是確實掌握 ERP 系統生命週期各階段的成功必要條件，下列何者為 ERP 系統生命週期的階段 (1) 方案許可 (2) 規劃分析 (3) 專案執行 (4) 調整整頓 (5) 維運升級 (6) 持續改善？

A. 123456   B. 12345

C. 1234   D. 1345

19.(　　) 下列何者在導入 ERP 時進行的 BPR 會納入考慮？

A. 相關行業的最佳實務流程   B. 公司的現行流程

C. ERP 軟體的系統流程   D. 以上皆是

參考文獻

[1]　丁源鴻和何靖遠，「應用調適性結構行動理論探討企業資源規劃軟體導入的個案研究」、第十二屆國際資訊管理學術研討會論文集，國立台灣大學，2001 年 5 月 18~19 日。

[2]　王存國、何靖遠、林子銘、侯永昌，2003，企業資訊系統，華泰，第 160~168 頁。

[3]　方天戟，「企業 ERP 專案管理觀念與行動」，2002 年 5 月 17 日演講資料，何孟哲等整理。

[4]　天下雜誌．e 天下，2000『e 企業：旺宏電子告別數位災難開創科技新局』，3 月 1 日，第 20~23 頁。

[5]　何靖遠、丁源鴻，「實施個案－旺宏電子股份有限公司」，ERP 企業資源規劃第四章，資訊與電腦 IT 戰略讀本，2000

[6]　成功案例－廣達電腦，Microsoft 企業營運系統成功範例，網址：http://www.microsoft.com/Taiwan/products/Servers/sql/case/Quanta.htm, 取得日期：2004 年 4 月 1 日。

[7]　旺宏電子訪談記錄，2000 年 10 月 26 日。

[8]　陳翔雲、何靖遠、周惠文，2003，「應用程序理論探討 ERP 導入各階段結果之影響因素」，電子商務學報 (原資訊管理研究)，第五卷，第一期，第 1~24 頁。

[9]　廣達電腦 92 年營收公告，網址：http://www.quanta.com.tw/c_investment.htm，取得日期 2004 年 4 月 1 日。

[10]　廣達電腦 91 年年報，下載網址：http://www.quanta.com.tw/c_investment.htm，2003 年 5 月 1 日。

[11]　DeSanctis, G. and Poole, S.M., "Capturing the complexity in advanced technology use: Adaptive structuration theory," Organization Science, Vol. 5, No. 2, May 1994, pp:121-147.

[12] Giddens, A., The Central Problems in Social Theory - Action, Structure and Contradiction in Social Analysis, University of California Press, 1979.

[13] Markus, M. L. and Tanis, C., "The Enterprise System Experience - From Adoption to Success," in Framing the Domains of IT Management: Projecting the Future Through the Past, Zmud, R. W. (ed.), Pinnaflex Educational Resources, Inc., Cincinnati, OH, 2000.

[14] Teltumbde, A., "A framework for evaluating ERP projects," Int. J. Prod. Res., Vol. 38, No. 17, 2000, pp:4507-4520

感　謝

本文第一版主要引用參考文獻 [5] 的個案內容和後續訪談資料，第二版則加入廣達電腦方協理的演講內容。作者感謝旺宏電子和廣達電腦股份有限公司所提供的寶貴資料和建議。

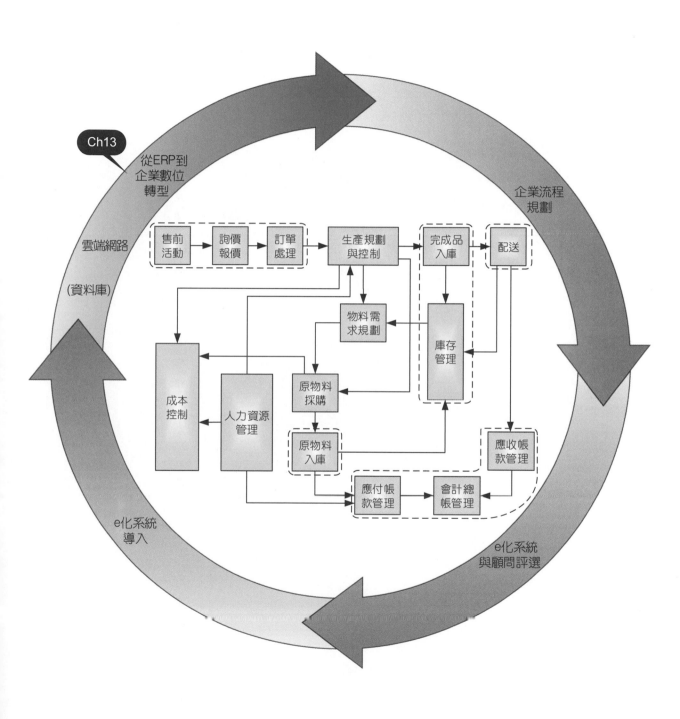

從ERP到企業數位轉型

許智誠 博士　國立中央大學資訊管理學系副教授
游堯忠 博士　大葉大學資訊管理學系助理教授
余俊憲 博士　國防大學財務管理學系兼任助理教授

學習目標

☑ 說明ERP與企業數位轉型關聯情形

☑ 論述ERP的整合導向與各延伸功能

☑ 推測ERP未來可能趨勢與轉型方向

13.1　ERP 與企業數位轉型

13.1.1　企業數位轉型

從 Google「2021 企業數位轉型關鍵報告」中發現，由於消費者行為更數位化、以及數位科技日益普及等兩大外部因素驅動了企業的數位轉型發展。目前全球正面臨新一波工業革命的浪潮，以「智慧物聯網」為主，伴隨著其他的關鍵技術，例如：AI 人工智慧、區塊鏈、流程機器人與大數據分析等，都改變著未來的生產、行銷、行政乃至企業整體的價值鏈作業，為連結整體供應鏈或在核心廠商的要求下，「數位轉型」儼然成為各行各業不可不顧的趨勢之一。

「數位轉型」是使用新科技、新技術將原本的商業模式優化、內部作業流程的更新與優化、組織結構的再升級以及對客戶提供新附加價值的服務，在數位轉型的過程中，應以：(一) 以客戶為核心，在市場中企業透過數位化的特性，將產品、服務價值直接傳遞給客戶，滿足「消費者洞察」；(二) 改變既有生產力模式，數位轉型往往會將新工具導入到企業中，以致不同的管理觀念及與各單位間的合作模式產生變化，這些改變都將讓原有的生產模式被重新規劃與調整；(三) 不斷地摸石頭過河，各個公司的資源、人力、經營策略乃至組織文化都各有所不同，因此過程中難有所謂的「典範模型」、「成功公式」可做為參考，每家企業的轉型都會是獨一無二的案例。

- ☑ **就公司的行政作業來說**，藉由數位化的過程，將企業的管理、行銷、業務、客戶服務、人資等各部門之間以及部門自己內部的流程數據化、統一化，讓不同單位之間的合作更有效率，彼此的溝通上透過數據可以更為一致，具體的工作類似於「作業流程再造」。

- ☑ **以製造生產來看**，其目標在所有流程和資產中，藉由透明的生產資料來最大化生產效率，進而成為「智慧工廠」，並配合行動通訊等的通訊技術，以「物聯網」為連結介面，使得機器與設備間得以產生連接。

- ☑ **從銷售營業角度觀之**，數位轉型可以透過數據分析、社群行銷、行動技術、電子商務等在網路或虛擬通路上，收集大量來自消費者的重要情報，掌握

各種不同的需求，比如說，常被用來討論的「分眾行銷」，尋找忠誠顧客，提供千人千面的個人化服務，到國際貿易的「智慧貿易」運用 AI 進行客戶對話、文件準備、報關出口等。

▫ **按企業的價值鏈分析**，則著重於企業願景、策略、配套、發展主軸及優先計畫的配合，確認與聚焦企業核心價值，用以確保企業商業價值的重點方向。透過配套工作之展開，階段策略校準與敏捷行動規劃，以便提供企業在業務戰略數據分析與洞察，及加快專案項目的執行速度等方向。

13.1.2 整合式 ERP 系統之原因

ERP 供應商整合，加以延伸、擴充 ERP 系統的主因可歸納如下：

▫ **傳統 ERP 市場已趨飽和**：經過十餘年的推展，傳統 ERP 系統的需求已漸漸趨緩，各 ERP 廠商都需要新的產品以彌補傳統 ERP 系統的業績下降，整合、延伸式 ERP 功能是自然的下一步。

▫ **企業對 ERP 系統的要求改變**：企業提昇價值的方法從改善企業內部流程以提高效率，變成滿足客戶需求以超越競爭對手，因此也需要客戶導向的進階 ERP 功能。

▫ **網際網路、雲端技術改變了 ERP 系統可服務的對象與方式**：企業如今希望讓散布在各地的行動員工 (Mobile Workers) 及利害關係人 (Stakeholders) 可以透過網路瀏覽器、行動 APP，存取企業的相關資訊，在結合雲端儲存、運算下，拓展「雲端 ERP 系統」的服務。

▫ **商業環境與企業用戶付費方式的多元改變 ERP 系統的營運模式**：隨著創業風潮的興起，新創微型企業逐漸成為目前商業環境變化的特色之一，微型企業可用財務資源往往較少，但仍有企業 E 化的需求，因此訂閱制的 ERP 系統就有其需要，用戶可以不用一次買斷、後續維護的模式取得 ERP 系統，使用「訂閱制」除有較大的財務彈性，且可享受持續服務更新快、新增功能更精準等優勢。

13.1.3　整合式 ERP 系統之架構

隨著資訊技術日新月異，網路環境與雲端空間的普及，新商業模式甚至虛擬世界的倡議建立等，現代化的 ERP 系統要讓不同流程、環境的資料匯流到資料庫中，成為一個整合的系統服務。要能在 ERP 系統中能提供生產力工具、電子商務，甚至參與客戶的資訊解決方案，提供資料連結，藉此獲得更好的交易活動洞察能力，從而幫助優化整個業務的程序。

從資訊系統的結構來說，ERP 系統用以協助一般員工日常作業的企業營運系統，以資料庫之交易資料為主，輔以數據分析 (Data Analysis) 工具，並向上延伸出輔助中階管理者做趨勢分析的決策支援系統 (Decision Support System, DSS) 及輔助高階主管制定策略決策的主管資訊系統 (Executive Information System, EIS)，進而形成一個金字塔結構，如圖 13-1 所示。

圖 13-1　資訊系統金字塔結構

從整合延伸的架構來看，在數位轉型下的現代數位化企業 ERP 系統可與各流程、利害關係人等延伸出電子商務系統 (Electronic Commerce, EC)、顧客關係管理系統 (Customer Relationship Management, CRM)、供應鏈管理系統 (Supply Chain Management, SCM)、知識管理系統 (Knowledge Management, KM)、企業流程管理系統 (Business Process Management, BPM)、製造執行系統 (Manufacturing Execution System, MES)，甚至專案

管理資訊系統 (Project Management Information System, PMIS)，如圖 13-2 所示。

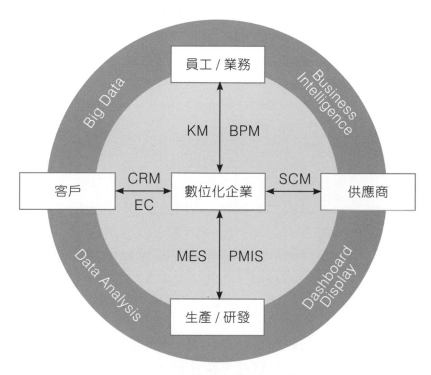

圖 13-2　延伸性 ERP 整合系統架構

13.2 解決方案為導向的 ERP 整合模組

本節分別介紹上節提到的整合式 ERP 所涉及的相關系統，以解決方案為重點，介紹如下項目並論述說明與 ERP 系統整合的關係與模式：大數據與資料倉儲、決策支援與商業智慧 (BI)、顧客關係管理系統 (CRM)、供應鏈管理系統 (SCM)、電子商務 (EC)、知識管理 (KM)。

13.2.1 大數據與資料倉儲

隨著資訊科技的發展，現今企業大多透過電腦與網路來處理內部作業與管理營運流程，因此企業內部的數據資料數量也呈現爆炸性的成長。大數據是用以描述大量高速、複雜和可變數據的術語，這些數據是重要的資

訊資產，需要透過先進的技術和具有成本效益的創新資訊處理方法來實現資訊的獲取、存儲、分發、管理和分析，以增強洞察力和決策能力 (Gandomi & Haider, 2015)。近 10 年來，大數據 (BIG DATA) 在企業中一直是一個熱門議題，更多的企業希望能善加應用企業內部的數據，從中找尋商機。因此，目前有越來越多的企業希望透過企業內部的大數據進行分析，來協助企業經營管理與決策。

大數據與 ERP

當企業導入並使用 ERP 系統一段時間以後，除了充分享受到 ERP 系統所帶來資訊整合的便利之外，另一方面，公司完整的營運資訊也透過 ERP 系統被保留下來。ERP 系統本身就是一個大型的資料蒐集中心，這些企業內部所留存的大量數據，如何進一步使用是一個重要課題，對公司管理階層來說，這些大數據資料如何形成有用資訊，以輔助決策和商業預測，甚至進一步的協助企業進行所謂的「數據 (資料) 變現」，都是提升企業的競爭力的重要關鍵。

大數據的狹義定義為過往傳統應用系統與數據處理軟體無法處理的大型資料集，然而，現今對於大數據多以來自各種來源之結構化與非結構化資料定義之。結構化的資料是指已有正規化架構之資料模型，亦即資料存放前已被預先定義相關欄位；非結構化資料指的是未經整理過之資料，資料類型包含了文字、圖片、影片、音源等各類未被整理與萃取之資料態樣，這也是現今大數據時代資料的本質。

大數據具有五項基本特性，亦被稱為五個 V，分別是巨量 (Volume)、快速 (Velocity)、多樣 (Variety)、真實 (Veracity) 與價值 (Value)，說明及列圖 (圖 13-1) 如下：

- **巨量 (Volume)**：是指在現今必須面對與處理的資料是以 Terabytes 或 Exabytes 來計數的資料大小。

- **快速 (Velocity)**：則是指現今資料增長的速度飛快，相對的資料處理的速度也必須跟上，對於時效性的要求也高。

- **多樣 (Variety)**：是指現今數據有各種不同來源與不同態樣。

- **真實 (Veracity)**：指的是大數據的資料與真實世界息息相關，因此資料常有不一致、不完整與假資料，故必須對資料真實性抱持懷疑。

- **價值 (Value)**：指的是這些大量資料可經分析並轉化為利潤，因此企業可從中挖掘出價值。

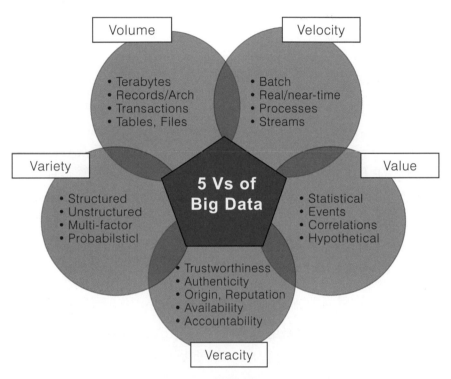

圖 13-3　大數據資料的 5V 特性
資料來源：Ishwarappa and Anuradha (2015)

　　在 ERP 系統中，企業的各類資料均被完整留存，相關單據資訊，如：銷售訂單、各式分析報表等經年累月的累積。由於 ERP 的導入，大量過去以手寫或是零散難以整合、保存、彙總的資訊都能透過 ERP 系統加以保留，因此 ERP 系統之資料格式多是已被正規化之結構化資料，這些資料日積月累的累積就形成可供大數據分析的巨量資料。

　　企業從過往資訊難以整合、資訊匱乏的時期，進入現今資訊爆炸以及決策支援需求日益迫切的時代。由於 ERP 系統每日產生大量的作業資訊記錄，使得資料量快速膨脹，進而影響資料庫存取效能及 ERP 系統運作效能，因此必須思考如何提升系統效能。另一方面，管理者很自然的會希望能從這些大量累積的完整營運資訊中，進行分析和探索，以滿足決策支援的需求。

資料倉儲與 ERP

　　承前所述，在改善效能方面，最直覺的想法是將一些過期的資料或查詢頻率較低的資料自現行資料庫中移出，而使 ERP 系統上只保留日常營運所需最新的二至三年的資訊，以提升整體系統運作的效能。然而當主管想要進行趨勢分析或策略分析時，這又需要以大量的歷史營運資料為後盾，來提供分析、研判與歸納之用。此時所需的將是一個能完整保持大量歷史營運資料，又能提供快速查詢分析的資料儲存體。因此，自 ERP 移出的過期資料不可以任意棄置。而主管決策分析所需的大量資料庫運算、存取動作，如果直接針對 ERP 使用的資料庫操作，又會直接影響到 ERP 的運作效能，甚至干擾到營運。

　　為解決 ERP 與決策分析在資訊處理上的需求衝突，於是產生了一個針對資料分析需求的全新解決方案，也就是資料倉儲 (Data Warehouse, DW) 或企業倉儲 (Business Warehouse)。傳統的資料庫系統繼續負責協助 ERP 系統，專心提供日常交易處理，而龐大的歷史營運資料和分析所需的資料處理，都交給新的資料倉儲系統來服務。

　　根據 Inmon 的定義，「資料倉儲是一個整合、主題導向、長期累積且內容不需要更改 (只須持續新增資料而不須修改和刪除) 的資料集合，藉以提供管理者在進行管理決策過程所須的輔助支援。」而 Yao 和 He 則認為「資料倉儲是以主題為基礎的、整合的、不可變更的資料集，用來支援決策制定。本質上，資料倉儲是針對企業本身資料庫的一種資料應用。」另外，依據 Hagg 等學者的定義，認為「資料倉儲是一個能從多個不同的作業性資料庫中擷取資訊的邏輯集合，是用來支援企業分析活動和決策支援工作」。雖然不同的學者對於資料倉儲的定義有些許的不同，但大體而言，對資料倉儲的功能之看法則是一致的。

　　因此，資料倉儲是為了支援管理決策過程而設立的，而依 W. H. Inmon 的看法，基本上資料倉儲應該具有四個特性：1. 主題導向 (Subject Oriented)；2. 整合性 (Integrated)；3. 非揮發性 (Nonvolatile)；4. 時間變動性 (Time Variant)。

　　1990 年代，Inmon 認為資料倉儲中的資料是從公司內部不同的資訊系統如銷售、市場、零售中的資料庫上傳彙整而來。如圖 13-4 所示，資料倉

儲系統主要是將這些資料庫所彙總之資料進行運算、加總、分析和比對，用以支援決策和預測工作。圖中所示是一個假設的狀況，先分別自行銷資料庫、銷售資料庫及客戶資料庫中擷取不同的資料，且分別經過不同的彙整或區隔處理等，再整合成支援某主題的資料倉儲，供支援銷售決策的建議和分析。因此，資訊系統旨在創建、更新、讀取、和刪除資料。但在資料倉儲中資料只能被讀取不能被修改和刪除。

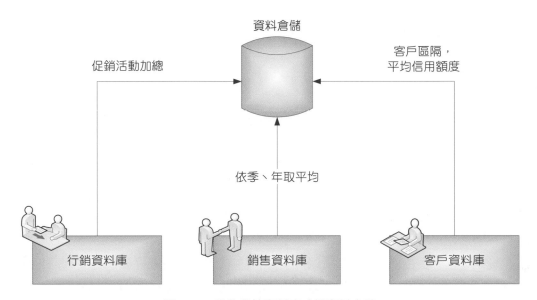

圖 13-4　從作業性資料庫建構資料倉儲

在 ERP 系統中，各模組有所屬之資料庫，資料庫是屬於「線上交易處理」(Online Transaction Processing, OLTP)，專為處理資料交易、資料異動而設計的處理程序，因此著重在資料更新的效率、交易的完整性以及資料儲存的一致性上。由於需要考慮如何處理多人存取時的資料鎖定和維持交易的特性，且為了資料的一致性和避免重複，因此需要將資料表需求進行正規化 (Normalization)，可能導致資料在讀取時效能的降低。

然而，資料倉儲則是屬於「線上分析處理」(Online Analysis Processing, OLAP)，專為提供分析而設計的處理程序，因此著重在大量資料讀取、比對、運算和分析時的效能，雖然一次處理的資料量甚大但並沒有更新的問題，因此可以不必考慮資料鎖定等複雜的一致性問題，也不需要將資料正規化，甚至為了提升效能還會進行反正規化，資料庫與資料倉儲之差異比較，詳如表 13-1。

表 13-1　資料庫與資料倉儲之比較

特性	資料庫	資料倉儲
處理型態	線上交易處理 (OLTP)	線上分析處理 (OLAP)
採用資料模式	ER Model	Star Schema/Dimension Model
使用者需求	明確且已知的需求	複雜且模糊的需求
資料處理特性	更新異動的效能為主	大量查詢和計算的效能為主
資料存取量	單次少量	每次大量的資料
設計的考量重點	資料一致性	查詢和計算的效能
資料儲存型態	目前資料值	某一時間點的快照
資料數量級	供日常運用為主	5~10 年的長期資料分析
鍵值特性	鍵值可不包含時間元素	鍵值擁有時間元素
操作特性	查詢、新增、修改及刪除	查詢及新增

　　因此，資料倉儲在規劃上是一個全新的開始，必須依企業的特性、主管的需求、時間特性、資訊需求等來加以設計，而 ERP 系統及資料庫則扮演著資訊來源的角色，負責供應所需的營運資料，讓資料倉儲作為分析、運算、研究、規劃和預測等使用，資料倉儲之架構，如圖 13-5 所示。此外，資料倉儲也為決策支援系統 (DSS)、主管資訊系統 (EIS)、顧客關係管理系統 (CRM)、供應鏈管理系統 (SCM) 等提供一個整合的資料環境，能方便提供這些管理系統所須的跨資料源整合資訊。過去在銷售領域有個有名的「尿布與啤酒」例子，該案例就是透過銷售系統中儲存的銷售項目，進行分析所發現的一個有趣的關聯，這也是資料倉儲的應用之一。

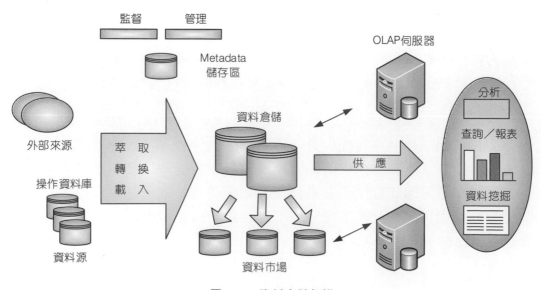

圖 13-5　資料倉儲架構

大數據、資料倉儲與 ERP

在企業中，已經不再單純只有這些內部資料庫所存放的結構化業務數據了，在網路化與社群媒體的時代，消費者習慣在網路上搜尋資料，而企業為了行銷，社群媒體的使用已是常態。對企業來說，如何掌握現今趨勢與消費者喜好，以及如何在社群媒體中進行行銷與經營顧客，是企業經營與策略規劃的重要關鍵。因此蒐集網路上非結構化與非正規化之網頁資料與顧客評論，透過數據分析了解現今顧客的關注重點及對企業的建議，可使企業發揮潛能，讓決策更精準、明確與迅速。

「資料倉儲」發展已久，已有成熟的管理模式與完善的解決方法，而大數據則正在發展，目前資料倉儲和大數據的概念趨於融合，很難在它們之間找到分界線 (Salinas & Lemus, 2017)。大數據與資料倉儲同樣都是在處理與存放大量數據，如先前對資料倉儲的介紹，資料倉儲主要是針對結構化的業務數據進行儲存與處理；而大數據則是針對來自各種來源之結構化與非結構化資料進行儲存與分析。因此大數據的範圍比資料倉儲要廣，但相同的，資料倉儲與大數據都是希望從各種數據中找出企業營運與發展的線索、趨勢，且更重要的是發現商機。

對於有穩定結構化的資料，且需要高效率資料查詢及分析的工作來說，仍以資料倉儲的方式建置。而對於非結構化資料、新的資料探索及資料挖掘需求、不確定資料模型等，則有賴於解決擴充成本居高不下及受限於垂直擴充架構等問題。過往企業採用 ERP 系統旨在提昇其競爭力，然 ERP 系統只是企業運作的標準平台，要擴充至 DSS、EIS、CRM 及 SCM 等才足以提昇競爭力，而在現今大數據的時代，透過資料倉儲等資料存放架構的建立，做為後續資料分析之基石，也是這些系統關鍵的基礎建設。

13.2.2　決策支援與商業智慧

「資訊」是企業最寶貴的資源之一，如何充分利用資訊來支持決策已成為日益複雜的挑戰。傳統的 ERP 系統強調企業內部效能和效率，但在外部世界瞬息萬變下，企業面對電子化營運、全球競爭商場的挑戰，必須和外界有密切的接觸和互動，以求永續經營和成長。

　　ERP 著重於內部資源的整合規劃，屬於交易處理系統的範疇，然而 ERP 中的大量資訊在各階層主管面臨決策時，並無法直接轉化為有用的資訊，需透過資料庫技術、線上分析處理技術、資料挖掘和資料展現技術進行資料分析，並經由「決策支援系統」(DSS) 和「主管資訊系統」(EIS) 以及「商業智慧」(BI) 來輔助決策策略之制定與執行。

　　公司的決策包含投資、財務和營運三種類型。投資和財務類型的決策基於資產的「現金流量折現」(Discounted Cash Flow) 和「實物選擇權評價」(Real Option Valuation) 等觀念，進行標的物投入成本與產出效益的權衡。至於營運決策，則為了確保決策能維持價值創造的流程，各階層經理人必須做出一致的、以價值為基礎的決策。在「價值基礎策略管理」(Value-Based Strategic Management) 中，將內部、外部資料與目標相比作為績效評量程序，藉由此程序將資料轉化成管理的資訊。而後，再將資訊塑形為知識，成為策略規劃的基礎，策略規劃再轉化成績效評量程序中的目標。

　　然而，具有持續變動、大多數為非結構化、質比量更重要等特性的大數據資料並不容易過濾與吸收。目前除了一些 ERP 廠商的產品中以包含部分以價值為基礎的策略管理功能，如 SAP 財務模組的企業策略管理 (Strategic Enterprise Management, SEM) 和 Oracle 11i 中的平衡計分卡 (Balance Scorecard) 之外，仍需透過商業智慧來處理企業中資料倉儲數據，並將其轉換成知識、分析和結論，輔助業務或管理者做出正確且明智的決定。

　　後續 ERP 發展的趨勢必將包含決策支援系統和商業智慧，雖然各廠商所發展的系統之定位、功能與命名或許不盡相同，但皆可視為支援人們從事決策活動的電腦資訊系統。所謂「決策支援系統」(Decision Support System, DSS) 主要是由「管理資訊系統」(Management Information System, MIS) 所延伸出來，用以協助決策人員制定決策與執行決策的一套策略性決策的 E 化系統。主要目的是希望使用者利用資訊科技強大的資料處理與運算能力，幫助決策者瞭解、分析決策問題，進而提昇其決策品質。

　　依照 Anthony 決策分類架構，企業的決策問題可以依照組織層次分為下列三種類別：一、策略規劃層次的決策：企業的整體政策、目標和相關資源分配決策。二、管理控制層次的決策：企業為有效取得與使用資源的

相關決策。三、作業控制層次的決策：在資源限制下，有效益且有效率地完成企業活動的相關決策。

　　「策略規劃層次」處理有關企業方面、市場策略及產品組合等之長期決策。「管理控制層次」則是考慮資源的取得、組織和工作結構及人員之招募和訓練等中期事務。「作業控制層次」則處理如定價、生產量、存貨等短期決策。若從管理層級觀之，越高層級其所面臨的決策問題越低結構化，也越使用非程式化決策；反之層級越低，所需決策的問題越高度結構化，也越偏向程式化決策，如圖 13-6。高層次的決策問題則較不常發生，而且較高層次的決策意謂著較高的風險，決策者所需要的資訊較廣也較難搜集完備。因此，策略規劃層次的決策在所有的層次中，是以最不完全的資訊做下影響最大的決策。

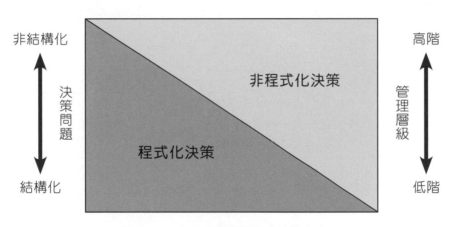

圖 13-6　不同層級與問題之決策方式

　　近年來，各種數據來源形成了大數據環境，因此許多決策問題，尤其是結構不良的決策問題，可以透過資料探勘、數據分析和機器學習從數據中獲得的決策模型來獲得解決，因此傳統的決策或決策支持系統 (DSS) 隨著數據可用性和計算能力的提高而發展 (Lu, Liu, Song, & Zhang, 2020)。因此，為了支援管理階層的決策問題，如何應用「資料倉儲」結合資料探勘演算法透過人工智慧來協助主管進行決策是不可或缺的。

　　結合決策支援系統與人工智慧，可以幫助管理者定義和處理問題和機會。管理者可以針對問題的特性，彈性地選擇觀看資訊的方式，而資訊包含內部資訊、外部資訊、客觀的和主觀的資訊，並透過商業智慧儀表板針對不同角度來加以呈現。

　　Luhn (1958) 首先使用「商業智慧」這一詞來描述傳播資訊和支持決策過程的自動系統。在管理相關領域，大數據與商業智慧概念上有很大的重疊，整體而言，大數據強調的是數據，包括數據收集、存儲和分析，而「商業智慧」則側重於數據分析、可視化和商業決策應用 (Liang & Liu, 2018)。商業智慧結合了商業分析、資料挖掘、資料視覺化、資料工具等，提供最佳實務，協助組織做出更多以資料為依據的決定。對於管理階層來說，商業智慧可以協助企業全盤瞭解企業所擁有的資料，並進一步地使用這些資料來驅動組織變革、提升效率、快速了解市場需求與商機。

　　「商業智慧」本質上並非單指一個系統，而是一種概念，也就是從商業的運營或活動中，收集、儲存和分析資料的整個程序和方法。透過商業智慧可以為企業建立起一個全面的視圖，協助管理階層做出周詳且可付諸行動的決策。商業智慧相關執行項目與內容，如表 13-2。

表 13-2 商業智慧執行項目與內容

執行項目	執行內容
資料準備	編譯多方資料來源並確定資料維度，進行資料整理供後續分析。
查詢	嘗試向商業智慧提出問題，讓商業智慧從資料中提取解答。
敘述性分析	針對問題分析初步資料。
資料統計分析	從敘述性分析中取得結果，並用統計分析說明問題發生原因。
資料探勘	從資料倉儲中發現未知的規則或者關聯，進而探勘出知識及未來趨勢。
績效指標確認	比較現有績效資料與歷史資料，從而追蹤目標與現有績效之差距。
資料視覺化	透過圖表之視覺化方式，以數位儀表板來呈現資料分析結果，以利管理者理解。
報告產出	讓利害關係人依據資料分析結果獲得結論並做出決策

　　因此，商業智慧可說是透過了資料探勘、統計學與預測分析法，針對資料探索現有模式，進而預測未來。對於企業決策來說，為什麼發生？可否預測未來？這些是至關重要的問題，而商業智慧則透過各種模型與演算法，針對特定的查詢，提供一目了然的分析結果。因此，商業智慧也可以說是植基於統計學與人工智慧演算法之上，以資料視覺化方法，提供企業進行商業決策。

13.2.3 顧客關係管理

　　對於企業來說，為追求經營效率，企業電子化一直是企業不斷努力的方向，而 ERP 系統是企業電子化最重要的部分，透過整合企業內部各部門的資料，提供企業營運所需整合及及時之資訊。更重要的是，ERP 系統更肩負起串接整合與上游供應商 (Supplier) 的供應鏈管理系統，以及與下游顧客 (Customer) 的顧客關係管理系統。

　　在現今競爭激烈的商業氛圍下，留住客戶對企業來說是一個挑戰，因此有效和良好的「客戶關係管理」(Customer Relationship Management, CRM) 對於所有企業來說是很重要的。「顧客關係管理」被認為是資訊技術和商業領域的綜合概念，其主要目標是在為組織和客戶之間建立長期關係，透過以顧客為導向的商業策略，為顧客提供更加個性化和客製化的服務，專注於提高客戶滿意度和客戶忠誠度 (Farhan, Abed, & Ellatif, 2018)。顧客愉快的購買經驗，是企業收入的關鍵來源。一般來說，有愉快購買經驗的顧客，對賣方的忠誠度會較高。而愉快的購買經驗，也會使顧客常回來進行消費。因此自 90 年代中期開始，企業開始透過資訊系統，希望從客戶的資料中辨識顧客獨特的購買習慣或特徵。希望透過現存管道或開發新的管道，來整合銷售、產品構型、規劃及設計，使得企業可以加強其對顧客的關係。當銷售標準產品時，企業可利用顧客的資訊，來進行個人化的客戶服務，因此 CRM 是一個實行個人化客戶服務的好方法。

　　「顧客關係管理系統」主要在幫助企業加強如銷售、行銷和客戶服務等等前端作業。為了確保這些功能可以達成，CRM 必須被看成是「人員、流程、系統」三位一體的整合，而非只狹窄的定義為資訊科技應用。由於科技的進步，和傳統以廣告的方式行銷的方法不同，企業可以做到一對一行銷，CRM 系統讓企業以個人化的方式來跟顧客進行溝通。

　　CRM 旨在協助企業改善所有與客戶關係有關的商業流程，讓產品銷售、行銷推廣、客戶服務等各項工作流程得以電腦化，讓企業將注意力集中於滿足顧客的需求。因此，透過分享的資料以及強大的分析能力，整合行銷、銷售、訂購、服務及支援活動等功能，這樣的整合能力，使企業能以更準確的觀點來看待他們的顧客，如圖 13-7 所示。

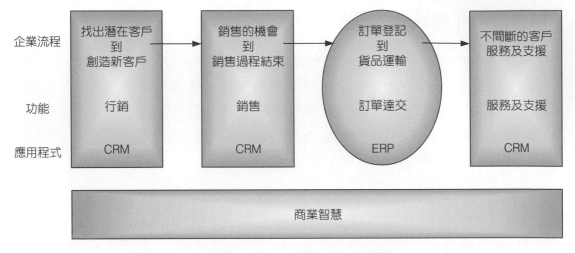

圖 13-7　CRM 和前端作業功能上的連結

典型完整的 CRM 系統會有下列功能：

▣ **建立新客戶資料：**識別新的客戶，並為潛在顧客建立管理的管道。

▣ **行銷資料管理：**

● 提供產品、價格、競爭者、決策議題及完整銷售工具等等的相關資訊。

● 分析客戶資料。

● 針對特定的目標客戶群，建立、執行並管理多媒體及多重管道的產品行銷。

▣ **銷售資料管理：**建立並管理客戶的數據資料及帳目資料。進行報價，製作計劃案及銷售展示。

▣ **產品構型管理：**對產品進行構型管理，以滿足顧客特定的需求，甚至進依據客戶需求提供客製化服務。

▣ **訂單登記及狀態追蹤：**接受並處理客戶的訂單，提供客戶相關的訂購資訊。

▣ **發票、帳款支付、帳款狀態追蹤：**產生發票，並管理付款的過程。提供客戶付款的歷史記錄及目前帳單狀態的相關資訊。

▣ **運送排程及狀態追蹤：**產生關於運輸產品或服務的計劃，並提供客戶訂單或需求狀態的相關資訊。

- **契約及保證書管理：**銷售產品同時管理合約和保證書。管理契約及保證書的生命週期，並隨著時間消逝或其他事件的發生，重新進行協議。

- **提供遠距服務：**

  - 管理及繪出對服務的需求，採用多種能解決問題的方法。

  - 透過決策樹和 Q&A 的方式來診斷問題。

  - 利用查閱技術性文件、產品規格、操作手續以及之前曾使用過的解決方案。

  - 依客戶的數據資料、需求及關於服務等級的協定，將客戶電話導向合適的客服代表。

- **到府服務：**管理預防性維修的排程、退貨授權、進階零件調換。並管理服務提供者所擁有之工具、所持之技能、零件以完成到府服務的要求。管理存放關於問題及其解決方案等相關資訊的資料庫。

- **客服中心管理：**讓客戶服務的代理人程式取得客戶的帳戶狀態、相關數據圖表、付款的歷史記錄、服務記錄、重要的報價等等，透過電話自動指引代理人程式。並可和電話系統加以整合，如互動式語音回應系統，以及自動號碼識別。

- **自助服務 (Self-Service)：**讓客戶透過網際網路，使用前端的應用程式。例如：開出訂單和追蹤訂單狀態。

　　然而，在現今這個數位時代，社群網路在客戶關係管理中的重要性已越來越重要。因此，在 CRM 中導入社群媒體的管理，解決傳統 CRM 使用簡訊、Email 等溝通媒介難以觸及顧客的困境，達到更有效的接觸顧客的目標已經刻不容緩。因此，目前 CRM 開始已邁向 SCRM（社群化客戶關係管理，Social CRM），SCRM 是指將面對顧客的關係管理活動與新興的社交媒體應用程式結合，讓顧客參與協作對話並增強顧客關係 (Harrigan, Miles, Fang, & Roy, 2020)。因此 SCRM 將社群媒體導入 CRM 概念之中，透過社群媒體與顧客建立緊密的聯繫及作為與顧客溝通的主要管道，並且透過社群媒體提供更快、更周到的個性化服務，來吸引與維持顧客。

　　企業可以透過 SCRM，以「資料倉儲」與「大數據」為基礎，透過人工智慧演算法來進行智慧化的社交網路管理，評估與了解個別顧客的價值與需求，了解與管理個別顧客在社群網路中的位置，讓企業以合適的社群媒體跟顧客進行互動，最後滿足顧客的個性化需求後提高顧客的忠誠度。

　　在這個幾乎人手一機的年代，透過社群媒體將讓企業更能貼近顧客。過往 CRM 僅能從企業內部之營銷資料進行資料分析，然而 SCRM 可在社群媒體中透過一些互動且有趣的活動來吸引顧客，並從第三方支付中獲取顧客資料。因此，SCRM 可蒐集到更多且廣的資料，再透過分析提供顧客客製化內容或體驗，強化與顧客的溝通，進而提升顧客對企業的信任。

　　總的來說，如果將 ERP 與 CRM 主要功能進行整合，則可協助企業進行行銷與業務管理的自動化，如圖 13-8。

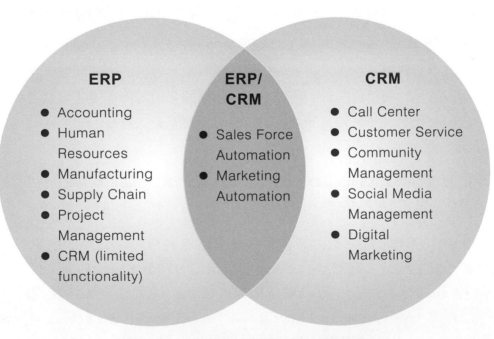

圖 13-8　ERP 與 CRM 系統主要功能關係圖
資料來源：Sternad, Tominc, and Bobek (2020)

13.2.4 供應鏈管理系統

供應鏈管理系統 (Supply Chain Management, SCM) 是用來加強 B2B 間的流程，改進速度、靈活度、即時控制以及客戶的滿意程度。透過 SCM，可以改善上、下游供應鏈關係，整合和優化供應鏈中的資訊流、物流、資金流，以獲得企業的競爭優勢。要做到 SCM，不僅僅是技術上的要加強，同時也必須要做到企業文化上的改變，例如：管理政策、績效評估、企業流程，甚至是組織架構。

成功的 SCM 有兩個重要的因素：一、整個供應鏈上的企業必須要將企業合作視為策略上的資產，這可以將企業緊密地整合在一起，提高企業之間的信任度，並提高速度與靈活度，降低成本。二、共享資訊系統的建立，以能夠貫穿整體供應鏈的資訊視野取代傳統的存貨的卡控管理，並用來提高資訊的透通性。

以往我們使用價值鏈模式 (Value Chain Model) 來分析企業的優勢與劣勢時，都是只考慮到企業自己內部本身的活動。若我們將單一企業換成整體供應鏈時，就可以同樣分析整個供應鏈上各協力廠所扮演的角色，以及其對整個供應鏈所帶來的價值。換句話說，企業本身必須要去思考自身在供應鏈上的角色與價值，以及對其他協力廠的吸引力，SCM 的主要功能包括電子採購、協同規劃、協同設計、電子後勤、先進規劃與排程等，逐次說明如下：

電子採購

在傳統的 ERP 系統中，也提供了採購的功能。但是由於僅只能讓使用者建立採購單 (POs)、發出請購需求、輸入發票、記錄費用。這是因為傳統 ERP 系統的設計概念是在於讓企業的採購活動集中在特定的管理者上（如採購部門），此設計概念與以往企業的分工是一致的。

而所謂的電子採購 (e-Procurement)，就是利用 Internet 的相關技術，來改變過去企業的運作方式和傳統 ERP 系統的採購功能。讓企業的採購活動由需求部門透過電子採購中的功能直接向供應商發出需求，並且發出訂單，而不需要經過採購部門。為了達到上述的目的，一般的電子採購大致包括下列元件：線上型錄、合約、採購單、送貨通知。

需求部門可透過線上型錄，挑選所需要的物料，並且直接在線上發出需求，而這些需求會被電子採購系統自動處理，並自動對供應商發出訂單。供應商在確定之後會發出訂單確認，並且對需求部門發出送貨通知。

協同規劃

協同規劃 (Collaborative Planning) 主要是透過上下游廠商的資訊分享，來達到讓買賣雙方能夠對市場需求做更精確且一致的預測，並對於這樣的預測，做出對應的生產計劃。

對於那些供應關鍵性零組件、製造與配送的協力廠商而言，它們可以即時的取得銷售點或是訂單資訊。透過這樣的資訊去做市場需求預測，並且將預測的結果與其他協力廠互相分享，讓供應鏈上的各協力廠能夠去預先排定生產計劃。然而當有一協力廠發生訂單與排程上的改變，同時也會對所有相關廠商觸發對應的變動。因此，協同規劃是用來使生產計劃和產品流程同步，並對整個供應鏈資源的效用作最佳化，加強客戶的回應，並且降低存貨。

協同設計

以往在產品設計方面，大多是由企業自行來研發，並沒有與上、下游協力廠商進行協調的動作，往往會發生上游供應商無法提供關鍵性零組件，而產生設計變更，或是下游廠商要求產品重新設計，導致企業必須改變對上游供應商的訂單。透過協同設計 (Collaborative Design)，可以讓上下游廠商分享產品設計過程的資訊，讓上游供應商可以在產品設計過程中，就能事先得知產品所需要的零組件，進而作備料的動作。而下游廠商也能夠在產品設計完成前，與企業做產品需求上的協調。不僅可以減少產品設計變更所帶來的成本，更可以縮短產品上市所需的時間。

除了產品設計上的資訊分享，協同設計也可以讓整個供應鏈分享各自的開發技術，提昇整個供應鏈的技術能力，讓整個供應鏈的競爭力提高。當企業需要製造之前協力廠已經開發過的產品，或是所用到的技術相同時，企業便可以透過線上的搜尋引擎找到相關技術，作為參考。這些技術包括規格設計、測試結果、設計變更資訊，以及試做產品雛形。

電子後勤

　　電子後勤 (e-Logistic) 主要的功能在於支援倉儲與運輸管理。一般的 ERP 系統也有類似的功能，但是僅能夠讓企業去輸入貨物配送的銷售中心或物流中心，之後對物流中心或是客戶發出配送通知。然而在目前的電子商務時代，許多產業中客戶都要求上游供應商能夠快速的交貨。而電子後勤可以讓企業在運送貨品時安排一個最佳的途徑，減少企業在配送貨品的時間，並且降低成本，提昇效率。

　　除了 B2B 商務行為的需求，企業內部本身也需要對企業資源的流動作控管，尤其是當企業位於多個地點，甚至是跨國企業時。電子後勤提供企業能夠追蹤存貨目前的位置與狀態，也可以讓企業更有效率的安排資源的分配。

先進規劃與排程

　　先進規劃與排程 (Advanced Planning and Scheduling, APS) 是用來協助企業去規劃生產排程。一般的 ERP 系統也有規劃的功能，但是 ERP 系統中的規劃功能主要源自於在進行物料需求規劃 (MRP) 時的主生產排程 (Master Production Scheduling, MPS)。在使用傳統 ERP 系統的規劃功能時，首先必須要將客戶需要產品的時間輸入系統中，此時會建立 MPS，並且估計要達到這樣的目標需要多少的產能。當產能無法達到需求，或雖然達到需求但是不可行時，ERP 系統會重新建立 MPS，直到能夠符合需求，同時也是可以實行的目標，此時企業的生產就依照 MPS 的結果去執行。由於這樣的規劃通常是採用單向且循序的方式，在效率上並不是很好。不僅如此，傳統 ERP 系統的規劃通常只看企業自己內部的資源，無法以整個供應鏈的情況去做整合性的考量。

　　從另一角度來看，若我們將傳統 ERP 系統的規劃功能看做只是企業在作業上一項工具，那麼 APS 則不僅僅提供作業上的幫助，同時也提供了策略與戰略上的協助。與傳統 ERP 的規劃不同，APS 並非為單純的作業系統，它其實是一套決策支援系統，從企業的交易系統 (如 ERP 系統) 中取得資料，利用各種數學的演算法去對複雜的規劃問題提供一套最佳的解。APS 能夠解決整體供應鏈的問題主要原因在於：

- APS 集中在一些關鍵的限制，例如機器的產能。

- APS 提供一些模型去執行 "What-if" 分析

- APS 強調預測並建議一個最佳的行動方針。

- 即時處理。

- 整合整體供應鏈的資訊。

　　許多不同產業的企業都採用了 APS 來改善供應鏈管理。企業使用的 APS 系統使得存貨水準、產品成本得以降低，營業額及產能提高，此外，APS 也讓企業能夠更有效率的掌控尚未規劃但很緊急的訂單，並且讓規劃排程的主管做更好的決策，如此企業就可以更快且有效率的適應客戶的需求變更。

13.2.5 電子商務

　　電子商務 (Electronic Commerce) 是傳統商業活動的電子化與網路化，在網路上進行交易和線上電子支付以及各種商務活動、交易活動、金融活動和相關綜合服務活動的一種新型的商業運營模式。在這網際網路無遠弗屆的時代，我們已經習慣於網際網路上交易商品與服務，自 90 年代起，各大電子商務網站崛起，電子商務已成為零售業的發展趨勢。尤其近年來由「阿里巴巴」所引領的 1111 購物節活動，更是創下了無數的商機。依據 eMarketer 在 2021 年初的統計，電子商務仍呈現成長趨勢，到 2024 年，全球電子商務銷售額將會來到近 6.4 兆美元，佔整體零售業銷售額的 20% (Abrams, 2021)。

　　電子商務依據銷售方與銷售對象的不同，可以區分為以下四種模式：

- **B2B**：銷售方與銷售對象都是企業，指企業與企業之間透過網路來進行電子化交易。

- **B2C**：銷售方為企業，建立電子商務網站透過網際網路將商品直接販售給顧客，而這也是電子商務起始最常見的型態。

- **C2C**：銷售方與銷售對象都是顧客，是屬個人對個人的銷售形式，而拍賣網站就是 C2C 的電子商務型態。

- **O2O**：由 B2C 延伸而來，指線上到線下 (網路到實體) 的銷售模式，商家在網路上以進行銷售，將消費者吸引到實體通路來進行消費。

電子商務相對於傳統零售業來說，不受到時間與地理限制，透過網路即可進行銷售，可節省了店租與裝潢成本，並提供消費者更加實惠的價格。此外，由於透過網路平台進行銷售，企業可以得到更加精確的數據，如訂單量、熱門商品組合等；而若是採取 B2C 自建購物平台，更可了解網路流量、點擊率、廣告效果等相關數據，讓企業得以掌握趨勢。

對於企業來說，電子商務與 ERP 系統都屬於企業的資訊系統，一般而言，電子商務可植基於 ERP 系統的基礎上。電子商務與 ERP 系統的關係正如前端與後台，兩者的關係息息相關。企業在電子商務平台上獲取訂單之後，即可立即將相關資訊傳遞至 ERP 系統中，以便採購、生產、財務、銷售各部門組織安排原料、資金、生產和預售。而電子商務系統也可以從 ERP 系統中，讀取商品的價格、庫存與顧客等相關資訊。因此，企業的電子商務和 ERP 的整合勢在必行。

13.2.6　知識管理

知識是對某人、事和物的熟悉，它可以包括事實、資訊，描述說明或技能，區分為內隱知識 (Tacit Knowledge) 與外顯知識 (Explicit Knowledge)，「內隱知識」是主觀的且高度個人化，無法用語言或文字完全表達，可能是一種無法敘述的專門技術、洞察力、經驗、信念與觀點、判斷與直覺，而「外顯知識」是可透過某種形式來擷取、記錄及分享的客觀知識，並可以言語或文字進行傳播與分享，是一種系統化且有條理的知識。

日本學者 Nonaka 認為，知識可透過內隱知識與外顯知識的互動來創造，此一創造是一種螺旋的過程，稱為「知識螺旋 (Knowledge Spiral)」(Nonaka,1991)。而知識管理就是讓員工將內隱知識外顯化的過程，更是目前企業提高員工知識創造力與整體競爭力的最佳管理模式之一。

用資訊科技，可打破時間與空間的限制，協助企業取得、分享、創造、蓄積與應用知識，知識管理系統能夠擷取、儲存隱含於個人與團體當中的知識，讓組織其他成員加以應用，並有助於知識的整合，甚至能夠激

發新知,因此組織在實施知識管理時,需要有效的掌握資訊科技的發展,導入知識管理系統,以創造知識的最高價值。

知識管理系統主要的功能為整合個人與組織學習之過程,使不同專業領域的個人與組織能快速分享知識,且具備知識創造、知識同化及知識傳播等三項功能,有效的知識管理系統可將無形的知識和有形的知識做系統化的整合,強化組織知識管理,更有效地應用資料並將資料轉化成收益或協助組織訂定策略決策,提升組織競爭力或價值的創造。

如何應用 ERP 系統,為知識的獲取、儲存、共享與創新,是一個重要的課題,知識必須依賴 ERP 系統的資訊,也可以說 ERP 系統是獲取知識及提供知識管理系統素材的重要來源,而透過知識管理將可提高企業效率進而提升競爭優勢。雖然 ERP 系統與知識管理系統看似著重的重點不同,但這兩個系統都是希望透過數據分析以及知識的分享來改進企業流程,進而提升企業收益與營運效益。

13.3　ERP 未來可能趨勢與轉型

從目前資訊科技的發展來看,雲端、AI 大數據、行動化已是不可逆的趨勢,它們除影響人們的生活習慣、企業的營運模式,也衝擊影響到 ERP 未來的發展。ERP 系統是支援企業日常作業活動的整合後台系統,雖然非常有用及重要,但單就系統本身對企業價值的幫助確不大,如能從自身的功能延伸,平台整合 DW、DSS、EIS、CRM 、SCM 及 MES 等,擴充運用於 EC、KM 甚至 PMIS 等,則可進一步協助增加企業的價值。

因應的資訊科技發展的趨勢,未來的 ERP 系統發展除整合企業內各大營運系統外,也將能夠更加佳的吸收、分析企業外部資訊,例如:目標市場的顧客及趨勢、相關產業的發展狀況、競爭廠商及其產品與服務情報等;更能夠與利害關係人執行資訊共享機制;以及更能支援協同商務的發展,讓企業夥伴、供應商及顧客能更方便的交易並創造新的商機。其可能轉型方向整理說明如下:

☐ **進行企業內、外部資源的整合**:內部整合可使企業各部門分享各種資訊,避免冗長的作業流程和生產、行銷管理之間產生斷點;ERP 系統在強調提

高企業內部效率的同時，企業不得不調整客戶服務驅動的物流運作流程，因此在外部整合上，與業務合作伙伴(供應商、客戶等)建立協同商務的供應鏈管理模式，以資訊共享、電子商務為基礎，讓 ERP 成為一個供應鏈管理的資訊平台。

▣ **提供以客戶為中心的解決方案**：就系統服務商而言，以客戶為中心不僅僅是一句口號，而是成為每一個 ERP 服務商不得不關注的一個重點因素，ERP 服務商是根基企業的實際業務狀況，提出最合適、最經濟的解決方案給客戶，如此才能獲得青睞；同理，對於企業來說，ERP 系統將要能處理來自客戶的市場資訊、訂單資訊、產品服務資訊等，分析並傳遞給企劃部門，以落實企業按市場需求製造的目標。

▣ **以數據驅動來支援管理決策**：企業數據主要可分為產品數據、營運數據及價值鏈數據等部分，在以數據為驅動的場景下，使用大數據演算法、視覺化效果呈現等技術，將產品、庫存、採購、行政四大成本全面控制，以確保企業利益最大化。

習 題

1.(　　) 針對數位轉型的描述，下列何者為非？

　　　A. 用新科技、新技術優化原本的商業模式

　　　B. 更新與優化內部作業流程

　　　C. 穩定現有組織結構

　　　D. 對客戶提供新附加價值的服務

2.(　　) 在數位轉型的過程中，下列何者為真？

　　　A. 以客戶為核心，滿足消費者洞察

　　　B. 轉型過程可參考典範模型

　　　C. 不需改變既有生產力模式

　　　D. 以上皆是

3.(　　) 就公司行政作業上，透過數位化過程讓企業內部各部門之間以及部門自己內部流程數據化、統一化，增強合作效益，具體工作類似下列何者？

　　　A. 企業流程轉換　　　　　　　B. 企業流程再造

　　　C. 企業流程自動化　　　　　　D. 企業流程改進

4.(　　) 下列何者重於企業願景、策略、配套、發展主軸及優先計畫的配合，確認與聚焦企業核心價值，用以確保企業商業價值的重點方向。

　　　A. 價值鏈分析　　　　　　　　B. 策略分析

　　　C. 議題分析　　　　　　　　　D. SWOT 分析

5.(　　) 訂閱制的 ERP 系統的優勢是？

　　　A. 滿足新創微型企業需求

　　　B. 不須一次買斷投入

　　　C. 服務更新快，新增功能更精準

　　　D. 以上皆是

6.(　　) 從 ERP 整合延伸的架構來看，現代數位化企業 ERP 系統針對客戶與供應商可延伸之資訊系統下列何者為非？

    A. CRM　　　　　　　　　　B. BPM

    C. EC　　　　　　　　　　　D. SCM

7.(　　) 從 ERP 整合延伸的架構來看，現代數位化企業 ERP 系統針對內部部門與生產研發等工作可延伸之資訊系統下列何者為非？

    A. KM　　　　　　　　　　B. MES

    C. CRM　　　　　　　　　　D. BPM

8.(　　) 將具無形價值的資料透過出售轉換為有形實際價值的資料稱為？

    A. 數據分析　　　　　　　　B. 數據變現

    C. 數據洞察　　　　　　　　D. 數據移轉

9.(　　) 大數據具有五項基本特性，亦被稱為 5Vs，下列何者不包含？

    A. Valueless　　　　　　　　B. Volume

    C. Veracity　　　　　　　　D. Velocity

10.(　　) 大數據的資料常有不一致、不完整與假資料，描述的是指哪一種特性？

    A. Volume　　　　　　　　B. Veracity

    C. Variety　　　　　　　　D. Velocity

11.(　　) 大量過去以手寫或是零散難以整合、保存、彙總的資訊都能透過 ERP 系統加以保留，因此其資料格式多是？

    A. 未被正規化之非結構化資料

    B. 未被正規化之結構化資料

    C. 已被正規化之結構化資料

    D. 已被正規化之非結構化資料

12.(　　) 由於 ERP 系統每日產生大量的作業資訊記錄，以下描述何者錯誤？

    A. 資料量快速膨脹進而影響資料庫存取效能

    B. 這些大量累積的完整營運資訊可進行分析和探索來滿足決策支援的需求

    C. ERP 系統上應只保留日常營運所需最新二至三年的資訊即可，其餘移至資料倉儲

    D. 以上皆非

13.(　　) 根據 Inmon 的定義，針對資料倉儲資料集合的描述何者錯誤？

    A. 內容變動快　　　　　　　　B. 主題導向

    C. 長期累積　　　　　　　　　D. 整合

14.(　　) 資料倉儲具有的特性，下列何者為非？

    A. 主題導向　　　　　　　　　B. 整合性

    C. 揮發性　　　　　　　　　　D. 時間變動性

15.(　　) 下面針對資料倉儲的描述何者正確？

    A. 資料倉儲中資料只能被讀取不能被修改和刪除

    B. 資料倉儲則屬於線上交易處理

    C. 需考慮資料鎖定等複雜的一致性問題，估需將資料正規化

    D. 不需依企業的特性、主管的需求、時間特性、資訊需求等來加以設計

16.(　　) 企業為了在社群媒體中進行行銷與經營顧客，下列作法何者正確？

    A. 蒐集網路上非結構化與正規化之網頁資料與顧客評論

    B. 了解顧客的關注重點

    C. 透過數據分析技術分析社群資料

    D. 以上皆是

17.(　　) 針對 ERP 系統的描述，下列何者錯誤？

    A. 著重於內部資源的整合規劃

    B. 在各階層主管面臨決策時可直接轉化為有用的資訊

C. 屬於交易處理系統的範疇

D. 可透過決策支援系統、主管資訊系統及商業智慧來輔助策略之制定與執行

18.(　　) 針對公司決策的描述何者錯誤？

　　A. 一般而言，公司的決策包含投資、財務和營運三種類型

　　B. 投資和財務類型的決策可基於資產的現金流量折現和實物選擇權評價

　　C. 各階層經理人針對營運決策無須做出以價值為基礎的決策

　　D. 價值基礎策略管理是以內部資料和外部資料與目標相比作為績效評量程序

19.(　　) 依照 Anthony 決策分類架構，企業的決策問題可以依照組織層次區分，下列何者為非？

　　A. 個人管理層次　　　　　　　　B. 作業控制層次

　　C. 管理控制層次　　　　　　　　D. 策略規劃層次

20.(　　) 下列針對決策之描述，何者錯誤？

　　A. 針對非結構化的決策問題，多屬非程式化決策

　　B. 針對結構化的決策問題，多屬程式化決策

　　C. 管理層級越高，越常面臨程式化決策

　　D. 以上皆非

21.(　　) 在現今大數據環境下，相關決策問題下列描述何者正確？

　　A. 針對結構不良的決策問題，可以透過資料探勘、數據分析和機器學習從數據中獲得的決策模型來獲得解決

　　B. 可應用資料倉儲結合資料探勘演算法透過人工智慧來協助主管進行決策

　　C. 可透過商業智慧儀表板讓管理者獲得不同角度的資訊

　　D. 以上皆是

22.(　　)商業智慧執行項目包含了 1、資料視覺；2、資料統計分析；3、敘述性分析；4、績效指標確認；5、資料探勘等工作，下列順序何者正確？

    A. 13254　　　　　　　　B. 32541

    C. 43125　　　　　　　　D. 23145

23.(　　)針對顧客關係管理的描述，何者錯誤？

    A. 主要目標是在為組織和客戶之間建立長期關係

    B. 是一種以推廣產品為導向的商業策略

    C. 為顧客提供更加個性化和客製化的服務

    D. 專注於提高客戶滿意度和客戶忠誠度

24.(　　)針對顧客關係管理 (CRM) 的描述，何者正確？

    A. CRM 必須被看成是人員、企業流程與系統三位一體的整合

    B. 以廣告的方式來跟顧客進行溝通

    C. 旨在協助企業改善商業流程，讓銷售人員依自身方法來推進銷售、行銷與客戶服務等各項工作流程

    D. 以上皆是

25.(　　)供應鏈管理系統是用來管理以下何種商業型態的流程？

    A. C2C　　　　　　　　B. B2C

    C. B2B　　　　　　　　D. O2O

26.(　　)供應鏈管理系統的成功要素不包含下列哪一種因素？

    A. 需改變企業文化　　　　　B. 強化存貨卡控管理

    C. 建立共享資訊系統　　　　D. 將企業合作視為策略上的資產

27.(　　)透過上下游廠商的資訊分享，來達到讓買賣雙方能夠對市場需求做更精確且一致的預測並做出相對應生產計劃是指？

    A. 協同規劃　　　　　　　B. 協同設計

    C. 電子採購　　　　　　　D. 先進規劃與排程

28.(　　) 供應鏈管理系統中在於支援倉儲與運輸管理的功能是指？

    A. 電子採購　　　　　　　　B. 電子後勤

    C. 協同設計　　　　　　　　D. 先進規劃與排程

29.(　　) 以下針對 APS 的說明何者為非？

    A. 它不是一套決策支援系統

    B. 它集中在一些關鍵的限制，例如機器的產能

    C. 它提供一些模型去執行 "What-if" 分析

    D. 即時整理並整合整體供應鏈的資訊

30.(　　) 哪一種商業模式可讓企業更了解網路流量、點擊率、廣告效果等相關數據，讓企業得以掌握趨勢？

    A. B2B　　　　　　　　　　B. B2C

    C. C2C　　　　　　　　　　D. O2O

31.(　　) 針對電子商務與 ERP 系統之間的關係，下列何者正確？

    A. 電子商務可植基於 ERP 系統的基礎上

    B. 它們的關係正如前端與後台

    C. 電子商務系統也可以從 ERP 系統中，讀取商品的價格、庫存與顧客等相關資訊

    D. 以上皆是

32.(　　) 主觀的且高度個人化，無法用語言或文字完全表達的知識稱為？

    A. 內隱知識　　　　　　　　B. 外顯知識

    C. 常識　　　　　　　　　　D. 智慧

33.(　　) 知識管理系統主要的功能不包含下列何者？

    A. 知識創造　　　　　　　　B. 知識隱藏

    C. 知識同化　　　　　　　　D. 知識傳播

參考文獻

[1] 王存國、季延平、范懿文 (1996)。決策支援系統。三民書局。

[2] Google (2021)。企業數位轉型關鍵報告。

[3] Abrams, K. v. (2021). Global Ecommerce Forecast 2021. Retrieved from https://www.emarketer.com/content/global-ecommerce-forecast-2021.

[4] Anthony, R N (1965). Planning and Control: a Framework for Analysis. Cambridge MA: Harvard University Press.

[5] Callaway, E. (1999). Enterprise Resource Planning: Integrating Applications and Business Processes Across the Enterprise. Computer Technology Research Corp.

[6] Chaudhuri, S. & Dayal, U. (1997). An Overview of Data Warehousing and OLAP Technology. ACM SIGMOD, 26, 1997.

[7] Chuang, M. L. & Shaw, W. H. (2000). Distinguishing the Critical Success Factors Between E-Commerce, Enterprise Resource Planning, and Supply Chain Management. In Proceedings of the 2000 IEEE Engineering Management Society, 596-601.

[8] Farhan, M. S., Abed, A. H., & Ellatif, M. A. (2018). A systematic review for the determination and classification of the CRM critical success factors supporting with their metrics. Future Computing and Informatics Journal, 3(2), 398-416.

[9] Gandomi, A., & Haider, M. (2015). Beyond the hype: Big data concepts, methods, and analytics. International Journal of Information Management, 35(2), 137-144.

[10] Gill, H. S. & Rao, P. C. (1996). The Official Cline/Server Computing Guide to Data Warehousing. Que Corporation.

[11] Haag, S., Cummings, M. & McCubbrey, D. J. (2001). Management Information Systems for the Information Age, 3rd ed., McGraw-Hill.

[12] Harrigan, P., Miles, M. P., Fang, Y., & Roy, S. K. (2020). The role of social media in the engagement and information processes of social CRM. International Journal of Information Management, 54, 102-151.

[13] Inmon, W. H. (1996). Building the Data Warehouse. John Wiley & Sons.

[14] Ishwarappa, & Anuradha, J. (2015). A Brief Introduction on Big Data 5Vs Characteristics and Hadoop Technology. Procedia Computer Science, 48, 319-324.

[15] Liang, T.-P., & Liu, Y.-H. (2018). Research Landscape of Business Intelligence and Big Data analytics: A bibliometrics study. Expert Systems with Applications, 111, 2-10.

[16] Lu, J., Liu, A., Song, Y., & Zhang, G. (2020). Data-driven decision support under concept drift in streamed big data. Complex & Intelligent Systems, 6(1), 157-163.

[17] Luhn, H. P. (1958). A Business Intelligence System. IBM Journal of Research and Development, 2(4), 314-319.

[18] Nonaka, I. (1991). The Knowledge Creating Company. Harvard Business Review, 69, 96-104.

[19] Norris, G., Hurley, J.R., Hartley, K.M., Dunleavy, J. R. & Balls, J. D. (2000). E-Business and ERP: Transforming the Enterprise. John Wiley & Sons.

[20] SAP. (2021). The Intelligent Enterprise for the Retail Industry. www.sap.com.

[21] Salinas, S. O., & Lemus, A. C. N. (2017). Data Warehouse and Big Data Integration. International Journal of Computer Science and Information Technology, 9(2), 1-17.

[22] Sternad, S., Tominc, P., & Bobek, S. (2020). Business Informatics Principles. In book：Spationomy, 93-118.

[23] Volonino, L., Watson, H. J. & Robinson, S. (1995). Using EIS to Respond to Dynamic Business Conditions. Decision Support Systems, 14, 105-116.

[24] Wiig, K. M. (1994). Knowledge Management Methods: Practical Approaches to Managing Knowledge. Schema Press.

[25] Yao, Y. & He, H. (2000). Data Warehousing and the Internet's Impact on ERP. IT Pro, 2, 22-27.

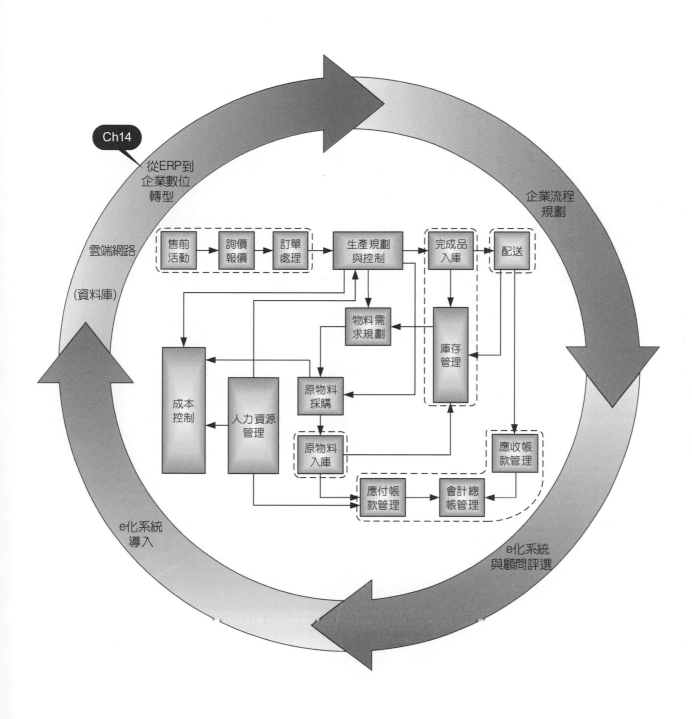

14

企業雲端運算與應用

許昌齡博士　銘傳大學資訊管理系助理教授

學習目標

- ☑ 瞭解雲端運算及雲端架構的基本概念
- ☑ 如何選擇雲端服務的方法
- ☑ 瞭解被廣泛地採用的雲端服務所提供的功能
- ☑ 如何評估雲端服務解決方案的準則

前言

　　近來由於網際網路 (Internet) 帶給企業經營效率方面的優勢，例如：提供時空之便利性，企業的營運模式也因此而起了變化，企業內部和交易伙伴間進行線上商業行為也變得越來愈普遍。台灣的中小型企業的平均經濟規模相對於大型企業而言，較無財力自行建構、管理及維護自己私有的雲端運算架構與應用。所幸目前正在興起的雲端運算與應用強調較低的整體擁有成本 (Total Cost of Ownership, TCO)，僅須視使用了甚麼 (Pay-As-You-Go) 來支付 IT 的 TCO，顯示國內企業可透過應用雲端運算與應用來降低 TCO 及減少能源的消耗，進而增加產品及服務的能見度及交易機會。

　　由於企業將某些資訊資產轉移到雲端服務，涉及到資訊基礎設施、企業流程，甚至可能是接觸顧客的介面的重大變革。我們建議企業宜從策略觀點，思考如何慎重選擇雲端服務的解決方案，來建構或再造企業流程。從使用者需求趨勢來看，近年來有愈來愈多的企業導入以雲端 ERP 為主，巨量資料分析 (Big Data Analytics)、人工智慧應用及物聯網 (Internet Of Thing, IOT) 等為輔的電子化企業 (e-Business) 生態系統 (Ecosystem)。從雲端服務市場來看，近年來也湧現出眾多雲端服務供應商，因此如何選擇琳瑯滿目的雲端運算服務解決方案，便是一項重要的議題。因此，為了導入雲端 ERP 為主的企業生態系統，本文主要之目的乃首先說明雲端運算平台的組成結構及運作方式，透過認識雲端服務所提供的功能，進而介紹如何選擇市場上琳瑯滿目的雲端運算服務解決方案的方法，最後說明評估候選服務解決方案的準則。

　　本章共分五節，第一節簡略地說明雲端運算及雲端架構的基本觀念；至於企業如何有效地選擇合適的雲端服務解決方案，以在雲端架構上進行部署、服務及應用模式，我們在第二節將說明選擇服務解決方案的方法；第三節介紹目前被廣泛地採用的雲端 ERP、巨量資料分析、人工智慧應用及物聯網應用等服務所提供的功能；為了導入雲端 ERP 為主的企業生態系統，第四節介紹企業評估候選服務解決方案的準則；第五節結論。

14.1 雲端運算與雲端架構

　　美國國家標準與技術研究院 (NIST) 定義雲端運算是一個可存取無所不在 (ubiquitous)、便捷及隨選 (On-Demand) 網路的共享可配置的運算資源池 (即網路、伺服器、儲存、應用程式及服務等資源) 的模型，它以最少的管理工作或服務供應商互動的方式來快速地配置和發布。它具有隨選即用的自助服務 (Self-Services)、無所不在 (Ubiquitous) 的網路存取、資源共用 (Resource Pooling)、快速彈性 (Rapid Elasticity) 及可測量的服務 (Measured Services) 等五項基本特性。而且，雲端運算包含三種服務模型與四種部署模型 [14]。

　　NIST 定義雲端運算的四種部署模型： (1) **私有雲**：雲端基礎設施提供給單一組織專用，該組織包含多個消費者 (例如企業單位)。基礎設施可以由該組織、第三方或它們的某種組合來擁有、管理及操作，它可能以該組織場所內部署 (on-premise) 或場所外部署 (off-premise) 的方式存在 [14]。目前較著名的私有雲供應商及其服務有 Amazon VPC、Microsoft Azure Private Cloud、Oracle Private Cloud Appliance 及 IBM Cloud Private 等。 (2) **社群雲**：雲端基礎設施提供給有共同利益關注的特定社群組織專用，該社群之消費者關注例如共同的使命、安全需求、政策及適法性等方面的考量。基礎設施可以由一個或一個以上的社群成員組織、第三方或它們的某種組合來擁有、管理及操作，它可能以該社群組織所指定的場所內部署 (on-premise) 或場所外部署 (off-premise) 的方式存在 [14]。由於社群雲較私有雲容易達到使用者間分享及整合資料與企業流程，傾向被應用到產業供應鏈與需求鏈。目前較著名的社群雲供應商或社群及其服務有台灣的健康雲、Amazon AWS GovCloud (US) 及 IBM Federal Community Cloud 等。 (3) **公有雲**：雲端基礎設施開放地提供給一般大眾使用。基礎設施可以由一個商業、學術、政府組織、第三方或它們的某種組合來擁有、管理及操作，它存放於雲端提供商的場所 [14]。目前較著名的公有雲供應商及其服務有 Google Cloud、Microsoft Azure、Apple iCloud、Oracle Cloud 及 IBM Cloud 等。(4) **混合雲**：雲端基礎設施由兩個或多個不同的雲端基礎設施所組成 (即私有雲、社群雲或公共雲)，它仍然維持個別獨立的實體，但該個別實體由標準化或專有技術來整合在一起，使得資料和應用程式具有

可攜性 (例如，雲端爆量時可達到雲端之間的負載平衡) [14]。目前較著名的混合雲供應商及其服務有 Amazon Web Services Outposts、Microsoft AzureHybrid cloud 及 IBM Cloud Paks 等。

Agrawal 等指出一個處於雲端環境的資訊系統必須具備能有效地利用雲端經濟的特性 [2]。就企業用戶觀點，雲端運算有別於傳統資訊設施的投資，它強調較低的整體擁有成本 (Total Cost of Ownership, TCO)，僅須視使用了甚麼來支付 (Pay-As-You-Go) IT 的 TCO，如此可降低 TCO 及減少能源的消耗。TCO 包含整體獲得成本 (Total Cost of Acquisition, TCA) 與營運成本 (Operating Cost)，IT 的 TCA 包括 IT 的淨價格加上 IT 的採購、運輸、準備及安裝等成本；營運成本包括空間、電力、空調、人力維護、訓練、系統整合及備份復原等。

雲端架構模型是由**雲端客戶** (Cloud Client) 與**雲端服務** (Cloud Service) 兩部份所組成，如圖 14-1 所示。其互動模式為使用者透過代表雲端客戶層的應用程式，來使用代表雲端服務層所提供的服務。常用的客戶層的應用程式，例如網頁瀏覽器及行動應用程式 (簡稱行動 App)；至於雲端服務層提供哪些服務，我們將以 NIST 定義雲端運算的三種服務模型來分別說明。

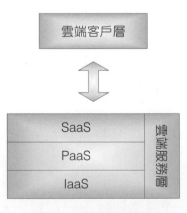

圖 14-1　雲端架構模型

14.1.1　基礎設施即服務
(Infrastructure as a Service, IaaS)

　　基礎設施即服務 (亦稱為架構即服務) 提供用戶基於雲端的實體電腦、虛擬機器 (Virtual Machine)、儲存、網路及虛擬化伺服器等基礎設施，它的核心技術為伺服器虛擬化 (Server virtualization)。近年來，由於企業持續購置為數眾多的伺服器主機或儲存系統，雖然可以提昇其運算效能，伺服器主機卻僅執行特定工作，導致許多閒置的運算資源未被充分利用，且增加了主機的營運成本。虛擬化技術可以使工作負載集中在較少的主機上，以提昇伺服器或儲存系統的使用率 [1]，於是此種擁有向上和向下彈性地延展的雲端運算能力乃應運而生。伺服器虛擬化的效益包括：

1. **提高伺服器的有效利用率**：此技術依需求隨選的方式，視實際需求動態地與彈性地分配伺服器執行個體 (instance)，使得雲端運算成為一個可擴展的服務交付平台 [12]。此種彈性的分配方式，乃利用多個用戶分享的方式，來提高伺服器的有效利用率。

2. **減少回應時間**：動態地增加或減少分配伺服器執行個體的數量，直接反應雲端的擴展性 (Cloud Scalability)。透過此種可擴展的策略，每一個網路服務因而可獲得最佳的回應時間 [27]，進而提高終端使用者的滿意度。

3. **降低伺服器成本**：Minutoli 於 2009 年的研究指出，在提供相同的服務與功能給使用者的前提下，利用伺服器虛擬化技術可減少伺服器的採購數量 [16]，進而降低伺服器獲得成本。因虛擬化伺服器提升靈活度，進而減少工作負載、空間及耗電量，因而能節省營運成本。

4. **提昇新系統的建置效率**：與手動設定新的伺服器的程序相比較，使用虛擬化技術來設定系統較為簡便。

　　伺服器虛擬化技術乃透過軟體、韌體或硬體所組成的超級監督者 (Hypervisor) 系統，來建立及運行虛擬機器。目前供應 Hypervisor 系統的供應商中，較為知名的例如 VMware ESXi Server[25]、Citrix XenServer[6]、Microsoft Hyper-V[15] 等。而目前較為知名的 IaaS 供應商，例如 Google Compute Engine、Amazon EC2、Microsoft Azure IaaS、IBM Cloud Virtual Server、HP Cloud-Solution partners 及中華電信 HiCloud 等。用戶可以建立

自己專屬的作業系統、軟體平台與應用系統，IaaS 業者則同時扮演網路服務供應商 (Network Service Provider, NSP) 及網際網路服務供應商 (Internet Service Provider, ISP) 的角色，負責管理實體伺服器、網路頻寬及用戶。

14.1.2　平台即服務 (Platform as a Service, PaaS)

平台即服務提供基於雲端的軟體執行環境、軟體開發工具、資料庫及應用伺服器等平台，它的核心技術為服務導向架構 (Service-Oriented Architecture)。目前較為知名的 PaaS 供應商有 Google App Engine、Azure App Service、Oracle Cloud Platform、Amazon EC2/RDS 及 SAP Cloud Platform Integration Suite 等。近年來，由於企業間利用 Internet 來進行 B2B 資訊流的需求愈來愈普遍，企業內或企業間利用網際網路來連結各個應用系統的需求遂萌芽，以致整合異質應用系統成一股趨勢。然而不相容的程式語言、資料庫、作業系統平台及應用系統平台卻限制了應用系統間的整合。過去異質應用系統間的整合，乃透過企業應用整合 (Enterprise Application Integration, EAI) [22] 技術來實現。它須使用預先定義好的分散式技術架構，例如：COM、CORBA 及 RMI 等標準。而且 EAI 須事先建立好中介軟體以進行資料格式的轉換，當需要整合的企業數量龐大時，此種轉換則變成一項昂貴的負擔。

目前異質應用系統間的整合範圍，將由已知的企業夥伴擴展到即選夥伴 (Ad Hoc Partner) [26] 整合的深度也將由企業間服務的支援深入到流程的整合，加上網頁服務 (Web Service) 通訊協定已成為全球的共同標準，因此以網頁服務為導向來設計及建構出一種可以整合異質應用系統的分散式系統架構，稱之為**服務導向架構** (Service-Oriented Architecture, SOA) 乃應運而生。

美國 OASIS 組織 (Organization for the Advancement of Structured Information Standards) [17] 於 2006 年定義 SOA 為「組織和使用可能分散在不同領域所有權控制下能力的一個典範」[13]。SOA 透過組織間關係被正式化成為以網頁服務間的交談型式來表示，它強調如何將彼此關係鬆散的應用系統軟體元件在網路上發行、組合及使用 [10]，簡單地說，其概念即是針對企業的某一項需求動態地組合成一組軟體元件。

導入服務導向架構包括如下的優點：

☐ **經營管理觀點**：實踐資訊系統去服務經營管理，而不是經營管理去服務資訊系統的理念。換句話說，企業可透過 SOA 來整合委外作業，以專注於自己的核心競爭優勢。

☐ **資訊技術觀點**：將網頁服務從 IT 平台環境中抽離，使其不受限於特定廠商的平台。

☐ **系統發展觀點**：SOA 的模型已愈來愈貼近營運模型，軟體開發者更能以宏觀的角度，專注於企業需求的滿足，而不受限於開發的資訊技術，因而 SOA 的成效會在所有的資源逐步網頁服務化之後更加地顯著。當可供使用的網頁服務有一定足夠的量後，透過網頁服務的重新組裝，將使應用系統發展的時間快速地縮短，也能隨著需求彈性地調整與改變。

　　SOA 架構中包含三種角色：**服務要求者、服務登錄**及**服務提供者**，我們以圖 14-2 說明三種角色之間的關係和操作。服務提供者負責建立服務的描述，它利用網頁服務描述語言 (Web Service Description Language, WSDL) [5] 來撰寫服務的描述，並將服務的描述刊登到服務登錄目錄中，服務登錄目錄由統一描述發現和整合 (Universal Description, Discovery, and Integration, UDDI) [7] 機制來負責。服務要求者則在需要服務的時候，到服務登錄目錄中去搜尋合適的服務。UDDI 負責介於要求者和提供者中間的代理工作，它支援服務提供者服務的登錄，以完成刊登的程序，接著它支援服務要求者服務的查詢，以完成發現的程序。之後，服務要求者可根據 UDDI 提供的資訊逐行向服務提供者取得如何使用該網頁服務的資訊。最後服務要求者做進一步的程式撰寫、鏈結 (link) 及測試等開發工作已完成整合的程序。公有 UDDI 早期曾經嘗試提供網頁服務發現 (web service discovery) 的功能，由於此舉已不再受市場的支持，目前企業用戶僅進行私有 UDDI 的採用，或是用手動方式，將服務要求者所撰寫的程式鏈結至服務提供者的網頁服務。

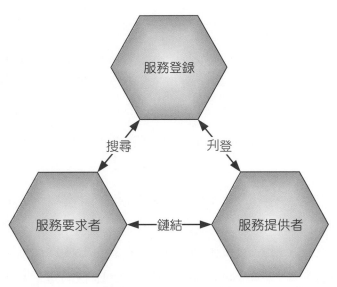

圖 14-2　服務導向架構圖
資料來源：W3C[5; 7]

14.1.3　軟體即服務 (Software as a Service, SaaS)

　　軟體即服務提供基於雲端的應用軟體與其相關的資料，它的核心技術為軟體即服務本身。傳統上，企業為了獲得一般的應用軟體，必須事先購置與該軟體相關的硬體設備。而 SaaS 模式卻只要經由網際網路，企業即可向 SaaS 供應商租賃或擁有應用軟體。此外對於用戶來說，SaaS 的使用方式也與以往不同。軟體與資料大多存放在提供者端的應用模式，也成為 SaaS 的重要特色 [27]。目前市場上供應電子化企業相關的 SaaS 種類，例如雲端 ERP、雲端 CRM 及雲端 HRM 等。而目前較為知名的 SaaS 供應商有 SAP S/4HANA Cloud、Salesforce CRM 及 Oracle Cloud HCM。

　　軟體即服務的效益包括：

1. **節省軟體購置成本**：軟體即服務的用戶不需花費任何購置費用，只需視使用多少來支付使用費。

2. **節省軟體使用成本**：透過向 SaaS 供應商租賃或擁有的方式，由供應商提供軟體、硬體、網路平台、以及該平台的維護與營運服務。企業用戶只需透過網路瀏覽器就可以使用軟體服務，不需投入建置費用與系統維護成本。

14.2　選擇雲端服務解決方案的方法

　　近來雲端服務市場上湧現出很多雲端服務供應商，如何選擇琳瑯滿目的雲端運算服務，是一項重要的議題。企業需要有效地選擇合適的雲端服務，以滿足企業資訊系統及其整合的需求。如果可以將合適的雲端服務整合到企業資訊系統中，那麼資訊系統的品質會比整合到不合適的雲端服務者更好，因而可以產生有效的雲端經濟槓桿。

　　由於企業將某些資訊資產轉移到雲端服務，涉及到資訊基礎設施、企業流程，甚至可能是接觸顧客的介面的重大變革。我們建議企業宜從策略觀點，思考如何選擇雲端服務的解決方案，來建構或再造企業流程。本文定義雲端服務解決方案乃是指雲端供應商所提供的應用系統與其所相容的雲端環境，該環境意指該系統所適用的所有可能的部署模型與服務模型的組合。Khezrian 等人認為選擇雲端服務過程中的兩個重要任務是：(1) 選擇候選解決方案，(2) 評估候選解決方案 [30]。從雲端服務供應商的網站中，我們可以瀏覽每項服務解決方案的詳細說明網頁內容。企業根據自己的需求，可以從該內容中整理出兩個需求準則：(1) 功能性需求準則：此需求準則是用來評估某個解決方案，滿足企業對於應用系統行為方面需求的程度。系統行為需求可被描述為：企業對於應用系統架構、資料架構及其所相容的雲端環境等功能面的需求規格。(2) 非功能性需求準則：此需求準則是用來評估某個解決方案，滿足企業對於應用系統的特性方面需求的程度。系統的特性方面需求可被描述為：企業對於應用系統及其所相容的雲端環境的特性的需求規格。綜合以上，我們整理出選擇雲端服務解決方案的步驟如下：

1. 依據企業的功能性需求準則，選擇出一些候選解決方案。

2. 從這些候選解決方案中，依據企業的非功能性需求準則，來評估它們，以選擇最有利於企業的雲端服務方案。

　　我們將在接下來的 14.3 節與 14.4 依序分別解釋這兩個步驟。

14.3　雲端服務解決方案

　　目前雲端供應商所提供的眾多服務功能，構成一群由共享可配置的運算資源集合，後續關於如何在此資源上進行相關的服務與應用的模式，主要取決於企業想要解決哪些營運管理上的問題。而這些問題的解決方案，直接反映企業對於哪些應用軟體的需求，這些應用軟體於是構成企業的生態系統 (ecosystems)。

　　要規劃此企業等級的生態應用系統，依照下列步驟說明如下：

1. **規劃使用者群體**：企業資訊系統主要提供企業內部使用為主，提供上下游夥伴使用為輔。因此，首先要規劃參與系統的使用者群體，它分類成企業內部人員、第三方或它們的某種組合 (例如策略聯盟) 等 3 種。此外，每種使用者群體參與各種組合方案的型態包括擁有、管理及操作等 3 種。

2. **選擇 SaaS 系統**：我們可依照使用者群體的型態，來選擇能滿足他們需求的 SaaS 系統。近年來，由於企業用戶對於資料儲存位置的安全性問題，漸漸解除疑慮。除了公有雲是在企業場所外 (off-premise) 部署，其他部署模型則有場所內 (on-premise) 與場所外等兩種選擇方案。例如，私有雲又細分為場所內私有雲與場所外私有雲 (亦稱為託管私有雲 (hosted private cloud))。由於 SaaS 系統是基於所處的 IaaS 與 PaaS 所發展出來的，因此計算公有雲之外的部署模型、場所內外及服務模型的交叉組合為 $3 \times 2 \times 3$，計有 18 種組合方案。此外，公有雲與服務模型的交叉組合為 1×3，計有 3 種組合方案。綜合以上，總計有 21 種參與雲端架構組合方案可供選擇。

　　至於，如何選擇上述的 21 種組合方案，主要根據企業對於 SaaS 系統的功能性需求，以進行客製化或開發 SaaS 系統。功能性需求描述一個系統該做什麼或預計要做什麼，包括系統需要完成的企業流程之規格細節；這些流程需要如何獲得輸入資料、處理資料、以及輸出資料等功能的規格細節。由於供應商所提供的 SaaS 系統解決方案種類繁多，我們將在接下來的四個小節，分別說明被廣泛應用的雲端 ERP、巨量資料分析、人工智慧應用及物聯網應用等四個解決方案。

14.3.1 雲端 ERP

　　雲端 ERP 部署選項包括公有雲、場所內私有雲及託管私有雲等三種方式，我們分別說明如下：

公有雲方式

　　此方式乃指用戶租賃軟體供應商 (原廠) 處所的 ERP 軟體，該軟體完全由原廠進行管理。其優點是企業可以依照隨選 (on-demand)ERP 的需求來租賃，但其缺點是用戶的資料被儲存在原廠處，可能會引起用戶擔心資料不安全的疑慮。目前雲端 ERP 供應商中，較為知名的國外廠商有 Acumatica、Epicor、Infor、Microsoft、Oracle、Plex、Priority、QAD 及 SAP 等 [28]。

場所內私有雲方式

　　由於 ERP 系統被部署在用戶場所內私有雲內，因此雲端 ERP 的軟體、業務流程及資料均儲存在本地端，用戶擁有、管理及操作雲端 ERP 的權限。其優點是用戶可以完全控制 ERP 系統的安全性、可擴展性及可配置性。如果用戶重視資料儲存位置的安全性，以及規劃長期使用該軟體，這會是很好的選擇。但其缺點是 ERP 系統的可擴展性，會受限於所自建私有雲資料中心的大小。

託管私有雲方式

　　雲端 ERP 軟體被託管在軟體原廠的第三方廠商處 (即協力廠)，因而 ERP 的軟體、業務流程和資料均儲存在協力廠所管理的雲端服務內。用戶擁有及操作雲端 ERP 軟體的權限，可以租用協力廠所提供的實體主機或虛擬主機資源，因而可以節省開支。甚至可以為用戶提供與其他租戶完全隔離的專用主機環境，以處理重要且關鍵的工作貞載，以及資訊安全管理。此外，用戶可以獲得額外的資源，例如高可用性 (High Availability)、儀表板及支援團隊等，來協助伺服器的管理。但其缺點是 ERP 伺服器被託管在協力廠處，用戶可能會擔心資料不安全。較為知名的國外雲端 ERP 廠商例如 SAP、Microsoft、Oracle 與其夥伴協力廠等，分別提供 S/4HANA、Dynamics 365 及 NetSuite 等的託管私有雲端服務。

　　綜合以上，我們從 Gartner 的魔術象限報告說明公有雲 SaaS ERP 的軟體模組與模塊不斷增長 [28]，顯示用戶逐漸信任雲端產品。我們認為只要雲端 ERP 廠商的資料中心能滿足所有安全要求，用戶選擇上述公有雲與託管方式的 ERP 市場需求，大多會漸漸成長。

14.3.2　巨量資料分析

　　Gartner Group 於 2012 年定義巨量資料具備 3V 的特性：即超大容量 (Volume)、高流速 (Velocity)、或且多樣化 (Variety) 的資訊資產，需要以新形式的處理來改善決策、洞察發現及流程優化 [19]。過去企業在深入分析 (Deep Analytics) 的應用方面，開始時資料量較小，但當累積到相當大的量時，已超出傳統的分析應用程式、資料庫及資料倉儲等技術的限制。雖然採用雲端運算之應用伺服器 (Application Server) 很容易擴展，然而在資料管理設施與平台 (Data Management Infrastructure and Platform) 往往會成為運算資源瓶頸 [2]。於是為了支援企業深入分析非常大量的資料，巨量資料分析乃應運而生。

　　為了突破資料管理設施與平台的瓶頸，以分析巨量資料獲取有價值的情報，此新的深入分析技術有別於傳統的統計分析、機器學習、資料倉儲及資料採礦等技術，需先針對巨量資料分析建立新的雲端架構，如圖 14-3 所示。通常採用下列較符合成本效益的方式來突破運算資源瓶頸：

1. **針對巨量資料的基礎設施即服務 (IaaS for Big Data)**：就 IaaS 方面而論，為了使得資料基礎設施具備可擴展的特性，目前普遍採用叢集運算架構為基礎的伺服器虛擬化技術，以作為巨量資料分析之基礎設施。它們可以儲存大型資料集，目前較為知名的例如 Google Cloud Storage、Azure Blob Storage、Azure Data Lake Storage 及 Amazon Simple Storage Service (S3) 等。

2. **巨量資料平台即服務 (Big Data PaaS)**：就 PaaS 方面而論，為了使得資料平台具備可擴展的特性，目前普遍採用 Hadoop、Spark 與鍵值儲存 (Key-value Store) 為主的技術，朝向針對平衡分析的工作負載來發展平行資料庫系統 [27]，以作為巨量資料管理的軟體開發工具或平台。這類技術在市場上又被稱為資料庫即服務 (DatabseaaS) 或儲存即服務 (StorageaaS)。目前

較為知名的廠商例如 Google BigQuery、Microsoft Azure Databricks、SAP HANA、Teradata Aster Database Cloud 及 MongoDB 等。以上的平台均有能力針對資料儲存、資料庫及資料倉儲，來使用結構化查詢語言 SQL 或類 SQL(SQL-like) 進行查詢，以及使用機器學習功能進行分析。

3. **巨量資料分析軟體即服務 (Big Data Analytic SaaS)**：就 SaaS 方面而論，為了使得巨量資料分析應用具備可擴展的特性，目前普遍採用巨量資料採礦與資料分析的程式及工具為基礎的技術，以作為巨量資料分析之前端工具。一些商業智慧分析與報表工具也置入了 Hadoop 配接器 (Adapter)，目前較為知名的廠商例如 SAP Analytics Cloud、Teradata Aster Analytics、SAS Visual Analytics 及 Splunk Hunk。以上的 SaaS 均有能力針對上述平台的巨量資料，可使用預先構建的分析功能進行洞察分析，使不精通 SQL 的用戶也能夠運行商業智慧分析。

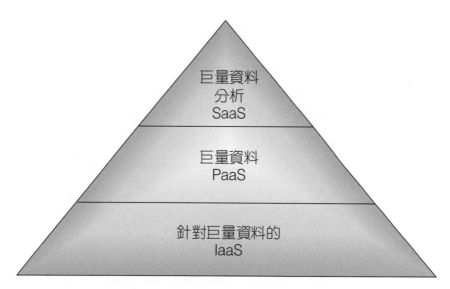

圖 14-3　巨量資料分析之雲端架構

14.3.3　人工智慧應用

近年來，由於應用人工智慧技術能提高企業營運的效率、價值及創新，因此在數位轉型的過程中扮演重要的角色。企業導入人工智慧應用於企業流程，利用機器學習的資料管線 (data pipeline) 技術，將資料加工轉換成有用的、有價值及可操作 (actionable) 的資訊。例如，應用於自動光學檢查 (Automated Optical Inspection, AOI) 來提昇生產良率與減少人工成本。資

料管線是一種知識發現 (knowledge discovery) 的過程，我們可以從相關資料集中，發掘出企業感興趣的規則、樣式或模型，此過程包含發現問題、準備資料、規劃 / 微調 (fine-tuning) 模型、建立模型、評估模型、溝通結果及營運化等步驟。其中，通過評估與溝通後的企業規則、樣式或模型，例如最佳化的產品需求預測模型，透過營運化整合至銷售與作業規劃的工作流程中，可以改善產銷協調效能。

深度學習是主要的人工智慧技術，它改良了傳統的類神經網路，其領域中相關的演算法利用例如隨機梯度下降法 (Stochastic Gradient Descent)，大幅地降低了後者的學習錯誤率。由於深度學的成功，亦興起了人工智慧的熱潮。深度學習是機器學習的子領域，使用深度學習訓練非線性關係模型，比傳統機器學習有較佳的預測效果。由於深度學習技術有別於傳統機器學習的技術，為了突破 AI 在傳統基礎設施與平台的瓶頸，以提昇機器學習資料管線處理的效能，需要建立新的雲端架構，如圖 14-4 所示。通常採用下列較符合成本效益的方式來突破運算資源瓶頸：

1. **針對 AI 的基礎設施即服務 (IaaS for AI)**：就 IaaS 方面而論，企業為了建立 (訓練) 機器學習模型，並使得 AI 基礎設施具備可擴展的特性，目前普遍採用以 GPU/TPU 圖形處理器或特製化硬體的領域可程式化邏輯閘陣列 (Field Programmable Gate Array, FPGA) 為基礎的伺服器虛擬化技術，作為機器學習之基礎設施。它們可以加速機器學習的資料管線處理，目前較為知名的廠商，在圖形處理器方面，例如 Google Cloud GPU/TPU、Azure NDv2/HPC GPU 及 Amazon EC2 P3/G4 GPU；在 FPGA 方面，例如 Azure NP 與 Amazon EC2 F1 等。

2. **人工智慧平台即服務 (AI PaaS)**：就 PaaS 方面而論，企業為了建立 (訓練) 自己所需的機器學習模型，或是使用第三方供應商預訓練好的機器學習模型，繼而使用自己的或更新的資料，來微調 (fine-tuning) 該模型，以及使得 AI 平台具備可擴展的特性，目前普遍採用深度學習的 Tensorflow 或 Pytorch 軟體套件為主，其他機器學習軟體套件為輔的技術，以作為開發資料管線軟體的平台。如此，可以提昇開發軟體的效率。目前，較為知名的廠商例如 Google AutoML/Vertext AI/ML API、Amazon SageMaker/Forecast、Azure Machine Learning 及 SAP HANA Machine Learning 等。

3. **AI 軟體即服務 (AI SaaS)**：就 SaaS 方面而論，經過資料管線處理後，企業為了進行物件／生物特徵辨識、資料分析及預測，並使得 AI 應用具備可擴展的特性，以開發具有 AI 功能的 SaaS 產品。舉例來說，包括透過線上聊天機器人進行銷售、行銷及服務；透過分析及預測來改善生產良率、最佳化產品需求規劃及資源管理等，分別可以達到減少物料損耗、改善現貨率及提高資源使用率等效益。在應用線上聊天機器人於企業流程方面，目前較為知名的雲端 ERP 廠商例如 SAP S/4HANA、Microsoft Dynamics 365 及 Oracle NetSuite 等，均可以經由整合 SAP Conversational AI、Google Assistant 或 Azure Bot Service 來進行。在分析及預測方面，目前較為知名的廠商例如 SAP S/4HANA、Microsoft Dynamics 365 及 Oracle NetSuite 等雲端 ERP，均可以透過整合 SAP Data Intelligence Cloud、Amazon Forecast 或 Azure Analysis Services 來進行。

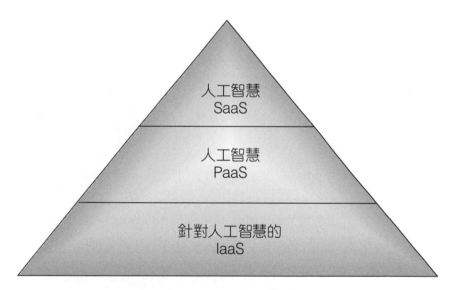

圖 14-4　人工智慧之雲端架構

14.3.4　物聯網應用

物聯網 (Internet of Thing, IOT) 泛指在 Internet 上能被辨識設備唯一地辨識的事物。目前這些事物通常事先被一些無線網路技術，例如 RFID (Radio-Frequency IDentification)、NFC (Near Field Communication)、GPS (Global Positioning System)、Wi-Fi、5G、藍芽及感測器等所標記，然後再經由符合上述技術的設備來辨識。IOT 首先由 Ashton 在 1999 年提出，他

在 2009 年指出目前的資訊科技依賴源自於人們本身所產生的資料，電腦了解抽象而虛擬的資料多於實體的事物資料。如果我們所使用的資料，是電腦未經人們的介入而收集來的，我們將能夠追蹤和計算一切事物，並減少浪費、損失及成本。我們將可以知道，甚麼時候哪些事物需要更換、維修或召回、以及他們是否新鮮或過期 [3]。

由於 IOT 技術能提供事物的時間上與空間上的便利性資料，例如，人們可以更容易地在任何時間知道與管理任何地點的物品、設備、財物、存貨、物流及交通工具等等資訊。如此，讓企業能更有效率地與有效地管理附近的及遠端的事物狀況，也因而減少缺貨及生產過剩。在供應鏈管理方面，由於賣方更能即時地掌握各地的商品物流資訊，而能較精準地在對的時間，透過對的通路，供應對的數量的貨物，給對的顧客。如此，企業較以往更能提高物流的服務水準，以及降低物流的成本。由於近年來，興起 IOT 進一步結合社群媒體 (如 FaceBook、Twitter 及 Google+ 等) 的潮流，社群式 IOT (Social IOT, SIOT) 因而方興未艾 [4, 8]，例如居家遠距照護的即時影像監控警訊，以隨時因應病患的緊急事件來通知相關利益人處理的應用。

過去傳統的物聯網架構通常分為三層：感知層 (perception layer)、網路層 (network layer) 和應用層 (application layer)，如圖 14-5 所示。感知層由感測器、致動器 (actuator)、智能設備及行動電話等等所組成，它負責識別事物、感知事物、收集資料及自動控制。網路層由一群路由器與閘道器等網路節點所組成，這些節點透過網路的互連，去發現、連接及轉送，並與應用層協調。應用層為雲端的 IaaS、PaaS 及 SaaS 所組成，它負責為用戶提供雲端服務，從巨觀的觀點，針對感知層所蒐集的資料，進行資料分析、人工智慧、機器學習或視覺化等任務。

近年來，企業進行資料分析雖可促進 IoT 解決方案的商務價值，然而在雲端進行巨量資料分析，仍需同時處理高階的資料洞察分析及低階的資料管理與分析的工作。因此，為了突破雲端在應用層處理巨量的 IOT 資料的瓶頸，減少網路延遲時間，目前普遍結合雲端計算與邊緣計算兩種技術，將巨量資料分析分工為：

1. **於邊緣設備進行資料分析與管理**：將低階的資料分析與管理的工作轉移到網路邊緣的周邊設備，例如在此邊緣設備執行異常偵測工作負載，以盡快回應緊急事件，因而避免傳送數 TB 的原始資料到雲端，達到降低頻寬成本的效果。

2. **於雲端進行資料洞察分析**：只將在邊緣設備的少量彙總資料傳送至雲端，讓雲端資料中心專注於高階的資料洞察分析的工作。

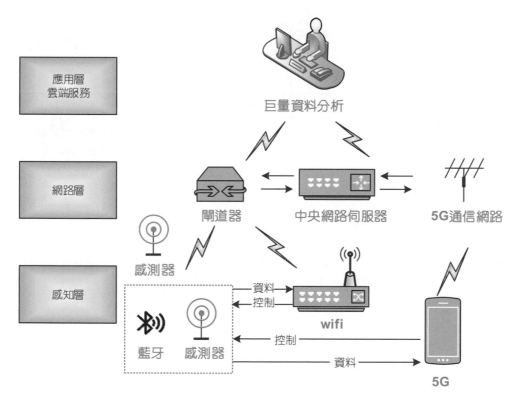

圖 14-5　三層 IOT 架構

　　綜合以上，目前普遍的具體作法，乃在圖 14-5 的傳統的物聯網架構中，新增加一個邊緣層，成為四層架構，依序為感知層、邊緣層、網路層及應用層，如圖 14-6 所示。邊緣節點層由一群邊緣節點所組成，這些節點藉由內容快取 (於記憶體中)、服務路由、資料儲存、人工智慧處理資料及物聯網管理等功能，達到縮短網路回應時間與節省頻寬的效果。關於提供整合邊緣計算與雲端計算的解決方案，目前較為知名的廠商例如 Google Edge TPU/Cloud IoT Edge 整合 Google Cloud Platform、Azure IoT Edge 整合 Microsoft Azure 及 AWS IoT core 整合 Amazon Web Services。

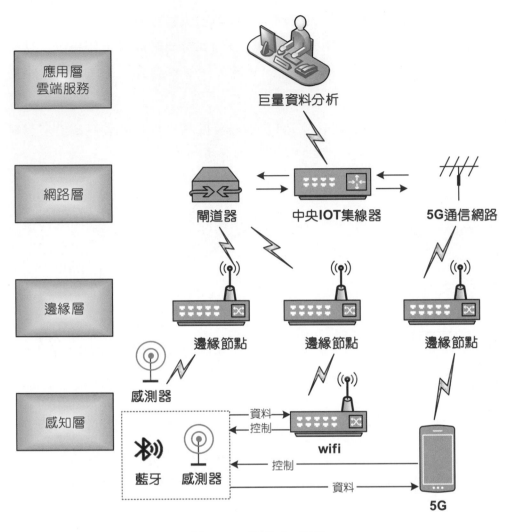

圖 14-6　四層 IOT 架構

14.4　評估雲端服務解決方案

　　根據 14.2 節的步驟 2，如何依據企業的非功能性需求準則，來評估供應商所提供的候選解決方案。在實務上，雲端服務的非功能屬性具有動態的、可變的、主觀的和模糊的特性，因而有大量可能的候選服務可供選擇。因此，消費者需要進一步使用一些非功能性需求準則，來評估這些候選服務的非功能屬性，這些屬性是用來描述該解決方案的應用系統各方面的特性如何妥善地處理，以反映出與網路服務品質相關及不相關等兩方面的表現。其中，評估與網路服務品質相關與不相關屬性的資料來源包括供應商

所提供的服務級協議 (Service Level Agreement, SLA)，以及由第三方廠商如 CloudHarmony (https://cloudharmony.com) 基於公正客觀地進行實機抽樣測試的內容。我們分別說明它們如下。

14.4.1 與網路服務品質相關的屬性

在網路領域中，網路服務品質 (Quality of Service, QOS) 意指網路服務滿足指定業務合約的程度。QOS 是一種控制機制，針對不同使用者、資料流及應用程式的要求，它給予不同的優先等級，以保證它們的效能達到一定的水準。與 QOS 相關的屬性包括可用性 (availability)、回應時間 (response time)、延展性 (Scalability)、系統性能 (system performance) 及網路性能 (network performance) 等 [29]。我們分別說明如下：

- **可用性**：它也稱為正常運行時間狀態 (uptime status)，即供應商所提供的雲端服務在一特定時間內可使用時間百分比。正常運行時間是指在一段時間內，某雲端服務運行且可供用戶所使用的總時間量。當服務無法為用戶所使用時，可能因為用戶連線該服務，而該服務處於離線、維護、關閉、故障或不穩定狀態的總時數間量，我們稱之為停機時間 (downtime)。最後，我們將可用性定義為：

可用性 = 正常運行時間／(正常運行時間 + 停機時間) ....(1)

- **回應時間**：它也稱為往返時間 (round trip time) 或速度，表示從用戶發出請求到接收到回應之間的持續時間。它的度量單位可能是秒或毫秒。

- **延展性**：為了有效降低雲端架構的營運成本，目前大部份的虛擬機器廠商，均支援虛擬化技術，動態地即時移動至實體主機的不同的 CPU 核心。一個核心可虛擬化為多個虛擬化 CPU，稱之為 vCPU (virtual CPU)。因此除了需考量每核心 (per core) 規劃幾個 vCPU 容量外，尚須考量每台實體主機的 CPU 數與其核心數，以及實體主機的台數，以計算在滿載時，企業是否擁有足夠的計算資源，以達到預期的延展性與可用性的需求。換句話說，我們定義延展性為一台實體主機可以供應幾台虛擬機器。假設一台運行虛擬機器的實體主機上擁有 4 顆 CPU，每顆 CPU 為雙核心 (Dual Core)。一個核心會因不同廠牌的超級監督者系統 (hypervisor)，而建議分配不同數目的 vCPU。假設一個核心被分配 4 個 vCPU。一顆 8 核心的

CPU 便可供應 32 個 vCPU。試問若每台虛擬機器需要 4 個 vCPU，該實體主機可以供應幾台虛擬機器？答案是 (4×8×4vCPU) / (4vCPU per VM) = 32 台虛擬機器。換句話說，此台 4 顆 CPU 的實體主機可同時運行 32 台虛擬機器。可見，一台運行虛擬機器的多 CPU 實體主機較一般單 CPU 實體主機，每年將可節省不少營運成本。

▣ **系統性能**：我們從公正客觀的第三方實機抽樣測試廠商 CloudHarmony (請參考 https://cloudharmony.com) 收集了多家雲端服務的系統性能，並準備加以比較，並且允許用戶設定每個測試項的權重。假定第 j 個供應商的系統性能的第 i 個抽樣測試項為 s[i, j]，由於每個測試項的度量單位和值域範圍不同，例如代表該服務磁碟輸出入性能的 IOPS (Input/Output Operations Per Second)。至於代表該服務 vCPU 處理器性能，理論上應該以十億赫茲 (10^9Hz, gigahertz) 為一個度量單位，然而影響處理器性能的最重要因素是如何在虛擬機器上配置 vCPU 的組態。因此，代表該服務配置 vCPU 組態的度量單位，例如在 Amazon EC2 部份為 ECU (EC2 Compute Unit)，以及在 CloudHarmony 部份為 CCU (CloudHarmony Compute Units)。綜合以上，由於不同的測試項的度量單位具有不同的值域範圍，我們將系統性能的尺度正規化為 0 到 1 之間。因此，我們定義每個正規化後的系統性能測試項為 [29]：

sys[i, j] = (s[i, j] - min_val[i]) / (max_val[i] - min_val[i]) .... (2)

其中 max_val[i]：每個供應商所有第 i 個測試項中的最大平均彙總系統性能； min_val[i]：每個供應商所有第 i 個測試項中的最小平均彙總系統性能。最後，我們經由加權平均計算第 j 個供應商的加權平均系統性能分數為：

avg_sys_scores[j] = $\sum_{i=1}^{n}$ w[i] * sys[i, j] .... (3)

其中 w[i]：用戶指定的第 i 個測試項的權重。

▣ **網路性能**：同理於系統性能，我們從 CloudHarmony 收集了多家雲端服務的網路性能，並準備加以比較。假定第 j 個供應商的服務網路性能的第 i 個抽樣測試項為 n[i, j]，每個測試項的度量單位是代表該服務總處理能力的 MBS (Mega-Bits per Second)，並且允許用戶設定每個測試項的權重。

由於不同的測試項的度量單位具有不同的值域範圍，我們將網路性能的尺度正規化為 0 到 1 之間。因此，我們定義每個正規化後的網路性能測試項為 [29]：

$$net[i, j] = (n[i, j] - min\_thput[i]) / (max\_thput[i] - min\_thput[i]) \ldots\ldots\ldots\ldots(4)$$

其中 max_thput[i]：每個供應商所有第 i 個測試項中的最大平均彙總網路性能； min_thput[i]：每個供應商所有第 i 個測試項中的最小平均彙總網路性能。最後，我們經由加權平均計算第 j 個供應商的加權平均網路性能分數為：

$$avg\_net\_scores[j] = \sum_{i=1}^{n} w[i] * net[i, j] \ldots\ldots\ldots\ldots\ldots\ldots\ldots\ldots\ldots\ldots\ldots\ldots(5)$$

其中 w[i]：用戶指定的第 i 個測試項的權重。

14.4.2 與網路服務品質不相關的屬性

在與網路 QOS 不相關的屬性方面，這些屬性包括租用型態、可靠度 (Reliability)、要求支援型態、整體擁有成本、可攜性 (Portability)、資訊安全及隱私、轉換成本 (Switching Cost) 及風險等。我們分別說明如下：

▫ **租用型態**：由於企業自行建構、管理及維護雲端架構的成本所費不貲，企業可以考慮採取向雲端供應商租用的方式以節省成本。租用雲端架構的型態包含單租戶 (Single-tenant) 與多租戶 (Multi-tenant) 等兩種。單租戶可專用自己的 PaaS，例如作業系統、資料庫系統及軟體開發環境。若另行簽約的話，亦可專用自己的實體主機、儲存設備及 SaaS 系統。而多租戶亦可專用自己的 PaaS，例如作業系統、資料庫系統及軟體開發環境。但不能另行簽約專用自己的實體主機、儲存設備及 SaaS 系統，只能共享這些設施。

▫ **可靠度**：可靠度指衡量雲端架構須能在失效或產生錯誤後的恢復能力，其恢復機制亦是必要考量的項目。

▫ **要求支援型態**：企業可與雲端供應商簽訂服務等級協議，此協議內容記載保證滿足最低的性能需求，此舉可確保供應商的服務水準滿足一定的品質要求。另外，若企業所需的 IaaS、PaaS 與 SaaS 需要進一步被客製化，亦可尋求供應商支援。

▣ **整體擁有成本**：TCO 的整體獲得成本方面，企業若以自行建構、管理及維護 3 種服務模型為前提的話，由於預算的限制，估算購買或租用實體主機叢集 (cluster)、網路設備及軟體等的成本是必要的考量項目。TCO 的營運成本方面，則視前面各項準則及其他需求的要求程度來計算。

▣ **可攜性**：企業組織對內及對外所採取的雲端架構技術與標準，會影響不同型態的雲端之間的相容性，亦是不容忽視。

▣ **資訊安全及隱私**：由於雲端架構可能遭遇到某些安全威脅，例如：軟體錯誤、電腦病毒、網路入侵攻擊、天災或系統本身的問題等非預期行為，可能造成資料損毀或系統失效。使用者的行為、習慣、偏好及隱私等資料可能被揭露在網路上，為了保護用戶的資料，身份鑑定管理議題亦必須先被解決與信任。為了解決或減輕這些問題，我們須規劃完善的資訊安全及隱私管理。

▣ **轉換成本**：在轉換到雲端架構未取得顯著的投資報酬率前，加上目前的雲端企業應用系統不能被方便地遷移 (Migrating)，對於心存疑慮的使用者尚缺乏成本優勢的誘因。

▣ **風險**：萬一雲端系統損害事件或災難發生時，如同將雞蛋 (應用與資料) 放在同一個籃子中，將會增加企業的經營風險。就風險管理來說，針對較重要的資訊資產，當發生的後果的嚴重性高，且發生風險的機率較低時，處理這一類風險的策略是轉移風險，例如與雲端供應商簽訂 SLA 中明訂異地備援、資訊安全與隱私，以建立起具法律背書的問責制 (Accountability)；或是向保險公司購買資產類的保險。同樣地，若發生風險的機率較高時，處理這一類風險的策略是避免風險，就是不讓它有發生的機會，例如與雲端供應商簽訂的 SLA 中，明訂較嚴格等級的異地備援、資訊安全與隱私；或是向保險公司購買較高額度的資產類的保險。

14.5 結論

為了導入雲端 ERP 為主的企業生態系統，本文先說明了雲端運算平台的組成結構及運作方式，透過認識雲端服務所提供的功能，進而介紹如何選擇市場上琳瑯滿目的雲端運算服務解決方案的方法，最後說明評估候選服務解決方案的準則。

透過本文的說明，讀者可以瞭解雲端運算與應用的出現，使得產業界能將企業流程經由電子化及網際網路更徹底地整合。未來企業的資訊系統應用仍然會隨著 IT、Internet 及雲端運算技術的更新，以適應網路環境的方式來持續演進。

由於企業將某些資訊資產轉移到雲端服務，涉及到資訊基礎設施，甚至是如何接觸顧客的介面的重大變革。我們建議企業不妨從核心策略為觀點，依據企業的功能性需求準則，選擇出一些候選解決方案。然後依據企業的非功能性需求準則，來評估這些候選方案的非功能性屬性，以選擇最有利於企業的雲端服務方案，最終達到建構或再造企業流程之目的。

習 題

1.(　　) 下列何者是雲端運算具有的基本特性？〔複選題〕

　　A. 隨選即用的自助服務 (Self-Services)

　　B. 無所不在的網路存取 (Ubiquitous Network Access)

　　C. 資源共用 (Resource Pooling)

　　D. 快速彈性 (Rapid Elasticity)

　　E. 不可測量的服務 (Un-measured Services)

2.(　　) 下列何者是雲端運算的服務模型？

　　(1) 基礎設施即服務 (Infrastructure as a Service, IaaS)

　　(2) 資料即服務 (Data as a Service, DaaS)

　　(3) 平台即服務 (Platform as a Service, PaaS)

　　(4) 軟體即服務 (Software as a Service, SaaS)

　　(5) 硬體即服務 (Hardware as a Service, HaaS)

　　A. 135　　　　　　　　　　　B. 234

　　C. 134　　　　　　　　　　　D. 345

3.(　　) 下列何者是雲端運算的部署模型？ (1) 私有雲 (private cloud) (2) 社群雲 (Community cloud) (3) 公有雲 (public cloud) (4) 混合雲 (Hybrid cloud) (5) 公司雲 (Company Cloud)

　　A. 1234　　　　　　　　　　B. 1235

　　C. 1245　　　　　　　　　　D. 2345

4.(　　) 整體擁有成本 (Total Cost of Ownership, TCO)，包含下列哪幾項？〔複選題〕

　　A. 整體獲得成本 (Total Cost of Acquisition, TCA)

　　B. 機會成本 (Opportunity Cost)

　　C. 營運成本 (Operating Cost)

　　D. 銷貨成本 (Cost of Goods Sold)

5.(　　) 下列何者是雲端服務與網路服務品質相關的屬性？〔複選題〕

　　　(1) 可用性 (availability)

　　　(2) 回應時間 (response time)

　　　(3) 可靠度 (Reliability)

　　　(4) 延展性 (Scalability)

　　　(5) 系統性能 (system performance)

　　　(6) 網路性能 (network performance)

　　　(7) 可攜性 (Portability)

　　　A. 12345

　　　B. 12457

　　　C. 12356

　　　D. 23456

　　　E. 12456

6.(　　) 下列何者非雲端服務與網路服務品質不相關的屬性？

　　　A. 租用型態

　　　B. 要求支援型態

　　　C. 延展性 (Scalability)

　　　D. 整體擁有成本

　　　E. 轉換成本 (Switching Cost)

7.(　　) 服務導向架構 (Service-Oriented Architecture, SOA) 中包含下列哪些
　　　角色？ (1) 服務要求者 (2) 服務登錄 (3) 服務提供者 (4) 服務代理者

　　　A. 123　　　　　　　　　　B. 124

　　　C. 234　　　　　　　　　　D. 1234

8.(　　) 下列何種核心技術最能描述雲端運算？

　　(1) 伺服器虛擬化 (Server Virtualization)

　　(2) 軟體即服務 (Software as a Service)

　　(3) 網格運算 (Grid Computing)

　　(4) 服務導向架構 (Service-Oriented Architecture)

　　A. 12　　　　　　　　　　　　B. 24

　　C. 124　　　　　　　　　　　D. 1234

9.(　　) 下列何者是伺服器虛擬化 (Server Virtualization) 的效益？

　　(1) 提高伺服器的有效利用率

　　(2) 減少回應時間

　　(3) 降低伺服器成本

　　(4) 提升新系統的建置效率

　　A. 124　　　　　　　　　　　B. 234

　　C. 134　　　　　　　　　　　D. 1234

10.(　　) 下列何者非軟體即服務 (Software as a Service) 的效益？

　　A. 節省軟體購置成本

　　B. 節省軟體使用成本

　　C. 節省軟體與資料之轉換成本

　　D. 若提供軟體租賃方式，只需視使用多少來支付使用費

11.(　　) 下列有關雲端運算的敘述何者正確？

　　A. 在網際網路應用中，將共用軟體元件製作成網路服務 (Web Service)，即是軟體即服務 (Software as a Service, SaaS)

　　B. 將伺服器 "虛擬化" 即是雲端運算

　　C. 雲端運算融合伺服器虛擬化 (Server Virtualization)、軟體即服務 (Software as a Service) 及服務導向架構 (Service-Oriented Architecture) 等核心技術

　　D. 分散式儲存即是雲端運算的一種應用

12.(　　) 下列有關評估雲端服務解決方案的敘述何者正確？

    (1) 萬一雲端系統損害事件或災難發生，如同將雞蛋 (應用與資料) 放在同一籃子中，將會增加企業的經營風險

    (2) 在轉換到雲端架構未取得顯著的投資報酬率前，加上目前的雲端企業應用系統不能被方便地遷移 (Migration)，對於心存疑慮的使用者上缺乏成本優勢的誘因

    (3) 使用者的行為、習慣、偏好及隱私等資料可能被揭露在網路上，為了保護用戶的資料，身份鑑定管理議題必須先被解決與信任

    (4) 租用雲端架構的型態包含單租戶 (Single-tenant) 與多租戶 (Multi-tenant) 等兩種

    (5) 整體擁有成本包含整體獲得成本與折舊成本

    A. 1245　　　　　　　　　　B. 2345

    C. 1234　　　　　　　　　　D. 12345

13.(　　) 雲端供應商所提供的 SaaS 系統解決方案種類繁多，下列何者為被廣泛應用的 SaaS 系統解決方案？

    (1) 雲端 ERP

    (2) 巨量資料分析

    (3) 人工智慧應用

    (4) 物聯網應用

    A. 123　　　　　　　　　　B. 124

    C. 234　　　　　　　　　　D. 1234

14.(　　) 下列有關雲端 ERP (Cloud ERP) 系統的敘述何者錯誤？

    A. 基於雲端運算的網路架構所發展出來的 ERP 資訊系統

    B. 它基於集中式專屬主機架構，用戶須採取終端機模式登入

    C. 它是一種軟體即服務 (Software as a Service, SaaS) 為基礎的 ERP

    D. 或稱之為隨選 ERP (on-demand ERP)

15.(　　) 下列有關私有雲的敘述何者正確？

(1) 雲端基礎設施提供給單一組織專用，該組織包含多個消費者

(2) 基礎設施可以由單一組織專、第三方或它們的某種組合來擁有、管理及操作

(3) 雲端基礎設施開放地提供給一般大眾使用

(4) 雲端基礎設施提供給有共同利益關注的特定社群組織專用

A. 12　　　　　　　　　　　　B. 23

C. 13　　　　　　　　　　　　D. 24

16.(　　) Gartner Group 於 2012 年定義巨量資料具備 3V 的特性，是指下列哪幾項？〔複選題〕

A. 超大容量 (Volume)

B. 高流速 (Velocity)

C. 多樣化 (Variety)

D. 視覺化 (Visualization)

17.(　　) 下列何者不是雲端運算的基本特性？

A. 隨選即用的自助服務 (Self-Services)

B. 無所不在 (Ubiquitous) 的網路存取

C. 資源共用 (Resource Pooling)

D. 快速彈性 (Rapid Elasticity)

E. 集中式處理 (Centrally Processing)

18.(　　) 雲端運算是一項革命性的 IT 管理工具，就企業用戶觀點，下列敘述何者正確？

(1) 它有別於傳統資訊設施的投資，它強調較低的整體擁有成本

(2) 僅需視使用了甚麼來支付 IT 的擁有成本 (pay-as-you-go)

(3) 整體擁有成本包含整體獲得成本與折舊成本

(4) 可減少能源的消耗

A. 123　　　　　　　　　　　B. 124

C. 234　　　　　　　　　　　D. 1234

19.(　　) 下列有關社群雲的敘述何者正確？

(1) 雲端基礎設施提供給有共同利益關注的特定社群組織專用

(2) 雲端基礎設施由兩個或多個不同的雲端基礎設施所組成

(3) 基礎設施可以由一個或一個以上的社群成員組織、第三方或它們的某種組合來擁有、管理及操作。

(4) 由於社群雲較私有雲容易達到使用者間分享及整合資料與企業流程，傾向被應用到產業供應鏈與需求鏈。

(5) 目前較著名的社群雲有台灣的健康雲。

A. 1245

B. 2345

C. 1234

D. 1345

20.(　　) 巨量資料分析之雲端架構，包含下列哪些？〔複選題〕

A. 巨量資料分析軟體即服務

B. 巨量資料平台即服務

C. 針對巨量資料的基礎設施即服務

D. 以上皆非

參考文獻

[1]　IBM，多系統虛擬技術運作優勢白皮書，IBM，2006 年 10 月。取材自：http://www-07.ibm.com/tw/imc/system_p/virtualization/pdf/White_Paper_0131_final.pdf

[2]　D. Agrawal, S. Das, A. E.Abbadi, Big Data and Cloud Computing Current State and Future Opportunities, EDBT 2011, March 22–24, 2011, Uppsala, Sweden, pp. 530-533.

[3]　K. Ashton, That 'Internet of Things' Thing, RFID Journal, 22 July 2009, available at: http://www.rfidjournal.com/articles/view?4986

[4]　L.Atzori, A.Iera, G.Morabito, M. Nitti, The Social Internet of Things (SIoT) - When social networks meet the Internet of Things: Concept, architecture and network characterization, Computer Networks: The International Journal of Computer and Telecommunications Networking, Volume 56 Issue 16, November, 2012, 3594-3608.

[5]　D. Booth and C. K. Liu. Web Services Description Language (WSDL) Version 2.0 Part0: Primer, W3C Recommendation, 2007.

[6]　Citrix, Explore Citrix Products, Citrix Systems Inc., July, 2011. Available at: http://www.citrix.com/English/ps2/products/product.asp?contentID=1857200

[7]　L. Clement, A. Hately, C. V. Riegen and T. Rogers, UDDISpec Technical CommitteeDraft, Version3Specification, 2004. Availableat: http://uddi.org/pubs/uddi_v3.htm

[8]　Cook, The Internet of things – can objects get social?December 12, 2012. Available at: http://cxounplugged.com/2012/12/the_internet_of_things/

[9]　K. Dobbs, The Cloud ERP Short List for Manufacturers, Montclair Advisors, February, 2011. Available at: http://montclairadvisors.com/blog/2011/02/the-cloud-erp-short-list-for-manufacturers/

[10]　T. Erl, Service-Oriented Architecture (SOA) : Concepts, Technology, and Design, Prentice Hall, 2005.

[11] E. V. Gijoa, T. S. Raoa, Six Sigma implementation–Hurdles and more hurdles, Total Quality Management & Business Excellence, 16 (6) , 2005, 721-725.

[12] J. P. MacDuffie and T. Fujimoto, What We are Watching⋯in Cloud Computing, Harvard Business Review, 88 (6) , June 2010, 24-26.

[13] C. M. MacKenzie, K. Laskey, F. McCabe, P .F. Brownand R.Metz, Reference Model for Service Oriented Architecture 1.0-OASIS Standard, OASIS, 2006. Available at: http://docs.oasis-open.org/soa-rm/v1.0/

[14] P.Mell and T.Grance, The NIST Definition of CloudComputing, Special Publication 800-145, National Institute of Standards and Technology (NIST) , U.S. Department of Commerce, September 2011.

[15] Microsoft, Overview of Hyper-V, Microsoft Corp., November 17, 2013. Available at: http://technet.microsoft.com/en-us/windowsserver/dd448604.aspx

[16] G. Minutoli, M. Fazio, M. Paone, A. Puliafito, Virtual Business networks with cloud computing and virtual machines, International Conference on Ultra Modern Telecommunications & Workshops, 2009, pp. 1-6.

[17] OASIS, About OASIS, Organization for the Advancement of Structured Information Standards, 2007. Available at: http://www.oasis-open.org/who/

[18] Oracle, Oracle SOA Suite, Oracle Corporation, 2007.Available at: http://www.oracle.com/tech nolo gies/soa/soa-suite.html

[19] C.Pettey and L.Goasduff, Gartner Says Solving 'Big Data' Challenge Involves More Than Just Managing Volumes of Data, STAMFORD, Conn., June 27, 2011.Available at: http://www.gartner.com/newsroom/id/1731916

[20] SAP, Anoverview of the SAP NetWeaver platform, SAP Corporation, 2006. Available at: http://www.sap.com/platform/netweaver/index.epx.

[21] C. Saran, Buyers Guide to ERP: Alternatives to SAP and Oracle ERP suites, Computer Weekly.com, April 2010. Available at: http://www.

computerweekly.com/Articles/2010/05/10/241024/Buyers-Guide-to-ERP-Alternatives-to-SAP-and-Oracle-ERP.htm

[22] D. Serain, Middleware and Enterprise Application Integration, 2nded., Springer, 2002.

[23] TOG, Open Group Standard: TOGAF version 9.1, The Open Group (TOG) , USA, 2011.

[24] G. Vedrick, Implementation of the Adaptive ERP System, SAP Corporation, 2006. Available at: http://www.sap.com/baltics/company/worldtour06/vilnius/06_G.Vedrickas_Implementation_or_ERP_System.pdf

[25] VMware, VMware Products, VMware Inc., July, 2011. Available at: http://www.vmware.com/products/

[26] A. Wombacherand B.Mahleko. Finding Trading Partners to Establish Adhoc Business Processes, Springer, 2002.

[27] J. Wu, Q. Liang, E. Bertino, Improving Scalability of Software Cloud for Composite Web Services, 2009 IEEE International Conference on Cloud Computing, 2009, pp.143-146.

[28] T. Faith, D. Torii, P. Schenck, D. John, and A. Singh, Magic Quadrant for Cloud ERP for Product-Centric Enterprises, ID G00733937, Gartner Group, August 2021. Available at: https://www.gartner.com/doc/reprints?id=1-27AOG1O3&ct=210826&st=sb.

[29] C.-L. Hsu, A Cloud Service Selection Model Based on User-Specified Quality of Service Level. 2014 the third International Conference on Information Technology Convergence and Services (ITCSE 2014), Sydney, Australia, pp. 43-54, July, 2014.

[30] M. Khezrian, W. M. N. W. Kadir, S. Ibrahim, K. Mohebbi, K. Munusamy, and S. G. H. Tabatabaei, "An evaluation of state-of-the-art approaches for web service selection," in Proc. Int. Conf. on Information Integration and Web-based Applications & Services (iiWAS' 10), Paris, France, pp. 885-889, November, 2010.

A

英文名詞索引

英文	中文	頁碼
Entity Relationship Diagram	實體關聯圖	2-32
e-Procurement	電子採購	1-22、13-19
Erasable & Programmable ROM, EPPOM	可消除可程式唯讀記憶體	12-3
Event	事件	4-28、8-17、8-24、8-26、8-29、8-31、8-33、8-34
Event-driven Process Chain, EPC	事件驅動流程鏈	12-8
Executive Information System, EIS	主管資訊系統	2-7、12-10、13-4
Export License Check	出口執照查核	3-30
Extended Enterprise	延伸企業	1-5、5-3
Extended ER Models, eERM	延伸式 ER 模型	2-32
Extended ERP, EERP	延伸式 ERP	2-37、13-3
Extended Supply Chain	延伸式供應鏈	2-37
External Failure Cost	外部失敗成本	8-14
Extranet	企業間網路	2-2、2-3
F		
Facilities allocation	設施分攤	8-23
Factory floor Automation System, FFAS	工廠自動化系統	2-7
Factory Overhead	製造費用	8-4
Fill Rate	供貨率	6-5
Financial Information System, FIS	財務資訊系統	3-26
Finished Goods	製成品	6-11
Firmed Order	確定工單	4-19
Fit	適配	12-18
Forward Scheduling	前推排程	3-32
Forwarding Agent	運輸代理商	3-38、3-39、3-41
Free-of-charge Order	免費銷售訂單	3-10
Fulfill Rate	訂單滿足率	6-5
Full Costing	全部成本法	8-11
Full Settlement	全決算	4-31
Fully Settle	全數清算	3-48
G		
General Data	一般資料	3-16

中文名詞索引

ERP 企業資源規劃導論(第六版)

作　　者：國立中央大學管理學院 ERP 中心
企劃編輯：江佳慧
文字編輯：詹祐甯
設計裝幀：張寶莉
發 行 人：廖文良

發 行 所：碁峰資訊股份有限公司
地　　址：台北市南港區三重路 66 號 7 樓之 6
電　　話：(02)2788-2408
傳　　真：(02)8192-4433
網　　站：www.gotop.com.tw
書　　號：AEE040500
版　　次：2022 年 07 月六版
　　　　　2024 年 09 月六版三刷
建議售價：NT$790

國家圖書館出版品預行編目資料

ERP 企業資源規劃導論 / 國立中央大學管理學院 ERP 中心著. --
　　六版. -- 臺北市：碁峰資訊, 2022.07
　　　面；公分
　　ISBN 978-626-324-227-2(平裝)
　　1.CST：管理資訊系統
494.8　　　　　　　　　　　　　　　111009233